"十四五"职业教育河南省规划教材

高等职业教育测绘地理信息类规划教材

遥感技术应用（第二版）

主　编　王冬梅

副主编　赵柯柯　孙　瑞　董晓燕　孔　娟

主　审　易树柏

WUHAN UNIVERSITY PRESS

武汉大学出版社

图书在版编目(CIP)数据

遥感技术应用/王冬梅主编．—2版.—武汉:武汉大学出版社,2023.6(2025.2重印)

“十四五”职业教育河南省规划教材　高等职业教育测绘地理信息类规划教材

ISBN 978-7-307-23743-8

Ⅰ.遥…　Ⅱ.王…　Ⅲ.遥感技术—职业教育—教材　Ⅳ.TP7

中国国家版本馆CIP数据核字(2023)第077636号

责任编辑:鲍　玲　　责任校对:李孟潇　　版式设计:马　佳

出版发行:**武汉大学出版社**　(430072　武昌　珞珈山)

(电子邮箱:cbs22@ whu.edu.cn 网址:www.wdp.com.cn)

印刷:武汉中科兴业印务有限公司

开本:787×1092　1/16　印张:20.25　字数:482千字　插页:1

版次:2019年1月第1版　2023年6月第2版

2025年2月第2版第4次印刷

ISBN 978-7-307-23743-8　定价:49.00元

前　言

遥感是一门利用航天、航空、地面平台获取空间影像信息，测定目标物的形状、大小、空间位置、性质及其相互关系的学科。遥感技术能够提供不同时空尺度、多层次、多领域、全方位的数据，为资源、环境、灾害、交通、城市发展等诸多与社会可持续发展密切相关的领域服务，以及在国民经济建设与发展中发挥重要作用，因此，具有坚实遥感专业知识与技能的应用型人才成为迫切需求。近年来，我国科学技术迅猛发展，经济实力快速增长，航天事业也出现空前繁荣的局面。借此，为推进习近平新时代中国特色社会主义思想进教材、进课堂、进头脑，结合我国遥感技术的新发展来挖掘、梳理课程思政元素，为此，本版修订主要是增加中国遥感技术发展史和我国自主发射的各类系列卫星的内容，例如高分陆地系列卫星、风云气象系列卫星、海洋系列卫星等。

本教材编写团队根据高职院校人才培养目标的要求和高职学生的特点，注重产教融合、校企合作，在多年教学经验与企业工作经验的基础上，经过总结设计，形成教材的内容。本教材以遥感技术系统为主线，围绕遥感技术基本知识、遥感图像处理、遥感图像目视判读、遥感图像分类、遥感专题制图与遥感技术的应用等内容，以遥感图像处理软件ERDAS IMAGINE为平台，参考最新规范，结合具体的遥感图像处理工程实践来编写教学内容。全书共有以下9个学习型项目：遥感技术概论、电磁波及遥感物理基础、遥感平台与运行特点、遥感传感器及其成像原理、遥感图像处理、遥感图像的判读、遥感图像的分类、遥感专题制图和遥感技术的应用。

本书共有9个学习型项目，由王冬梅(黄河水利职业技术学院)担任主编，赵柯柯、孙瑞、董晓燕和孔娟担任副主编。项目1由熊娜(湖北城市建设职业技术学院)编写；项目2由董晓燕(黄河水利职业技术学院)编写；项目3由赵柯柯(黄河水利职业技术学院)编写；项目4由杨传宽(黄河水利职业技术学院)编写；项目5、7、8由王冬梅(黄河水利职业技术学院)编写；项目6由孙瑞(黄河水利职业技术学院)编写；项目9由孔娟(黄河勘测规划设计研究院有限公司)编写。全书由王冬梅负责统稿、定稿，并对部分内容进行补充和修改。

本书作为国家教学资源库测绘地理信息技术专业“遥感原理与制图”课程的配套教材，该教材所有内容以微课、动画、虚拟仿真、视频、课件、工程案例、技能实训等形式搭建在职业教育专业教学资源库平台上(网址：https：//zyk. icve. com. cn/courseDetailed？ id = ivgoaiknekra-wsjn0rd-a&openCourse = ivgoaiknekra-wsjn0rd-a)，读者可以随时随地免费学习，并可以与主讲教师互动。

本书在编写过程中，很多专家提出了宝贵的意见，为本书的出版做了大量的工作，谨此表示感谢；同时，作者参阅了大量的文献资料，在此向文献作者们表示衷心的感谢。

由于遥感技术的快速发展和编者水平的限制，书中不当之处在所难免，敬请读者批评指正。

王冬梅

2023 年 1 月

目　　录

项目 1　遥感技术概论

☞ 学习目标

本项目包括 3 个学习型任务：遥感技术的基础知识、遥感技术的发展历程与发展趋势和中国遥感技术发展史。通过本项目的学习，掌握遥感的基本概念、遥感技术系统的组成，了解遥感的分类、遥感技术的特点、遥感技术的发展历程与发展趋势及遥感技术有待解决的问题，理解 3S 集成技术的相关知识，熟悉中国遥感技术的发展概况。同时，通过对中国遥感技术发展情况的学习，学生能够深刻地体会到我国老一辈科技工作者面对关键核心技术要不来、买不来、讨不来的局面所表现出的自力更生、自强自立的志气以及锲而不舍、无私奉献的精神，激励学生继承和发扬以爱国主义为核心的民族精神和以改革创新为核心的时代精神。

任务 1.1　遥感技术的基础知识

遥感技术是 20 世纪 60 年代兴起并迅速发展的一门综合性空间信息科学，对于全面、准确地认识人类赖以生存的地球家园，起着越来越重要的作用，特别是在各类资源勘察、环境监测、全球变化及各类动态变化监测等方面表现出无与伦比的优越性。

遥感技术的迅速发展，促使摄影测量技术产生革命性的变化，从以飞机为平台的航空摄影，发展到以航天飞机、人造地球卫星等为平台的航天遥感，极大地拓展了人们的观测空间，形成了地球资源和环境进行探测与监测的立体观测体系。同时，遥感技术在测绘、城市规划、环境保护、地质勘探、农业和林业以及军事等领域中的广泛应用，产生了十分可观的经济效益和显著的社会效益。

1.1.1　遥感的概念

遥感，简称 RS，来源于英文 Remote Sensing，即“遥远的感知”。从字面上理解，就是远距离不接触“物体”而获得其信息。它通过遥感器“遥远”地采集目标对象的数据，并通过对数据的分析来获取有关地物目标、地区、现象的信息的一门科学和技术。

自然现象中也普遍存在着遥感，例如我们读“遥感”此词的本身就相当于一个遥感的过程。人眼作为“遥感器”，通过对这两个字的反射光谱响应(明暗差异)，作为一种字符形式反映到人脑，经过人脑的分析或解译而传达“遥感”这个信息。

遥感通常有广义和狭义的理解。

广义的遥感，泛指从远处探测、感知物体与事物的技术，即不直接接触物体本身，从远处通过仪器探测和接收来自目标物体的信息(如电场、磁场、电磁波、地震波等信息)，经过信息的传输、处理及分析，识别物体的属性及其分布等特征的技术。在实际工作中，只有电磁波探测属于遥感的范畴。

狭义遥感是指从远距离、高空，以至外层空间的平台上，利用可见光、红外、微波等遥感器，通过摄影、扫描等各种方式，接收来自地球表层各类地物的电磁波信息，并对这些信息进行加工处理，从而识别地面物质的性质和运动状态的综合技术。简言之，遥感就是远距离感知目标物反射或自身辐射的电磁波信息，并对目标进行探测和识别的技术。

太阳作为电磁辐射源，它所发出的光也是一种电磁波。太阳光从宇宙空间到达地球表面须穿过地球的大气层。太阳光在穿过大气层时，会受到大气层对太阳光的吸收和散射影响，因而使透过大气层的太阳光能量受到衰减。但是大气层对太阳光的吸收和散射影响会随着太阳光的波长变化而变化。地面上的物体就会对由太阳光所构成的电磁波产生反射作用和吸收作用。由于每一种物体的物理和化学特性以及入射光的波长不同，因此它们对入射光的反射率也不同。入射光在物体表面反射所得的光谱就是反射光谱，它反映了物体反射电磁辐射的能力随电磁波波长(或频率)而变化的特性。任何物体都具有光谱特性，具体地说，它们都具有不同的吸收、反射、辐射光谱的性能。在同一光谱区各种物体反映的情况不同，同一物体对不同光谱的反映也有明显差别。即使是同一物体，在不同的时间和地点，由于太阳光照射角度不同，它们反射和吸收的光谱也各不相同。遥感技术就是利用遥感器探测地物目标的光谱特征，并将特征记录下来，对物体作出判断。因此，遥感技术主要建立在物体反射或发射电磁波的原理基础之上。

小贴士

人类一直将感知遥远、洞察古今、预测未来的希望寄托于“千里眼”和“顺风耳”的神话传说中，直到盛唐诗人王之涣的“欲穷千里目，更上一层楼”才真正给了我们“高瞻远瞩”的哲思启迪。遥感正是这样一门将人类的梦想照进现实的“可上九天揽月，可下五洋捉鳖”的科学与技术，它是在不直接接触的情况下，对目标物体或自然现象远距离探测与感知的一门科学和技术，已被广泛应用于气象、海洋、资源、环境、农业、林业、灾害应急、军事等领域，与此同时，遥感也是一门艺术，它以其独特的电磁波“千里眼”帮助我们发现和记录人类家园的天然的艺术美。

1.1.2　遥感的分类

遥感的分类方法有很多，主要从以下方面对其进行划分。

1. 遥感平台

遥感平台是遥感过程中承载遥感器的运载工具。根据遥感平台的不同，遥感可分为地面遥感、航空遥感和航天遥感。

地面遥感，即把传感器设置在地面平台上，如车载、船载、手提、固定或活动高架平台等，是遥感的基础。

航空遥感，又称机载遥感，传感器设置于航空器上，主要是利用飞机、气球等对地球表面进行遥感，其特点是灵活性大、影像清晰、分辨率高，并且历史悠久，已形成较完整的理论和应用体系。

航天遥感，又称星载遥感，传感器设置于环绕地球的航天器上，主要是利用人造地球卫星、航天飞机、空间站、火箭等对地球进行遥感，其特点是成像精度高、宏观性好、可重复观测、影像获取速度快，不受自然因素和条件的影响。

2. 遥感器记录方式

根据遥感器记录方式的不同，遥感可分为成像遥感与非成像遥感。

成像遥感是指能够获得图像信息方式的遥感。根据其成像原理，可分为摄影方式遥感和非摄影方式遥感。一般说来，摄影方式遥感是指利用光学原理摄影成像的方法获得的图像信息的遥感，如使用多光谱摄影机进行的航空和航天遥感。非摄影方式遥感是指用光电转换原理扫描成像方法获得图像信息的遥感，如使用红外扫描仪、多光谱扫描仪、侧视雷达等进行的航空和航天遥感。

非成像遥感是指只能获得数据和曲线记录的遥感，如使用红外辐射温度计、微波辐射计、激光测高仪等进行的航空和航天遥感。

3. 遥感器工作方式

根据遥感器工作方式的不同，遥感可分为主动遥感与被动遥感。

主动遥感，也称有源遥感，指从遥感平台上的人工辐射源向目标发射一定形式的电磁波，再由遥感器接收和记录其反射波的遥感系统，如雷达即属于主动遥感。

被动遥感，也称无源遥感，指传感器不向被探测的目标物发射电磁波，而是直接接收来自地物反射自然辐射源(如太阳)的电磁辐射或自身发出的电磁辐射而进行的探测。目前主要的遥感方式是被动遥感。

4. 传感器探测波段

按常用的电磁波谱段不同，遥感分为紫外遥感、可见光遥感、红外遥感和微波遥感。

紫外遥感，对探测波长为 0.05~0.38μm 的电磁波的遥感。

可见光遥感，对探测波长为 0.38~0.76μm 的电磁波的遥感，是应用比较广泛的一种遥感方式，一般采用感光胶片(图像遥感)或光电探测器作为感测元件。可见光遥感具有较高的地面分辨率，但只能在晴朗的白昼使用。

红外遥感，对探测波长为 0.76~1 000μm 的电磁波的遥感，又可分为以下三种：近红外遥感，波长为 0.76~1.5μm，用感光胶片直接感测；中红外遥感，波长为 1.5~5.5μm；远红外遥感，波长为 5.5~1 000μm；中、远红外遥感通常用于遥感物体的辐射，具有昼夜工作的能力。

微波遥感，对探测波长为1~1 000mm的遥感。微波遥感具有昼夜工作的能力，但空间分辨率低。雷达是典型的主动微波系统，常采用合成孔径雷达作为微波遥感器。

5. 遥感的波段宽度及波谱的连续性

遥感按波段的宽度及波谱的连续性分为高光谱遥感、多光谱遥感和常规遥感。

高光谱遥感，是指使用成像光谱仪遥感器将电磁波的紫外、可见光、近红外和中红外区域分解为数十至数百个狭长的电磁波段，并产生光谱连续的图像数据的遥感技术。

多光谱遥感，利用多通道遥感器(如多光谱相机、多光谱扫描仪)将较宽波段的电磁波分成几个较窄的波段，通过不同波段的同步摄影或扫描，分别取得几张同一地面景物同一时间的不同波段影像，从而获得地面信息的遥感技术。

常规遥感，又称宽波段遥感，波段宽一般大于100nm，且波段在波谱上不连续。

6. 遥感应用领域

在大的研究方面，遥感可分为外层空间遥感、大气层遥感、陆地遥感、海洋遥感等。按其具体应用领域分类，可分为环境遥感、大气遥感、资源遥感、海洋遥感、地质遥感、农业遥感、林业遥感等。

环境遥感是指以探测地球表层环境的现象及其动态为目的的遥感探测活动。

大气遥感是指仪器不直接同某处大气接触，在一定距离以外以测定某处大气的成分、运动状态和气象要素值为目的的遥感探测活动。

资源遥感是以地球资源的探测、开发、利用、规划、管理和保护为目的的遥感探测活动。

海洋遥感是以获取海洋景观和海洋要素的图像或数据资料为目的的遥感探测活动。

地质遥感是综合应用现代遥感技术来研究地质规律，以地质调查和资源勘察为目的的遥感探测活动。

农业遥感是指以农业资源调查、土地利用现状分析、农业病虫害监测、农作物估产等为目的的遥感探测活动。

林业遥感是指以资源清查与监测、火灾监测预报、病虫害监测、火灾评估等为目的的遥感探测活动。

1.1.3　遥感技术系统

遥感技术系统一般由四部分组成：遥感平台、遥感器、遥感数据接收与处理系统，以及遥感资料分析与解译系统，如图1.1所示，其中遥感器是遥感技术系统的核心部分。

1. 遥感平台

在遥感中搭载遥感器的工具称为遥感平台，它既是遥感器赖以工作的场所，又是遥感中“遥”字的具体表现。遥感平台的运行特征及其姿态稳定状况直接影响遥感器的性能和遥感资料的质量。目前遥感平台主要有飞机、火箭和卫星等。

2. 遥感器

遥感器是收集、探测、记录和传送目标中反射或辐射来的电磁波的装置。实际上不与

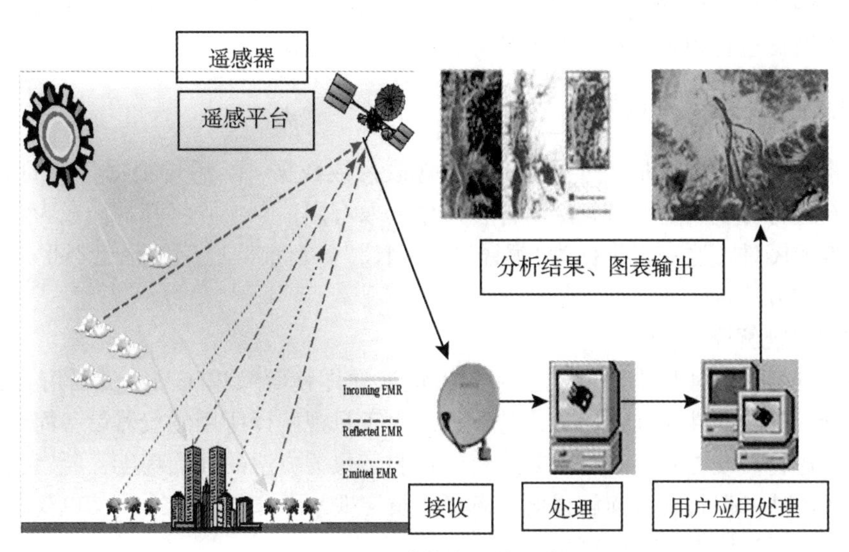

图 1.1 遥感技术系统组成

物体直接接触，便能得知物体的属性情况的仪器设备或器官都是遥感器。例如：眼、耳、鼻等遥感器官，摄影机、摄像机、扫描仪、雷达、成像光谱仪、光谱辐射仪等遥感器。

遥感器能把电磁辐射按照一定的规律转换为原始图像。原始图像被地面站接收后，经过一系列复杂的处理，才能提供给不同的用户使用，他们才能用这些处理过的影像开展后续工作。针对不同的应用和波段范围，人们已经研究出很多种遥感器，探测和接收物体在可见光、红外线和微波范围内的电磁辐射。

3. 遥感数据接收与处理系统

1)数据的传送与接收

遥感数据主要是指航空遥感和卫星遥感所获取的胶片和数字图像。航空遥感数据一般是航摄结束后待航空器返回地面时回收，又叫直接回收方式。对于卫星遥感数据，不可能采用直接回收方式，而是采用视频传输方式接收遥感数据。

视频传输是指传感器将接收到的地物反射或发射电磁波信息，经过光电转换，将光信号转变为电信号，以无线电传送的方式将遥感信息传送到地面站。

2)数据的加工与处理

通常情况下，遥感数据的质量只依赖于进入遥感器的辐射强度，而实际上，由于大气层的存在以及遥感器内部检测器性能的差异，使得反映在图像上的信息量发生变化，引起图像失真、对比度下降等。此外，由于卫星飞行姿态、地球形状及地表形态等因素影响，图像中地物目标的几何位置也可能发生畸变。因此，原始遥感数据被地面站接收后，要经过数据处理中心作一系列复杂的辐射校正和几何校正处理，消除畸变，恢复图像，再提供给用户使用。

遥感卫星数据加工处理步骤：原始数据一般记录在高密度磁带上，首先，需回放读出；然后，输入计算机提取卫星姿态与星历轨道数据，提供校正遥感图像所需的参数；最后，对图像数据进行辐射校正与几何校正，并提供注记信息。

4. 遥感资料分析与解译系统

用户得到的遥感资料是经过预处理的图像胶片或数据，然后再根据各自的应用目的，对这些资料进行分析、研究和判断解译，从中提取有用信息，并将其翻译成为我们所利用的文字资料或图件，这一工作称为“解译”或“判读”。目前，遥感解译已经形成一些规范的技术路线和方法。

1)常规目视解译

所谓常规目视解译是指人们用手持放大镜或立体镜等简单工具，凭借解译人员的经验，来识别目标物的性质和变化规律的方法。由于目视解译所用的仪器设备简单，在野外和室内都可进行。既能获得一定的效果，还可验证仪器方法的准确程度，所以它是一种最基本的解译方法。但是，目前解译既受解译人员专业水平和经验的影响，也受眼睛视觉功能的限制，并且速度慢，不够精确。

2)电子计算机解译

电子计算机解译是 20 世纪发展起来的一种解译方法，它利用电子计算机对遥感影像数据进行分析处理，提取有用信息，进而对待判目标实行自动识别和分类。该技术既快速、客观、准确，又能直接得到解译结果，是遥感资料分析与解译的发展方向。

1.1.4　遥感技术的特点

遥感技术作为一门对地观测综合性科学，它的出现和发展既是人们认识和探索自然界的客观需要，更有其他技术手段与之无法比拟的特点。

1. 宏观观测，大范围获取数据资料

遥感使用的航摄飞机高度可达 10km 左右，陆地卫星轨道高度达到 910km 左右，因此可及时获取大范围的信息。遥感探测能在较短的时间内，从空中乃至宇宙空间对大范围地区进行对地观测，并从中获取有价值的遥感数据。这些数据拓展了人们的视觉空间，为宏观掌握地面事物的现状创造了极为有利的条件，同时也为宏观研究自然现象和规律提供了宝贵的第一手资料。这种先进的技术手段是传统的手工作业无法比拟的。如一幅美国的陆地卫星 Landsat 图像，覆盖面积为 $185\text{km}\times185\text{km}=34\ 225\text{km}^2$，在 5～6min 内即可扫描完成，实现了对地的大面积同步观测；一幅地球同步气象卫星图像可覆盖 1/3 的地球表面，实现更宏观的同步观测。

2. 获取信息的速度快、周期短

由于卫星围绕地球运转，从而能及时获取所经地区的各种自然现象的最新资料，以便更新原有资料，或根据新旧资料变化进行动态监测，这是人工实地测量和航空摄影测量无法比拟的。例如，陆地卫星 4、5，每 16 天可覆盖地球一遍，NOAA 气象卫星每天能收到两次影像。Meteosat 每 30 分钟可获得同一地区的影像。

3. 对地观测不受地面条件限制

在地球上有很多地方，自然条件极为恶劣，人类难以到达，如高山峻岭、密林、沙漠、沼泽、冰川、两极、海洋等，或因国界限制而不易到达的地区，采用不受地面条件限制的遥感技术，特别是航天遥感可方便及时地获取各种宝贵资料。

4. 获取信息的手段多，信息量大

根据不同的任务，遥感技术用不同的波段和不同的遥感仪器，取得所需的信息；不仅能利用可见光波段探测物体，而且能利用人眼看不见的紫外线、红外线和微波波段进行探测；不仅能探测地表的性质，而且可以探测到目标物的一定深度，利用不同波段对物体不同的穿透性，还可获取地物内部信息。例如，地面深层、水的下层、冰层下的水体、沙漠下面的地物特性等；微波波段还具有全天候工作的能力；遥感技术获取的信息量非常大，以 4 波段陆地卫星多光谱扫描图像为例，像元点的分辨率为 79m×57m，每一波段含有 7 600 000个像元，一幅标准图像包括四个波段，共有 3 200 万个像元点。

5. 能动态反映地面事物的变化

遥感探测能周期性、重复地对同一地区进行对地观测，这有助于人们通过所获取的遥感数据，发现并动态地跟踪地球上许多事物的变化，同时，研究自然界的变化规律，尤其是在监视天气状况、自然灾害、环境污染甚至军事目标等方面，遥感技术的应用就显得格外重要。

6. 获取的数据具有综合性

遥感探测所获取的是同一时段、覆盖大范围地区的遥感数据，这些数据综合地展现了地球上许多自然与人文现象，宏观地反映了地球上各种事物的形态与分布，真实地体现了地质、地貌、土壤、植被、水文、人工构筑物等地物的特征，全面地揭示了地理事物之间的关联性，并且这些数据在时间上具有相同的现势性。

7. 遥感技术的发展迅速

遥感是在航空摄影的基础上发展起来的，近 60 多年来，随着空间科学技术、电子技术、计算机技术及其他新技术的发展，新型传感器的种类越来越多，遥感应用发展迅速，日新月异。它已成为一门新兴的、先进的，在国民经济和国防事业中不可缺少的、影响深远的空间探测技术。

任务 1.2　遥感技术的发展历程与发展趋势

1.2.1　遥感技术的发展历程

遥感是以航空摄影技术为基础，在 20 世纪 60 年代初发展起来的一门新兴技术。遥感开始为航空遥感。1972年美国发射第一颗陆地卫星，标志着航天遥感时代的开始。经过几十年的迅速发展，目前遥感技术已广泛应用于资源环境、水文、气象、地质地理等领域，已经成为一门实用的、先进的空间探测技术。

1. 萌芽时期及初期发展阶段

1)无记录地面遥感阶段(1608—1838)

1608年汉斯·李波尔赛制造了世界第一架望远镜。1609年伽利略制作了放大三倍的科学望远镜并首次观测月球。1794年气球首次升空侦察为观测远距离目标开辟了先河，但望远镜观测不能把观测到的事物用图像的方式记录下来。

2)有记录地面遥感阶段(1839—1857)

对探测目标的记录与成像始于摄影技术的发展，并与望远镜结合发展为远距离摄影。1839年达盖尔(Daguarre)发表了他和尼普斯(Niepce)拍摄的照片，第一次成功地将拍摄事物记录在胶片上。1849年法国人艾米·劳塞达特(Aime Laussedat)制订了摄影测量计划，成为有目的有记录的地面遥感发展阶段的标志。

3)空中摄影遥感阶段(1858—1956)

1858年，纳达尔用系留气球拍摄了法国巴黎的鸟瞰像片。1860年，J. 布莱克乘气球升空至630m，成功拍摄了美国波士顿的照片。

1903年，莱特(Wright)兄弟发明了飞机，为航空遥感创造了更有利的条件。

1909年，莱特(Wright)兄弟在意大利的森拓赛尔上空用飞机进行了空中摄影，拍摄了第一张航空像片。

第一次世界大战期间(1914—1918)，航空摄影成为军事侦探的重要手段，并形成一定规模，同时像片的判读水平也大大提高，形成了独立的航空摄影测量学的学科体系。

第二次世界大战期间(1931—1945)，出现了彩色摄影、红外摄影、雷达技术等，航空摄影得到进一步发展，微波雷达的出现及红外技术的出现与发展，使遥感探测的电磁波谱段得到了扩展。

2. 现代遥感发展阶段

1957年10月4日，苏联第一颗人造地球卫星的成功发射，标志着空间观测进入新纪元。

20世纪60年代，美国发射了TIROS、ATS、ESSA等气象卫星和载人宇宙飞船。1972年7月，美国发射了第一颗地球资源技术卫星ERTS-1(后改名为Landsat-1)，标志着地球遥感新时代的开始，装有多光谱扫描仪(MSS)传感器，分辨率为79m；1982年Landsat-4被成功发射，装有专题制图仪(TM)传感器，分辨率提高到30m；最新的Landsat-8于2013年2月发射，装有陆地成像仪(OLI)、热红外传感器(TIRS)，分辨率可至15m，至今运行正常。

1986年法国发射SPOT-1，装有PAN和XS遥感器，分辨率提高到10m。SPOT系列卫星是法国空间研究中心CNES研制的一种地球观测卫星系统，至今已发射SPOT卫星1~6号，1986年以来，SPOT已经接受存档超过700万幅全球卫星数据，提供了准确、丰富、可靠、动态的地理信息源，满足了制图、农业、林业、土地利用、水利、国防、环境、地质勘探等多个应用领域不断变化的需要。

1999 年美国发射 IKONOS，这是世界上第一颗提供高分辨率卫星影像的商业遥感卫星。IKONOS 卫星的成功发射不仅实现了提供高清晰度且分辨率达 1m 的卫星影像，而且开拓了一个新的更快捷、更经济获得最新基础地理信息的途径，更是创立了崭新的商业化卫星影像的标准。IKONOS 是可采集 1m 分辨率全色和 4m 分辨率多光谱影像的商业卫星，同时全色和多光谱影像可融合成 1m 分辨率的彩色影像。时至今日，IKONOS 已采集超过 $2.5\times10^8km^2$ 涉及每个大洲的影像，许多影像被中央和地方政府广泛用于国防建设、军事测绘、交通管理及城市规划等领域。在 681km 高度的轨道上，IKONOS 的重访周期为 3 天，并且可从卫星直接向全球 12 个地面站传输数据。

低空间高时相的 AVHRR(气象卫星 NOAA 系统系列，星下点分辨率为 1km)以及其他各种航空航天多光谱传感器亦相继投入运行，形成现代遥感技术高速发展的盛期。除了常规遥感技术迅猛发展，开拓性的成像光谱仪的研制在 20 世纪 80 年代开始，并逐渐形成了高光谱分辨率的新遥感时代。由于高光谱遥感数据能以足够的光谱分辨率区分出那些具有诊断性光谱特征的地标物质，这些是传统宽波段遥感数据所不能探测的，使得成像光谱仪的波谱分辨率得到不断提高。此外，许多具有更高空间分辨率和更高波谱分辨率的商用及军事应用卫星也陆续升空。

信息技术和传感器技术的飞速发展极大地丰富了遥感数据源，每天都有数量庞大的不同分辨率的遥感信息，从各种传感器上接收下来。这些高分辨率、高光谱的遥感数据为遥感定量化、动态化、网络化、使用化和产业化及利用遥感数据进行地物特征的提取，提供了丰富的数据源。

1.2.2　遥感技术的发展现状与趋势

随着科学技术的进步，光谱信息成像化，雷达成像多极化，光学探测多向化，地学分析智能化，环境研究动态化以及资源研究定量化，大大提高了遥感技术的实时性和运行性，使其向多尺度、多频率、全天候、高精度和高效快速的目标发展。

遥感技术总的发展趋势是提高遥感器的分辨率和综合利用信息的能力，研制先进遥感器、信息传输和处理设备以实现遥感系统全天候工作和实时获取信息能力，以及增强遥感系统的抗干扰能力。

1. 遥感影像获取技术越来越先进

随着高性能新型传感器研制开发水平以及环境资源遥感对高精度遥感数据要求的提高，高空间分辨率和高光谱分辨率已是卫星遥感影像获取技术的总发展趋势。遥感传感器的改进和突破主要集中在成像雷达和光谱仪，高分辨率的遥感资料对地质勘测和海洋陆地生物资源调查十分有效。

雷达遥感具有全天候全天时获取影像以及穿透地物的能力，在对地观测领域有很大优势。干涉雷达技术、被动微波合成孔径成像技术、三维成像技术以及植物穿透性宽波段雷达技术会变得越来越重要，成为实现全天候对地观测的主要技术，从而大大提高了环境资源的动态监测能力。

开发和完善陆地表面温度和发射率的分离技术，定量估算和监测陆地表面的能量交换和平衡过程，将在全球气候变化的研究中发挥更大的作用。

由航天、航空和地面观测台站网络等组成以地球为研究对象的综合对地观测数据获取系统，具有提供定位、定性和定量以及全天候、全时域和全空间的数据能力，为地学研究、资源开发、环境保护以及区域经济持续协调发展提供科学数据和信息服务。

2. 遥感信息处理方法和模型越来越科学

神经网络、小波、分形、认知模型、地学专家知识以及影像处理系统的集成等信息模型和技术，会大大提高多源遥感技术的融合、分类识别以及提取的精度和可靠性。统计分类、模糊技术、专家知识和神经网络分类有机结合构成一个复合的分类器，大大提高了分类的精度和类数。多平台、多层面、多传感器、多时相、多光谱、多角度以及多空间分辨率的融合与复合应用，是目前遥感技术的重要发展方向。不确定性遥感信息模型和人工智能决策支持系统的开发应用还有待进一步研究。

3. 3S技术一体化

计算机和空间技术的发展、信息共享的需要以及地球空间与生态环境数据的空间分布式和动态时序等特点，将推动3S(GNSS、GIS、RS)技术一体化。全球导航卫星系统(GNSS)为遥感(RS)对地观测信息提供实时或准实时的定位信息和地面高程模型；遥感为地理信息系统(GIS)提供自然环境信息，为地理现象的空间分析提供定位、定性和定量的空间动态数据；地理信息系统为遥感影像处理提供辅助，用于图像处理时的几何配准和辐射纠正、选择训练区以及辅助关心区域等。在环境模拟分析中，遥感与地理信息系统的结合可实现环境分析结果的可视化。3S技术一体化将最终建成新型的地面三维信息和地理编码影像的实时或准实时获取与处理系统。

4. 建立高速、高精度和大容量的遥感数据处理系统

随着3S技术一体化，资源与环境的遥感数据量和计算机处理量也将大幅度增加，遥感数据处理系统就必须要有更高的处理速度和精度。神经网络具有全并行处理、自适应学习和联想功能等特点，在解决计算机视觉和模式识别等特大复杂的数据信息方面有明显优势。认真总结专家知识，建立知识库，寻求研究定量精确化算法，发展快速有效的遥感数据压缩算法，建立高速、高精度和大容量的遥感数据处理系统。

5. 建立国家环境资源信息系统

国家环境资源信息是重要的战略资源，环境资源数据库是国家环境资源信息系统的核心。我们要提高对环境资源的宏观调控能力，为我国社会经济和资源环境的协调可持续发展提供科学的数据和决策支持。

6. 建立国家环境遥感应用系统

国家环境遥感应用系统将利用卫星遥感数据和地面环境监测数据，建立空天地一体化的国家级生态环境遥感监测预报系统以及重大污染事故应急监测系统，可定期报告大气环境、水环境和生态环境的状况。环境遥感地理信息系统是其支撑系统，在各种应用软件的辅助下可实现环境遥感数据的存储、处理和管理；环境遥感专业应用系统是其应用平台，在环境专业模型的支持下实现环境遥感数据的环境应用；环境遥感决策支持系统是其最上层系统，在环境预测评价和决策模型的驱动下进行环境预测评价分析，制定环境保护的辅助决策方案；数据网络环境是其数据输入和输出的开放网络环境，实现环境海量数据的快速流通。

1.2.3　遥感技术有待解决的问题

从遥感数据的处理与遥感数据的应用两个方面来分析，提出以下遥感有待解决的问题。

1. 遥感数据的处理方面

随着各类传感器空间分辨率的提高，高分辨率遥感数据的获取，有利于分类精度的提高，但也增加了计算机分类的难度。

高分辨率遥感数据不易获取较大空间范围的数据，较低分辨率数据空间信息不够详细这对矛盾，在遥感科学中必须研究利用不同尺度遥感数据获取地表信息时的时空对应关系和不同尺度数据间的转换关系及互补关系。

同种传感器不同时期获取的图像会存在由于视角不同引起的图像形变，当多幅图像被镶嵌在一起时，困难更为突出。由于图像采集时间、获取方式等不同，多源图像配准仍然存在诸多问题，需要不断开展研究。

遥感数据信息自动提取是一个长期的遥感科学难题。如何全面地比较分析目前遥感数据分类算法各自的特点，至今没有验证分类效果的标准。此外，单像元、单时相、单景图像分类已远远不能满足分类制图的需要。科学和用户需求常常是针对某个流域或行政边界，甚至是整个国家或全球范围的。因此，研究多时相、大范围图像分类算法势在必行。基于多时相、多源遥感数据的变化检测、估计与分类是遥感应用处理中的共性关键技术，目前存在变化信息提取方法单一、与人工目视水平有较大差异、自动化程度低等问题。

多源遥感数据信息提取集成是一个新的研究领域，它与数据融合和信息融合不同。数据融合主要是指将不同来源或不同分辨率的数据中的空间变化和辐射特征继承到相对较少的几个特征参数中，以便于进一步解析或分析图像、提取信息。而信息融合从概念上虽然内涵宽泛，但实际应用上主要是指在定性提取信息(如图像分类)时，如何将从不同来源得到的定性信息集成起来，以达到更准确的定性信息；如何综合运用各类信息提取技术，集成多尺度信息提取的结果以更好地从各类遥感数据提取定量信息是值得研究的问题。

定量遥感基础理论与方法不足，主要表现为：实用的遥感模型不足，模型参数提取困难，反演理论与方法的实用化不够，基于先验知识的参数估计的实现中的数据源问题等。从定性、半定性、半定量到定量，有一个必然的过渡过程。定量遥感技术很重要，但国内研究刚刚起步，基础技术突破力度与规模化应用还不够。波谱特征分析和面向专业应用的波谱特性库是提高遥感定量应用能力的重要基础。缺乏数据平台和数据验证结果，影响遥感技术的研究和应用水平。

2. 遥感数据的应用方面

科学应用中的四维数据同化问题。四维数据同化中的四维是空间和时间维，数据同化是指对过程的数值模拟和包括遥感数据在内的实际观测数据的集成使用，最终能生成具有时间一致性、空间一致性和物理一致性的数据集，其目的是通过遥感数据的辅助改善环境模型的模拟精度，改善遥感数据产品的精度。四维数据同化技术对于遥感观测与地学系统过程模拟的结合至关重要。同时，它也是遥感信息同化的终极目的之一。现在，有不同的卫星数据，还有航空甚至是地面测量数据，能够提供地球表面参数，但是如何集各种信息提取方法之长，形成质量更好、时间采样频率更高的地表参数产品，是当前遥感应用中要解决的问题。

第一，在网络应用环境下各种软件、工具和数据库不能很好地集成。

第二，自主的高精度数据资源缺乏，需要更高分辨率数据的应用技术，但必须考虑业务化运行系统的运行成本的可承受性。

第三，遥感业务运行系统建设的规范化和标准化还不够。在不同部门和不同应用领域中数据缺少连续性和一致性。新的数据源和技术难以嵌入应用于原有应用系统。

第四，数据资源是共同面临的大问题，包括遥感数据的稳定性和连续性问题及对基础地理、地质等数据存在公共需求问题。必须在管理层面上走数据联合的道路，相互自愿，形成机制，共同受益。

1.2.4 3S集成技术

遥感(RS)技术通过不同遥感传感器来获取地表数据，然后进行处理、分析，最后获得感兴趣地物的有关信息，并且随着遥感技术的发展，这种技术所能获得的信息越来越丰富。地理信息系统(GIS)的长处在于对空间数据进行分析。如果将两者集成起来，一方面，遥感(RS)能帮助地理信息系统(GIS)解决数据获取和更新的问题；另一方面，可以利用地理信息系统中的数据解决遥感图像处理的问题。由于全球导航卫星系统(GNSS)在实时定位方面的优势，使得GNSS与遥感图像处理系统的集成变得很自然。不管是地理信息系统，还是遥感图像处理系统，处理的都是带坐标的数据，而全球导航卫星系统(GNSS)是当前获取坐标最快、最方便的方式之一，同时精度也越来越高。3S集成，即遥感(RS)、地理信息系统(GIS)和全球导航卫星系统(GNSS)的集成可谓是水到渠成的事。

1. 遥感(RS)与地理信息系统(GIS)的结合

GIS是以地理空间数据库为基础，在计算机软件和硬件的支持下，对空间相关数据进行采集、管理、运算、分析、模拟和显示，并采用地理模型分析方法，实时提供多种空间和动态的地理信息，为地理研究和地理决策服务而建立起来的计算机技术系统。

GIS是遥感图像处理和应用的技术支撑，如遥感图像的几何配准、专题要素的演变分析、图像输出等。遥感图像则是地理信息系统的重要信息源，如向GIS提供最现实的基础信息，利用RS立体图像可自动生成数字高程模型(DEM)，为GIS提供地形信息。通过数字图像处理、模式识别等技术，对航天遥感数据进行专题制图，以获取专题要素的基本图像数据及属性信息，为 GIS 提供图形信息。RS 与 GIS 内在的紧密关系，决定了两者发展的必然结合。这种结合现在主要应用在地形测绘、数字高程模型数据自动提取、制图特征提取、提高空间分辨率和城市与区域规划以及变形监测等方面。

GIS 和 RS 是两个相互独立发展起来的技术领域，但它们存在着密切的关系，一方面，遥感信息是 GIS 中重要的信息源；另一方面，遥感调查中需要利用 GIS 中的辅助数据(包括各种地图、地面实测数据、统计资料等)来改善遥感数据的分类精度和制图精度。

1)GIS 与 RS 结合的方式

总的来说，GIS 与 RS 的结合主要有以下两种方式：

通过数据接口，使数据在彼此独立的 GIS 和 RS 图像分析系统两者之间交换传递。这种结合是相互独立的、平行的，它可以将图像处理后的结果输入 GIS，同时也能将 GIS 空间分析的结果输入图像处理软件，从而实现信息共享。

GIS 和 RS 图像处理系统直接组成一个完整的综合系统(集成系统)。当 GIS 与 RS 的结合以 RS 为主体时，GIS 是作为基本数据库，用以提供一系列基本数据，来弥补遥感数据的不足，提高遥感数据的分类精度。

2)RS 调查中 GIS 的应用

在遥感调查中，GIS 的应用主要有三个方面：

(1)RS 数据预处理：

在遥感数据几何校正时，通常是以 GIS 中的地图为基准，通过选取控制点的方法，对遥感图像进行几何校正。此外通过地图与遥感图像的叠置，还可以切割出所需区域的遥感数据。

遥感数据的辐射校正包括大气校正和传感器校正，在地形起伏较大的地区，为了消除地形对影像的影响，需要利用 GIS 中的 DEM 数据对遥感数据进行辐射校正。

(2)遥感数据分类：

地理信息系统在遥感数据分类中的应用主要是利用系统中各种辅助数据参与分类，最常用的辅助数据是地形数据，另外还有土壤、植被、森林等各种专题图数据。

遥感专家很早就认识到辅助数据(包括各种地图、地面实测数据、统计资料等)在遥感图像分类中的重要性。在过去的二十几年中，已发展了很多利用辅助数据提高分类精度的方法，地理信息系统的发展使得辅助数据和遥感数据的结合更加广泛和深入。

(3)遥感制图：

地图是遥感调查最主要的成果，地图上除了类型界线外，还需要有行政界线、注记等要素，这些要素往往不能直接从遥感数据中获取；另外，一些道路、河流由于分辨率的限制，也不能从遥感数据中提取出来。为了使分类结果能以地图形式输出，需要采用信息复合的方法，把地理信息系统中的行政界线、注记等要素叠加到分类结果图上，从而形成完整的地图。

3)遥感图像判读专家系统

在 GIS 与 RS 结合的领域中，遥感图像判读专家系统的发展十分引人注目。专家系统通常由三个部分组成：知识库(KBS)、推理机(INE)和用户接口(UIS)。遥感图像判读专家系统汇集了遥感及有关领域专家的知识及经验，利用计算机模拟专家的思维过程，研究和解决不确定的、经验性的问题，充分利用GIS中的各种辅助数据，从而提高遥感数据的分类精度。目前，遥感图像判读专家系统在知识的表示和获取方面还存在很大困难，还有许多的基础工作要做。

2. RS与GNSS的结合

GNSS是一种利用卫星定位技术快速、实时确定地面目标点空间坐标的方法。遥感与GNSS的结合应用，将大大减少遥感图像处理所需要的地面控制点，并且可实时获取数据、实时进行处理，使RS图像的应用信息直接进入GIS，为GIS数据的现势性提供新的数据接口，由此可加速新一代遥感应用技术系统的自动化进程以及作业流程和处理技术的变革。目前，RS与GNSS的结合主要应用于地形复杂的困难地区制图、地质勘探、考古、导航、环境动态监测以及军事侦查和指挥等方面。

3. GIS与GNSS的结合

把差分GNSS的实时数据通过串口(RS-232C接口)实时进入GIS中，在数字电子地图上实现实时显示、定位、纠正、线长、面积、体积等空间位态参数的实时计算及显示、记录。

4. 3S集成技术

3S集成构成了整体上的实时动态对地观测、分析和应用的运行系统，为科学研究、政府管理、社会生产提供了新一代的观测手段、描述语言和思维工具。

利用RS提供的最新的图像信息，利用GNSS提供的图像信息中“骨架”位置信息，利用GIS为图像处理、分析应用提供技术手段。3S集成被形象地比作人的“一个大脑+两只眼睛”；GIS充当人的大脑，对所得信息加以管理和分析；RS和GNSS相当于两只眼睛，负责获取浩瀚信息和空间定位。

3S集成是GIS、GNSS和RS三者发展的必然结果。3S集成技术的迅猛发展使得传统的地球系统科学所涵盖的内容发生了变化，形成了综合的、完整的对地观测系统，提高了人类认识地球的能力。现在也有人不仅限于3S，提出更多的系统集成，将3S再加上数字摄影测量系统(DPS)和专家系统(ES)构成“5S”，还有将3S集成系统与实况采集系统(LCS)和环境分析系统(EAS)进行集成以实现地表物体和环境信息的实时采集、处理和分析。

GNSS为RS对地观测信息提供实时或准实时的定位信息和地面高程模型；RS为GIS提供了自然环境信息，为地理现象的空间分析提供定位、定性和定量的空间动态数据；GIS为遥感影像处理提供辅助，用于图像处理时的几何配准和辐射纠正、选择训练区以及辅助关心区域等。在环境模拟分析中，RS与GIS的结合可实现环境分析结果的可视化。3S集成一体化将最终建成新型的地面三维信息和地理编码影像的实时或准实时获取与处理系统。

任务 1.3　中国遥感技术发展史

我国的遥感技术起步较晚，系统的遥感技术发展始于 20 世纪 50 年代初期，主要是引进苏联常规航空摄影技术进行大面积航空摄影，并开始航测成图和航空像片的综合利用(主要是进行森林资源调查和资源开发)。到了 20 世纪 60 年代，航空摄影与航空像片的应用已形成了一套完整的体系，广泛应用于森林资源抽样调查、成图，环境质量调查和评价，以及部分灾情调查和监测中。

20 世纪 70 年代以来，随着遥感技术的飞速发展，我国开始引进和研究现代遥感技术，一方面是从国外购进一批陆地卫星影像和少量仪器设备，开展图像的解译应用工作；另一方面积极开展我国自己的遥感研究工作，建立了地面接收站，发射了一系列对地观测卫星，例如：1970 年 4 月 24 日，我国成功研制并发射了第一颗人造地球卫星“东方红一号”，由此开创了中国航天史的新纪元，使我国成为继苏、美、法、日之后世界上第五个独立研制并发射人造地球卫星的国家。1988 年 9 月 7 日，中国首次成功发射了试验型气象卫星“风云”一号 A 星。此后，陆续发射 FY-1B、FY-1C、FY-1D；“风云”二号 FY-2A～2H 共 8 颗卫星；“风云”三号 FY-3A～3H 共 8 颗卫星和“风云”四号 FY-4A、FY-4B，并计划在 2024 年发射 FY-4C。“风云”系列气象卫星已经成为代表中国力量、具有广泛国际声誉的对地观测卫星，被联合国世界气象组织纳入全球对地观测业务卫星序列，提升了我国及国际最先进的中长期数值天气预报模式的预报时效和精度。“风云”系列气象卫星还承担了国际减灾宪章机制的中方值班卫星任务，在国际气象防灾减灾工作中发挥着重要作用。1999 年我国第一颗以陆地资源和环境为主要观测目标的中巴地球资源卫星(CBERS-01)发射成功，结束了我国没有较高空间分辨率传输型资源卫星的历史，此后又分别于 2000 年、2002 年和 2004 年相继发射了三颗“资源”二号卫星(CBERS-02)，为我国农业、林业、水利、海洋和国土资源等方面的工作提供更准确的遥感数字图像和光学图像产品。在海洋方面，我国正在建立独立的海洋卫星系列，并于 2002 年发射了第一颗海洋卫星——HY-1A，此后又发射了 HY-1B、HY2A～2D 卫星。在对地观测小卫星方面，例如：2005 年发射的“北京一号”(北京-1)是一颗具有双遥感器的对地观测小卫星，它能定期提供覆盖北京市的遥感影像，为北京市城市规划、生态环境监测、重大工程监测、土地利用监测，提供及时、可靠和优质的服务，并曾直接服务于 2008 年北京奥运会。

在传感器的研制方面，我国已成功研制了多光谱相机、多光谱扫描仪、红外扫描仪、微波辐射计、激光测高仪、合成孔径侧视雷达等各种类型的传感器，彩色合成仪和密度分割仪，数字图像处理系统也研制成功。在遥感理论研究和人才培养方面，中国科学院、高等院校等研究机构陆续成立了遥感研究、教育机构，从事理论研究和应用工作，还设置了专门培养遥感技术人才的遥感专业和学科，许多专业开设了遥感课程，国家成立了空间科学技术委员会和遥感中心，组织、领导和协调全国的遥感工作，积极开展与国外的技术与人才交流活动。

1.3.1 中国遥感事业起步之“三大战役”①

20世纪70—80年代，以信息服务为特征的第三次浪潮引领世界新技术革命，科技成果迅速推广应用，社会生产力产生巨大变革。国与国的竞争已由军事竞争、经济竞争转向并表现为以科技为核心的综合国力竞争。1978年3月以“全国科学大会”为标志，中国科技政策发展进入一个全新时期。邓小平同志在大会上作出“科技是第一生产力”的重要论断，中国迎来“科学的春天”。当时，发达国家的遥感技术兴旺发展，显示出极强的应用前景，而中国遥感技术尚处于萌芽阶段。

全国科技大会期间，组建专家组，拟定遥感技术发展框架，并且明确了在发展国产遥感卫星系列之前积极开展遥感应用的思路。1979年，邓小平同志出访美国，亲自主持签订了有关中国遥感卫星地面接收站的协议，引进TM、SPOT等国际卫星数据，开展广泛应用。与此同时，国务院、中央军委于1978年批准开展的腾冲遥感试验，是中国遥感的开拓项目，被誉为“中国遥感的摇篮”。1980年组织开展的天津-渤海湾环境遥感试验，是中国第一次以城市和近海环境为背景的遥感综合性试验，开创了中国城市遥感的先河。1980年12月开展的二滩水能开发遥感试验，是中国第一次将遥感和地理信息系统技术结合应用于大型能源工程的科学试验。

1. 腾冲航空遥感试验

1978年9月，中国科学院牵头组织开展了腾冲航空遥感试验，是大联合、大协同的中国第一次大规模、多学科、综合性航空遥感应用示范试验。

(1)中国首次航空遥感应用示范试验。

中央批准由中国科学院牵头进行腾冲航空遥感试验，从1978年12月开始，至1980年12月结束。当时的预定目标有以下三个：进行航空遥感仪器的检验、勘查自然环境和自然资源、探索遥感技术在科学研究与生产中应用的可能性。这次试验是我国独立自主进行的第一次大规模、多学科、综合性遥感应用试验。中国科学院和云南省动员国内多部门和各种研究机构，有林业部、地质矿产部、核工业部、铁道部、国家测绘局、国家海洋局等16个部委局68个单位的706名科技人员参加，他们利用当时我国研制的第一批遥感仪器设备，完成了预定目标，取得了第一批成果。

(2)开创了基于遥感的自然资源与环境调查工作。

①获得了系统而完整的第一手遥感图像和数据。试验出动了安-30、伊尔-14和米-8共3架飞机，现场航空试验历时50天，飞行46个架次，完成136个飞行小时，取得了覆盖腾冲地区7 000km^{2}范围的5种航空摄影相片和多光谱、热红外两种扫描图像以及激光测高等遥感数据，并首次在机上获取了大量航空地区波谱数据。

②集中实战检验了多种国产遥感传感器。本次试验的仪器、设备及器材，除了RC-10航空摄影机系瑞士进口之外，其余均为中国自主研制，包括四镜头多波段航空相机、六通

---

① 顾行发，余涛，田国良，等. 40年的跨越——中国航天遥感蓬勃发展中的“三大战役”[J]. 遥感学报，2016，20(5)：781.

道红外扫描仪和九通道多波段扫描仪、激光测高仪等。这次试验不仅检验了仪器的性能，而且积累了丰富的数据，促进了机载遥感仪器和特种胶片的研制。

③开创了中国基于遥感的自然资源与环境调查工作。本次试验分为33个专题组，完成了75项专题研究，包括地质、农林、水资源、测绘制图等各个专业的解译制图。本次试验进行了多学科、综合性的自然资源调查，展示了遥感应用的广阔前景。

④展示了遥感在行业部门的巨大应用潜力和应用前景，对中国遥感应用的发展起到了推动作用。本次试验中，科学试验和生产应用密切结合，技术成果得到有效推广与应用，为后来引进成套大型遥感设备提供了科学依据，在一定程度上减少了引进和投资的盲目性。试验的巨大成功极大地增强了推广遥感技术的信心和决心，试验后，全国100多个科研院所、政府部门企事业单位或建立了遥感中心，或扩充专业遥感机构、引进遥感设备，陆续开展专业遥感工作，促使中国遥感应用打开新局面。

(3)开创了技术集成与知识创新的先例。

腾冲航空遥感试验在中国遥感发展史上具有里程碑意义，是中国遥感的开拓项目，起到了遥感发展的播种机和宣传队的作用，被誉为“中国遥感的摇篮”。

中国科学院童庆禧院士作为当年的参加者，曾向《科学时报》提到腾冲航空遥感试验，“我们要将腾冲遥感称作是一次中国人至少中国遥感界的争气遥感”。当年中国本来与某国达成合作协议要组织一次联合遥感试验，后来该国单方面毁约，中止退出。最终中国依靠自己的力量，完成此次综合遥感试验。该次试验证明了中国的航天遥感事业在最初的萌芽发展阶段就具有较强的独立自主能力，且为中国独立研制系统遥感器，开展遥感应用奠定了基础。

2. 天津-渤海湾环境遥感试验

如果说腾冲航空遥感试验是利用中国遥感技术在资源调查领域迈出的第一步，那么于1980年开展的天津-渤海湾环境遥感试验则是中国遥感技术发展迈出的第二步。

(1)直面城市环境问题的大型综合遥感试验。

经济建设的迅猛发展对环境的影响，最突出地表现在城镇环境变化方面，20世纪80年代中国城市环境问题已引起关注。针对天津、渤海湾地区环境“天上孽龙飞，地上浊水流，废渣堆成山，噪声令人愁”等污染严重问题，在原国务院环境保护领导小组办公室的支持下，由中国科学院环境科学委员会、天津市环境保护局和国家海洋局共同主持，在天津开展天津-渤海湾环境遥感试验，共计36个单位400余名科技人员参加了这次以城市环境为中心、以遥感为技术手段的多学科综合性试验。

(2)取得了天津市水、气、土、热污染等生态环境和渤海湾近海海洋环境污染的综合性遥感监测成果。

①开展了城市上空多层大气环境采样和布撒若丹明的海洋污染扩散试验，首次对中国风云气象卫星扫描辐射计进行了航空试验。

②研究区域不仅包括城市和农村，还包括海洋，又包括大气、水体、植被和环境背景，对信息量如此丰富和多样的地区进行综合性的研究，在国内尚属首次。其学术水平、

应用范围和效果均居国内领先地位。

③试验取得了大量反映天津市水、气、土、热污染等生态环境和渤海湾近海海洋环境污染的遥感监测成果，被天津市环保部门和国家海洋部门所采用，为天津市建设规划和老城区改造提供了重要依据。

④以多时相、多层次、多种遥感信息源为基础，将航天、航空遥感所获得的空间信息与自然、社会、经济信息相结合，将遥感图像的目视判读与计算机分析处理相结合，将城市环境的专题要素分析与机助制图技术相结合，在应用研究工作的综合性、系统性以及深入程度方面均有较大进展。

(3)揭开了中国城市遥感的序幕，开创了中国城市遥感的先河。

这是中国第一次城市和近海环境为背景的大面积、多手段、多途径的城市环境遥感综合性试验，反映了中国遥感技术的最新进展，为中国城市环境遥感监测提供了宝贵经验，为中国城市生态环境研究提供了一种新的技术手段。不仅为深入开展航空遥感试验在海洋环境污染方面的应用研究积累了经验，而且所获得的成果将为渤海湾环境质量评价和污染防治提供充分的科学依据。本次试验拉开了中国城市遥感的序幕，开创了中国城市遥感的先河。

3. 二滩水能开发遥感试验

为了加快中国西南五大江河水电资源开发，1980 年中国科学院能源委员会决定在雅砻江二滩水电站区域开展航空遥感试验。

(1)高山峡谷区能源遥感试验。

试验任务是为取得高山峡谷地区水电工程航空遥感的经验，进而为雅砻江梯级开发和五大江河水能利用可行性研究提供新的技术途径。试验由中国科学院遥感应用研究所负责总体设计，中国科学院成都分院负责组织实施，组织全国 23 个单位共 200 余人参加。

(2)取得了二滩水电站地区地质构造及其活动性评价、水库淹没损失评估成果，并首次在国内成功建立二滩-渡口区域地理信息系统。

围绕山区水电工程建设，在高山峡谷区开展了工程地质稳定性航空遥感和地面遥感试验，进行了二滩渡口和锦屏地区的地质构造、新构造运动和地震活动的研究及其地壳稳定性评价，开展了区域地质构造及活动性遥感分析，深化了对工程环境问题的认识。

通过航空遥感辅以地面调查，开展了二滩锦屏地区水文地质特征分析、库区滑坡与泥石流调查，并利用遥感方法估算了水库淹没损失，开展了土地资源清查等多方面的遥感应用和专题研究等其他工作，获得了宝贵的展现试验区环境、地貌、水域、矿产、生态等特征的最新资料，为试验区后续开发建设提供有力的支持。

结合遥感与地面调查资料等开展了建立资源环境数据库的试验。编制了渡口、盐边和米易 3 个县(市)的 1∶5 万土地利用与土地覆盖图、地貌类型图，1∶30 万气候图组和社会经济图组；建立了二滩-渡口地区区域数据库、渡口城市数据库和盐边水库淹没样区数据库，数据库随后移交给渡口市作为区域管理和服务的新手段使用，为遥感与地理信息系统联合应用进行区域环境评估积累了经验，在红水河龙滩、龙口等水电站选址及评价中得到推广应用。

获取了高山峡谷区工程 23 948km² 范围的 1∶4.5 万和 1 000km² 的 1∶1.5 万彩色红外像片，以及热红外扫描图像、多光谱图像等成果，并及时提供给地质、地理、资源、矿产、环境、生态等 14 个单位开展遥感应用研究，支撑了遥感学科在中国的推广。

(3)遥感与地理信息系统首次联合应用进行区域环境评估探索。

二滩水能开发遥感试验是中国第一次将遥感和地理信息系统技术结合应用于大型水电工程选址前期研究，为山区水力开发遥感应用积累了经验，进而为雅砻江梯级开发和加快中国西南五大江河水电资源开发利用的可行性研究提供新的技术途径，有效促进了遥感技术的推广，后来被大量引入其他大型水电站的后期验证和水电站水库淹没损失的理赔数据分析中，发挥了显著的综合经济效益。

中国遥感事业起步之“三大战役”是中国遥感事业发展过程中的里程碑事件，对中国遥感事业人才培养、学科建设、技术进步、学术交流、开拓应用等方面产生深远而长久的影响，具有巨大的社会和经济效益，具体如下：

①集中实战检验了多种国产遥感传感器，不仅检验了仪器的性能，而且积累了丰富的数据，为中国独立研制系统遥感器奠定了基础。

②获得了宝贵的数据资料，为推动中国遥感技术的起步和发展积累了宝贵的经验。

③培养了大量专业素质高、业务水平过硬的技术人才和专家，极大地推动了中国遥感技术人才的培养。

④展现了遥感技术认识自然界的能力，其在社会经济中的作用得到肯定，促进了遥感及相关学科的快速发展。

⑤此后中国航天遥感应用全面开展了国际合作，中国遥感大规模应用研究蓬勃开展。

1.3.2　中国遥感事业产业化蓬勃发展之新“三大战役”

随着航天技术的飞速发展和应用需求的日益增多，欧美等发达国家越来越重视综合观测系统的建设。2000 年，美国在其“地球观测系统”(Earth Observation System，EOS)计划的基础上启动并实施“地球科学事业”计划，揭开 21 世纪空间对地观测和地球系统科学研究新篇章。2003 年，欧盟“哥白尼计划”正式启动，该计划又称全球环境与安全监测计划(Global Monitoring for Environment and Security，GMES)，是到目前为止，欧洲最雄心勃勃的地球系统观测计划，主要是用于协调欧盟全球综合地球观测系统的发展。2005 年，地球观测组织明确了其建立与运行全球综合地球观测系统(Global Earth Observation System of Systems，GEOSS)的目标。在这些计划中，国际合作与融合不断加强，争夺领导权态势愈演愈烈，形成了国际合作与竞争同步提升的态势。

同时，各国更加重视对市场的保护与利用，欧美等航天遥感产业较发达的国家陆续出台航天政策，强调商业航天遥感的重要性。俄罗斯、印度等也积极向产业化方向转轨。

中国的航天遥感经过波澜壮阔的 40 年持续发展、积累与酝酿，已进入加速升级换代和转型发展的关键期。中国的科学技术发展由“国防动力”向“经济动力”转变。习近平指出：“要深入研究和解决经济和产业发展亟须的科技问题，围绕促进转方式调结构、建设现代产业体系、培育战略性新兴产业、发展现代服务业等方面需求，推动科技成果转移转化，推动产业和产品向价值链中高端跃升。①”

针对中国全球发展战略、国民经济、社会和谐、地球观测科技创新、产业发展的需求，中国陆续开展了高分辨率对地观测系统重大专项、国家民用空间基础设施、2030中国综合地球观测系统的规划论证和实施。

1. 高分辨率对地观测系统重大专项

高分辨率对地观测系统重大专项是国务院《国家中长期科学和技术发展规划纲要(2006—2020年)》确定的16个重大科技专项之一，2010年5月经国务院常务会议审议批准全面启动实施，其主要使命是加快中国空间信息与应用技术发展，提升自主创新能力，建设高分辨率先进对地观测系统，满足国民经济建设、社会发展和国家安全的需要。高分专项将统筹建设基于卫星、飞艇和飞机的高分辨率对地观测系统，完善地面设施，与其他观测手段相结合，形成全天候、全天时、全球覆盖的对地观测能力。

2. 国家民用空间基础设施中长期发展规划(2015—2025年)

2015年10月，国家发展和改革委员会、财政部和国防科工局联合发布了《国家民用空间基础设施中长期发展规划(2015—2025年)》，推进科学发展、转变经济发展方式、实现创新驱动的重要手段和国家安全的重要支撑。中国正面临全球综合地球观测系统发展的重大战略机遇，随着中国“一带一路”为核心的国际发展倡议的实施，以及多渠道、多方式的国际交流与合作，必将深化“走出去”战略，加快增强全球服务能力，不断提升业务化服务水平和促进产业化推广，进而提升国际竞争力。

规划充分体现统筹优化的原则，按照“需求综合统筹、载荷优化组合、星座配置组网、星地协同运行、数据集成服务、应用效能评估”的统筹思路，开展“一星多用、多星组网、多网协同、数据集成”的卫星体系构建。

3. 2030中国综合地球观测系统发展战略

中国在落实联合国可持续发展2030发展目标、支撑中国全球发展和“一带一路”倡议，引领地球观测领域创新发展等方面对全球综合地球观测存在旺盛的需求，正面临全球综合地球观测系统发展重大的战略机遇和挑战，需要充分利用地球观测组织(Group on Earth Observation，GEO)这一全球平台在区域和全球层次上加速赶超世界先进国家。

2016年，地球观测组织在新十年规划(GEO 2016 Work Programme；GEO Strategic Plan 2016—2025)中对GEOSS提出新的战略目标，“面向中国全球发展战略需求，到2030年，实现全球综合观测的高动态、一致性、全链条能力建设”。地球观测组织GEOSS新十年的战略目标及其实现途径对于分析、验证中国全球综合地球观测系统战略目标具有重要的借

① 2016年5月30日，习近平在全国科技创新大会、两院院士大会、中国科协第九次全国代表大会上的讲话。

鉴作用，对于空基的地球观测及国际化应用与服务有指导作用。

自中国航天遥感新“三大战役”规划论证和实施以来，中国航天遥感卫星系统、地面系统、应用系统和国际合作等方面均已实现从追赶国外先进技术为主到强化自主创新为主的转变，形成体系化发展局面，中国遥感应用整体上从科研型、工程型向业务型、产业型方向发展。

(1)中国航天遥感卫星发展规划遵循一星多用、多星组网、多网协同、数据集成的原则：按照综合统筹、体系发展原则构建；按照标准化数据工程方法的体系化模式构建；按照民与商统筹的思路构建；逐步形成高中低空间分辨率配置合理、多种观测手段优化组合的综合高效全球观测能力。

(2)中国航天遥感地面规划遵循地面系统统筹接收的原则：陆地、气象、海洋 3 大数据中心互联互通，提供一站式服务。共性技术支撑平台开展技术共享、知识共享、基础设施共享。共享网络平台无缝连接用户，互联互通。

(3)遥感卫星与应用进入转型发展的新阶段：具备独立研制、发射、运行多种类型气象、海洋、陆地遥感业务卫星系统的能力；技术发展从跟踪国外先进技术为主，进入强化自主创新，局部赶超，针对需求建设独立、先进遥感卫星技术体系的新阶段；从采用国外数据为主，转为以国内数据为主；系统观测的范围和领域不断扩大，小规模科研性应用到大规模业务化应用，并与其他信息技术相互融合；遥感应用的卫星平台、载荷、应用与服务的产业化、商业化趋势明显。

(4)在中国航天国际合作应用中，正统筹实施“一带一路”空间信息走廊工程、金砖国家虚拟卫星星座、亚太空间合作组织多任务小卫星星座、全球综合地球观测系统(GEOSS)等多项任务，通过总体布局和开展多层次的中国航天国际合作，并结合中国“一带一路”倡议的大背景，打造“中国航天”名片，在应用领域形成类似于高铁、核能等的市场效果，开展数据、信息、知识各层次的国际服务，提升中国遥感产业在国际上的影响力，培育更多的国际服务需求，以更好地促进中国遥感产业的加速发展。

在 20 世纪 70 年代到 80 年代组织的中国遥感事业起步的“三大战役”，以知识为轴心，开展科研与培育，实现了多学科交叉融合，培养大量专业素质高业务水平过硬的技术人才和专家，并获得丰硕的科技成果和多项国家级奖项，取得显著的经济和社会效益，遥感技术服务社会经济发展的能力得到广泛认同。40 年后，顺应中国当前科技、经济、社会和全球化发展战略需求而实施的新“三大战役”，以科技为突破口，以面向国际为基点，以产业发展为抓手，是当前中国航天遥感事业的顶层性、全局性和指引性纲领，是建设实施的指路灯。

中国航天遥感卫星、地面系统、应用系统等方面均已从追赶国外先进技术为主到强化自主创新为主转变，逐渐形成体系化发展，中国航天遥感应用逐渐实现规模化、业务性和产业性发展。当前，结合中国“一带一路”倡议的大背景，通过中国航天遥感蓬勃发展之新“三大战役”的实施，必将进一步深化“走出去”战略，加快推进遥感卫星应用基础设施建设，拓展全球化服务能力，提升国际竞争力，并向新的发展阶段迈进。

◎ 习题与思考题

1. 什么是遥感？
2. 遥感有哪些分类方法？
3. 遥感技术系统由哪些部分组成？
4. 遥感技术的特点有哪些？
5. 简述遥感技术的发展趋势和在发展过程中需要解决的问题。
6. 3S集成技术及相互关系。
7. 中国遥感技术发展概况。

项目 2　电磁波及遥感物理基础

☞ 学习目标

通过本项目的学习，掌握电磁波谱的概念，理解遥感技术常用的电磁波类型；掌握黑体辐射规律和太阳辐射特点；理解大气对太阳辐射的影响，掌握大气的三种散射作用及其特点；理解大气对电磁波的吸收、散射作用，及其对遥感技术的影响；掌握实际物体发射率或比辐射率的概念；理解物体的发射辐射特性，物理发射率随波长变化的规律，掌握绝对黑体、灰体、选择性辐射体和理想白体等概念，以及物体发射率的影响因素；了解三种反射类型，掌握光谱反射率的概念，反射光谱曲线的概念，理解地物反射光谱特性，能由地物的反射光谱曲线解读不同地物的反射光谱特性，理解影响地物光谱反射率变化的因素；掌握地物波谱特性的概念，了解地物波谱特性的测定原理和测定步骤。同时，根据所学知识，能解释一些自然现象，让学生有学习之后的获得感和成就感。

任务 2.1　电磁波与电磁波谱

2.1.1　电磁波

如前所述，遥感是指应用探测仪器，在不接触目标物体的条件下，远距离探测和获取目标地物反射、辐射或散射的电磁波信息，然后对电磁波信息进行处理分析与应用，从而获取目标地物的特征性质及其变化等有用信息的一门科学和技术。通过探测仪器收集的地物电磁波信息就是遥感的信息源。任何地物都具有不同的电磁波反射或辐射特征。遥感技术物理基础在于不同地物具有独特的电磁波谱特性，这些特性为地物识别与环境监测等应用提供了理论论据。

根据麦克斯韦的电磁场理论，变化的电场能够在它周围引起变化的磁场，这一变化的磁场又在较远的区域内引起变化的电场，并在更远的区域内引起变化的磁场。这种由同频振荡的电场与磁场在空间中以相同的相位传播速度传播的一种电磁场，就是电磁波，它是一种横波，如图 2.1 所示。

电磁波具有波粒二象性，也就是说，电磁波既具有波动性，又具有粒子性。近代物理中，电磁波又称为电磁辐射。电磁辐射在传播过程中，主要表现为波动性，当电磁辐射与物质相互作用时，主要表现为粒子性，即电磁波的波粒二象性。遥感传感器所探测到的目标在单位时间辐射(反射或发射)的能量，由于电磁辐射的粒子性，所以某时刻到达传感

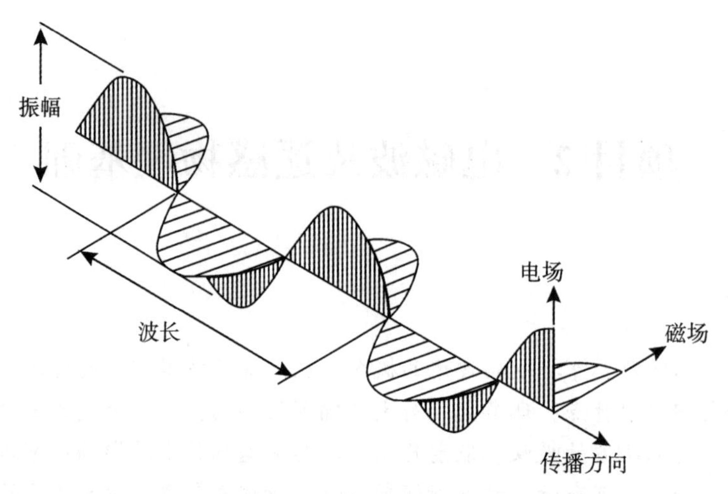

图 2.1　电磁波

器的电磁辐射能量才具有统计性。电磁波的波长不同，其波动性和粒子性所表现的程度也不同。一般来说，波长越短，辐射的粒子特性越明显；波长越长，辐射波动特性越明显。遥感技术正是利用电磁波的波粒二象性来达到探测目标电磁辐射信息的目的。

1. 波动性

电磁波的波动性体现在电磁波是一种横波，具有时空周期性。就单色波来说，电磁波的时空周期性可以用波动方程的波函数来表示，如图 2.2 所示。

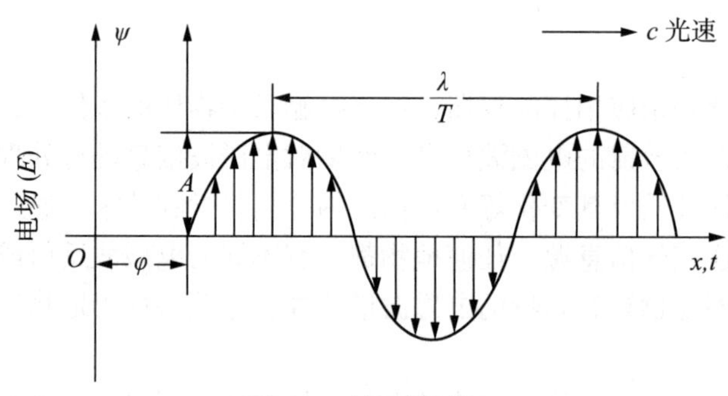

图 2.2　波函数图解

函数表达式为：

$$\psi = A\sin[(\omega t - \kappa x) + \varphi] \tag{2-1}$$

式中，ψ 为波函数，表示电场强度；A 为振幅；ω 为角频率，$\omega = \frac{2\pi}{T}$；κ 为圆波数，$\kappa = \frac{2\pi}{\lambda}$；$t$ 为时间变量；x 为空间变量；φ 为初相位。波函数由振幅和相位组成。一般传感器仅记录电磁波的振幅信息，舍弃相位信息；在全息摄影中，除了记录电磁波的振幅信息，同时也记录相位信息。

电磁波的波动性形成了偏振、衍射、干涉等现象。

1)偏振

电磁波在传播过程中碰到"狭缝"等障碍时，能通过狭缝(与狭缝方向一致)的那部分电场的分振动叫电磁波的偏振(极化)。波长较长的电磁波，其偏振特性尤为明显，如微波和无线电波。自然光(如太阳辐射)由于电场分振动在各个方向大小相等、分布均匀，所以是非偏振光。除了电磁波的偏振与非偏振之外，还有一种叫电磁波的部分偏振，其特点是各方向电场分振动的振幅大小不同，如图 2.3 所示。遥感技术中的偏振摄影和雷达成像就是利用了电磁波的偏振特性。

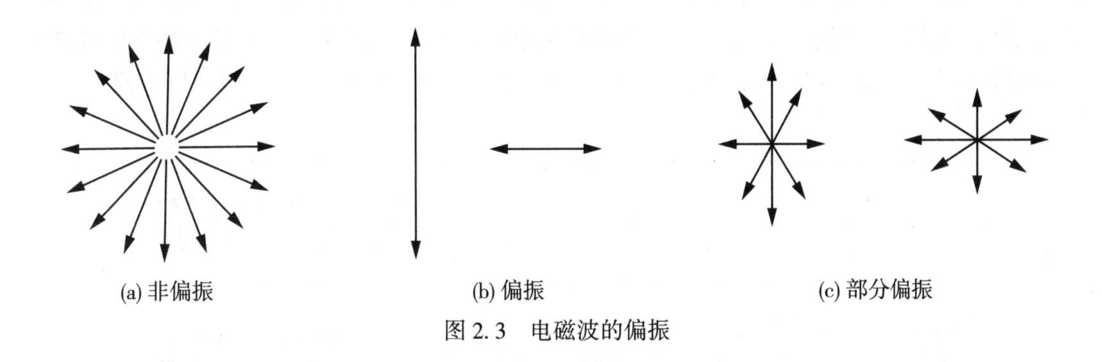

(a) 非偏振　(b) 偏振　(c) 部分偏振

图 2.3　电磁波的偏振

2)衍射

电磁波传播遇到有限大小的障碍物时，能够绕过障碍物而弯曲地向障碍物的后方传播，波的这种通过障碍物边缘改变传播方向的现象叫电磁波的衍射。

3)干涉

频率相同、偏振方向相同、相位相同或相位差恒定的两列波相遇时，某些振动始终加强，而在另一些地方振动始终减弱的现象叫作干涉现象。能产生干涉现象的波叫作相干波，其波源叫相干波源，相干现象的基本原理是波的叠加原理。一般地，凡是单色波都是相干波。取得时间和空间相干波对于利用干涉进行距离测量是相当重要的。激光就是相干波，它是光波测距仪的理想光源。微波遥感中的雷达也是应用了干涉原理成像的，其影像上会出现颗粒状或斑点状的特征，这是一般非相干波的可见光影像所没有的，对于微波遥感的判读意义重大。

2. 粒子性

电磁辐射本身是一种很小的物质微粒，粒子性的基本特点是能量分布的量子化，一个原子不能连续地吸收或发射辐射能，只能不连续地一份一份地吸收或发射能量，也就是，光能有一最小单位，叫做光量子或光子，这种情况叫做能量的量子化。光子具有一定的能量和动量，而能量与动量都是粒子的属性，能量分布的量子化是粒子的基本特征。因此，光子也是一种基本粒子。

根据普朗克关系式，光子的能量 E 的公式为：

$$E = h\upsilon \tag{2-2}$$

式中，h 为普朗克常数，$h = 6.626 \times 10^{-34}$ J/s，υ 为振动频率。

电磁波在真空中的传播速度是光速。电磁波在传播过程中，遇到气体、液体、固体等介质时，会发生反射、折射、吸收和投射等现象，碰到粒子还会发生散射现象。在真空状态下，电磁波的频率 υ、波长 λ 与光速 c 之间满足公式(2-3)。

$$c = \lambda \times \upsilon \tag{2-3}$$

2.1.2　电磁波谱

人们按照电磁波在真空中传播的波长或频率，递增或递减排列，就构成了电磁波谱。电磁波谱以波长从高到低排列，可以划分为：无线电波、微波、红外线、可见光、紫外线、X 射线和 γ 射线，如图 2.4 所示。电磁波谱区段的界线是渐变的，一般按照产生电磁波的方法或测量电磁波的方法来划分，习惯上，人们常常将电磁波区段划分为如表 2.1 所示的不同波段。

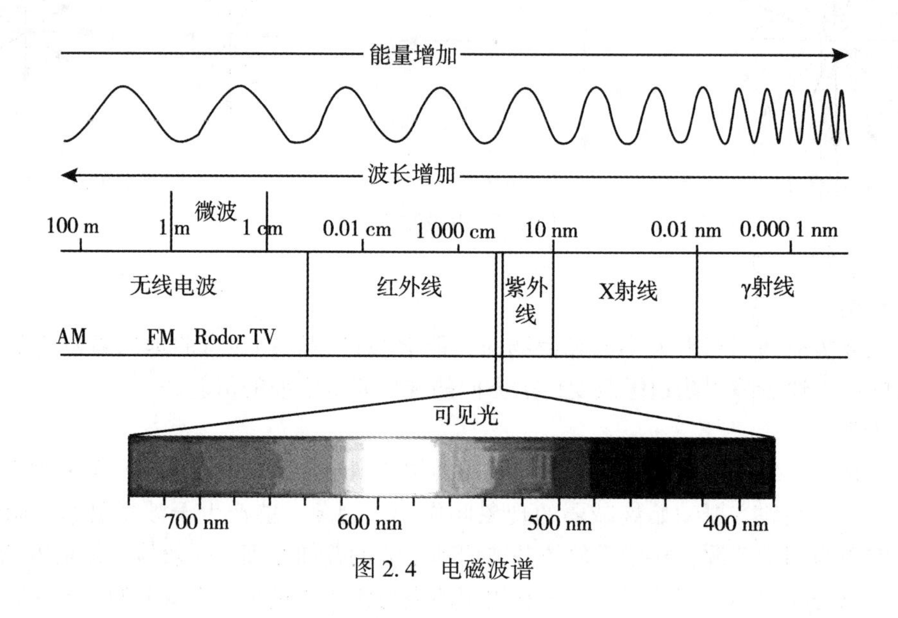

图 2.4　电磁波谱

表 2.1　**电 磁 波 谱**

<table>
<tr><th colspan="2">波　段</th><th colspan="2">波　长</th></tr>
<tr><td colspan="2">长波
中波和短波
超短波</td><td colspan="2">大于 3 000m
10～3 000m
1～10m</td></tr>
<tr><td colspan="2">微波</td><td colspan="2">1mm～1m</td></tr>
<tr><td rowspan="4">红外波段</td><td>超远红外</td><td rowspan="4">0.76μm～1mm</td><td>15～1 000μm</td></tr>
<tr><td>远红外</td><td>6～15μm</td></tr>
<tr><td>中红外</td><td>3～6μm</td></tr>
<tr><td>近红外</td><td>0.76～3μm</td></tr>
</table>

续表

波段		波长	
可见光	红	0.38~0.76μm	0.62~0.76μm
	橙		0.59~0.62μm
	黄		0.56~0.59μm
	绿		0.50~0.56μm
	青		0.47~0.50μm
	蓝		0.43~0.47μm
	紫		0.38~0.43μm
紫外线		10^{-3}~3.8×10^{-1}μm	
X 射线		10^{-6}~10^{-3}μm	
γ 射线		小于 10^{-6}μm	

根据式(2-3)，电磁波的频率 υ 和波长 λ 之积等于光速，可知随着电磁波波长的增加，其频率在减小。根据式(2-2)，当电磁波的频率越大，其能量也越大。

由于电磁波谱中上述各波段主要是按照得到和探测它们的方式不同来划分的。随着科学技术的发展，各波段都已冲破界限与其他相邻波段重叠起来。比如：随着 X 射线技术的发展，它的波长范围也不断朝着两个方向扩展。在长波段已与紫外线有所重叠，短波段已进入 γ 射线领域。又例如：无线电波的范围不断朝波长更短的方向发展。另外由于红外技术的发展，红外线的范围不断朝长波长的方向扩展。目前超短波无线电和红外线的分界已不存在，其范围有一定的重叠。

从电磁波谱图中可以看到，电磁波谱段中波长范围非常宽。目前遥感技术所采用的电磁波主要集中在紫外线到微波波段。遥感器就是通过探测或感测不同波段电磁波的发射、反射辐射能级而成像的，可以说电磁波的存在是获取图像的物理前提。由于电磁波的波长不同，利用遥感技术进行对地观测的特性也有较明显的差别。在实际的工作中，需要根据不同的目的选择不同的波段。

1. 紫外线

波长比可见光短的称为紫外线，它的波长是 0.01~0.38μm，它有显著的化学效应和荧光效应。这种波产生的原因和光波类似，常常在放电时发出。紫外线源于太阳辐射，绝大部分被大气吸收，可应用于萤石矿和石油勘探。

2. 可见光

这是人们所能感受到的极狭窄的一个波段。可见光的波长范围很窄，大约在 0.38~0.76μm。我们看到，在电磁波谱中，可见光仅占一个较狭窄的区间，尽管如此，可见光对于遥感技术而言却是非常重要的。目前，传统的被动遥感技术采用的波段主要为可见光和红外波段，其中可见光部分波段利用率是最高的。

可见光是人视觉能感受到"光亮"的电磁波。当可见光进入人眼时，人眼的主观感觉根据波长从长到短依次表现为红色、橙色、黄色、绿色、青色、蓝色和紫色。

可见光属于电磁波，具有反射、透射、散射和吸收等特性，且不同地物反射、透射、散射和吸收可见光的特性不同。人眼对可见光波段的电磁辐射具有连续响应的能力，可感应各种不同地物在可见光波段的辐射特性，将不同地物区分开来。

可见光是遥感技术中鉴别物质特征的主要波段。可见光主要来自反射太阳的辐射，只能在白天有日照的情况下工作，很难透过云、雨、烟雾等。

3. 红外线

红外线波长是0.76μm~1mm，红外线的热效应特别显著。红外线波段是遥感技术常用的波段之一。红外线根据波长由短到长又可分为近红外波段、中波红外波段和远红外及超远红外波段。

1)近红外波段

近红外波段在0.76~3.00μm，在性质上与可见光十分相似。由于近红外波主要是地表面反射太阳的红外辐射，主要反映地物的反射辐射特性，因此也称为反射红外，是遥感技术中常用的波段。

2)中红外波段

中红外波段在3.0~6.0μm。与短波红外反射特性不同，中红外波属于热辐射。自然界中任何物体，当温度高于绝对0K(−273.15C)时，均能向外辐射红外线。其辐射能量的强度和波谱分布位置与物质表面状态有关，它是物质内部组成和温度的函数。

红外遥感主要利用3.0~5.0μm的中红外波段，这一波段对火灾、活火山等高温目标的识别敏感，常用于捕捉高温信息，进行各类火灾、活火山、火箭发射等高温目标的识别、监测。中红外波遥感是利用地物本身的热辐射特性工作，不仅白天可以工作，晚上也可以工作，但受大气吸收和散射的影响，不能在云、雨、雾天工作。

3)远红外、超远红外波段

6μm~1mm为远红外、超远红外波段，是红外线中波长最长的一段，属于热辐射。在遥感应用中，长波红外与中波红外均属热辐射，均是以热感应方式探测地物本身的辐射，不受黑夜限制。由于长波红外线波长较长，在大气中穿透力强，远红外摄影时受烟雾影响更小，探测中低温物体灵敏度更高，因此透过很厚的大气层仍能拍摄到地面清晰的图像。因为15μm以上超远红外线易被大气和水分子吸收，长波遥感中主要使用8~14μm波段区间。

4. 微波

微波波长是1mm~1m，这些波多用在雷达或其他通信系统中。微波由于其波长较长，能够穿透云雾，近些年来常被用在主动式的遥感技术当中，具有全天时、全天候的工作特点，弥补了被动遥感技术受天气影响的缺陷。

任务 2.2　物体的发射辐射

2.2.1　黑体辐射

我们知道，热力学温度大于 0K 的任何物体都能向外辐射电磁波。因此，对辐射源的认识不仅限于太阳、炉子等发光发热的物体。能发出紫外线、红外线、微波等的物体也是辐射源，只是辐射的强度和波长不同而已。我们把这种物体自身向外辐射的能力称为物体的发射辐射，这种辐射主要依赖于温度，因而也叫做热辐射。由于不同物体自身性质不同导致其热辐射能力不同，为了研究物体的发射辐射特性，确定了以理想黑体为基准的热辐射定量法则。下面介绍黑体辐射的概念。

如果一个物体对于任何波长的电磁辐射都全部吸收，则这个物体就是绝对黑体，如图 2.5 所示。1860 年，基尔霍夫得出了好的吸收体也是好的辐射体这一定律。它说明了凡是吸收热辐射能力强的物体，它们的热辐射能力也强；凡是吸收热辐射能力弱的物体，它们的热辐射能力也就越弱。根据这一定律，黑体不仅能全部吸收外来的电磁辐射，而且其发射电磁辐射的能力比同温度下的任何其他物体强。

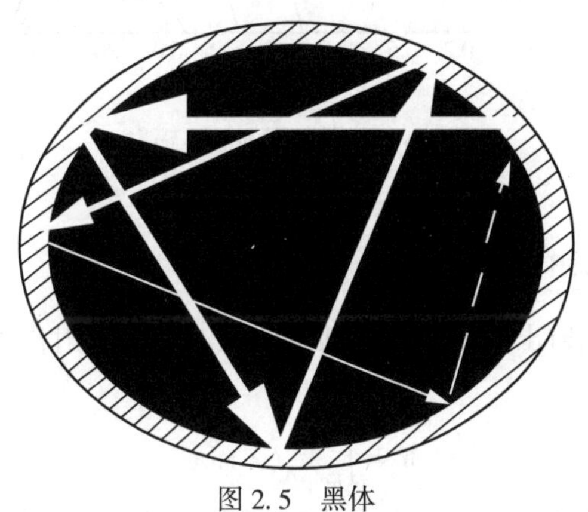

图 2.5　黑体

黑体辐射是指黑体发出的电磁辐射。1900 年普朗克用量子理论推导了黑体辐射通量密度和其温度的关系以及按波长分布的关系式，称为普朗克辐射定律，如式(2-4)所示。

$$M_\lambda = \frac{2\pi hc^2}{\lambda^5} \cdot \frac{1}{\exp(hc/k\lambda T) - 1} \tag{2-4}$$

式中：M_λ ——黑体的辐射通量密度($W \cdot cm^{-2} \cdot \mu m^{-1}$)；

T——黑体的绝对温度(K)；

λ——波长(μm)；

c——光速，$c=3.0\times10^8 m/s$；

h——普朗克常数，$h=6.626\times10^{-34} J \cdot S$；

k——玻尔兹曼常数，$k=1.380\times10^{-23} J \cdot K^{-1}$。

根据式(2-4)所示的普朗克辐射定律，可以分析得出绝对黑体辐射通量密度与波长的关系。实验表明，在某一温度下，黑体辐射与波长的关系曲线如图 2. 6 所示。由图可以看出，物体温度不同，曲线也不相同，虽然形状相似却不相交。随着温度的升高，黑体的辐射亮度值增加。另外，随着温度升高，其曲线的峰顶往左移动。黑体辐射遵循以下规律。

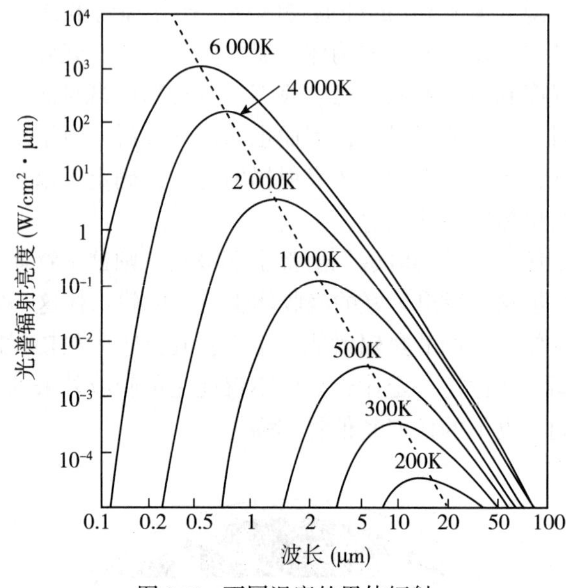

图 2. 6　不同温度的黑体辐射

1. 斯特藩-玻尔兹曼定律

整个电磁波谱的总辐射出射度 M，为某一单位波长的辐射出射度 M 对波长 λ 做 0 到无穷大的积分，即

$$M = \int_0^{\infty} M_\lambda(\lambda)\,\mathrm{d}\lambda \tag{2-5}$$

用普朗克公式对波长积分，便导出斯特藩-玻尔兹曼定律，即绝对黑体的总辐射出射度与黑体温度的四次方成正比。

$$M = \sigma T^4 \tag{2-6}$$

式中，σ 为斯特藩-玻尔兹曼常数，$\sigma = 5.670\ 32 \times 10^{-8} \mathrm{W/(m^2 \cdot K^4)}$

此式表明，随着温度的升高，辐射能的增加是很迅速的。当黑体温度升高 1 倍，辐射能将增加 16 倍。

由图 2. 6 可以看出，每条曲线下面所围面积为积分值，即该温度时绝对黑体的总辐射出射度 M。

2. 维恩位移定律

利用普朗克公式还可导出另一定律，黑体辐射光谱中最强辐射的波长 λ_{max} 与黑体绝对

温度 T 成反比：

$$\lambda_{max} \cdot T = b \tag{2-7}$$

式中，b 为常数，$b=2.897\ 8\times10^{-3}\text{m}\cdot\text{K}$，这就是维恩位移定律。

从图 2.6 也可以看出，黑体温度越高，其曲线的峰顶就越往左移，即往波长短的方向移动，这就是位移的含义。如果辐射最大值落在可见光波段，物体的颜色会随着温度的升高而变化，波长逐渐变短，颜色由红外到红色再逐渐变蓝变紫，见表 2.2。

表 2.2　**绝对黑体温度与最大辐射所对应波长的关系**

T/K	300	500	1 000	2 000	3 000	4 000	5 000	6 000	7 000
λ_{max}/μm	9. 66	5. 80	2. 90	1. 45	0. 97	0. 72	0. 58	0. 48	0. 41

如果将太阳、地球和其他恒星都看作球形绝对黑体，则与这些天体同样大小和同样辐射亮度的黑体温度可作为其有效温度，对太阳来说就是光球层的温度。如根据太阳最强辐射对应的波长最大值为 0. 47μm，用公式可以计算出有效温度 T 是6 150K，因此太阳辐射在可见光段最强，而地球在温暖季节的白天最大波长为 9. 66μm，可以算出温度 T 为 300K，所以这时地球主要是红外的热辐射，这一定律在红外遥感中有重要作用。

2. 2. 2　太阳辐射

太阳是太阳系的中心天体。受太阳影响的范围是直径大约 120 亿千米的广阔空间。在太阳系空间，除了包括地球及其卫星在内的行星系统、彗星、流星等天体外，还布满了从太阳发射的电磁波的全波辐射和粒子流。地球上的能源主要来自太阳，被动遥感是通过测量目标物的反射能量，从而了解地表状况的。此时的辐射源是太阳，太阳是被动遥感最主要的辐射源。太阳辐射也称作太阳光。这里，我们首先来叙述一下太阳辐射的性质。

太阳被看作近似6 000K的绝对黑体。太阳光谱通常指光球产生的光谱，光球发射的能量大部分集中在可见光波段。表 2.3 列出了太阳辐射各波段的百分比。

表 2.3　**太阳辐射各波段的百分比**

波长/μm	波段名称	能量比例/%
小于 10^{-3}	X、γ 射线	0. 02
10^{-3}~0. 20	远紫外	
0. 20~0. 31	中紫外	1. 95
0. 31~0. 38	近紫外	5. 32
0. 38~0. 76	可见光	43. 50
0. 76~1. 5	近红外	36. 80
1. 5~5. 6	中红外	12. 00
5. 6~1 000	远红外	0. 41
大于 1 000	微波	

太阳辐照度分布曲线如图2.7所示，图中清楚地描绘了黑体在6 000K时的辐射曲线，太阳辐射的光谱曲线是连续的光谱，且辐射特性与黑体辐射特性基本一致。但是在海平面处的太阳辐射曲线与大气层外的太阳辐射度曲线有很大不同，这种差异主要是由大气引起的。太阳光通过地球大气照射到地面，在这一过程中，由于大气中的水、氧、臭氧和二氧化碳等分子对太阳辐射的吸收作用，加上大气的散射使太阳辐射产生很大的衰减，图中那些衰减最大的区间便是大气分子吸收最强的波段。

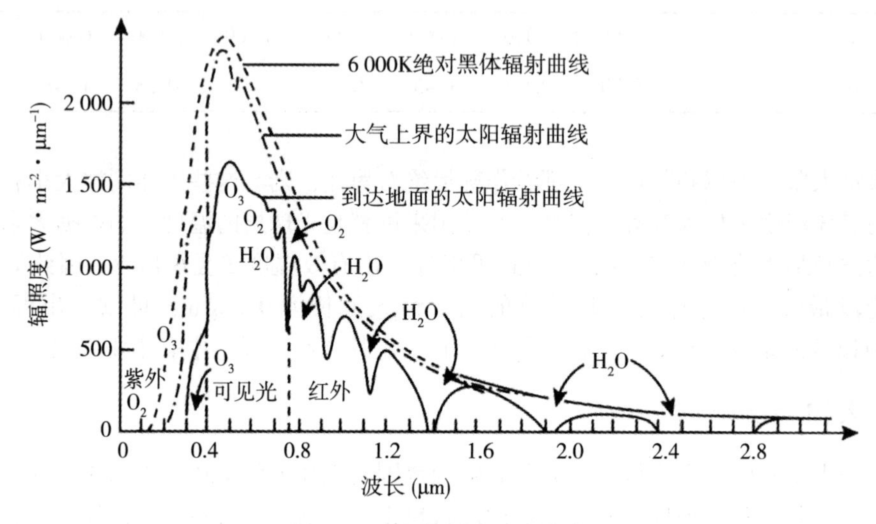

图2.7　太阳辐照度分布曲线

2.2.3　大气对辐射的影响

太阳辐射是被动遥感的主要辐射源。太阳光通过地球大气照射到地面，经过地面物体反射又返回，再经过大气到达传感器。在这个过程中，经入射和反射的太阳辐射二次经过大气，传感器接收到的电磁辐射是二次通过大气而受到衰减的太阳辐射，这与大气上界的太阳辐射相比已经发生了很大的变化，这一过程如图2.8所示。

1. 大气概况

地球被一层厚厚的大气层包围着。大气层的空气密度随高度的升高而减小，高度越高空气越稀薄。大气层的厚度大约在1 000km以上，但没有明显的界线。整个大气层随高度不同表现出不同的特点，分为对流层、平流层、电离层和大气外层。也常把平流层和中间层统称为平流层，大气分层区间及各种航空、空间飞行器在大气中的垂直位置如图2.9所示。

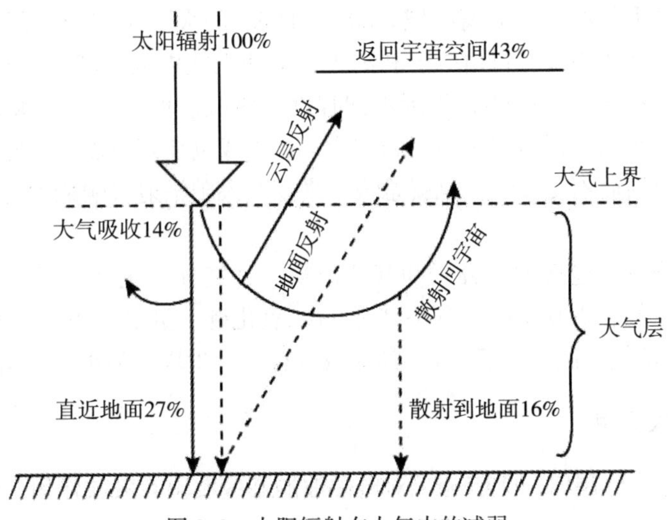

图 2.8　太阳辐射在大气中的减弱

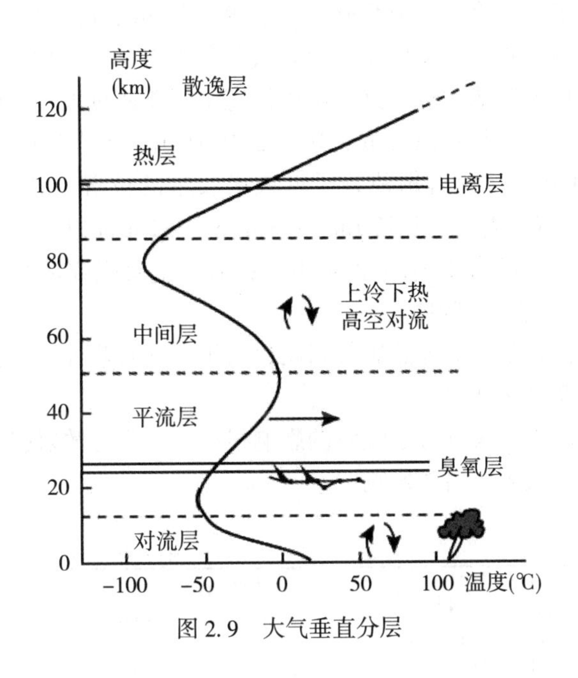

图 2.9　大气垂直分层

对流层在大气层的最底层，紧靠地球表面，从地面向高空延伸到平均高度 12km。对流层的大气受地球影响较大，云、雾、雨等现象都发生在这一层内，水蒸气也几乎都在这一层内存在，还存在大部分的固体杂质。这一层的气温随高度的增加而降低，大约每升高 1 000m，温度下降 5～6℃；动植物的生存和人类的绝大部分活动，也在这一层内，因为这一层的空气对流很明显，故称对流层。

对流层以上是平流层，大约距离地球表面 12～80km。平流层的空气比较稳定，大气是平稳流动的，故称为平流层。平流层中没有明显对流，也几乎没有天气现象，温度由下部的等温层逐渐向上升高，这是由于存在臭氧层，吸收紫外线而升温。

电离层是地球大气的一个电离区域。80~1 000km的大气层都处于部分电离或完全电离的状态，其中存在相当多的自由电子和离子，能使无线电波改变传播速度，发生折射、反射和散射，产生极化面的旋转并受到不同程度的吸收。但对于超短波则可以穿过电离层，辐射强度不受影响。因为遥感使用的波段都比无线电波短得多，因此，遥感所用的电磁波可以穿过电离层而不受影响。也就是说，真正对太阳辐射影响最大的是大气层中的对流层和平流层。

大气层的成分主要包括大气分子和其他微粒。大气分子包括：氮气，占 78.1%；氧气，占 20.9%；氩气，占 0.93%；还有少量的二氧化碳、臭氧、甲烷、水蒸气和稀有气体(氦气、氖气、氪气、氙气、氡气)。其他微粒有烟、尘埃、雾霾、水滴和气溶胶。

2. 大气的吸收作用

太阳辐射穿过大气层时，大气分子对电磁波的某些波段有吸收作用。吸收作用使辐射能量转变为分子的内能，从而引起这些波段太阳辐射强度的衰减。大气中吸收太阳辐射的主要成分是氧气、臭氧、水汽、二氧化碳和甲烷等。不同的气体对不同波段辐射的吸收作用是不同的。比如：对于长波辐射的主要吸收成分是水汽、二氧化碳和臭氧。而有些波段由于受到大气吸收作用的影响，导致这些电磁波完全不能通过大气。因此，在太阳辐射到达地面时，形成了电磁波的某些缺失带。如图 2.10 所示，为大气中几种主要分子对太阳辐射的吸收率。从图中可以看出每种分子形成吸收带的位置，其中水的吸收带主要有 2.5~3.0μm、5~7μm、0.94μm、1.13μm、1.86μm、3.24μm 以及 24μm 以上对微波的强吸收带；二氧化碳的吸收峰为 2.8μm 和 4.3μm；氧气主要吸收波长小于 0.2μm 的辐射，对 0.6μm 和 0.76μm 也有窄带吸收。

大气吸收的影响主要是造成遥感影像暗淡，由于大气对紫外线有很强的吸收作用，现阶段遥感中很少用到紫外线波段。

在可见光波段范围内，大气分子吸收的影响很小，主要是散射引起衰减。下面我们来介绍大气的散射作用对太阳辐射的影响。

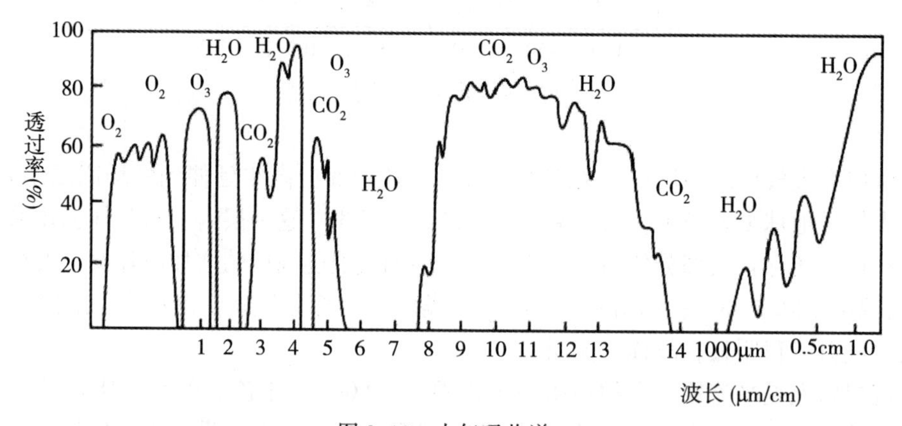

图 2.10　大气吸收谱

3. 大气的散射作用

电磁波在传播过程中遇到细小微粒使传播方向发生改变，并向各个方向散开，称散射；尽管强度不大，但是从遥感数据角度分析，太阳辐射到地面又反射到传感器的过程中，二次通过大气，传感器所接收到的能量除了反射光还增加了散射光。这二次影响增加了信号中的噪声部分，造成遥感影像质量下降。

散射的方式随着电磁波波长与大气分子直径、气溶胶微粒大小之间的相对关系而变，主要有瑞利散射、米氏散射和非选择性散射等。

1) 瑞利散射

如果大气中的颗粒直径 a 远小于入射电磁波波长 λ 时，发生瑞利散射。这种散射主要由大气中的原子和分子，如氮、二氧化碳、臭氧和氧分子等引起。瑞利散射的特点是散射强度与波长的四次方成反比，$I \propto \lambda^4$， 即波长越长，散射越弱。当散射作用弱时，原传播方向的透过率便越强。

小贴士

无云的晴空为什么呈现蓝色？朝霞与夕阳都偏橘红色？

瑞利散射对可见光的影响很大。无云的晴空呈现蓝色，就是因为蓝光波长短，散射强度大，因此蓝光向四面八方散射，使整个天空蔚蓝，而太阳辐射传播方向的蓝光被大大削弱。这种现象在日出和日落时更为明显，因为这时太阳高度角小，阳光斜射向地面，通过的大气层比阳光直射时要厚得多。在过长的传播中，蓝光波长最短，几乎被散射殆尽，波长次短的绿光散射强度也居其次，大部分被散射掉了。只剩下波长最长的红光，散射最弱，因此透过大气最多。加上剩余的极少量绿光，最后合成呈现橘红色。所以朝霞和夕阳都偏橘红色。瑞利散射对于红外和微波，由于波长更长，散射强度更弱，可以忽略不计。

2) 米氏散射

如果大气中粒子的直径与辐射的波长相当时发生的散射。这种散射主要由大气中的微粒，如烟、尘埃、小水滴及气溶胶等引起。米氏散射的散射强度与波长的二次方成反比，即 $I \propto \lambda^2$， 并且散射在光线向前方向比向后方向更强，方向性比较明显。如云雾的粒子大小与红外线的波长接近，所以云雾对红外线的散射主要是米氏散射。因此，潮湿天气米氏散射影响较大。

3) 无选择性散射

当大气粒子的直径比波长大得多时发生的散射即无选择性散射。这种散射的特点是散射强度与波长无关，也就是说，在符合无选择性散射的条件的波段中，任何波长的散射强度相同。

小贴士

云雾为什么呈现白色？

云、雾粒子的直径虽然与红外线波长接近，但相比可见光波段，云雾中水滴的粒子直径就比波长大很多，因而对可见光中各个波长的光散射强度相同，所以人们看到云雾呈白色，并且无论从云下还是乘飞机从云层上面看，都是白色。

由以上分析可知，散射造成太阳辐射的衰减，但是散射强度遵循的规律与波长密切相关。而太阳的电磁波辐射几乎包括电磁辐射的各个波段。因此，在大气状况相同时，同时会出现各种类型的散射。对于大气分子、原子引起的瑞利散射主要发生在可见光和近红外波段。对于大气微粒引起的米氏散射从近紫外到红外波段都有影响，当波长进入红外波段后，米氏散射的影响超过瑞利散射。大气层中，小雨滴的直径相对其他微粒最大，对可见光只有无选择性散射发生，云层越厚，散射越强，而对微波来说，微波波长比粒子的直径大得多，则又属于瑞利散射的类型，散射强度与波长的四次方成反比，波长越长散射强度越小，所以微波才可能有最小散射，最大透射，而被称为具有穿云透雾的能力。

另外，电磁波与大气的相互作用还包括大气反射。由于大气中有云层，当电磁波到达云层时，就像到达其他物体界面一样，不可避免地会发生反射现象，这种反射同样满足反射定律。而且各波段受到不同程度的影响，削弱了电磁波到达地面的程度，因此，应尽量选择无云的天气接收遥感信号。

4. 大气窗口

太阳辐射在到达地面之前穿过大气层，大气折射只是改变太阳辐射的方向，并不改变辐射的强度。但是大气反射、吸收和散射的共同影响却衰减了辐射强度，剩余部分才为透射部分。不同电磁波段通过大气后衰减的程度是不一样的，因而遥感所能够使用的电磁波是有限的。有些大气中电磁波透过率很小，甚至完全无法透过电磁波，称为“大气屏障”。反之，有些波段的电磁辐射通过大气后衰减较小，透过率较高，对遥感十分有利，这些波段通常称为“大气窗口”，如图 2. 11 所示，研究和选择有利的大气窗口，最大限度地接收有用信息是遥感技术的重要研究课题之一。

目前所知，可以作为遥感大气窗口的有以下几个波段：

(1)0. 3~1. 3μm，即紫外、可见光、近红外波段。这一波段是摄影成像的最佳波段，也是许多卫星传感器扫描成像的常用波段，如 Landsat 卫星的 TM1~4 波段，SPOT 卫星的 HRV 波段。

(2)1. 5~1. 8μm 和 2. 0~3. 5μm，即近、中红外波段。是白天日照条件好时扫描成像的常用波段，如 TM 的 5，7 波段等，用以探测植物含水量以及云、雪，或用于地质制图等。

(3)3. 5~5. 5μm，即中红外波段。该波段除了反射外，地面物体也可以自身发射热辐射能量。如 NOAA 卫星的 AVHRR 传感器用 3. 55~3. 93μm 波段探测海面温度，获得昼夜云图。

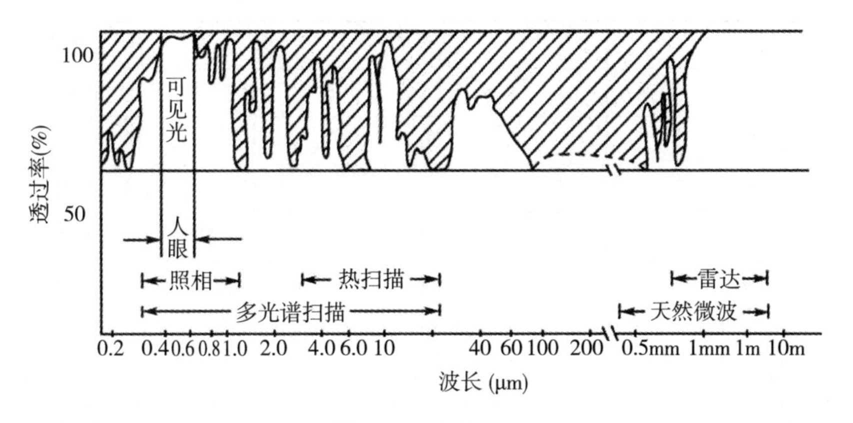

图 2.11　大气窗口

(4)8~14μm，即远红外波段。主要通过来自地物热辐射的能量，适于夜间成像。

(5)0.8~2.5μm，即微波波段。由于微波穿云透雾能力强，这一区间可以全天候观测，而且是主动遥感方式，如侧视雷达。Radarsat 的卫星雷达影像也在这一区间，常用的波段为 0.8cm、3cm、5cm、10cm，甚至可将该窗口扩展至 0.05~300cm。

2.2.4　一般物体的发射辐射

把实际物体看作辐射源，将其与绝对黑体进行比较，研究其辐射特性。基尔霍夫通过实验证明，实际物体的辐射出射度 M 与同一温度、同一波长的绝对黑体辐射出射度 M_0 的关系如式(2-8)所示。

$$M = \alpha \cdot M_0 \tag{2-8}$$

式中，α 为在同一条件下实际物体的吸收系数，$0 < \alpha < 1$。

根据基尔霍夫得出的好的吸收体也是好的辐射体这一定律，有时也将这一系数称为比辐射率或发射率，记为 ε，表示实际物体辐射与黑体辐射之比。式(2-8)也可表示为：

$$M = \varepsilon M_0 \tag{2-9}$$

自然界中实际物体的发射和吸收的辐射量都比相同条件下绝对黑体的要低，所以，发射率 ε 是一个介于 0 和 1 的数，用于比较此辐射源接近黑体的程度。

自然界中，实际物体的发射率不仅依赖于波长和温度，还与各种物体本身不同的材料，表面磨光的程度都有关系，见表 2.4。另外，同一种物体的发射率还随着材料的温度而变化，如表 2.5 所示。

表 2.4　**几种主要地物的发射率表**

材料	温度/℃	发射率
人皮肤	32	0.98~0.99
土壤(干)	20	0.92

续表

材料	温度/℃	发射率
水	20	0.96
岩石(石英岩)	20	0.63
(大理石)	20	0.94
铝	100	0.05
铜	100	0.03
铁	40	0.21
钢	100	0.07
油膜(厚 0.050 8mm)	20	0.46
(厚 0.025 4mm)	20	0.27
沙	20	0.90
混凝土	20	0.92

表 2.5　　**不同温度下两种岩石的发射率**

岩石	-20℃	0℃	20℃	40℃
石英石	0.694	0.682	0.621	0.664
花岗岩	0.787	0.783	0780	0.777

依据光谱发射率随波长的变化形式，可以将实际物体分为两类：一类是选择性辐射体，另一类是灰体。选择性辐射体是在各波长处的光谱发射率不同，即 $\varepsilon_\lambda = f(\lambda)$；灰体则是在各波长处的光谱发射率 ε 都相等，即 $\varepsilon = \varepsilon_\lambda$。

发射率是一个介于 0 和 1 的数，用于比较此辐射源接近黑体的程度。各种物体根据发射率的不同，可以分为以下几种类型：

(1)绝对黑体：$\varepsilon_\lambda = \varepsilon = 1$；

(2)灰体：$\varepsilon_\lambda = \varepsilon$，但 $0 < \varepsilon < 1$；

(3)选择性辐射体：$\varepsilon_\lambda = f(\lambda)$；

(4)理想反射体(绝对白体)：$\varepsilon_\lambda = \varepsilon = 0$。

任务 2.3　地物的反射辐射

2.3.1　地物的反射类别

物体对电磁波的反射形式有镜面反射、漫反射和方向反射三种。

(1)镜面反射，指物体的反射满足反射定律。当发生镜面反射时，对于不透明物体，其反射能量等于入射能量减去物体吸收的能量，自然界中真正的镜面很少，非常平静的水面可以近似认为是镜面。

(2)漫反射，指不论入射方向如何，虽然反射率与镜面反射一样，但反射方向却是“四面八方”。也就是把反射出来的能量分散到各个方向，因此从某一方向看反射面，其亮度一定小于镜面反射的亮度。

(3)方向反射，实际地物表面由于地形起伏，在某个方向上反射最强烈，这种现象称为方向反射，是镜面反射和漫反射的结合。这种反射发生在地物粗糙度继续增加的情况下，这种反射没有规律可循。如图 2.12 所示，展示出以上三种反射的情况。

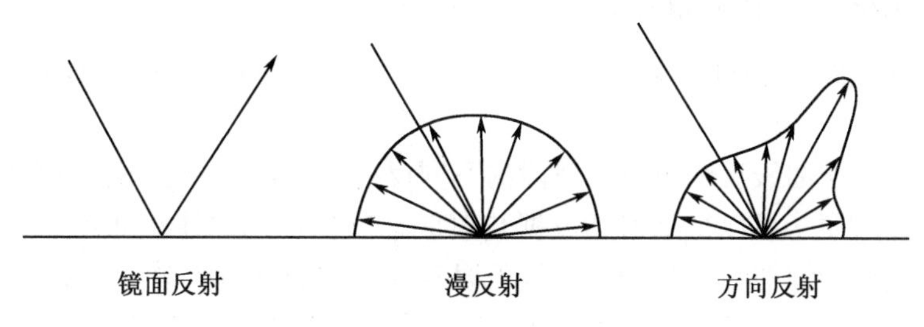

图 2.12　三种反射作用

从空间对地面观察时，对于平面地区并且地面物体均匀分布，可以看成漫反射；对于地形起伏和地面结构复杂的地区为方向反射。产生方向反射的物体在自然界中占绝大多数，即它们对太阳短波辐射的散射具有各向异性性质。

2.3.2　光谱反射率

反射率是物体的反射辐射通量 P_ρ 与入射辐射通量 P_0 之比，反射率用 ρ 表示，如式(2-10)所示。

$$\rho = \frac{P_\rho}{P_0} \times 100\% \tag{2-10}$$

这个反射率是在理想的漫反射体的情况下，整个电磁波长的反射率。实际上由于物体固有的物理特性。对于不同波长的电磁波有选择地反射，例如绿色植物的叶子由于表皮、叶绿素颗粒纤维组成的栅栏组织和多孔薄壁细胞组织构成，如图 2.13 所示，入射到叶子上的太阳辐射透过上表皮，蓝、红光辐射能被叶绿素吸收进行光合作用；绿光也吸收了一大部分，但仍反射一部分，所以叶子呈现绿色；而近红外线可以穿透叶绿素，被多孔薄壁细胞组织所反射。因此，在近红外波段上形成强反射。我们定义地物的光谱反射率 ρ_λ 为：

$$\rho_\lambda = \frac{P_{\rho\lambda}}{P_\lambda} \times 100\% \tag{2-11}$$

2.3.3　地物的反射光谱特性

地物的反射光谱是指地物反射率随波长的变化规律。如图 2.14 所示，以波长为横坐标，反射率为纵坐标所得的曲线即称为该物体的反射光谱特性曲线。

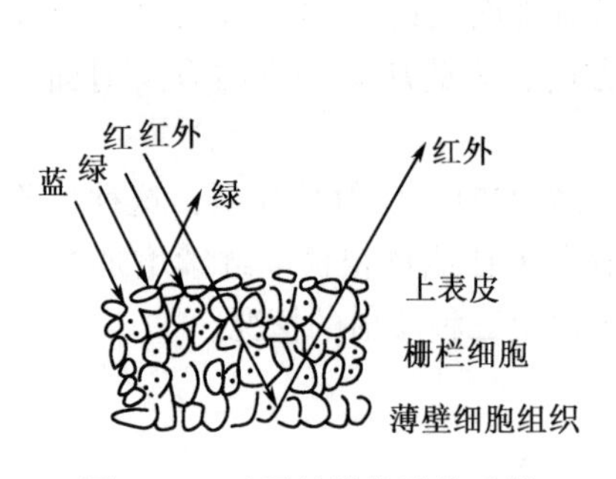

图 2. 13　叶子的结构及其反射

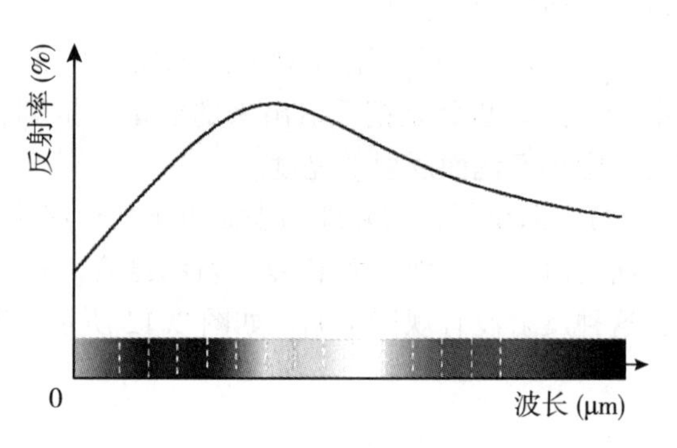

图 2. 14　反射光谱曲线

同一物体的光谱曲线反映出不同波段的不同反射率，将此与遥感传感器的对应波段接收的辐射数据相对照，可以得到遥感数据与对应地物的识别规律。如图 2. 15 所示，为四种地物的反射光谱特性曲线。从图中曲线可以看到，雪的反射光谱与太阳光谱最相似，在蓝光 0. 49μm 附近有个波峰，随着波长增加反射率逐渐降低。沙漠的反射率在橙色 0. 6μm 附近有峰位，但在长波范围里比雪的反射率要高。湿地的反射率较低，色调暗灰。小麦叶子的反射光谱与太阳的光谱有很大差别，在绿波处有个反射波峰，在红外部分 0. 7～0. 9μm 附近有一个强峰值。

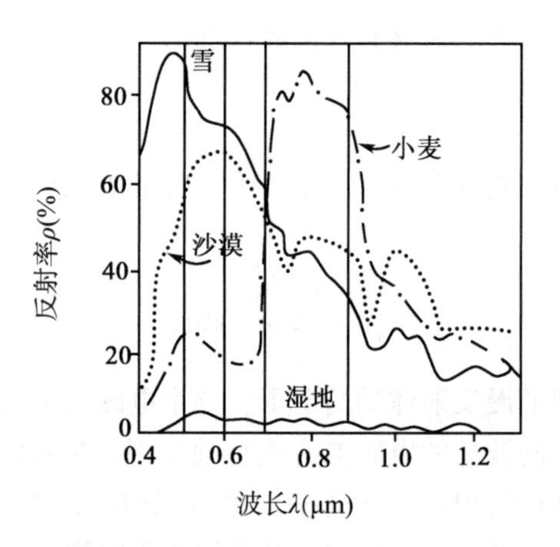

图 2. 15　四种地物的反射波谱曲线

正因为不同地物在不同波段有不同的反射率这一特性，物体的反射特性曲线才可以作为判读和分类的物理基础，广泛地应用于遥感影像的分析和评价中。

2. 3. 4　影响地物光谱反射率变化的因素

物体的反射波谱限于紫外、可见光和近红外，尤其是后两个波段。一个物体的反射波谱特征主要取决于物体与入射辐射相互作用的波长选择。即对入射辐射的反射、吸收和透射的选择性，其中反射作用是最主要的。物体对入射辐射的选择性作用受物体的组成成分、表面状态以及物体所处环境的控制和影响。

地物的反射波谱除随着不同地物而不同之外，同种地物在不同内部结构和外部条件下形态表现也不同。下面分别举例说明物体的反射特性曲线在影像判读和识别时是如何应用的。

1. 同一地物的反射波谱特性

地物的光谱特性一般随时间季节变化，这称为时间效应；处在不同地理区域的同种地物具有不同的光谱响应，这称为空间效应。同一春小麦在花期、灌浆期、乳熟期、黄叶期的光谱测试所得的结果如图 2.16 所示，从图中可以看出，花期的春小麦反射率明显高于灌浆期和乳熟期。至于黄叶期，由于不具备绿色植物特征，其反射光谱曲线近似于一条斜线。这是因为黄叶的水含量降低，导致在 1.45μm、1.95μm、2.7μm 附近 3 个水分子吸收带的减弱，当叶片有病虫害时，也有与黄叶期类似的反射率。

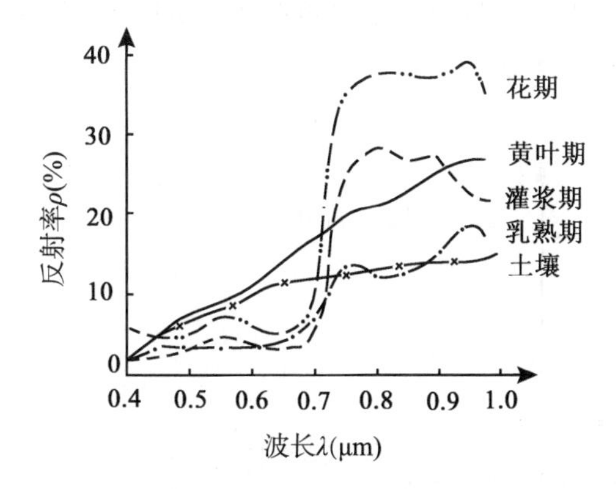

图 2.16　花期、灌浆期、乳熟期、黄叶期的春小麦反射光谱曲线

2. 不同地物的反射波谱特性

1) 城市建筑物的反射波谱特性

在城市遥感影像中，通常只能看到建筑物的顶部或部分建筑物的侧面，所以掌握建筑材料所构成的屋顶的波谱特性是我们研究的主要内容之一。

如图 2.17 所示，铁皮屋顶表面呈灰色，反射率较低而且起伏小，所以曲线较平缓。石棉瓦反射率最高，沥青黏砂屋顶由于表面铺着反射率较高的砂石而决定了其反射率高于灰色的水泥屋顶。绿色塑料棚顶的波谱曲线在绿波段处有一反射峰值，与植被相似，但它在近红外波段处没有反射峰值，有别于植被的反射波谱。军事遥感中常用近红外波段区分在绿色波段中不能区分的绿色植被和绿色军事目标。

2) 水体反射波谱特性

水体的反射主要在蓝光波段，其他波段吸收都很强，特别到了近红外波段，吸收就更

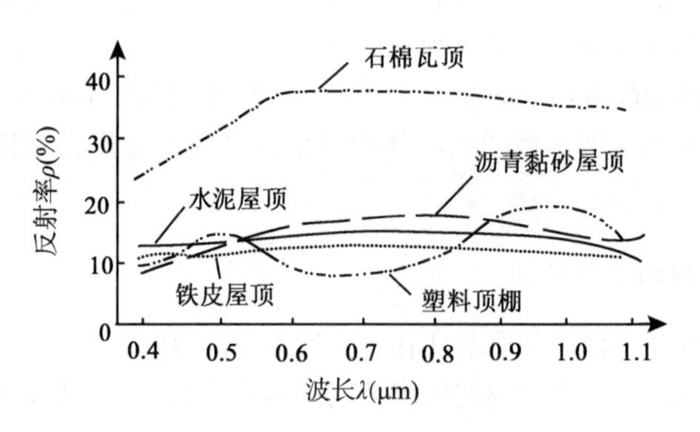

图 2. 17　城市建筑物反射波谱曲线

强，如图 2. 18 所示。正因为如此，在遥感影像上，特别是近红外影像上，水体呈黑色。但当水中含有其他物质时，反射光谱曲线会发生很大变化。水中含泥沙时，由于泥沙散射，可见光波段反射率会增加，峰值出现在黄红区。水中含叶绿素时，近红外波段明显抬升，这些都成为影像分析的重要依据。

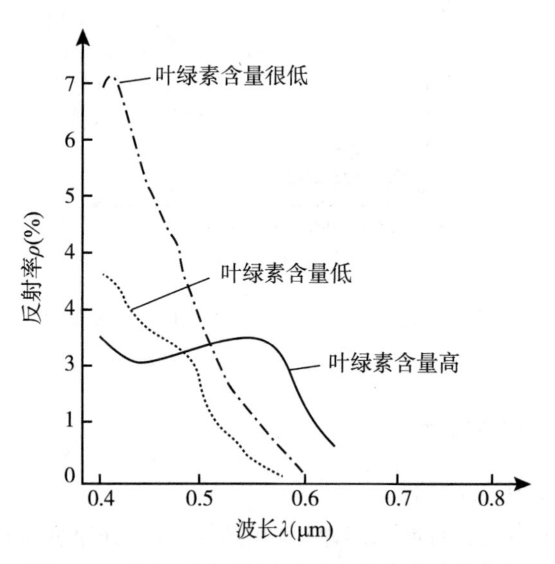

图 2. 18　具有不同叶绿素浓度的海水的波谱曲线

3) 植物

植物的反射波谱特性曲线规律性明显而独特，如图 2. 19 所示，主要分三段：可见光波段 0. 4~0. 76μm 有一个小的反射峰，位置在 0. 55μm 处，两侧 0. 45μm 和 0. 67μm 则有两个吸收带。这一特征是由于叶绿素的影响，叶绿素对蓝光和红光吸收作用强，而对绿光反射作用强。近红外波段 0. 7~0. 8μm 有一反射的“陡坡”，至 1. 1μm 附近有一峰值，形成植被的独有特征。这是由于植被叶细胞结构的影响，除了吸收和透射部分，形成的高反射率。在中红外波段受到绿色植物含水量的影响，吸收率大增，反射率大大下降，特别以 1.45μm、1.95μm 和 2.7μm 中心的吸收带，形成低谷。

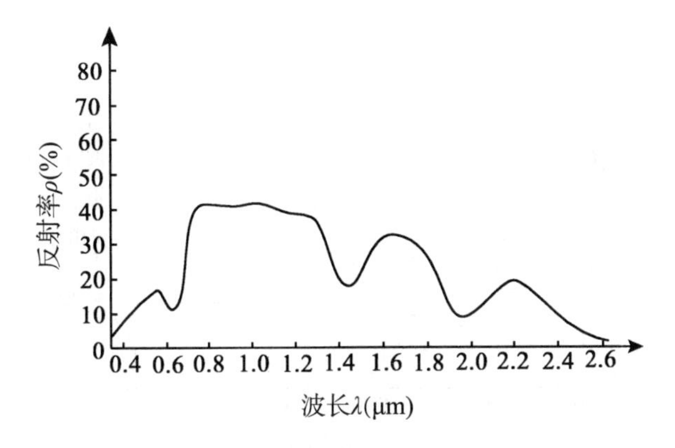

图 2.19　植被的反射光谱曲线

植物波谱在上述基本特征下仍有细部差别，这种差别与植物种类、季节、病虫害影响、含水量多少等有关系。为了区分植被种类，需对植被波谱进行深入研究。

4) 土壤

自然状态下土壤表面的反射率没有明显的峰值和谷值，一般来讲土质越细反射率越高，有机质含量越高则含水量越高反射率越低，此外土类和肥力也会对反射率产生影响。如图 2.20 所示，土壤反射波谱曲线呈比较平滑的特征，所以在不同波谱段的遥感影像上，土壤的亮度区别不明显。

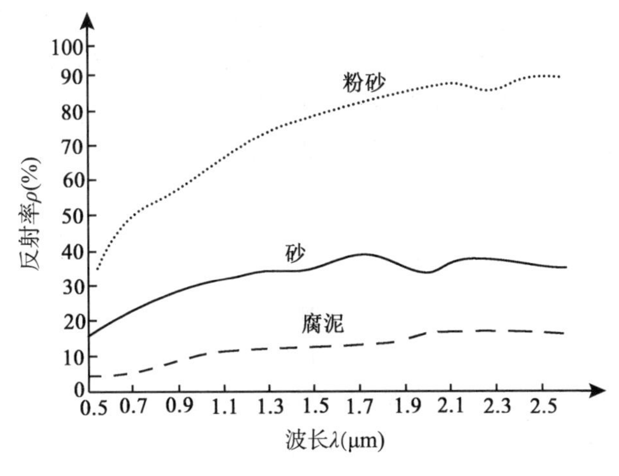

图 2.20　土壤的反射光谱曲线

5) 岩石

岩石的反射波谱曲线无统一的特征，矿物成分、矿物含量、成分、含水状况、风化程度、颗粒大小、色泽、表面光泽程度等都会对曲线形态产生影响。如图 2.21 所示是几种不同岩石的反射波谱曲线。

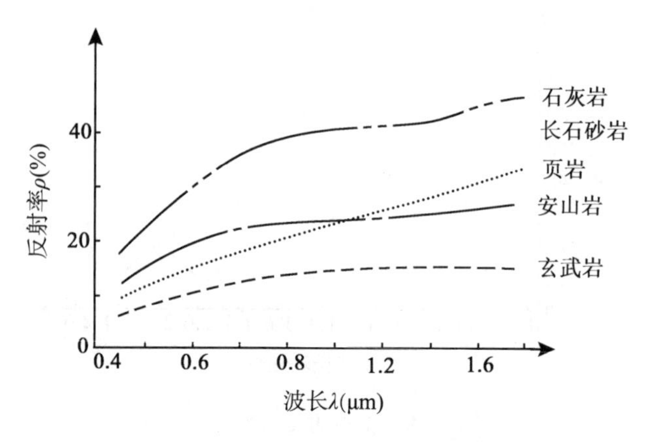

图 2.21　岩石的反射光谱曲线

任务 2.4　地物波谱特性的测定

2.4.1　地物波谱特性的概念

地物波谱也称地物光谱，地物波谱特性是指各种地物各自具有的电磁波特性(电磁辐射或反射辐射)。在遥感技术的发展过程中，世界各国都十分重视地物波谱特征的测定。遥感图像中灰度与色调的变化是遥感图像所对应的地面范围内电磁波谱特性的反映。对于遥感图像的三大信息内容(波谱信息、空间信息、时间信息)，波谱信息用得最多。

在遥感中，测量地物的反射波谱特性曲线主要有以下三种作用：第一，它是选择遥感波谱段、设计遥感仪器的依据；第二，在外业测量中，它是选择合适的飞行时间的基础资料；第三，它是有效地进行遥感图像数字处理的前提之一，是用户判读、识别、分析遥感图像的基础。

2.4.2　地物波谱特性的测定原理

对于不透明的物体，地物的发射率和反射率的关系为：

$$\varepsilon_{\lambda} = 1 - \rho_{\lambda} \tag{2-12}$$

可见地物的发射辐射电磁波可以通过间接地测试地物反射辐射电磁波特性得到。因此，地物波谱特性通常都是用地物反射辐射电磁波来描述，这实际上是指在给定波段范围内，某地物的电磁波反射率变化规律。

地物的反射波谱测定的原理是用光谱测定仪器置于不同波长或波谱段，分别探测地物和标准板，测量、记录和计算地物对每个波谱段的反射率，其反射率的变化规律即为该地物的波谱特性。

对可见光和近红外波段的波谱反射特征，在限定的条件下，可以在实验室内对采回来的样品进行测试，精度较高。但是它不可能逼真地模拟自然界千变万化的条件，一般以实验室所测的数据作为参考。因此，进行地物波谱反射特性的野外测量是十分重要的，它能反映测量瞬间地物实际的反射特性。

测定地物反射波谱特性的仪器分别为分光光度计、光谱仪、摄谱仪等。仪器结构如图 2.22 所示。仪器由收集器、分光器、探测器和显示或记录器组成。其中收集器的作用是收集来自物体或标准板的反射辐射能量。它一般由物镜、反射镜、光栏组成；分光器的作用是将收集器传递过来的复色光进行分光，它可选用棱镜、光栅或滤光片；探测器的类型有光电管、硅光电二极管、摄影负片等；显示或记录器是将探测器上输出的信号显示或记录下来，或驱动绘图仪直接绘成曲线。如图 2.23 所示为一种典型的野外用分光光度计结构图。

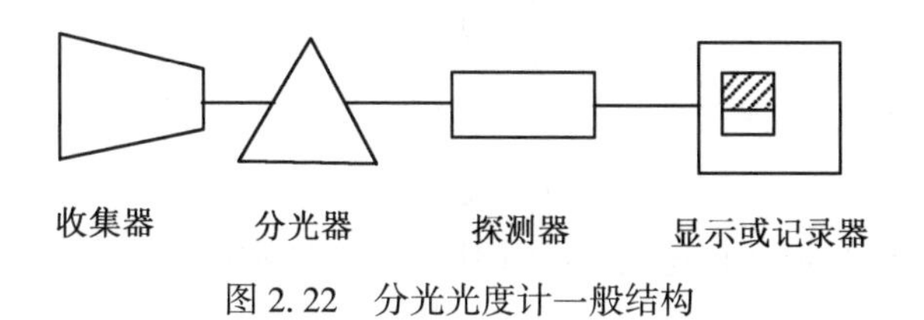

图 2.22　分光光度计一般结构

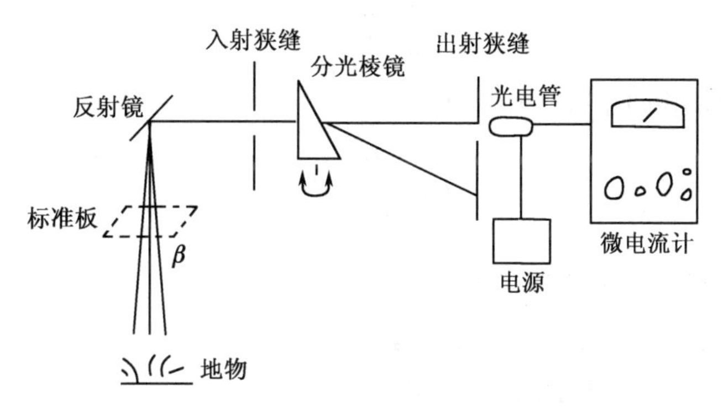

图 2.23　302 型野外分光光度计结构原理图

地物或标准板的反射光能量经反射镜和入射狭缝进入分光棱镜产生色散，由分光棱镜旋转螺旋和出射狭缝控制使单色光逐一进入光电管，最后经微电流计放大后在电表上显示光谱反射能量的测量值，其测量的原理是：先测量地物的反射辐射通量密度，在分光光度计视场中收集到的地物反射辐射通量密度为：

$$\Phi_\lambda = \frac{1}{\pi}\rho_\lambda E_\lambda \tau_\lambda \beta G \Delta\lambda \tag{2-13}$$

式中：Φ_λ ——物体的光谱反射辐射通量密度；

ρ_λ ——物体光谱反射率；

E_λ ——太阳入射在地物上的光谱照度；

τ_λ ——大气光谱透射率；

β ——光度计视场角；

G——光度计有效接收面积；

$\Delta\lambda$ ——单色光波长宽度。

经光电管转变为电流强度在电表上指示读数 I_λ，它与 Φ_λ 的关系为：

$$I_\lambda = k_\lambda \Phi_\lambda \tag{2-14}$$

式中，k_λ ——仪器的光谱辐射响应灵敏度。

接着是测量标准板的辐射通量密度。标准板为一种理想的漫反射体，一般由硫酸钡或石膏之类做成。最理想的标准板的反射率为1，称为白体，但一般只能做成灰色的标准板，它的反射率 ρ_λ^0 预先经过严格测定并经国家计量局鉴定，用仪器观察标准板时所观察到的光谱辐射通量密度为：

$$\Phi_\lambda^0 = \frac{1}{\pi}\rho_\lambda^0 E_\lambda \tau_\lambda \beta G \Delta\lambda \tag{2-15}$$

同理，电表读数为：

$$I_\lambda^0 = k_\lambda \Phi_\lambda^0 \tag{2-16}$$

将地物的电流强度与标准板电流强度相比，并根据式(2-16)与式(2-14)，式(2-15)与式(2-13)可以得到：

$$\frac{I_\lambda}{I_\lambda^0} = \frac{\rho_\lambda}{\rho_\lambda^0} \tag{2-17}$$

从而可以求得地物的光谱反射率为：

$$\rho_\lambda = \frac{I_\lambda}{I_\lambda^0} \cdot \rho_\lambda^0 \tag{2-18}$$

2.4.3　地物波谱特性的测定步骤

地物波谱特性的测定，通常按以下步骤进行：

(1)架设好光谱仪，接通电源并进行预热；

(2)安置波长位置，调好光线进入仪器的狭缝宽度；

(3)将照准器分别照准地物和标准板，并测量和记录地物、标准板在波长 λ_1，λ_2，…，λ_n 处的观测值 I_λ，I_λ^0；

(4)按照式(2-18)计算 λ_1，λ_2，…，λ_n 处的 ρ_λ；

(5)根据所测结果，以 ρ_λ 为纵坐标轴，λ 为横坐标轴画出地物反射波谱特性曲线。

由于地物波谱特性的变化与太阳和测试仪器的位置、地理位置、自然环境和地物本身有关，所以应记录观测时的地理位置、自然环境和地物本身的状态，并且测定时要选择合适的光照角，正因为波谱特性受多种因素的影响，所测的反射率定量并不唯一。

小贴士

你知道自然界中五彩缤纷的颜色是怎么形成的吗？

这是因为物体表面具有不同的吸收光线和反射光线的能力。因为不同物体反射光线的不同，会让我们看到不同的颜色。比如，光线照射到白色物体上时，会全部反射，于是物体呈现白色。光线照射到蓝色物体表面时，反射蓝色光，吸收其他光，于是物体呈现蓝色。光线照射到红色物体表面时，吸收其他光，反射红色光，所以物体呈现红色。因此，自然界中物体之所以呈现不同的颜色，是与物体反射和吸收不同波长的可见光有关。这也是遥感知识在生活中的运用。

◎ 习题与思考题

1. 什么是电磁波谱？遥感技术常用的电磁波段有哪些？
2. 什么是绝对黑体？简述黑体辐射规律。
3. 说明太阳辐射光谱曲线的特点？太阳辐射的光谱集中在哪些电磁波段？
4. 请简述大气对太阳辐射的影响有哪些方面？
5. 结合大气的散射作用说明为什么无云的天空呈现蓝色？而朝霞和夕阳呈现橘红色？
6. 什么是大气窗口？大气窗口对遥感的意义是什么？
7. 什么是地物反射率和反射光谱曲线？
8. 简述地物波谱特性的测定步骤。

项目3　遥感平台与运行特点

☞ 学习目标

通过本项目的学习，掌握遥感平台的种类；了解卫星轨道参数及运行特征；了解Landsat、SPOT、CBERS、IRS、“资源”三号卫星等系列陆地卫星的特征；了解国外IKONOS、Quickbird、GeoEye-1等高空间分辨率陆地卫星和我国“高分”系列陆地卫星的特征；了解国外MODIS等和我国HJ-1号高光谱类卫星的特征；了解SAR类卫星的特征；了解国外Seasat 1、MOS1、Geosat、ERS等海洋卫星与我国HY-1A～D、HY-2B～2D等系列海洋卫星的特征；了解静止轨道气象卫星、极地轨道气象卫星和我国的FY系列气象卫星的特征等。同时，通过中国遥感卫星的学习，帮助学生做到中国特色社会主义道路自信、理论自信、制度自信、文化自信，同时让学生体会到我国科技工作者自力更生、自强自立的志气以及艰苦卓绝、锲而不舍、无私奉献的精神，激励学生继承和发扬以爱国主义为核心的民族精神和以改革创新为核心的时代精神。另外，客观分析我国遥感卫星与美国等发达国家遥感卫星的差距，让学生充分认知“科技是第一生产力”和掌握核心技术的重要性。

任务3.1　遥感平台的种类

遥感平台是指装载遥感器的运载工具。遥感平台的种类很多，按平台距地面的高度可分为三类：航天平台、航空平台和地面平台。在不同高度的遥感平台上，可以获得不同面积、不同分辨率、不同特点、不同用途的遥感图像数据。

遥感平台的选取主要是地面分辨率。如果遥感器的瞬时视场角是固定的，则获取地表信息的分辨率与高度成正比。低空具有较好分辨率的遥感器，随着高度的上升，其分辨率也会降低。因此，可以认为微观信息来自低空，宏观信息来自高空。可应用的遥感平台见表3.1。

表3.1　**可应用的遥感平台**

遥感平台	高度	目的和用途	其他
静止卫星	36 000km	定点地球观测	气象卫星(GMS等)
圆轨道卫星(地球观测卫星)	500～1 000km	定期地球观测	Landsat、SPOT、MOS等

续表

遥感平台	高度	目的和用途	其他
航天飞机	240~350km	不定期地球观测空间实验	—
返回式卫星	200~250km	侦查与摄影测量	—
无线探空仪	100~100km	各种调查(气象等)	—
高高度喷气机	10~12km	侦查大范围调查	—
中低高度喷气机	500~8 000m	各种调查航空摄影测量	—
飞艇	500~3 000m	空中侦察各种调查	—
直升机	100~2 000m	各种调查摄影测量	—
无线遥控飞机	500m 以下	各种调查摄影测量	飞机、直升机
牵引飞机	50~500m	各种调查摄影测量	牵引滑翔机
系留气球	800m 以下	各种调查	—
索道	10~40m	遗址调查	—
吊车	5~50m	近距离摄影测量	—
地面测量车	0~30m	地面实况调查	车载升降台

3.1.1　地面遥感平台

地面遥感平台是置于地面和水上的装载传感器的固定的或可移动的装置，高度一般在100m 以下，主要包括三脚架、遥感塔、遥感车等，主要用于近距离测量地物波谱和摄取供试验研究用的地物细节影像，为航空遥感和航天遥感作校准和辅助工作。

通常三脚架的放置高度在 0.75~2.0m，在三脚架上放置地物波谱仪、辐射计、分光光度计等地物光谱测试仪器，用以测定各类地物的野外波谱曲线。遥感车、遥感塔上的悬臂常安置在 6~10m 甚至更高的高度上，在这样的高度上对各类地物进行波谱测试，可测出地物的综合波谱特性。为了便于研究波谱特性与遥感影像之间的关系，也可将成像传感器置于同高度的平台上，在测定地物波谱特性的同时获取地物的影像。

3.1.2　航空遥感平台

航空遥感平台指高度在 100m~100km 的各种飞机、气球、汽艇等，可携带各种摄影机、机载合成孔径雷达、机载激光雷达以及 GNSS，主要用于区域性的资源调查、军事侦察、环境与灾害监测、测绘等。航空遥感平台具有飞行高度较低、地面分辨率较好、机动灵活、不受地面条件限制、调查周期短、资料回收方便等优点，应用非常广泛。

1. 气球

早在 1958 年，法国人 Gaspard Felix Tournachon 乘坐热气球在离地 80m 的高度，拍摄

了法国巴黎附近的一个小村庄的照片，进行了人类历史上第一次航空摄影，开创了航空遥感的先河。气球是一种廉价的、操作简单的平台。气球上可携带摄影机、摄像机、红外辐射计等简单传感器。气球按其在空中的高度分为低空气球和高空气球两类，发送到对流层及其以下高度的气球称为低空气球，大多数可用人工控制在空中固定位置上进行遥感，其中用绳子拴在地面上的气球叫做系留气球，最高可升至地面上空 5km 处；发送到平流层以上的气球称为高空气球，大多是自由漂移的，可升至 12~40km 高空。

2. 飞机

飞机在 1903 年问世后，由于它在可操控性和稳定性方面的优势，飞机逐渐成为最广泛使用的航空遥感平台，并与摄影、扫描等信息获取方式结合，形成了丰富的航空遥感技术。

航空遥感对飞机性能和飞行过程有特殊的要求：如航速不宜过快，稳定性能要好；续航能力强，有较大的实用升限；有足够宽敞的机舱容积；具备在简易机场起飞的能力及先进的导航设备等。飞机遥感具有分辨率高、不受地面条件限制、调查周期短、测量精度高、携带传感器类型样式多、信息回收方便等特点，特别适用于局部地区的资源探测和环境监测。按照飞机飞行高度不同，可分为低空平台、中空平台和高空平台。

低空平台是距离地面 2km 以内的对流层下面。利用它能够取得大比例尺、中等比例尺航空遥感图像。直升飞机可以进行离地面 10m 以下的低空遥感；侦察飞机可以进行 300~500m 的低空遥感；通常遥感试验在 1~1.5km 的高度范围内进行。

中空平台是距离地面 2~6km 的对流层中层。利用它能够取得中小比例尺的航空遥感图像。目前，大部分的航空遥感都在这一高度范围成像。

高空平台是距离地面 12~30km 的对流层顶层和平流层下层。部分用于航空遥感的有人驾驶飞机(如美国的呼唤Ⅱ)的飞行高度在 12km 左右，一般用于航空遥感的飞机达不到这个高度，军用高空侦察飞机一般在此高度上飞行。

3. 无人机

2004 年，在伊斯坦布尔举办的第 20 届国际摄影测量与遥感大会(ISPRS 2004 Istanbul)上通过的决议：“无人机(Unmanned Aircraft System)提供了一个新的、可控的遥感数据获取平台”，“UAS 潜在地提供了一种比有人飞机遥感平台更迅捷、廉价的遥感数据获取手段”。

无人机的优势主要体现在以下三个方面：

1)高分辨率

UAS 平台可以飞得足够低，具有获取足够高分辨率地面影像的能力(可达到厘米级)，这一点是遥感卫星所不具备的。

2)云层下成像

低空 UAS 遥感平台可以在云层以下对地面成像，不受多云天气的制约，而有人飞机航拍对天气条件的要求比较苛刻，在多云天气根本无法进行作业。遥感卫星也受云层遮蔽影响，尤其在常年多云的地区，甚至数年时间内也难以获取完整的符合要求的地面影像。

3)移动性能

UAS 平台较为轻便，移动性能好，因此在运输、保管环节上与有人飞机遥感平台相比可以节省不少的费用。

无人机作为一种新型的遥感平台，必然会越来越体现出其优越性所在，在遥感领域发挥出应有的效力。

3.1.3　航天遥感平台

航天遥感平台是指高度在 240km 以上的高空探测火箭、人造地球卫星、宇宙飞船、空间轨道站和航天飞机等。一个航天平台往往携带多种传感器，以同时完成不同的对地观测任务。由于航天平台飞行高度高，不受国界限制，因此广泛用于全球环境资源调查、军事动态监测、地形图测绘等。

1. 高空探测火箭

探测火箭的飞行高度一般可达 300~400km，介于飞机和人造地球卫星之间。

火箭可在短时间内发射并回收，可以利用好天气快速遥感，不受轨道限制，应用灵活，可对小范围地区遥感。但由于火箭上升时冲击强烈，易损坏仪器，而且付出的代价大，取得的资料不多，所以火箭不是理想的遥感平台。

2. 人造地球卫星

人造地球卫星目前在地球资源调查和环境监测中起着主要作用，是航天遥感中应用最广泛的遥感平台。按人造地球卫星运行轨道高度和寿命可分为三种类型：

低高度、短寿命卫星：轨道高度为 150~350km，寿命只有几天到几十天，可获得较高地面分辨率的图像，多数用于军事侦察，最近发展的高空间分辨率小卫星遥感多采用此类卫星。

中高度、长寿命卫星：轨道高度为 350~1 800km，寿命在 1 年以上，一般为 3~5 年，属于这类的有陆地卫星、海洋卫星、气象卫星等，是目前遥感卫星的主体。

高高度、长寿命卫星：也称为地球同步卫星或静止卫星，高度约为 36 000km，寿命更长。这类卫星已大量用作通信卫星、气象卫星，也用于地面动态监测，如监测火山、地震、林火及预报洪水等。

3. 宇宙飞船

载人宇宙飞船有“双子星座”飞船系列、“阿波罗”飞船系列、天空实验室、“礼炮”号轨道站及“和平”号空间站等。它们较卫星优越之处是有较大负载容量，可带多种仪器，可及时维修，在飞行中可进行多种试验，资料回收方便。缺点是一般飞船飞行时间短(7~30 天)，飞越同一地区上空的重复率小。但航天站可在太空运行数年甚至更长时间。

4. 航天飞机

航天飞机是一种新式大型空间运载工具，是由 3 部分组成的 3 级火箭。其主体轨道飞行器可以回收，两个助推器也可回收，重复使用，这是它的优点之一。航天飞机有两种类型：一种不带遥感器，仅作为宇宙交通工具，将卫星或飞船带到一定高度的轨道上，在轨道上对卫星、飞船检修和补给，在轨道上回收卫星或飞船等；另一种携带遥感仪器进行遥感。航天飞机是火箭、载人飞船和航空技术综合发展的产物。它像火箭那样垂直向上发射，像卫星和飞船那样在空间轨道上运行，还像飞机那样滑翔降落到地面，具有三者的优点。它是一种灵活、经济的航天平台。1981年4月以来，美国已发射过"哥伦比亚"号、"发现"号、"挑战者"号、"亚特兰蒂斯"号和"奋进"号等航天飞机。苏联也曾成功地进行了无人驾驶航天飞机的飞行试验。

在航天对地观测成像时，不同类型的航天遥感平台对获取的遥感影像的特性有一定的影响。例如，它将影响获取影像的比例尺(空间分辨率)、立体影像的基高比、成像覆盖范围、重复获取影像的周期、连续获取地面影像时间的长短及获取影像时的光照条件等。

任务3.2 卫星轨道

3.2.1 卫星轨道参数

用于表示行星及卫星等轨道的数值组叫轨道参数。轨道参数是各式各样的，但对于地球卫星来说，独立的轨道参数有6个，代表性的是开普勒的6个参数。

(1)轨道长半轴(a)：a为卫星轨道远地点到椭圆轨道中心的距离，即椭圆轨道的长轴。

(2)轨道偏心率(e)：e为椭圆轨道的偏心率。

(3)轨道倾角(i)：i是指卫星轨道面与地球赤道面之间的两面角，也即升交点一侧的轨道面至赤道面的夹角。

(4)升交点赤经(Ω)：升交点赤经Ω为卫星轨道上由南向北自春分点到升交点的弧长。所谓升交点为卫星由南向北运行时，与地球赤道面的交点。反之，航道面与赤道面的另一个交点称为降交点。春分点为黄道面与赤道面在天球上的交点。

(5)近地点幅角(ω)或近地赤经：ω是指卫星轨道面内近地点与升交点之间的地心角。

(6)过近地点时刻(T)：以近地点为基准表示轨道面内卫星位置的量。

以上6个量用轨道面和赤道坐标系表示如图3.1所示。

在以上6个参数中，根据a和e可以确定轨道的形状和大小，根据i和Ω可以确定轨道面的方向，根据ω可以确定轨道面中轨道的长轴方向。根据T可求出任何一时刻卫星在轨道上的位置。因为直观易于理解，故通常采用以上6个参数表示轨道状况，该6个参数可以根据地面观测来确定。

其中，e越大，则轨道越扁，e越小，则轨道越接近圆形。圆形轨道有利于在全球范围内获取影像时比例尺趋近一致。当e固定时，a越大则轨道离地高度H越大。H与传感器的地面分辨率和总视场宽度有密切关系。

倾角i决定了轨道面与赤道面之间的关系，当$i=0$轨道面与赤道面重合，此时的轨道

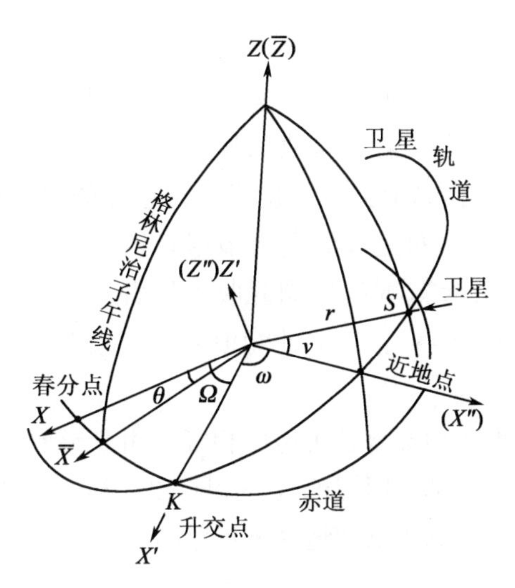

图 3.1　卫星的空间轨道

称为“赤道轨道”，当 $i=90°$时轨道面与地轴重合，此时称为近极地轨道，近极地轨道有利于增大卫星对地球的观测范围，上述两种轨道外的其他轨道均称为“倾斜轨道”。

3.2.2　卫星轨道的运行特征

人造卫星的轨道根据形状不同、轨道倾角不同、周期不同、回归性不同可以有各种名称，具体见表 3.2。

表 3.2　　**卫星轨道的名称**

轨道形状	圆轨道	偏心率	$e=0$
	椭圆轨道		$0<e<1$
	抛物线轨道		$e=1$
	双曲线轨道		$1<e$
轨道倾角	赤道轨道	轨道倾角	$i=0°$
	倾斜轨道		$0°<i<90°$
	极轨道		$i=90°$
周期	地球同步轨道		
	太阳同步轨道		
回归性	回归轨道		
	准回归轨道		

1. 地球同步轨道

卫星运行周期与地球自转周期(23时56分04秒)相同的轨道称为地球同步轨道，简称同步轨道。若同步轨道的轨道面与地球赤道面重合，且运行方向和地球自转方向相同，则从地面上看像是悬在赤道上空静止不动，这样的卫星称为地球静止轨道卫星，简称静止卫星。由于静止卫星的运行周期与地球自转周期一致，静止卫星能够长时间观测特定地区，高轨道可将大范围区域同时收入视野，适用于气象和通信。例如，我国的“风云”二号(FY-2)气象卫星，日本的对地静止气象卫星(GMS)，以及欧洲空间局的 Meteosat 等。

静止卫星的公转角速度和地球自转角速度相等，相对于地球似乎固定于高空某一点，只能观测1/4地球面积，对于某一固定地区，每隔20~30min获取一次资料。通常由3~4颗卫星形成空间监测网，对全球中低纬地区进行监测。

2. 太阳同步轨道

太阳同步轨道是指卫星轨道面与赤道面的夹角保持不变的轨道。卫星轨道面与日、地连线的夹角称为光照角，为了使某地区保持相同的光照强度，应使该角不变，这种轨道的轨道面会沿赤道自行旋转，且旋转方向与地球公转方向相同，旋转的角度等于地球公转的角进度，即0.9856°/日或360°/年。

太阳同步卫星采用近圆轨道，也称近极轨卫星，卫星每天在同一地方时同一方向通过处于同一纬度地区，因此对地观测卫星多采用太阳同步轨道。

3. 回归轨道与准回归轨道

卫星一天绕地球若干圈，并不回到原来的轨道，每天都有推动，*N*天之后又回到原来轨迹的轨道，即称为回归日数为*N*天的“回归轨道”。准回归轨道是指在卫星绕地球*N*圈期间后，与原来的轨迹位置偏差小于成像带宽度。这些轨道的特点是能对地球表面特定地区进行重复观测，是遥感卫星常用的轨道。

任务3.3　陆地卫星及轨道特征

用于陆地资源和环境探测的卫星称为陆地卫星，依据不同的指标和方法，陆地卫星有多种分类方法，按综合分类可分为系列陆地卫星、高空间分辨率遥感卫星、高光谱遥感卫星和微波遥感卫星等4类。

3.3.1　系列陆地卫星

系列陆地卫星包括 Landsat 系列(美)，SPOT 系列(法)、CBERS(中巴)、IRS(印度)、“资源”三号卫星(中)等。这类卫星的特点是多波段扫描、地面分辨率为5~30m，在现阶段，这类卫星仍然是陆地卫星的主体。

1. Landsat 系列卫星

美国国家航空航天局(NASA)于 1967 年开始开展地球资源技术卫星计划(ERTS 计划)，预定发射 6 颗地球资源技术卫星，并分别命名为 ERTS-1、ERTS-2、ERTS-3 等。1972 年 7 月 NASA 成功地发射了第一颗地球资源技术卫星 ERTS-1。1975 年，在发射 ERTS-2 之前，NASA 为了区别于海洋卫星计划，将这一计划改名为陆地卫星计划(Landsat 计划)，将 6 颗卫星(不论是否发射)都改名为"陆地卫星"(Landsat)，分别称为 Landsat-1、Landsat-2、Landsat-3 等。至今，该计划已发射 8 颗卫星，其中 Landsat-6 发射失败，目前 Landsat-1 至 Landsat-5、Landsat-7 均相继退役，Landsat-8 卫星在役服务，其中，Landsat-5 运行近 30 年，是世界上运行最久的地球观测卫星。Landsat 卫星系列的发射时间和运行情况见表 3.3。

表 3.3　**Landsat 系列卫星的发射时间和运行情况**

卫星名称	Landsat-1	Landsat-2	Landsat-3	Landsat-4	Landsat-5	Landsat-6	Landsat-7	Landsat-8
发射时间	1972. 7. 23	1975. 1. 22	1978. 3. 5	1982. 7. 16	1984. 3. 1	1993. 10. 5	1999. 4. 15	2013. 2. 11
运行情况	1978 年退役	1976 年失灵,1980 年修复,1982 年退役	1983 年退役	1993 年失效,退役	2012 年 12 月 21 日正式宣布退役	发射失败	2003 年 5 月出现故障,退役	在役服务

据美国航天局官方网站报道，美国航天局(NASA)和美国地质调查局(USGS)已经开始研发 Landsat-9，预计在 2023 年发射，其发射将延长地球观测项目拍摄陆地影像的记录至半个世纪。Landsat 系列卫星是目前世界范围内应用最广泛的民用对地观测卫星，在围绕地球的轨道上运转，获取了数百万幅有价值的图像。图像上载有丰富的地面信息，在农业、林业、生态、地质、地理、气象、水文、海洋、环境污染、地图测绘等方面得到了广泛应用。

1)遥感器和数据参数

Landsat 系列卫星所搭载的传感器包括：反束光导摄影机(RBV)、多光谱扫描仪(MSS)、专题成像仪(Thematic Mapper，TM)、增强专题成像仪(ETM)、增强专题成像仪+(ETM+)及陆地成像仪(Operational Land Imager，OLI)、热红外传感器(Thermal Infrared Sensor，TIRS)。

所搭载的各类遥感器波段范围和空间分辨率见表 3.4。由于发生技术故障，RBV 仅获得很少资料。因 Landsat-6 发射失败，ETM 仅作为一个标志，故只有 MSS、TM、ETM+、OLI、TIRS 所得数据才被广泛使用。

表 3.4 所搭载的各类遥感器波段范围和空间分辨率

卫星	搭载传感器	波段数	波长/μm		分辨率/ m
Landsat-1、2	RBV	3	0. 475~0. 575		80
			0. 580~0. 680		80
			0. 690~0. 830		80
	MSS	4	0. 50~0. 60	蓝绿波段	80
			0. 60~0. 70	橙红波段	80
			0. 70~0. 80	红、近红外波段	80
			0. 80~1. 10	近红外波段	80
Landsat-3	RBV	1	0. 505~0. 750		30
	MSS	5	0. 50~0. 60	蓝绿波段	80
			0. 60~0. 70	橙红波段	80
			0. 70~0. 80	近红外波段	80
			0. 80~1. 10	近红外波段	80
			10. 4~12. 6	热红外波段	240
Landsat-4、5	MSS	4	0. 50~0. 60	蓝绿波段	80
			0. 60~0. 70	橙红波段	80
			0. 70~0. 80	近红外波段	80
			0. 80~1. 10	近红外波段	80
	TM	7	0. 45~0. 52	蓝波段	30
			0. 52~0. 60	绿波段	30
			0. 63~0. 69	红波段	30
			0. 76~0. 90	近波段	30
			1. 55~1. 75	短波红外波段	30
			10. 4~12. 5	热红外波段	120
			2. 08~2. 35	短波红外波段	30
Landsat-7	ETM+	8	0. 45~0. 52	蓝波段	30
			0. 52~0. 60	绿波段	30
			0. 63~0. 69	红波段	30
			0. 76~0. 90	近红外波段	30
			1. 55~1. 75	短波红外波段	30
			10. 4~12. 5	热红外波段	60
			2. 08~2. 35	短波红外波段	30
			0. 50~0. 90	全色波段	15

续表

卫星	搭载传感器	波段数	波长/μm		分辨率/ m
Landsat-8	OLI	9	0. 43～0. 45	海岸波段	30
			0. 45～0. 51	蓝波段	30
			0. 53～0. 59	绿波段	30
			0. 64～0. 67	红波段	30
			0. 85～0. 88	近红外波段	30
			1. 57～1. 65	短波红外 1	30
			2. 11～2. 29	短波红外 2	30
			0. 50～0. 68	全色波段	15
			1. 36～1. 38	卷云波段	30
	TIRS	2	10. 60～11. 19	热红外波段 1	100
			11. 50～12. 51	热红外波段 2	100

2)轨道特征

Landsat 的轨道偏心率不大，为圆形或近圆形轨道，与地面保持等距离，其目的是使卫星图像比例尺基本一致，也使卫星图像的地面分辨率不因卫星高度变化而相差过大；而且根据开普勒面积速度守恒定律可知，圆形轨道上各点卫星速度的大小是不变的，有利于控制卫星姿态，有效简化图像处理过程。

卫星运行周期是指卫星绕地球一周所需的时间，如 Landsat-1～3 为 103. 26min，每天可围绕地球 14 圈，形成 14 条间隔为 2 875km 的条带，条带宽度 185km。第 2 天的轨道紧靠着第 1 天的轨道西移 159km(在赤道上)。第 19 天的轨道与第 1 天的重合。这样，经过 18 天的运行，卫星就可以覆盖全球一遍，重复周期是指卫星从某地上空开始运行回到该地上空时所需要的天数，即对全球覆盖一遍所需的时间，Landsat-1～3 为 18 天，Landsat-4～8 为 16 天。轨道的重复回归性有利于对地面地物或自然现象的变化做动态监测。

Landsat 在地面上空 700km 余或 900km 余高处运行，这种轨道属于中等高度轨道。若飞行太低，卫星受稠密大气摩擦，损耗增大，降低卫星工作寿命，且运行周期延长，若飞行过高，分辨率又难以达到要求，所以中等高度是最适宜的。

Landsat-1～3 轨道倾角为 99. 125°，Landsat-4～8 轨道倾角为 98. 22°，为近极地轨道，这种轨道与赤道基本垂直，有利于增大卫星对地面的观测范围，最北和最南分别能达到 81°N 和 81°S，利用地球自转并结合轨道运行周期和图形扫描宽度的设计，能保证全球绝大部分地区在卫星覆盖之下。另外，这种轨道保证了当卫星先后穿过同一纬度、不同经度的若干个地面点上空时，各地面点的地方太阳时大致相同。因此，星载传感器对同一纬度、不同经度的地区所成的图像是在大致相同的太阳高度角和太阳方位角的情况下获得的，这便于对同一纬度、不同经度地区的陆地卫星图像进行比较分析。

简而言之，Landsat 卫星一般采用准回归太阳同步圆形轨道，是一种中等高度、长寿命的人造卫星。Landsat 系列卫星轨道具体运行参数见表 3.5。

表 3.5 **Landsat 系列卫星轨道运行参数**

项目	卫星编号						
	landsat-1	landsat-2	landsat-3	Landsat-4	landsat-5	landsat-7	landsat-8
轨道高度(km)	915	915	915	705	705	705	705
轨道倾角(°)	99.125	99.125	99.125	98.22	98.22	98.22	98.22
运行周期(min)	103.26	103.26	103.26	98.9	98.9	98.9	98.9
每天绕地球圈数	13.94	13.94	13.94	14.5	14.5	14.5	14.5
轨道重复周期(D)	18	18	18	16	16	16	16
长半轴(km)	7 285.438	7 285.438	7 285.438	7 083.465	7 083.465	7 083.465	7 083.465
降交点地方时	8:50am	9:08am	9:31am	9:45am	9:45am	10:00am	10:00am
偏移系数(d)	−1	−1	−1	−7	−7	−7	−7
扫描带宽度(km)	185	185	185	185	185	185	185
在赤道上相邻轨道间距离(km)	159	159	159	172	172	172	172

2. SPOT 系列卫星

自 1978 年起，法国空间研究中心(CNES)联合比利时、瑞典等一些欧共体国家，设计、研制了一颗名为“地球观测实验系统”(SPOT)的卫星，也可叫做“地球观测试验卫星”。自 1986 年 2 月起，SPOT 系列卫星陆续发射，到目前为止，共发射了 7 颗 SPOT 卫星，详见表 3.6。

表 3.6 **SPOT 系列卫星的发射时间和运行情况**

卫星名称	SPOT-1	SPOT-2	SPOT-3	SPOT-4	SPOT-5	SPOT-6	SPOT-7
发射时间	1986.2.22	1990.1.22	1993.9.26	1998.3.24	2002.4	2012.9.9	2014.6.30
运行情况	2002.05 失效	2009.07.01 失效	1996.11.14 因故障停止运行	2013.01 失效	在役服务	在役服务	在役服务

SPOT 系列卫星有着相同的卫星轨道和相似的传感器，它首次运用了线性阵列传感器和推扫式光电扫描仪，并首次具有旋转式平面镜，可以在左右 27°范围内侧视观测，具有

倾斜观测能力和立体成像能力。由于 SPOT-1~7 卫星具有侧视倾斜观测能力，且卫星数据空间分辨率适中，因此在资源调查、农业、林业、土地管理、大比例尺地形图测绘等各方面都有十分广泛的应用。

1)遥感器和数据参数

SPOT 系列卫星搭载的传感器包括高分辨率可见光扫描仪(high resolution visible sensor，HRV)、高分辨率可见光红外扫描仪(high resolution visible and infrared，HRVIR)、高分辨率几何成像装置(high resolution geometric，HRG)和植被探测器(VEGETATION，VGT)和高分辨率立体成像装置(high resolution stereoscopic，HRS)等。SPOT 系列卫星所搭载的各类遥感器相关参数特征见表 3.7。

表 3.7 **SPOT 系列卫星所搭载的各类遥感器相关参数特征**

卫星及传感器		分辨率(m)		扫描幅宽(km)
卫星	传感器	最高	最低	垂直轨道方向
SPOT-1	HRV1	10	20	60
	HRV2	10	20	60
SPOT-2	HRV1	10	20	60
	HRV2	10	20	60
SPOT-3	HRV1	10	20	60
	HRV2	10	20	60
SPOT-4	HRVIR	10	20	60
	VGT	1 000	1 000	2 250
SPOT-5	HRG1	2.5	10	60
	HRG2	2.5	10	60
	VGT	2.5	10	2 250
	HRS	1 000	1 000	120
SPOT-6	NAOMI	1.5	6	60
SPOT-7	NAOMI	1.5	6	60

高分辨率可见光扫描仪 HRV，是一种线阵列推扫式扫描仪，其探测器为 CCD(charge coupled device)电荷耦合器件。SPOT-1~3 卫星上的主要成像遥感器为 2 台高分辨率可见光扫描仪 HRV，分为两种形式，多光谱(XS)HRV 和全色(PA)HRV。多光谱 HRV 有绿、红、近红外 3 个光谱段，每个波段由 3 000 个 CCD 元件组成，每个元件形成的像元相对地面上为 20m×20m，即地面分辨率为 20m，全色 HRV 只有一个光谱段，包括从绿到深红的各种色光，CCD 线列探测杆用 6 000 个 CCD 元件组成一行，每个像元对应的地面大小为

10m×10m，即地面分辨率为10m。

由两台HRV组成的HRV系统有两种观测模式，即垂直观测模式和倾斜观测模式。在垂直观测模式中，由2台HRV的瞄准轴放在正中一挡方向上，与铅垂线成2°的角，两台HRV的瞄准轴处于铅垂线左右两侧。每台HRV的瞬时地面视场舷向宽60km，两台HRV的瞬时地面视场左右相接，中间在天底点及其附近重叠3km，故两台HRV的瞬时地面视场合成一舷向宽117km、航向仅为20m(或10m)宽的细长条。随着卫星的前进，此细长条也不断沿航向前进，如同一把扫帚在地面上沿航向扫描，经过一段时间后，就在地面上扫过一条舷向宽117m、航向长数万千米的地面探测条带，这种扫描可以称为推扫式扫描。在倾斜观测模式中，两台HRV的瞄准轴都调整到偏离正中挡的位上，对地面作倾斜观测，瞬时视场也离开天底点。这两种模式结合起来使用，可使在不同轨道上将HRV瞄准轴调整到不同的适当的挡位上，即可从不同角度观测同一指定地区，一方面大大缩短了观测间隔，另一方面可对同一地区获取不同方向的影像，进行立体观察。

SPOT-4的传感器为HRVIR和VGT。HRVIR是HRV的改进型，具体增加了一个波长为1.58~1.75μm、地面分辨率为20m的近红外波段(SWIR)，利用近红外波段对水分、植被较敏感的特性，常用于土壤含水量检测、植被长势调查、地质调查中的岩石分类等。另外将原全色波段改为0.61~0.68μm的红色通道。HRVIR共有4个波段，2种分辨率。植被成像装置(VEGETATION)是一种高辐射分辨率和1km空间分辨率，扫描宽度约为2 250km的宽视场扫描仪。

SPOT-5搭载了2个高分辨率HRG传感器，2个高分辨率立体成像装置HRS及1个植被成像装置(VEGETATION)。地面分辨率最高达2.5m，提高了一个数量级，高分辨率立体成像装置用两个相机沿轨道成像，一个向前，一个向后，实时获得立体图像，与之前的SPOT系统相比，SPOT-5几乎能在同一时刻及同一辐射条件下获取立体像对，避免了像对间由于获取时间不同而存在的辐射差异。

SPOT-6、SPOT-7采用Astrosat 500MK2平台，具备很强的姿态机动能力，可在14s内侧摆30°。SPOT-6、SPOT-7全色分辨率为1.5m，多光谱分辨率为6m，星上载有两台称为“新型Astrosat平台光学模块化设备”(NAOMI)的空间相机。SPOT-1~7卫星及其传感器的基本参数见表3.8。

表3.8　**SPOT系列卫星其传感器的基本参数**

卫星	搭载传感器	波长/μm	分辨率
SPOT-1~3	HRV	0.51~0.73	10m
		0.50~0.59	20m
		0.61~0.68	20m
		0.79~0.89	20m

续表

卫星	搭载传感器	波长/μm	分辨率
SPOT-4	HRVIR	0.50~0.59	20m
		0.61~0.68	20m
		0.78~0.89	20m
		1.58~1.75	20m
		0.61~0.68	10m
	VGT	0.43-0.47	1.15km
		0.50~0.59	1.15km
		0.61~0.68	1.15km
		0.78~0.89	1.15km
		1.58~1.75	1.15km
SPOT-5	HRG	0.49~0.61	10m
		0.61~0.68	10m
		0.78~0.89	10m
		1.58~1.75	10m
		0.48~0.71	5m
		0.48~0.71	5m
		0.48~0.71	2.5m
	VGT	0.43-0.47	1km
		0.61~0.68	1km
		0.78~0.89	1km
		1.58~1.75	1km
	HRS	0.49~0.69	10m
SPOT-6~7	NAOMI	0.45~0.52	6m
		0.53~0.59	6m
		0.625~0.695	6m
		0.76~0.89	6m
		0.45~0.745	1.5m

2)轨道特征

SPOT 卫星轨道参数特征与 Landsat 近似，为近极地、准圆形、太阳同步、可重复、中等高度的轨道，轨道运行参数见表 3.9。

表 3.9　**SPOT 系列卫星轨道运行参数**

轨道高度(km)	832
轨道倾角(°)	98.7
运行周期(min)	101.4
每天绕地球圈数	14.19
轨道重复周期(D)	26
长半轴(km)	7 200±500
降交点地方时	10:30am
偏移系数(d)	5
在赤道上相邻轨道间距离(km)	108.4
单台 HRV 图像幅宽(km)	60
两台 HRV 图像幅宽(km)	117(重叠 3km)

SPOT 是近极地卫星，利于增大卫星对地面总的观测范围，卫星 98.7°的轨道倾斜面，保证全球绝大部分地区(北纬 81.3°到南纬 81.3°)都在卫星覆盖之下。近圆形的轨道使卫星与地面间的高度保持一致。

3. CBERS 系列卫星

1986 年国务院批准航天工业部《关于加速发展航天技术报告》，确定了研制中国"资源"一号卫星的任务。1988 年中国和巴西两国政府联合议定书批准，在中国"资源"一号原方案基础上，由中、巴两国共同投资，联合研制卫星 CBERS(China-Brazil Earth Resource Satellite)，我国又简称 ZY-1，外形图如图 3.2 所示。

图 3.2　ZY-1 卫星外形图

1999 年 10 月 14 日，中巴地球资源卫星 01 星(ZY-01)成功发射，在轨运行 3 年 10 个月；CBERS-02 星(ZY-02)于 2003 年 10 月 21 日发射升空；CBERS-02B 星(ZY-02B)于

2007 年 9 月 19 日成功发射升空；CBERS-02C 星(ZY-02C)是由中国航天科技集团公司所属中国空间技术研究院负责研制生产，是一颗填补了中国国内高分辨率遥感数据空白的卫星，于 2011 年 12 月 22 日发射成功。CBERS-03 星(ZY-03)于 2012 年 12 月 9 日发射失败，卫星未能进入预定轨道；2014 年 12 月 7 日，中巴地球资源卫星 04 星(ZY-04)发射升空。

中巴资源卫星采用三轴定向，是近极地、准圆形、与太阳同步、可重复、中等高度的轨道卫星。CBERS-01(ZY-01)卫星的轨道倾角是 98.5°，高度是 778km，地面相邻轨道间隔时间为 3 天，属于太阳同步轨道，回归周期为 26 天。卫星设计寿命为 2 年。

CBERS 是我国第一次研制地球资源卫星，是我国第一代传输型地球资源卫星，星上传感器可昼夜观察地球，利用高码速率数传系统将获取的数据传输到地球地面接收站，经加工、处理成各种所需的遥感资料，供各类用户使用。

CBERS-01 卫星所搭载的传感器包括 CCD 相机，红外多光谱扫描仪（IRMSS)和宽视场成像仪(WFI)，其中 WFI 是巴西的产品。CBERS 系列卫星传感器参数见表 3.10。

表 3.10　**CBERS 系列卫星传感器参数**

卫星	搭载传感器	波长/μm	分辨率
CBERS-01、02	CCD 相机	0.45~0.52	20m
		0.52~0.59	
		0.63~0.69	
		0.77~0.89	
		0.51~0.73	
	红外多光谱扫描仪（IRMSS）	0.51~1.1	77.8m
		1.55~1.75	
		2.08~2.35	
		10.4~12.5	156m
	宽视场成像仪(WFI)	0.63~0.69	256m
		0.77~0.89	
CBERS-02B	CCD 相机	0.45~0.52	20m
		0.52~0.59	
		0.63~0.69	
		0.77~0.89	
		0.51~0.73	
	高分辨率相机(HR)	0.5~0.8	2.36m
	宽视场成像仪(WFI)	0.63~0.69	258m
		0.77~0.89	

续表

卫星	搭载传感器	波长/μm	分辨率
CBERS-02C	多光谱相机 P/MS	0.51~0.85	5m
		0.52~0.59	10m
		0.63~0.69	10m
		0.77~0.89	10m
	高分辨率相机(HR)	0.50~0.80	2.36m
CBERS-04	全色(PAN)/多光谱(MUX)	0.51~0.85	5
		0.52~0.59	10
		0.63~0.69	10
		0.77~0.89	10
	多光谱相机(MUX)	0.45~0.52	20
		0.52~0.59	20
		0.63~0.69	20
		0.77~0.89	20
	红外相机(IRS)	0.50~0.90	40
		1.55~1.75	40
		2.08~2.35	40
		10.4~12.5	80
	宽视场相机(WFI)	0.45~0.52	73
		0.52~0.59	73
		0.63~0.69	73
		0.77~0.89	73

4. IRS 系列卫星

IRS 系列卫星是印度空间研究中心(ISRO)研制的地球观测卫星系统。为了从技术上支持印度国内农业、水资源、森林与生态、地质、水利设施、渔业、海岸线管理等方面的发展，自 1988 年 3 月起，IRS 系列卫星陆续发射，共有 4 个系列，即 IRS-1、IRS-P、IRS-2、IRS-3，其中 IRS-1 是陆地观测卫星系列，IRS-P 是专用卫星系列，IRS-2 是海洋和气象卫星系列，IRS-3 是 SAR 卫星系列。目前，已发射的 IRS 系列卫星包括 IRS-1A、IRS-1B、IRS-1C、IRS-1D、IRS-2A、IRS-2B、IRS-2C、IRS-P3、IRS-P4、IRS-P5、IRS-P6、IRS-P7、IRS-P8 等 10 余颗卫星。印度 IRS 卫星系列已成为世界上最大的遥感卫星星座之一。这些卫星提供了不同空间分辨率、光谱分辨率和时间分辨率的卫星数据。

IRS 卫星主要探测器是 LISS(Linear Imaging Self-Scanner)、PAN(Panchromatic Camera)

和 WIFS(Wide Field Scanner)。LISS 有四个型号：LISS-Ⅰ(IRS-1A/1B)、LISS-Ⅱ(IRS-1A/1B /P2)、LISS-Ⅲ(IRS-1C/1D /P6)、LISS-Ⅳ(IRS- P6)。

IRS-P6 卫星于 2003 年 10 月 17 日在印度空间发射中心发射升空。它具有典型的光学遥感卫星的特点，星上携带三个传感器：多光谱传感器 LISS-Ⅲ和 LISS-Ⅳ，以及高级广角传感器 AWIFS，接收空间分辨率为 5.8m 的全色图像信息和空间分辨率为 23.5m 和 56m 的多光谱信息。

5. "资源"三号卫星

"资源"三号卫星(ZY-3)是中国第一颗民用高分辨率光学传输型测绘卫星，集测绘和资源调查功能于一体。"资源"三号卫星于 2012 年 1 月 9 日成功发射，首先实现我国民用遥感卫星多角度、多光谱综合立体成像。"资源"三号卫星重约 2 650kg，设计寿命约 5 年，卫星轨道参数见表 3.11，该卫星的主要任务是长期、连续、稳定、快速地获取覆盖全国的高分辨率立体影像和多光谱影像，为国土资源调查与监测、防灾减灾、农林水利、生态环境、城市规划与建设、交通、国家重大工程等领域的应用提供服务。

表 3.11 "资源"三号卫星轨道参数

项　目	参　数
轨道高度(km)	505.984
轨道倾角(°)	97.421
降交点地方时	10：30am
交点周期(min)	97.716
近地点幅角(°)	90
偏心率	0
回归周期(D)	59
相邻轨迹间距(km)	44.68

"资源"三号卫星配置了 2 台分辨率优于 3.5m、幅宽优于 50km 的前后视全色 TDI CCD 相机、1 台分辨率优于 2.1m、幅宽优于 50km 的正视全色 TDI CCD 相机和 1 台分辨率优于 5.8m 的多光谱相机，搭载传感器参数见表 3.12。

表 3.12 "资源"三号卫星搭载传感器参数

平台	有效载荷	波段号	光谱范围(μm)	空间分辨(m)	幅度(km)	侧摆能力	重访时间(d)
"资源"三号	前视相机	—	0.50~0.80	3.5	52	±32°	3~5
	后视相机	—	0.50~0.80	3.5	52	±32°	3~5
	正视相机	—	0.50~0.80	2.1	51	±32°	3~5

续表

平台	有效载荷	波段号	光谱范围(μm)	空间分辨(m)	幅度(km)	侧摆能力	重访时间(d)
“资源”三号	多光谱相机	1	0.45~0.52	6	51	±32°	5
		2	0.52~0.59				
		3	0.63~0.69				
		4	0.77~0.89				

“资源”三号上搭载的前、后、正视相机可以获取同一地区三个不同观测角度立体像对，能够提供丰富的三维几何信息，填补了我国立体测图这一领域的空白，具有里程碑意义。

“资源”三号02星于2016年5月30日成功发射，它与2012年发射的“资源”三号卫星组成星座。

3.3.2 高空间分辨率陆地卫星

1. 国外高分辨率陆地卫星

1994年，时任美国总统克林顿签署总统令，允许私人公司发射高分辨率卫星和销售产品，这一举措促使民用高分辨率卫星得到发展。这类卫星的主要特点是地面分辨率高，全色波段为1~5m，有些还小于1m。目前的高分辨率空间卫星见表3.13，美国高分辨率空间卫星轨道参数和探测器指标见表3.14。

表3.13 **高分辨率陆地卫星**

国家	卫星	分辨率/m（全色/高光谱）	拥有者	发射时间
美国	IKONOS	1/4	Space Imaging	1999.4.27失败，同年9月24日发射成功
	QuickBird	0.61/2.44	Digital Globe	2001.10.18发射成功
	Orbview-3	1/4	Orbital Imaging	2003.6
	GeoEye-1	0.41/1.64	GeoEye	2008.8
日本	ALOS	2.5/10	JAXA	2006.1
以色列	EROS-A	1.8	IAI	2000.12
	EROS-B	0.7/2.9	IAI	2006.6
俄罗斯	RESURS DK1	0.9/1.5		2006.6
印度	IRS-P7	1		2007.1
法国	SPOT-5	2.5/10		2002.5

表 3.14　美国高分辨率陆地卫星轨道参数和探测器指标

卫星	IKONOS	QuickBird	GeoEye-1
公司	Space Imaging	Earth Watch	GeoEye
发射时间	1999	2001	2008
轨道高度/km	680	450	684
类型	太阳同步	太阳同步	太阳同步
倾角/°	98.1	98	98
最大重访周期/d	14	1~6	<3
降交点地方时	10:30 am	10:30 am	10:30 am
波段/μm	PAN 0.45~0.90	PAN 0.45~0.90	PAN 0.45~0.80
	0.45~0.52	0.45~0.52	0.45~0.51
	0.52~0.60	0.52~0.60	0.51~0.58
	0.60~0.69	0.63~0.69	0.655~0.69
	0.76~0.90	0.76~0.90	0.78~0.92
地面分辨率/m	0.82(PAN)	0.61(PAN)	0.41(PAN)
	4(MS)	2.44(MS)	1.65(MS)

2. 中国高分专项系列卫星

高分辨率对地观测系统(代号为 GF)是中国着手研发的新一代高分辨率对地观测系统。2006 年，中国高分辨率对地观测系统重大专项(简称“高分专项”)列入《国家中长期科学与技术发展规划纲要(2006—2020)》，2010 年 5 月“高分专项”全面启动。“高分专项”是一个非常庞大的遥感技术项目，目前已知的高分系列卫星共有 14 颗，均已成功发射。其中，“高分”一号到“高分”七号是民用星；“高分”八号到“高分”十四号是军用星。这一系列卫星覆盖了从全色、多光谱到高光谱，从光学到雷达，从太阳同步轨道到地球同步轨道等多种类型，将构成一个具有高空间分辨率、高时间分辨率和高光谱分辨率的对地观测系统。

“高分”一号卫星为光学遥感卫星，于 2013 年 4 月 26 日成功发射，如图 3.3 所示。上面搭载了两台 2m 分辨率全色、8m 分辨率多光谱相机，四台 16m 分辨率多光谱相机，从而在同一颗卫星上实现了高分辨率和宽幅的成像能力，配合整星侧摆可以实现对全球小于 4 天的重访。其整星质量约为1 060kg，采用降交点地方时为 10:30am、高度为 645km 的太阳同步轨道，其传感器参数见表 3.15。

图 3.3　GF-1 卫星外形图

表 3.15　　　　　　　　　　**“高分”一号卫星有效载荷技术指标**

参　数	2m 分辨率全色/8m 分辨率多光谱相机		16m 分辨率多光谱相机
光谱范围	全色	0.45～0.90μm	
	多光谱	0.45～0.52μm	0.45～0.52μm
		0.52～0.59μm	0.52～0.59μm
		0.63～0.69μm	0.63～0.69μm
		0.77～0.89μm	0.77～0.89μm
空间分辨率	全色	2m	16m
	多光谱	8m	
幅宽	60km(2 台相机组合)		800km(4 台相机组合)
重访周期(侧摆时)	4 天		
覆盖周期(不侧摆)	41 天		4 天

“高分”二号(GF-2)卫星也是光学遥感卫星，于 2015 年 8 月 19 日成功发射，是我国自主研制的首颗空间分辨率优于 1m 的民用光学遥感卫星，运行于高度为 631km 的太阳同步回归轨道上，如图 3.4 所示，上面搭载了两台 1m 分辨率全色/4m 分辨率多光谱、幅宽 26km 的对地成像相机，其卫星有效载荷技术指标见表 3.16。它的星下点空间分辨率可达 0.8m，标志着我国遥感卫星进入了亚米级“高分时代”。

图 3.4　GF-2 卫星外形图

表 3.16　**GF-2 卫星有效载荷技术指标**

<table>
<tr><th>荷载</th><th>谱段号</th><th>谱段范围(μm)</th><th>空间分辨率(m)</th><th>幅宽(km)</th><th>侧摆能力</th><th>重访周期(天)</th></tr>
<tr><td rowspan="5">全色、多光谱相机</td><td>1</td><td>0.45~0.90</td><td>0.8</td><td rowspan="5">45(2 台相机组合)</td><td rowspan="5">±35°</td><td rowspan="5">5</td></tr>
<tr><td>2</td><td>0.45~0.52</td><td rowspan="4">3.2</td></tr>
<tr><td>3</td><td>0.52~0.59</td></tr>
<tr><td>4</td><td>0.63~0.69</td></tr>
<tr><td>5</td><td>0.77~0.89</td></tr>
</table>

“高分”三号(GF-3)是中国首颗分辨率达到 1m 的 C 频段多极化合成孔径雷达(SAR)成像卫星，于 2016 年 8 月 10 日成功发射，如图 3.5 所示。GF-3 卫星是世界上成像模式最多的合成孔径雷达卫星，具有 12 种成像模式。它不仅涵盖了传统的条带成像模式、扫描成像模式，而且具有面向海洋应用的波成像模式和全球观测成像模式，见表 3.17。GF-3 卫星可全天候、全天时监视监测全球海洋和陆地资源，通过左右姿态机动扩大观测范围，提升快速响应能力，可为国家海洋局、民政部、水利部、气象局等用户部门提供高质量和高精度的稳定观测数据，有力支撑海洋权益维护、灾害风险预警预报、水资源评价与管理、灾害天气和气候变化预测预报等应用，有效改变了我国高分辨率雷达图像依赖进口的现状，对海洋强国、“一带一路”建设具有重大意义。

图3.5 GF-3卫星外形图

表3.17 **GF-3卫星有效载荷技术指标**

成像模式名称		空间分辨率(m)	幅宽(km)	极化方式
滑块聚束(SL)		1	10	单极化
条带成像模式	超精细条(UFS)	3	30	单极化
	精细条带(FS1)	5	50	双极化
	精细条带(FS2)	10	100	双极化
	标准条带	25	130	双极化
	全极化条带1	8	30	双极化
	全极化条带2	25	40	双极化
扫描成像模式	窄幅扫描	50	300	双极化
	宽幅扫描	100	500	双极化
	全球观测成像模式	500	650	双极化
波成像模式(WAV)		10	5	双极化
拓展入射角(EXT)	低入射角	25	130	双极化
	高入射角	25	80	双极化

"高分"四号(GF-4)卫星为静止轨道光学遥感卫星，于2015年12月29日成功发射，是我国首颗地球同步轨道卫星，如图3.6所示，这是我国高分辨率光学遥感卫星研制领域第一次向高轨道进军，填补了我国乃至世界高轨道高分辨率光学遥感卫星的空白。GF-4卫星上搭载了一台可见光近红外50m和中波红外400m分辨率、大于400km幅宽的凝视相机，见表3.18，采用面阵凝视方式成像，具备可见光、多光谱和红外成像能力，能通过指向控制来实现对中国及周边地区的观测。GF-4卫星是地球同步轨道卫星，在时间上非常有优势，在气象、应急救灾等方面都有很高的应用价值。在环保领域也能真正实现"实

时”监测的目的，可为减灾、林业、地震、气象等应用提供快速、可靠、稳定的光学遥感数据，为灾害风险预警预报、林业灾害监测、地震构造信息提取、气象天气监测等业务提供全新的技术手段，开辟了我国地球同步轨道高分辨率对地观测的新领域。同时，GF-4卫星在海洋、农业、水利等行业以及区域应用方面也具有巨大潜力和广阔空间。

图 3.6　GF-4 卫星外形图

表 3.18　**GF-4 卫星有效载荷技术指标**

<table>
<tr><th>波段名称</th><th>波段</th><th>工作谱段/μm</th><th>空间分辨率/m</th><th>幅宽/km</th><th>重访时间/天</th></tr>
<tr><td rowspan="5">可见光近红外
（VNIR）</td><td>1</td><td>0.45~0.90</td><td rowspan="5">50</td><td rowspan="5">400</td><td rowspan="5">20</td></tr>
<tr><td>2</td><td>0.45~0.52</td></tr>
<tr><td>3</td><td>0.52~0.60</td></tr>
<tr><td>4</td><td>0.63~0.69</td></tr>
<tr><td>5</td><td>0.76~0.90</td></tr>
<tr><td>中波红外（MWIR）</td><td>6</td><td>3.5~4.10</td><td>400</td><td></td><td></td></tr>
</table>

“高分”五号（GF-5）卫星是世界上第一颗同时对陆地和大气进行综合观测的全谱段高光谱卫星，于 2018 年 5 月 9 日成功发射，是高分专项中搭载载荷最多、光谱分辨率最高、研制难度最大的卫星。它填补了国产卫星无法有效探测区域大气污染气体的空白，可满足环境综合监测等方面的迫切需求，是中国实现高光谱分辨率对地观测能力的重要标志。它的设计寿命高达 8 年，因此也是中国设计寿命最长的遥感卫星。卫星首次搭载了大气痕量气体差分吸收光谱仪、大气主要温室气体探测仪、大气多角度偏振探测仪、大气环境红外甚高分辨率探测仪、可见短波红外高光谱相机、全谱段光谱成像仪共 6 台载荷，如图 3.7 所示，可对大气气溶胶、二氧化硫、二氧化氮、二氧化氮、甲烷、水华、水质、核电厂温排水、陆地植被、秸秆焚烧、城市热岛等多种环境要素进行监测。

图 3.7　GF-5 卫星外形图

“高分”六号(GF-6)卫星于 2018 年 6 月 2 日成功发射，是一颗低轨光学遥感卫星，也是中国首颗精准农业观测的高分卫星，具有高分辨率和宽覆盖相结合特点，如图 3.8 所示。GF-6 卫星与 GF-1 卫星组合形成“2m/8m 光学成像卫星系统”，其成像数据主要应用于农业、林业和减灾业务领域，兼顾环保、国家安全和住建等应用需求。

图 3.8　GF-6 卫星外形图

“高分”七号(GF-7)卫星于 2019 年 11 月 3 日成功发射，是我国首颗民用亚米级光学传输型立体测绘卫星，设计寿命 8 年。GF-7 卫星搭载了双线阵立体相机、激光测高仪等有效载荷，如图 3.9 所示，全色 0.8m/多光谱 3.2m，突破了亚米级立体测绘相机技术，能够获取高空间分辨率光学立体观测数据和高精度激光测高数据。

图 3.9　GF-7 卫星外形图

GF-7 卫星分辨率不仅能够达到亚米级，而且定位精度是目前国内最高的，能够在太空轻松拍出媲美“阿凡达”的 3D 影像。投入使用后，能为我国乃至全球的地形地貌绘制出一幅误差在 1m 以内的立体地图。此后，世界上所有建筑物在地图上不再只是一个方格，而是一个个立体“模型”。不仅能够为规划、环保、税务、国土、农业等部门提供宝贵的信息，而且也是民用导航领域核心竞争力所在，将打破地理信息产业上游的高分辨率立体遥感影像市场大量依赖国外卫星的现状，开启我国自主大比例尺航天测绘新时代。

3.3.3　高光谱类卫星

高光谱遥感卫星的主要特点是采用高分辨率成像光谱仪，波段数为 36~256 个，光谱分辨率为 5~10nm，地面分辨率为 30~1 000m。目前这类卫星大多数是军方发射的，民用高光谱卫星较少，这类卫星主要用于大气、海洋和陆地探测。近年来发射的高光谱类卫星见表 3.19。

表 3.19　**高光谱类遥感卫星**

卫星	国家	探测器	光谱分辨率	发射时间
EOS-AM1 EOS-PM1	美国	MODIS	0.42~14.24μm min 5~10nm 36Bands	1999.12 2000.12
LOS-AM1	美国	ASTER	0.52~11.65μm min 60nm 14Bands	1999.12
EO-1	美国	Hyperion	0.4~2.5μm min 10nm 233~309Bands	2000

续表

卫星	国家	探测器	光谱分辨率	发射时间
ARIES-1	澳大利亚	ARIES	0. 4~2. 5μm min 10nm 64Bands	2000
HJ-1A	中国	高光谱 成像仪	0. 45~0. 95 110~128Bands	2008. 9

3.3.4　SAR类卫星

合成孔径雷达(Synthetic Aperture Radar，SAR)，是一种高分辨率、二维成像雷达，特别适于大面积的地表成像。自1978年6月美国发射了第一颗载有SAR的卫星Seasat以后，加拿大、日本、俄罗斯等国都分别发射了许多SAR卫星，用于海洋和陆地探测，用于军事的高分辨率SAR卫星(例如美国的Lacrosse长曲棍球卫星)地面分辨率小于等于1m。一般民用星载SAR卫星地面分辨率为30m，大多为单参数，也有多参数，即多频、多视角和多极化的SAR。已发射的SAR类卫星见表3. 20。

表3. 20　**已发射的SAR类卫星**

发射者	星载SAR	发射时间
美国	Seasat SIR-A SIR-B SIR-C LightSAR	1978. 06 1981. 11(航天飞机) 1984. 10(航天飞机) 1994. 9(航天飞机) 2002. 9
俄罗斯	KOSMOS1870 Almaz-1 Almaz-1A Almaz-1B Almaz-2	1987 1991. 3 1993 1997 2004
ESA(欧空局)	ESR-1 ESR-2 Envisat-1	1991. 7 1995. 4 2002. 3
日本	JERS-1 ALOS	1992. 2 2006. 1
加拿大	Radarsat-1 Radarsat-2	1995. 11 2007. 12
德国	TerraSAR-X	2007. 6
意大利	COSMO-SkyMed	2007. 6

1. 加拿大雷达卫星

由加拿大及美、德、英四国合作研制的第一颗加拿大遥感卫星(Radarsat-1)，是一颗微波遥感卫星，于 1995 年 11 月 28 日发射，1996 年 4 月宣布正式开始服务工作。其地面分辨率为 8.5m，卫星高度为 790~800km，倾角 98.5°，重复周期 24d，与太阳同步，SAR 在 C 波段(波长 5.6cm)，采用 HH 极化，波长入射角在 0°~60°范围可调。主要探测目标对海洋是海冰、海浪和海风等，对陆地是地质和农业。Radarsat-1 卫星外形图和其工作模式如图 3.10 和图 3.11 所示。

图 3.10　Radarsat-1 卫星示意图

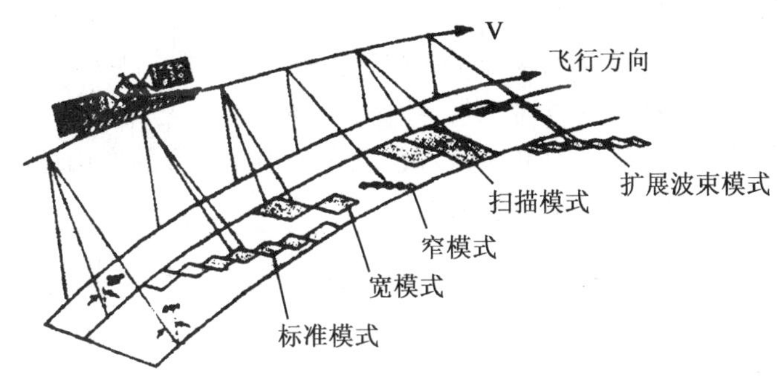

图 3.11　Radarsat-1 卫星工作模式图

Radarsat-2 于 2007 年 12 月 14 日发射，设计寿命为 7 年，它除了延续 Radarsat-1 的拍摄能力和成像模式外，还增加了 3m 分辨率超精细模式和 8m 全极化模式。

2. ERS 系列

ERS-1 和 ERS-2 是欧洲空间局分别于 1991 年和 1995 年发射的，ERS 系列卫星主要用于海洋、极地冰层、陆地生态、地质学、森林学、大气物理、气象学等研究。

ERS-1 轨道倾角为 98.52°，高为 785km，辐照宽度为 80km(100km)。星上载有有源微波仪(AMI)、雷达高度计(RA)、沿轨扫描辐射计/微波探测器(ATSR/M)、激光测距设备(LRR)、精确测距测速设备(PRARE)。AMI 上有两部独立的雷达，一个用来“成像和监视海浪”，另一个用来计量“风的状态”。AMI 能以三种模式工作，分别是“成像模式”“海浪监测模式”和“风监测模式”。雷达高度计(RA-1)工作在 K 波段，是一种低重复频率雷达(nadir-pointing pulse radar)，用来对海洋和冰面进行精确测量，提供海面高度、浪高、洋面风速、不同的冰的参数。ATSR (Along-Track Scanning Radiometer and Microware Sounder)用来测量云层温度、大气中水汽含量、海洋表面温度。

ERS-2 与 ERS-1 基本一致，只是增加了 ATSR 的可视通道以及 GOME，高度增加到 824km，可获得臭氧层变化的资料。ERS-1 和 ERS-2 可构成相干雷达影像，其双星串联式成像模式可以将时间基线缩短为 1d，能消除相干雷达(InSAR)中的去相关(decorrelation)现象。

任务 3.4　海洋卫星及轨道特征

海洋遥感卫星是一种利用所搭载的遥感器对海面进行光学或微波探测来获取有关海洋水色和海洋动力环境信息的卫星。海洋卫星有效弥补了传统海洋观测手段的不足，基于多种遥感器连续对海洋的观测，使人类极大地加深了对海洋的认识，在海洋灾害的防灾减灾、资源开发、海洋维权、海洋生态和环境保护等诸多领域发挥着重要作用。

从 20 世纪 60 年代气象卫星发射后，不仅获得了大量气象和气候信息外，还同时提供了大量海洋信息，如海面温度、海流运动、海水混浊度等信息，引起了广大海洋学界的极大兴趣。1978 年 6 月 26 日美国发射了世界上第一颗海洋卫星 Seasat1。这颗卫星因电源部分发生故障仅工作了 105 天(故又称百日卫星)，这颗实验性卫星寿命虽然很短，但是在遥感方面却是成功的，开创了海洋遥感和微波遥感的新阶段，为观察海况，研究海面形态、海面温度、风场、海冰、大气含水量等开辟了新途径，之后的近 40 年来美国发展了海洋环境卫星、海洋动力环境卫星和海洋水色卫星等不同类型的专用海洋卫星，实现了从空间获取海洋水色和海洋动力环境信息的能力。

3.4.1　国外海洋卫星简介

1. Seasat 1(美国)

Seasat 1 发射于 1978 年，为近极地太阳同步近圆形轨道。卫星能覆盖全球 95%的地区，即南北纬 72°之间地区，一次扫描覆盖海面宽度 1 900km。卫星搭载 5 种传感器，其中 4 种是微波传感器。

2. 日本海洋观测卫星(MOS1)

MOS1 于 1978 年 2 月发射，为太阳同步轨道。其目的是获取大陆架浅海的海洋数据，为生物资源开发、海洋环境保护提供海洋学方面的资料。

3. Geosat(美国)

Geosat 卫星是美国海军早期发展的雷达测高卫星，目标是为海军提供高密度全球海洋重力场模型，以及进行海浪、涡旋、风速、海冰和物理海洋研究，获得高精度的全球海洋大地水准面精确制图。Geosat 卫星于 1985 年 3 月 13 日发射，1990 年退役。

4. ERS(欧空局)

ERS-1 作为 20 世纪 90 年代新一代空间计划的先驱于 1991 年发射，1995 年 ERS-2 发射成功。它们均使用全天候测量和成像的微波技术，提供全球重复性观测数据，为太阳同步的极地轨道卫星系统，观测领域包括海况、洋面风、海洋循环及海洋、冰层等。

5. 加拿大雷达卫星(Radarsat)

Radarsat 于 1995 年 11 月发射成功，它所携带的合成孔径雷达是一台功率很强的微波传感器。主要用于资源管理、冰、海洋和环境监测等。

6. 对地观测卫星中具备观测海洋功能的卫星

“雨云”7 号卫星(Nimbus-7)(如图 3.12 所示)于 1978 年 10 月 24 日发射，为太阳同步极地轨道。虽为气象卫星，但在监测大气的同时带有专测海洋信息的传感器。

图 3.12 “雨云”7 号卫星

NOAA 卫星自 1970 年 12 月发射第一颗以来，共经历了 5 代。目前使用较多的是第五代 NOAA 卫星，1998—2009 年发射的 NOAA-15~19 卫星搭载的“第二代先进甚高分辨率辐射计”可用于海面温度的观测；“先进微波探测仪”可用于海冰的监测。

“土”卫星(Terra)(如图3.13所示)是美国、日本和加拿大联合发展的对地观测卫星，属于美国“地球观测系统”(EOS)计划，主要用来观测地球气候变化。Terra卫星搭载的有效载荷“中分辨率成像光谱仪”可以获取海面温度和海洋水色信息。Terra卫星于1999年12月18日发射，现仍在轨运行。

“水”卫星(Aqua)(如图3.14所示)是美国NASA发展的对地观测卫星，属于“地球观测系统”(EOS)计划，它的主要任务是对地球上的水循环进行全方位的观测，可以获取海洋温度和海洋水色信息。Aqua卫星2002年5月4日发射，现仍在轨运行。

图3.13　“土”卫星

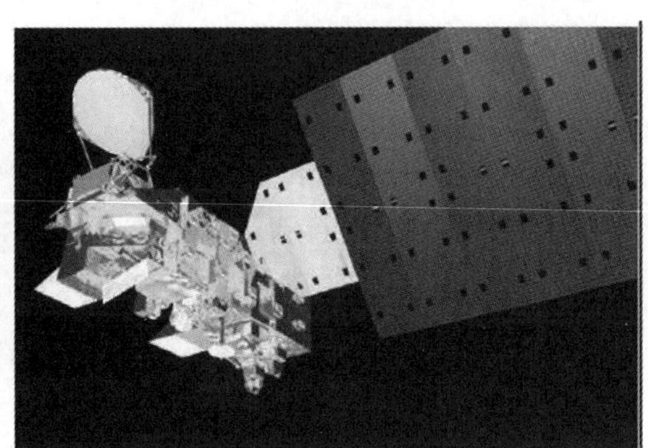

图3.14　“水”卫星

“冰”卫星(IceSat)是美国NASA、工业界和大学联合研制的对地观测卫星，属于“地球观测系统”(EOS)计划，主要任务包括监测极地冰盖的质量平衡及其对全球海平面变化的影响。IceSat卫星于2003年1月13日发射，2010年8月退役。

“海洋卫星”(OceanSat)是印度发展的专用海洋卫星，包括海洋卫星-1和2两颗，用于海洋环境探测，包括测量海面风和海表层，观测叶绿素浓度，监控浮游植物增加，研究大气气溶胶和海水中的悬浮、沉淀物，海洋卫星-2还可用于研究季风和中长期天气变化。海洋卫星-1是“印度遥感卫星”(IRS)中首颗用于海洋观测的卫星，之前称为IRS-P4，于1999年5月发射，2010年8月退役，在轨寿命11年。海洋卫星-2于2009年9月发射。前者有效载荷为海洋水色监测仪(OCM)、多频率扫描微波辐射计(MSMR)；后者有效载荷为海洋水色监测仪-2和扫描散射计(SCAT)。

3.4.2　我国的海洋卫星

2002年，我国“海洋一号”卫星成功发射，结束了我国没有海洋卫星的历史，从此进入空间海洋遥感新阶段。自2002年至今，我国陆续发射HY-1A～D、HY-2B～2D、CFOSAT等多颗海洋卫星，形成多星组网运行，多站接收的格局，监测范围覆盖我国陆海、海岛礁以及极地、大洋。

中国第一颗海洋水色卫星HY-1A于2002年5月15日成功发射，2004年4月停止工作。星上装载两台遥感器，一台是十波段的海洋水色扫描仪，另一台是四波段的CCD成像仪。HY-1A获取了中国近海及全球重点海域的叶绿素浓度、海表温度、悬浮泥沙含量、海冰覆盖范围、植被指数等动态要素信息以及珊瑚、岛礁、浅滩、海岸地貌特征。

中国第二颗海洋水色卫星HY-1B，于2007年4月11日成功发射，该卫星在HY-1A卫星的基础上研制，其观测能力和探测精度有进一步增强和提高。

2018年9月7日，第三颗海洋水色卫星HY-1C升空，拉开了我国民用空间基础设施中长期发展规划海洋业务卫星的序幕。随着HY-1A、HY-1B卫星的退役，HY-1C卫星承担起我国海洋水色观测的使命。

2020年6月11日，HY-1D发射升空，开启了我国加快推动海洋卫星领域探索创新的新征程。HY-1C/D卫星工程采用上、下午卫星组网，可增加观测次数，提高全球覆盖能力；增加紫外观测波段和星上定标系统，提高近岸浑浊水体的大气校正精度和水色定量化观测水平；加大海岸带成像仪的覆盖宽度并提高空间分辨率，以满足实际应用需要。此外HY-1C/D卫星增加了船舶监测系统，获取船舶位置和属性信息；扩建海洋卫星地面应用系统，有效提高处理服务能力与可靠性；可更好地满足海洋水色水温、海岸带和海洋灾害与环境监测需求，同时可服务于自然资源调查、环境生态、应急减灾、气象、农业和水利等行业。

2018年10月25日，海洋二号B卫星(HY-2B)发射升空；2020年9月21日，海洋二号C卫星(HY-2C)发射升空；2021年5月19日，海洋二号D卫星(HY-2D)发射升空，标志着中国海洋动力环境卫星迎来三星组网时代。HY-2B、HY-2C、HY-2D分别是我国第二颗、第三颗、第四颗海洋动力环境卫星，卫星集主动、被动微波遥感器于一体，属于我国海洋系列遥感卫星，具有高精度测轨、定轨能力与全天候、全天时、全球探测能力。卫星的主要使命是监测和调查海洋环境，获得包括海面风场、浪高、海面高度、海面温度等多种海洋动力环境参数，直接为灾害性海况预警预报提供实测数据，为海洋防灾减灾、海洋权益维护、海洋资源开发、海洋环境保护、海洋科学研究以及国防建设等提供支撑服务。

2018年10月29日，中法海洋卫星(CFOSAT)在酒泉卫星发射中心成功发射。中法海洋卫星的主要任务是获取全球海面波浪谱、海面风场、南北极海冰信息，进一步加强对海洋动力环境变化规律的科学认知，提高对巨浪、海洋热带风暴、风暴潮等灾害性海况预报的精度与时效，同时获取极地冰盖相关数据，为全球气候变化研究提供基础信息。

中法海洋卫星(CFOSAT)是由中国和法国联合研制的首颗海洋卫星，中国提供卫星运载、发射、测控、卫星平台和扇形波束旋转扫描散射计(SCAT)及北京、三亚、牡丹江地面站和数据处理中心。法国提供海浪波谱仪(SWIM)、数传射频组件及北极地面站和数据处理中心。双方约定，散射计载荷和生成的数据归中国国家航天局(CNSA)所有。波谱仪载荷和生成的数据归法国国家空间研究中心(CNES)所有。

CFOSAT在国际上首次实现海洋表面风浪的大面积、高精度同步联合观测。SCAT是国际上首次采用扇形波束扫描方式测量海洋风场的微波散射计，微波散射计在距地面520km的轨道上每天24小时不间断工作，实现对全球海面风场高精度观测，是目前空间分辨率最高(12.5km业务化风场产品)，观测角度覆盖最多(方位：0°~360°，俯仰：26°~46°)和风场测量精度最高(风速优于1.5m/s，风向优于15°)的星载微波散射计。

任务3.5 气象卫星及轨道参数

从外层空间对地球及其大气层进行气象观测的人造地球卫星称为气象卫星，气象卫星是最早发展起来的环境卫星。气象卫星系统由气象观测专用系统和保障系统两部分组成。气象观测专用系统中的主要设备是多种气象遥感仪器，能接收和测量地球及其大气层的可见光、红外与微波辐射，将它们转换成电信号传到地面。目前主要用的遥感仪器有成像仪和垂直探测器两类，成像仪选用的遥感光谱段都在大气窗口区，用于透过大气层观测下面的云和地表状况；垂直探测仪选用的光谱波段则位于大气吸收带及其边缘，利用大气在这些波段对光谱的吸收和反射与大气中某些组成成分的含量及温度有关的性质，反推大气微量组成成分的含量及大气温度的垂直分布。地面站将卫星送来的电信号复原绘制成云层、地表和洋面图，经进一步处理，即可得出各种气象资料，用于天气预报。

气象卫星按所在轨道可分成两类：地球静止轨道气象卫星(geostationary meteorological satellite，GMS)和太阳同步轨道气象卫星，后者也称极地轨道气象卫星(polar orbiting meteorological satellite，POMS)。全球气象卫星系统是世界气象监测网计划(World Weather Watch W. W. W)的最重要的组成部分，该卫星系统包括5个静止轨道卫星系列和2个极地轨道卫星系列，如图3.15所示。

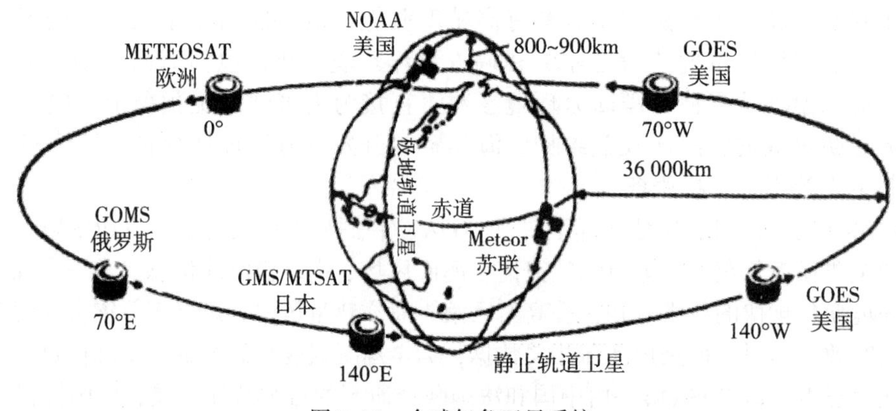

图3.15 全球气象卫星系统

3.5.1 静止轨道气象卫星

静止轨道气象卫星又称为高轨-地球同步轨道气象卫星，位于赤道上空近36 000km高度处，圆形轨道，轨道倾角为0°，绕地球一周需24小时，卫星公转角速度和地球自转角速度相等，与地球相对静止，看起来似乎固定在天空某一点，可作为通信中继站，用无线电波传播各种气象资料，通过卫星可转播到更远的接收地点。

静止轨道气象卫星覆盖范围大，能观测地球表面的1/4~1/3面积，有利于获得宏观同步信息；若有3~4个静止轨道气象卫星则能形成空间监测网，对全球中、低纬地区进行观测；但轨道高度高，空间分辨率低，边缘几何畸变严重，定位与配准精度不高；对高纬度地区(纬度大于 55°)的观测能力较差，观测图像几何失真过大，效果很差，因而无效。静止轨道气象卫星可连续双测，所以对天气预报有很好的时效，适用于地区性短期气象业务。对某一固定地区每隔 20~30 分钟可获得一次观测资料，部分地区由于轨道重叠甚至可以 5 分钟观测一次，即具有很高的时间分辨率，重复周期极短，利于捕捉地面快速动态变化信息，利于高密度动态遥感研究，如日变化频繁的大气、海洋动力现象等。

1. 日本 GMS/MTSAT 卫星

日本自 1977 年 7 月发射 GMS 卫星以来，共发射了 5 颗 GMS 卫星，GMS-1~5 均采用自旋稳定方式，GMS-5 于 1995 年 3 月发射，定位于 140°E。GMS-5 卫星的主要有效载荷为扫描辐射器，有 4 个通道：可见光波段 0.55~0.90μm，分辨率为 1.25km；2 个红外波段分别是 10.5~11.5μm 和 11.5~12.5μm，分辨率为 5km；水汽通道 6.5~7.0μm，分辨率为 5km。

MTSAT 卫星系列是日本运输部和日本气象厅合作投资的多功能卫星，主要进行气象观测和飞行控制。第 1 颗卫星 MTSAT-1 于 1999 年 11 月发射，但由于火箭障碍，星箭俱损，之后重新生产了 MTSAT-1R，于 2005 年 2 月 26 日发射。

与 GMS 卫星系列相比，MTSAT 卫星系列有 4 大变化：一是卫星由自旋稳定改为以三轴稳定方式控制姿态；二是扫描辐射计的通道数增加到 5 个，即增加了 IR4(3.5~4.0μm)通道，它对于探测低云和雾有重要作用；三是卫星星下点水平分辨率有所提高，可见光分辨率从原来的 1.25km 提高到 1km，红外分辨率从原来的 5km 提高到 4km；四是 MTSAT 将播发高分辨率图像数据(HIRID)、低速率信息传输资料(LRIT)和低分辨率传真云图 WEFAX。

2. 美国 GOES 卫星

美国“地球静止环境业务卫星”(GOES)1、2、3 号载有可见光和红外自旋扫描辐射仪(VISSR)，有两个通道；可见光(0.55~0.75μm)通道的星下点分辨率为 0.8km，红外(10.5~12.5μm)通道的星下点分辨率为 6.4km。根据扫描线组合情况，还可提供约为 2.4km 或 7km 分辨率的可见光云图。GOES-4~7 号载有 VISSR 的改进型仪器 VAS(大气探测器)，标志着 GOES 进入第 2 代。VAS 保留了 VISSR 的功能，另外附加了 11 个红外通道，用以获取地球大气和二氧化碳吸收带辐射资料。GOES-8 于 1994 年 4 月 13 日成功发射，标志着美国静止气象卫星进入了第三代，即三轴稳定平台新纪元时期。2016 年 11 月 19 日美国发射了 GOES-16 卫星，该卫星代表着美国高轨气象卫星的最先进水平，搭载有高速多光谱相机、闪电成像仪和一套空间天气仪器，可提供西半球连续的高分辨率飓风和其他风暴图像。

3.5.2　极地轨道气象卫星

极地轨道气象卫星为低航高-近极地太阳同步轨道，轨道高度为 800~1 600km，南北向绕地球运转，每周经极地附近，对东西宽约 2 800km 的带状地域进行观测，在极地地区观测频繁，因地球自转获得全球观测资料。

极轨气象卫星可获得全球资料，提供中长期数值天气预报所需的数据资料，由于其轨道高度低，可实现的观测项目比同步气象卫星丰富得多，探测精度和空间分辨率也高于同步卫星。此外，它能装载的有效载荷较多，可进行全球性军事侦察、海洋观察和农作物估产观测等。每天对全球表面巡视两遍，对某一地区每天进行两次气象观测，观测间隔在 12 小时左右，具有中等重复周期，对同一地区不能连续观测，所以观测不到风速和变化快而生存时间短的灾害性小尺度天气现象。

极轨气象卫星装备的典型有效载荷有自动图像传输仪(APT)、电视摄像机、扫描辐射计、垂直湿度廓线辐射仪、数据收集平台转发设备等。

1. 美国 NOAA 卫星

NOAA 卫星是由美国海洋大气局运行的第 3 代气象观测卫星。第 1 代称为 TIROS 系列(1960—1965 年)，第 2 代称为 ITOS 系列(1970—1976 年)。1979 年 6 月美国发射了第 3 代极轨气象卫星系列的第 1 颗业务运行卫星 NOAA-6(运行前称 NOAA-A)之后，该系列及其改进型卫星一直延续到今天。NOAA 卫星的轨道是接近正圆的太阳同步极轨道，轨道高度为 870km 及 833km，轨道倾角为 98. 9°及 98. 7°，周期为 101. 4min。

2. 俄罗斯 Meteor 系列

自 1969 年苏联发射了第 1 代极轨气象业务卫星的第 1 颗 Meteor-1 后，该系列在 1969—1981 年间陆续发射 31 颗卫星。在 1969—1981 年间陆续发射完毕。第二代极轨气象业务卫星 Meteor-2 在 1975 年间发射，总共 24 颗。第 3 代极轨业务气象卫星 Meteor-3 的第 1 颗于 1984 年发射，该系列卫星共有 8 颗，一直延续到 1998 年。目前在轨的为第 5 颗 Meteor-3，卫星倾角为 81°~83°，近极地太阳轨道同步，高度为 1 200~1 250km，星上配置的探测仪器有电视摄像机、红外辐射计、地球辐射收支仪、紫外探测器等，传输的资料都只有低分辨率模拟云图。第 4 代极轨气象卫星 Meteor-3 的第 1 颗于 2000 年发射，第 2 颗 Meteor-3 于 2002 年发射，该系列卫星有重大变化：卫星倾角改为 98°，近极地太阳同步轨道，高度为 900km；播发的资料格式与美国 NOAA 卫星 HRPT 兼容。

3. 5. 3 我国的气象卫星

我国的气象卫星起步较晚，“风云”一号(FY-1)气象卫星是我国发射的第一颗环境遥感卫星，其主要任务是获取全球的昼夜云图资料及进行空间海洋水色遥感实验。“风云”一号是极轨气象卫星，包括 FY-1A、FY-1B、FY-1C、FY-1D；“风云”二号(FY-2)是静止气象卫星，由 2 颗试验卫星(FY-2A、FY-2B)和 6 颗业务卫星(FY-2C~2H)组成，作用是获取白天可见光云图、昼夜红外云图和水汽分布图，进行天气图传真广播，收集气象、水文和海洋等数据收集平台的气象监测数据，供国内外气象资料利用站接收利用，监测太阳活动和卫星所处轨道的空间环境，为卫星工程和空间环境科学研究提供监测数据。

FY-1 和 FY-2 卫星的研制和在轨运行，为建成我国由极轨和静止两种气象卫星组成的气象卫星业务监测系统打下了良好的基础。中国气象卫星也是国际气象卫星网络的重要组成部分，增强了参与国际合作的能力。

“风云”三号(FY-3)气象卫星是为了满足中国天气预报、气候预测和环境监测等方面的迫切需求而建设的第二代极轨气象卫星，由五颗卫星组成(FY-3A～3E 卫星)，见表 3.21。

表 3.21　**FY-3 卫星状态**

卫星名称	发射时间	停止时间	运行状态
FY-3A	2008 年 5 月 27 日	2018 年 2 月 11 日	停止运行
FY-3B	2010 年 11 月 5 日	2020 年 6 月 1 日	停止运行
FY-3C	2013 年 9 月 23 日	≥2023 年	运行于性能退化的状态下
FY-3D	2017 年 11 月 15 日	≥2023 年	正常运行
FY-3E	2021 年 7 月 5 日	≥2027 年	正常运行

“风云”三号 A 星(FY-3A)于 2008 年 5 月 27 日成功发射，FY-3A 卫星轨道高度为 831km，轨道倾角为 98.81°，白天自北向南绕地球运行。卫星绕地球一周大约需要 102 min，降交点地方时约为 10h05min，回归周期约 5d。FY-3A 采用三轴稳定姿态方式，单翼太阳能帆板自动对日进行定向跟踪，为卫星和仪器工作提供能源，卫星设计寿命 3 年。FY-3A 携带于 11 台探测仪，光谱通道达百余个，覆盖紫外、可见光、红外和微波波段的宽广范围，除对大气温度、湿度进行三维立体观测外，还可监测云、雨、臭氧分布、地表特征参数等。卫星装载的探测仪器有：10 通道可见光红外扫描辐射计(VIRR)、26 通道红外分光计(IRAS)、20 通道中分辨率成像光谱仪(MERSI)、紫外臭氧垂直探测仪(SBUS)、紫外臭氧总量探测仪(TOU)、5 通道微波湿度计(MWHS)、4 通道微波温度探测辐射计(MWTS)、4 通道微波成像仪(MWRI)、太阳辐照度监测仪(SIM)、地球辐射探测仪(ERM)和空间环境监测仪(4 个仪器组成，SEM)。

风云四号(FY-4)气象卫星是我国研制的第二代地球静止轨道(GEO)定量遥感气象卫星，包括 FY-4A、FY-4B，见表 3.22。FY-4 气象卫星发展目标为：卫星姿态稳定方式为三轴稳定，可提高观测的时间分辨率和区域机动探测能力；提高扫描成像仪性能，以加强中小尺度天气系统的监测能力；发展大气垂直探测和微波探测，解决高轨三维遥感；发展极紫外和 X 射线太阳观测，加强空间天气监测预警。FY-4 卫星将接替自旋稳定的 FY-2 卫星，其连续、稳定的运行将大幅度提升我国静止轨道气象卫星的探测水平。

表 3.22　**FY-4 卫星状态**

卫星名称	发射时间	停止时间	运行状态
FY-4A	2016 年 12 月 11 日	≥2024 年	正常运行
FY-4B	2021 年 6 月 3 日	≥2029 年	正常运行

FY-4A 卫星于 2016 年 12 月 11 日成功发射，卫星的辐射成像通道由 FY-2C 卫星的 5 个增加为 14 个，覆盖了可见光、短波红外、中波红外和长波红外等波段，是 FY-2 卫星 5 通道的近 3 倍，在 FY-2 卫星观测云、水汽、植被、地表的基础上，还具备捕捉气溶胶、雪的能力，并且能清晰区分云的不同相态和高、中层水汽。相比于 FY-2 卫星单一可见光通道的限制，FY-4A 首次制作出彩色卫星云图，最快 1 分钟生成一次区域观测图像。FY-4A 卫星上辐射定标精度为 0.5K、灵敏度为 0.2K、可见光空间分辨率为 0.5km。同时，FY-4A 卫星还配置有 912 个光谱探测通道的干涉式大气垂直探测仪，光谱分辨率 0.8cm^{-1}，可在垂直方向上对大气结构实现高精度定量探测。表 3.23 是 FY-4A 卫星传感器技术指标。

表 3.23　**FY-4A 卫星传感器技术指标**

名称	指标要求	
扫描辐射计	空间分辨率	0.5~1.0km(可见光)，2.0~4.0km(红外)
	成像时间	15min(全圆盘)，3min(1000km×1000km)
	定标精度	0.5~1.0K
	灵敏度	0.2K
干涉式大气垂直探测仪	空间分辨率	2.0km(可见光)，16.0km(红外)
	光谱分辨率	700~1 130cm^{-1}；0.8cm^{-1}；1 650~2 250cm^{-1}；1.6cm^{-1}
	探测时间	35min(1 000km×1 000km)；67min(5 000km×5 000km)
闪电成像仪	空间分辨率	7.8km
	成像时间	2ms(4 680km×3 120km)

FY-4B 卫星于 2021 年 6 月 3 日在西昌卫星发射中心成功发射，FY-4B 卫星发射后与 FY-4A 卫星实现了双星组网，共同对大气和云进行高频次监测，获取晴空和薄云区域的大气垂直信息；监测地球辐射、冰雪覆盖、海面温度、气溶胶和臭氧等；实时监测洪涝、高温、寒潮、干旱、积雪、沙尘暴和植被；获取空间环境监测数据；生成各种大气物理参数和定量化产品。观测数据将广泛应用于数值天气预报、灾害天气预警、气候预测服务、生态环境监测、通信导航安全等领域。双星组网将进一步满足我国及“一带一路”沿线国家和地区气象监测预报、应急防灾减灾等服务需求。

FY-4B 卫星是我国新一代静止轨道气象卫星“风云”四号系列卫星的首发业务星。2022 年 6 月 1 日，FY-4B 卫星及其地面应用系统转入业务试运行，开始为全球用户提供观测数据和应用服务。

FY-4 卫星采用六面柱体构型、贮箱平铺方案，具有对地面大、质心低等特点，可保证载荷对地面更大面积的要求，同时降低发射过程中载荷的振动响应；采用单太阳翼方案，预留完整的一侧冷空间，保证了高精度定标需求，同时也可作为载荷辐射制冷器的散热面；采用三轴稳定姿态控制，与自旋稳定方式相比可明显增加对地扫描成像和探测的时间；采用双总线体制，星务管理由低速 1553B 总线实现，载荷成像大数据量传输用高速

Space Wire 总线完成，配置灵活、可靠性高。FY-4 卫星在轨飞行状态如图 3.16 所示。

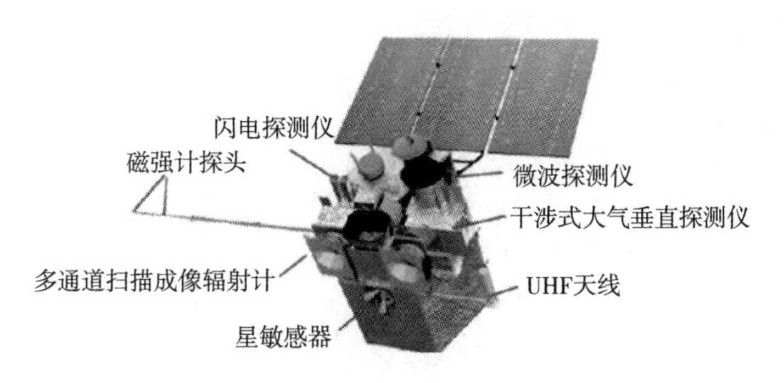

图 3.16　FY-4 卫星在轨状态

小贴士

半个世纪前的气象预报员一定很难想象，今天的中国，960 多万平方千米广袤土地上空的任何一个区域云的图像，可以随时随地想看就看。

在距离地球 800 千米和 3.6 万千米的太空中，7 颗风云卫星俯瞰全球风云；从北极圈到南极大陆，“6 站 1 中心”对海量卫星数据进行接收、处理和分发。每 5 分钟，就有一张中国区域云图生成。白手起家之初，风云卫星筹备组只有 5 人，成立的气象卫星 311 研究小组仅有十几人，当时大家甚至连什么是卫星轨道都搞不清楚。工业基础与美国、欧洲发达国家相差甚远。今天，站在国家卫星气象中心的办公大楼面前，很难想象 1970 年那间叫做“311 房”的小屋子里，几个人坐在从小学搬来的课桌椅上，从零开始研究气象卫星资料接收处理的情况。从最初的纸写笔算，到手握星地一体化图像导航与配准核心技术，虽然大家留下的故事和记忆并不一样，但是风云卫星发展研发过程中的磨难和奇迹，见证的都是同一种不屈不挠的精神。

在重重困难中，从以“两弹一星”元勋、“风云”一号工程总师任新民，“风云”二号工程总师孙家栋为代表的航天工作者，以曾庆存院士、许健民院士为代表的气象工作者，到无数默默无闻奋战在一线的科技工作者，以“严、慎、细、实”的工作作风，在荒漠戈壁，在湿热雨林，在深夜的计算机房，在卫星发射的最前线，团结奋战、不计名利、百折不挠，终于取得重大突破，迎来的不仅是气象卫星的稳定运行，更是为国家节省上亿元资金的超寿命运行。在伟大事业征途中，还有很多“娄山关”“腊子口”。当“风云”一号 A 星、B 星运行寿命未能达到目标，受到巨大质疑时，已到古稀之年的任新民亲自到国家有关部门汇报工作，坚定要求支持“我们的这支气象卫星队伍”走下去。为了解决“风云”二号前两颗卫星出现的问题，时任“风云”二号卫星地面应用系统总师许健民，副总师李希哲、张青山，与全体团队成员一起，没日没夜，登上青藏高原开展“救星”试验，于上万次手写运算中破解“定位”难题，不仅让卫星“起死回生”，更是使得“图像上每一个点都变得很准确”。

◎ 习题与思考题

1. 主要遥感平台有哪些，各有何特点？
2. 简述常见的陆地资源卫星。
3. 卫星轨道参数有哪些，分别有什么作用？
4. 简述常见的高分辨率遥感卫星及其分辨率。
5. 简述我国气象卫星的发展。
6. 简述我国海洋卫星的发展。

项目4　遥感传感器及其成像原理

☞ 学习目标

通过本项目的学习，掌握遥感传感器的组成，理解其各部分功能；掌握传感器的分类和传感器的性能指标与含义；理解摄影型传感器的成像原理与成像特征；理解扫描型传感器(光机扫描仪、推帚式扫描仪和高光谱成像光谱仪)成像原理；掌握微波遥感的概念；了解微波遥感的波谱段划分；能理解微波遥感的特点和微波辐射的特征；理解微波传感器的成像原理(雷达高度计、微波散射计、微波辐射计、真实孔径雷达和合成孔径雷达)。同时，理解"掌握核心技术"对国家政治、经济、科技、国防等的影响。

任务4.1　遥感传感器

传感器也称遥感器或探测器，是收集、探测、记录地物电磁波辐射信息的工具。传感器是遥感技术系统的核心部分。传感器的性能制约着整个遥感系统的能力，包括遥感器对电磁波波段的响应能力(探测灵敏度和波谱分辨率)、遥感器的空间分辨率及影像的几何特性、遥感器获取地物的电磁波信息的大小和可靠程度等性能。

4.1.1　传感器的组成

无论哪一种传感器，它们基本上都是由收集器、探测器、处理器和输出器四部分组成的，如图4.1所示。

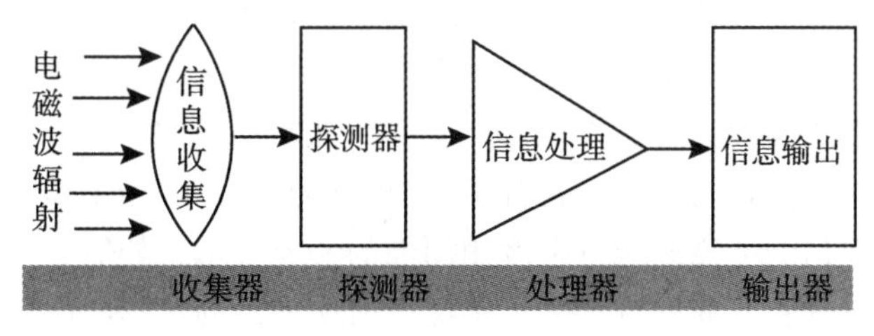

图4.1　遥感传感器的一般构成

1. 收集器

遥感应用技术是建立在地物的电磁波谱特性基础之上的，要收集地物的电磁波，必须有一种收集系统，该系统的功能在于把接收到的电磁波进行聚集，然后送往探测器。不同的传感器使用的收集元件不同，最基本的收集元件是透镜组、反射镜组、天线等。对于多波段遥感，收集系统还包括按波段分波束的元件，一般采用各种散光分光元件，如滤波片、棱镜、光栅等。

2. 探测器

传感器中最重要的部分就是探测元件，它是真正接收地物电磁波辐射的器件，将收集的辐射能转变成化学能或电能。常用的探测元件有感光胶片、光电敏感元件、固体敏感元件和热敏探测元件等。

3. 处理器

将探测后的化学能或电能等信号进行处理，即数字信号的放大、增强或调制。常用的处理方式包括：显影及定影，信号放大，变换甚至校正和编码等。

4. 输出器

传感器的最终目的是要把接收到的各种电磁波信息用适当的方式输出，遥感影像可以直接记录在摄影胶片上，也可记录在磁带上等。常见的输出器有：扫描晒像仪、阴极射线管、电视显像管、磁带记录仪等。

4.1.2　传感器的分类

遥感传感器是获取遥感数据的关键设备，由于设计和获取数据的方式不同，传感器的种类也较多。但现代的遥感传感器往往是多波段、多方式的多组合传感器。

按电磁波辐射来源分类，分为主动式传感器和被动式传感器。主动式传感器本身向目标发射电磁波，然后收集从目标反射回来的电磁波信息，如合成孔径雷达等。被动式传感器收集的是地面目标反射来自太阳光的能量或目标地物本身辐射的电磁波能量，如摄影相机和多光谱扫描仪等。

按传感器的成像原理和所获取图像的性质不同，分为摄影方式传感器、扫描方式传感器和雷达三种。摄影方式传感器按感光胶片的性质不同，又可分为黑白、天然彩色、红外、彩红外和多波段摄影等；扫描方式传感器按扫描方式又可分为光机扫描仪、推帚式扫描仪和成像光谱仪；成像雷达按其天线形式又分为真实孔径雷达和合成孔径雷达。

按传感器对电磁波信息的记录方式分类，分为成像方式的传感器和非成像传感器。成像方式的传感器把地物的电磁波能量强度用图像的形式表示，如航空摄像机、扫描仪、成像光谱仪和成像雷达等；非成像方式的传感器把所探测到的地物电磁波能量用数字或曲线图形表示，如辐射计、红外辐射计、微波辐射计、微波高度计等。

4.1.3　传感器的性能指标

传感器是遥感技术系统的关键设备，其性能直接影响遥感成果的好坏。反映传感器性能的指标主要有：空间分辨率、光谱分辨率、辐射分辨率和时间分辨率。

1. 空间分辨率

空间分辨率指遥感影像上能够详细区分的最小单元的尺寸或大小，是用来表征传感器获取的影像反映地表景物细节能力的指标。对于摄影影像，通常用单位长度内包含可分辨的黑白“线对”数表示(线对/mm)；对于扫描影像，通常用瞬时视场角(IFOV)的大小来表示(mrad)，即像元(pixel size)，是扫描影像中能够分辨的最小面积。空间分辨率数值在地面上的实际尺寸称为地面分辨率。对于摄影影像，用线对在地面的覆盖宽度表示；对于扫描影像，则是像元所对应的地面实际尺寸。如陆地卫星多波段扫描影像的空间分辨率或地面分辨率为 79m。但具有同样数值的线对宽度和像元大小，它们的地面分辨率可能不同。对光机扫描影像而言，约需 2.8 个像元才能代表一个摄影影像上一个线对内相同的信息。空间分辨率是评价传感器性能和遥感信息的重要指标之一，也是识别地物形状大小的重要依据。

2. 辐射分辨率

辐射分辨率是表征传感器所能探测到的最小辐射功率的指标，指影像记录的灰度值的最小差值。在不同波段、用不同传感器获得的影像辐射分辨率相差很大。摄影胶片的灵敏度很高，原则上认为摄影成像的灰度是连续的。灰度记录是分级的，一般分为 2^n级，灰度分辨率越高，可记录的灰度级别就越多。对可见光波段的影像而言，灰度分为 $2^7=128$ 级，这样的灰度等级可以满足目视解译的要求。对热红外遥感而言，灰度变化反映了地物亮度、温度的变化，灰度分辨率越高，对地物亮度、温度区分得越细，效果就越好。但是，对一定的传感器来讲，空间分辨率与辐射分辨率是一对矛盾体。要提高空间分辨率，就要缩小瞬时地面视场，探测器接收的辐射能将随之减少，辐射分辨率就要降低。

3. 光谱分辨率

光谱分辨率是指传感器在接收目标辐射的光谱时能分辨的最小波长，其间隔愈小，分辨率愈高。不同光谱分辨率的传感器对同一地物的探测效果有很大区别。例如，在 0.4~0.6μm 波段，当一目标地物在波长 0.5μm 左右有特征值时，如果将波长分为 2 个波段，地物不能被分辨，如果分为 3 个波段则可能体现 0.5μm 处的谷或峰的特征。因此，地物可以被分辨。成像光谱仪在可见光至红外波段范围内，被分割成几百个窄波段，具有很高的光谱分辨率，从其近乎连续的光谱曲线上，可以分辨出不同物体光谱特征的微小差异，有利于识别更多的目标，甚至有些矿物成分也可被分辨。此外，传感器的波段选择必须考虑目标的光谱特征值，如探测人体应选择 8~12μm 的波长，而探测森林火灾等则应选择 3~5μm 的波长，才能取得很好的效果。

4. 时间分辨率

时间分辨率是指遥感探测器对同一地点进行遥感采样的时间间隔，即采样的时间频率。它是由飞行器的轨道高度、轨道倾角、运行周期、轨道间隔、偏移系数等参数所决定的。这种重复观测的最小时间间隔称为时间分辨率。遥感的时间分辨率范围很大。以卫星遥感来说，静止气象卫星的时间分辨率为1次/0.5h。时间分辨率对于动态监测尤为重要，天气预报、灾害监测等需要短周期的时间分辨率，植物作物的长势监测需要较长周期的时间分辨率，而城市扩张等需要更长周期的时间分辨率。总之，要根据不同的遥感目的，采用不同的时间分辨率。

任务4.2　遥感传感器成像原理

4.2.1　摄影型传感器成像

摄影是通过成像设备获取物体影像的技术。传统的摄影依靠光学镜头及放置在焦平面的感光胶片来记录物体影像。数字摄影则通过放置在焦平面的光敏元件，经过光电转换，以数字信号来记录物体的影像。

1. 摄影测量原理

摄影测量是根据小孔成像原理，用摄影物镜代替小孔，在像面处放置感光材料，物体的投影光线经摄影物镜后聚焦于感光材料上，得到地面的影像。

2. 摄影成像的分类

根据用途的不同，摄影成像可选用不同的方式和感光材料，从而得到功能不同的航空像片。

1)按像片倾角分类

通过物镜中心并与像片平面垂直的直线称为主光轴。每一台摄影机的物镜都有一个主光轴。摄影机的感光片是放在与主光轴垂直且与物镜距离很接近焦距的平面上。主光轴与感光片的交点称为像主点，主光轴与铅垂线的夹角称为像片倾角。由于主光轴垂直于像片面，铅垂线垂直于水平面，因而像片面与水平面之间的夹角等于航摄倾角。按像片倾斜角分类，可分为垂直摄影和倾斜摄影。

垂直摄影：倾斜角等于0°的是垂直摄影，这时主光轴垂直于地面(与主垂线重合)，感光胶片与地面平行。但由于飞行中的各种原因，倾斜角不可能绝对等于0°，一般凡倾斜角小于3°的即称垂直摄影。由垂直摄影获得的像片称为水平像片。水平像片上地物的影像，一般与地面物体顶部的形状基本相似，像片各部分的比例尺大致相同。水平像片能够用来判断各目标的位置关系和量测距离。

倾斜摄影：倾斜角大于3°，称为倾斜摄影，所获得的像片称为倾斜像片。这种像片可单独使用，也可以与水平像片配合使用。

2)按摄影的实施方式分类

按摄影的实施方式分类，可分为单片摄影、航线摄影和面积摄影。

单片摄影：为拍摄单独固定目标而进行的摄影称为单片摄影，一般只摄取一张(或一对)像片，针对的是比较小的区域。

航线摄影：沿一条航线，对地面狭长地区或沿线状地物（铁路、公路等）进行的连续摄影，称为航线摄影。为了使相邻像片的地物能互相衔接以及满足立体观察的需要，相邻像片间需要一定的重叠，称为航向重叠，航向重叠一般应达到60%。

面积摄影：沿数条航线对较大区域进行连续摄影，称为面积摄影（或区域摄影）。面积摄影要求各航线互相平行。在同一条航线上相邻像片间的航向重叠度一般为60%～65%。相邻航线间的像片也要有一定的重叠，这种重叠称为旁向重叠，旁向重叠度一般应为15%～30%。实施面积摄影时，通常要求航线与纬线平行，即按东西方向飞行，但有时也按照设计航线飞行。由于在飞行中难免出现一定的偏差，故需要限制航线长度。航线长度一般为60～120km，以保证不偏航，不产生漏摄。

3）按感光材料分类

按感光材料分类，可分为全色黑白摄影、黑白红外摄影、彩色摄影、彩色红外摄影和多光谱摄影等。

全色黑白摄影：指采用全色黑白感光材料进行的摄影。它对可见光波段（0.38～0.76μm）内的各种色光都能感光，目前应用较广。全色黑白像片是容易收集到的航空遥感资料之一。如我国为测制国家基本地形图摄制的航空像片即属此类。

黑白红外摄影：是采用黑白红外感光材料进行的摄影。它能对可见光、近红外波段（0.4～1.3μm）感光，尤其对水体植被反应灵敏，所摄像片具有较高的反差和分辨率。

彩色摄影：彩色摄影虽然也是感受可见光波段内的各种色光，但由于它能将物体的自然色彩、明暗度以及深浅表现出来，因此彩色像片与全色黑白像片相比，影像更为清晰，分辨率更高。

彩色红外摄影：彩色红外摄影虽然也是感受可见光和近红外波段（0.4～1.3μm），但却使绿色感光之后变为蓝色，红光感光之后变为绿色，近红外感光后成为红色，这种彩色红外像片与彩色像片相比，在色别、明暗度和饱和度上都有很大的不同。例如，在彩色像片上绿色植被呈绿色，在彩色红外像片上却呈红色。由于红外线的波长比可见光的波长长，受大气分子的散射影响小，穿透力强，因此彩色红外像片色彩鲜艳得多。

多光谱摄影：利用摄影镜头与滤光片的组合，同时对一地区进行不同波段的摄影，取得不同的分波段像片。例如，通常采用的四波段摄影，可同时得到蓝、绿、红及近红外波段4张不同的黑白像片，或合成为彩色像片，或将绿、红、近红外3个波段的黑白像片合成假彩色像片。

3. 摄影成像的特征

1）中心投影

常见的大比例尺地形图属于垂直投影，而摄影像片属于中心投影。这是因为摄影成像时地面上的每一个物点所反射的光线，经过镜头中心后，都会聚到焦平面上产生该物点的像而航摄机则是把感光胶片固定在焦平面上。同时，每一个物点所反射的许多光线中，有一条通过镜头中心而不改变其方向，这条光线称为中心光线。所以，每一个物点在镜面上的像，都可以视为中心光线和底片的交点，这样在底片上就构成负像，经过接触晒印所获得的航空像片为正像。

2)中心投影特征

在中心投影上，点还是点，直线一般还是直线，但若直线的延长线通过投影中心，该直线的像则是一个点。空间曲线的像一般仍为曲线，但若空间曲线在一个平面上，而该平面通过投影中心，它的像则成为直线。了解中心投影的这些特征，有利于识别地物。

3)摄影比例尺

摄影像片上某一段线段长度与地面相应长度之比，称为摄影比例尺，用 $1/M$ 表示，$1/M=f/H$，其中 f 是摄影机的焦距，H 是摄影航高(相对航高)。由公式可知，像片比例尺与物镜焦距成正比，与摄影航高成反比。若焦距固定不变，摄影航高越高，比例尺越小。此外，地形起伏也会影响比例尺。地面总是起伏不平的，每次拍摄像片时，地面至摄影机的距离不相同，即使在同一张像片上，因地形起伏地面至投影中心的距离也不尽相等。因此，摄影比例尺不是唯一的。

4.2.2　扫描型传感器成像

受胶片感光范围的限制，摄影像片一般仅能记录波长在 1.1μm 以内的电磁波辐射能量，另外，由于在航天遥感时采用摄影型相机的卫星所带胶片有限，这类遥感卫星工作寿命也较短。

20 世纪 50 年代以来，产生了一种新兴的探测成像技术——扫描成像技术。光电扫描型传感器将探测范围从可见光扩展到整个红外区，将收集到的电磁波能量通过仪器内的光敏或热敏元件转变成电能后再记录下来，然后可通过无线电频道向地面发送，从而实现遥感信息的实时传输。这样扩大了探测的波段范围，同时也便于数据的存储与传输。常见的扫描型传感器有光机扫描仪、推帚式扫描仪和成像光谱仪。

1. 光机扫描仪

光机扫描仪的全称是光学机械扫描仪，它是借助于遥感平台沿飞行方向运动和遥感器自身光学机械横向扫描达到地面覆盖，得到地面条带图像的成像装置。光机扫描仪主要有红外扫描仪和多光谱扫描仪(MSS)。它们主要由收集器、分光器、探测器、处理器和输出器等几部分组成，如图 4.2 所示。

各部分的功能：收集器收集地面电磁波辐射信息；分光器将收集器收集的地面电磁波信息分解成所需要的光谱成分；探测器将探测分光后的电磁波并把电磁波转换成电信号；处理器将探测出来的低电平信号，根据需要完成放大或限制带宽；输出器将探测器输出的信号记录在处理后的胶片或磁带上。地球观测卫星 Landsat 的 MSS、TM 以及气象卫星 NOAA 的 AVHRR，机载的戴达拉斯公司的 MSS 等，都属于这种类型的扫描仪。

2. 推帚式扫描仪

美、法等国家研制的固体扫描仪，把许多 CCD 探测元件按线性排列方式装置，并与卫星前进方向垂直，且装置的探测元件的数目等于扫描线上的像元数，这种设计的扫描仪没有机械旋转装置，沿卫星前进方向推帚式扫描成像，因此又称为推帚式扫描仪(如图 4.3 所示)。这种扫描仪的设计能满足分辨率越来越高的需求，只要线性排列集成的 CCD

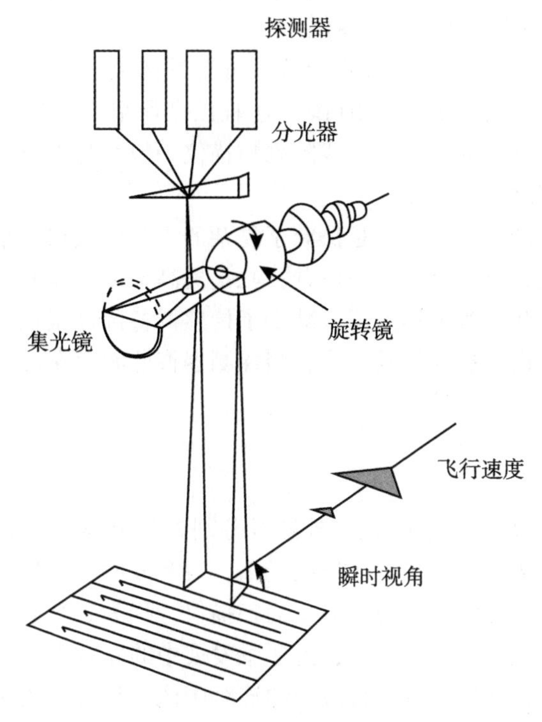

图 4.2　光机扫描仪成像原理图

探测元件足够多，分辨率就可以不断提高。例如：法国 SPOT 卫星的 HRT 传感器每线性阵列有 4 096 个 CCD 探测器，地面分辨率可达 15m，如果有 8 192(4 096×2)个探测器，分辨率可提高到 7.5m。

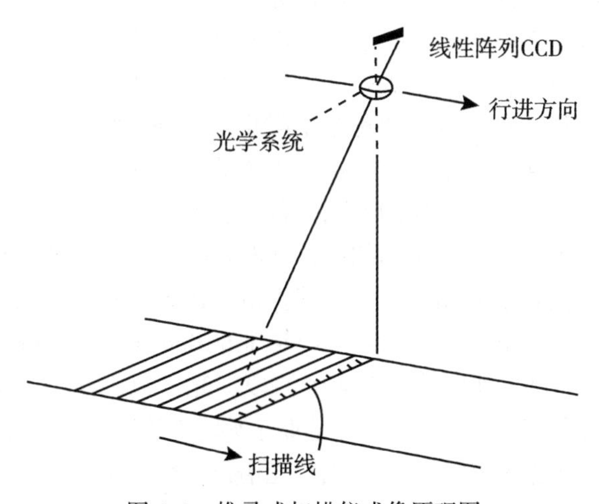

图 4.3　推帚式扫描仪成像原理图

推帚式扫描仪使用的固体探测器件，是由硅等半导体材料制成的。在这种器件中，受光或电激发产生的电荷靠电子或空穴运载，在固体内移动。固体器件种类也有很多，目前传感器中普遍使用的是 CCD 电荷耦合器件。

CCD 扫描仪按其探测器的不同排列形式，分为线阵列扫描仪和面阵列扫描仪两种。由于制造工艺上的原因，目前面阵 CCD 阵列还难以做得很大，其几何尺寸还很有限，达不到航空或航天遥感对其幅面的要求。线阵列扫描仪一般称为推帚式扫描仪，是目前获取遥感图像的主要传感器之一。

推帚式扫描仪具有两大优点：一是摒弃了复杂的光学机械扫描系统，成像系统结构稳定可靠，确保每个像元具有精确的几何位置；二是提高了传感器的灵敏度和信噪比，即对目标地物的反射能量的相应程度提高了，减少了传感器各部件累积的电子信号错误引起的图像噪声。它的缺点是由于探测器数目多，当探测器彼此间存在灵敏度差异时，往往产生带状噪声，因此必须进行辐射校正。

3. 高光谱传感器

通常的多光谱扫描仪将可见光-近红外波段分割为几个或十几个波段，我们称为宽波段。如分割的波段数越来越多，接近于连续光谱，每个波段的波长范围很窄，我们称为高光谱或窄波段。能记录高光谱的窄波段数据的扫描仪，称为高光谱成像光谱仪。

高光谱成像光谱仪是新一代传感器，是遥感发展中的新技术。与传统的多光谱扫描仪相比，高光谱成像光谱仪能够得到上百波段的连续图像，且每个图像像元都可以提取一条光谱曲线。高光谱成像光谱技术把传统的二维成像遥感技术和光谱技术有机地结合在一起，在用成像系统获得被测物空间信息的同时，通过光谱仪系统把被测物的辐射分解成不同波长的谱辐射，能在一个光谱区间内获得每个像元几十甚至几百个连续的窄波段信息。与地面光谱辐射计相比成像光谱仪不是在“点”上的光谱测量，而是在连续空间上进行的光谱测量，因此它是光谱成像的；与传统多光谱遥感相比，其波段不是离散的而是连续的，因此从它的每个像元均能提取一条平滑而完整的光谱曲线，如图 4. 4 所示。成像光谱仪的出现解决了传统科学领域“成像无光谱”和“光谱不成像”的历史问题。目前高光谱成像光谱仪主要应用于航空遥感，在航天遥感领域也开始应用高光谱。

成像光谱仪按照工作原理可分为两种基本类型。一种是线阵列探测器加光学机械式扫描仪的成像光谱仪，如图 4. 5 所示，它利用点探测器收集光谱信息，经色散元件后分成不同的波段，分别成像于线阵列探测器的不同元件上，通过点扫描镜在垂直于轨道方向的面内摆动以及沿轨道方向的运行完成空间扫描，而利用线探测器完成光谱扫描。这种线阵列扫描式的高光谱成像光谱仪主要用于航空遥感探测，因为飞机的飞行速度较慢，有利于提高空间分辨率。例如，AVIRIS(Airborne Visible InfraRed Imagine Spectrometer，机载可见光/红外成像光谱仪)可见光/近红外有 224 个波段，光谱范围从 0. 38～2. 5μm，波段宽度很窄，仅为 10nm。中国科学院上海技术物理研究所研制的机载成像光谱仪也是这种类型。另一种是面阵列探测器加推帚式扫描仪的成像光谱仪，如图 4. 6 所示。它利用线阵列探测器进行推帚式扫描，利用色散元件将收集到的光谱信息分散成若干个波段后，分别成像于面阵列的不同行。这种仪器利用色散元件和面阵探测器完成光谱扫描，利用线阵列探测器及沿轨道方向的运动完成空间扫描，它具有空间分辨率高(不低于 10～30m)等特点，主要用于航天遥感。如加拿大的 CASI(Compact Airborne Spectrographic Imager，小型机载成像光谱仪)和我国的 PHI(Pushbroom Hyperspectral Imager，推帚式成像光谱仪)就属于这种类型。

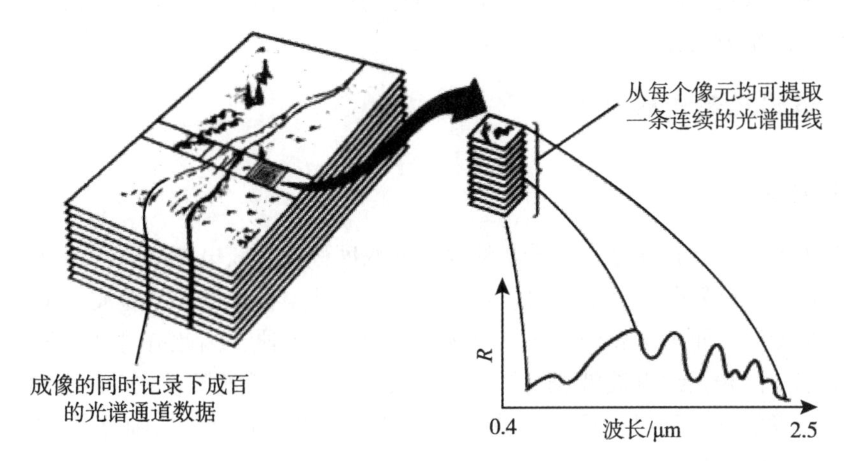

图 4.4　成像光谱仪的图像结构

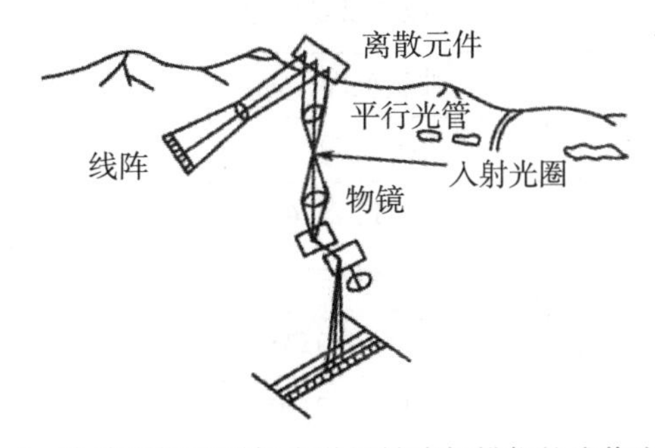

图 4.5　线阵列探测器加光学机械式扫描仪的成像光谱仪

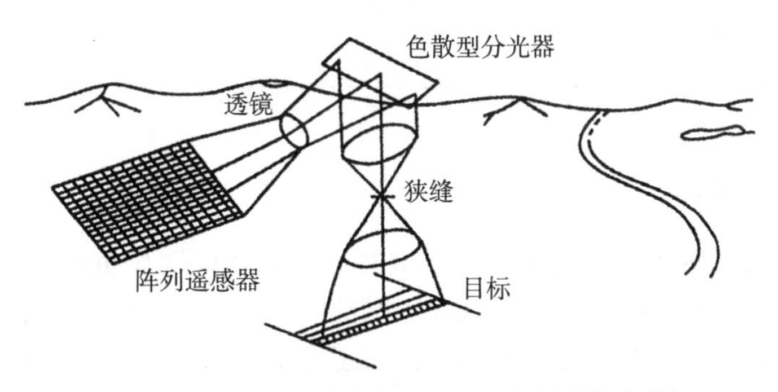

图 4.6　面阵列探测器加推帚式抛描仪的成像光谱仪

成像光谱仪注重提高光谱分辨率，可以获得波段宽度很窄的高光谱图像数据，所以它多用于地物的光谱分析与识别上。目前成像光谱仪的工作波段为可见光、近红外和短波红外，高光谱遥感对于特殊的矿产探测及海洋水色调查非常有效，尤其是矿化蚀变岩在短波段具有诊断性光谱特征。与其他遥感数据一样，成像光谱数据也受大气、遥感平台姿态、地形因素等的影响，会产生几何畸变及边缘辐射效应等。因此，数据在提供给用户之前必须进行预处理，预处理的内容主要包括平台姿态的校正、沿飞行方向和扫描方向的几何校正以及图像边缘辐射校正。

4.2.3　微波遥感及传感器成像

1. 微波遥感

电磁波谱有时把波长在毫米到千米的很宽的幅度称为无线电波区间，在这一区间按照波长由短到长又可以划分为亚毫米波、毫米波、厘米波、分米波、超短波、短波、中波和长波，其中毫米波、厘米波和分米波三个区间称为微米波段，因此有时又更明确地把这一区间分为微米波段和无线电波波段。微米也是无线电波，其波长从 1mm 到 1 000mm，微米波段接收和发射时常常仅用很窄的波段，所以又把微波波段加以细分并给予详细的命名。如表 4.1 给出了微波遥感范围。

表 4.1　**微波遥感范围**

谱带名称	波长范围(mm)	频率(MHz)
Ka	0.75~1.13	40 000~26 500
K	1.13~1.67	26 500~18 000
Ku	1.67~2.42	18 000~12 500
X	2.42~3.75	12 500~8 000
C	3.75~7.50	8 000~4 000
S	7.50~15	4 000~2 000
L	15~30	2 000~1 000
P	30~100	1 000~300

2. 微波遥感的特点

微波遥感也可以称为雷达遥感，利用微波探测得到的图像也叫做雷达图像。雷达(Radar)，原意是发射无线电波，然后接收探测目标的反射信号来分析目标的性质。在雷达的基础上，发展了成像微波遥感的真实孔径雷达和合成孔径雷达，这种雷达影像就是微波遥感影像。在第二次世界大战期间微波已用于作为夜间侦查的工具。而微波遥感被各国真正重视是从 20 世纪 60 年代开始的，从航空飞机到航天飞机再到人造卫星，到 20 世纪 90 年代形成发展高潮。微波遥感已和可见光遥感、红外遥感并驾齐驱，作为人类认识世界的重要手段。微波遥感之所以发展得如此之快，是因为微波有可见光和红外波段没有的很多优点。

(1)微波的穿云透雾能力使遥感探测可以全天候进行。

瑞利散射的散射强度与波长的 4 次方成反比，波长越长，散射越弱。大气中的云雾水珠及其他悬浮颗粒比微波波长小很多。应该遵循瑞利散射。在可见光波段，这种散射影响很明显。对于微波，由于微波波长比可见光长很多，散射强度就弱到可以忽略不计。也就是说，微波在传播过程中不受云雾影响，具有穿云透雾的能力。

微波遥感分为主动遥感和被动遥感方式。被动遥感方式，如微波辐射计，接收地面地物的微波辐射。然而，微波遥感常取主动遥感方式，即由传感器发射微波波束，再接收地物反射回来的信号，因而它不依赖于太阳辐射，不论白天黑夜都可以工作，故称全天时。红外线虽然也可以在夜间工作(如热红外扫描仪接收夜间地物的热辐射)，但是它受大气衰减的影响很大，云雨天气对它的影响更大。微波则不同，具有全天候工作的能力。

(2)微波对地物有一定的穿透能力。

一般来说，微波对各种地物的穿透深度因波长和物质不同有很大差异，波长越长，穿透能力越强。如图 4.7 所示，不同波长的微波对不同土壤的穿透能力不同，同一种土壤湿度越小，穿透越深。对于不同的物质，微波的穿透能力有很大不同。同样的频率对干沙土可以穿透几十米，对冰层则能穿透百米。总的来说，微波的穿透能力比其他波段强。这里要注意的是，微波对于金属和其他良导体几乎是没有穿透性的。

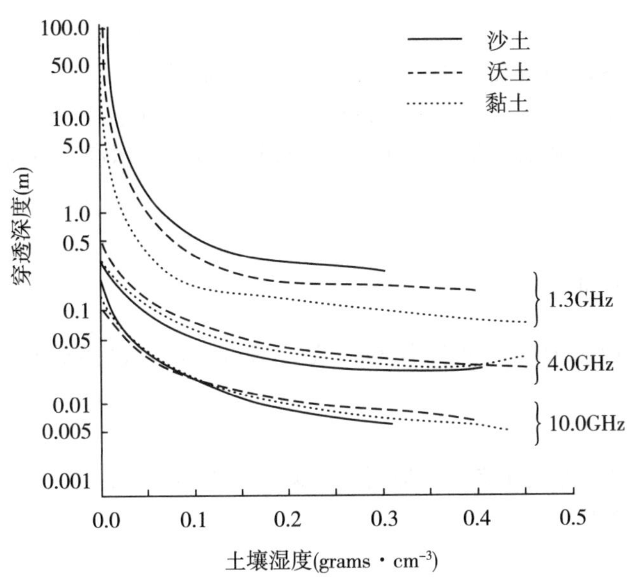

图 4.7　穿透深度与土壤湿度、频率、土壤类型的关系

(3)微波能提供不同于可见光和红外遥感所能提供的某些信息。

微波是海洋探测的重要波段，对土壤和植物冠体也具有一定的穿透力，可以提供部分地物表面以下的信息。正因为微波得到的信息与可见光、红外波段得到的信息有所不同，如果用不同手段对同一目标物进行探测，可以互相补充，实现对目标物特性在微波波段、可见光波段和红外波段的全面描述。目前，随着微波遥感传感器的迅速发展，微波图像的空间分辨率已达到或接近可见光与红外图像的分辨率。它的应用范围也将越来越广泛。

(4)微波遥感的主动遥感方式。

主动微波遥感即雷达遥感，不仅可以记录电磁波振幅信号，而且可以记录电磁波相位信息，有数次同侧观测得到的数据可以计算出针对地面上每一点的相位差，进而计算出这一点的高程，其精度可以达到几米，这就是干涉测量。利用干涉测量技术，可以对地形变化(如地震、地壳运动)进行监测。目前雷达干涉测量已得到广泛应用。

微波遥感也有其不足之处。例如，除合成孔径侧视雷达图像外，一般说来，微波传感器的空间分辨率比可见光和红外传感器低，其特殊的成像方式使得数据处理和图像解译过程变得相对困难些，与可见光和红外传感器数据不能在空间位置上一致，不像红外和可见光传感器可以作为同步获取同一地物的信息，两类图像中的相应像元在空间位置行可以做到一致(如TM图像各波段)，等等。但这些不足比起上述长处来讲，常常是可以忽略的，何况目前航天微波遥感所获得的图像空间分辨率也达到了10~20m。随着人们对微波遥感的广泛利用和开发，图像处理和解译的技术和能力也会不断提高，因而所说的不足也会渐渐不成为其不足了。

小贴士

为什么使用雷达拍摄交通违章、测高速公路车流量?

选择雷达拍摄交通违章、测高速公路车流量其中一个重要的原因是雷达属于主动微波遥感传感器，可以提供全天时全天候的拍照成像，不受光照时间的限制。

3. 微波辐射的特征

微波属于电磁波，因此微波具有电磁波的基本特性，包括叠加、相干、衍射、极化等。

1)叠加

当两个或两个以上的波在空间传播时，如果在某点相遇，则该点的振动是各个波独立引起该点振动时的叠加。

2)相干

当两个或两个以上的波在空间传播，它们的频率相同，振动方向相同，振动相位的差是一个常数时，这时叠加后合成波的振幅是各个波振幅的矢量和，这种现象称为干涉。两波相干时，在交叠的位置，相位相同的地方振动加强，相位相反的地方振动抵消，其他位置均有不同程度的减弱。当两束微波相干时，在雷达图像上会出现颗粒状或斑点状特征。当两束波不符合相干条件时为非相干波，这时叠加后合成波的振幅是各个波振幅的代数和。上述现象在雷达图像上不会出现。

3)衍射

电磁波传播过程中如果遇到不能透过的有限直径物体，会出现传播的绕行现象，即一部分辐射没有遵循直线传播的规律到达障碍物后面，这种改变传播方向的现象称为衍射。微波传播时会发生衍射现象。

4)极化

电磁波是一种电场和磁场相互垂直的横波，如图 4.8 所示，在 Z 方向传播的电磁波，电场必在 XY 平面内，且垂直于 Z 轴，电场矢量的顶端在 XY 平面内画出一条轨迹曲线。当这条轨迹为直线时，称为线极化平面波，或简称极化波。当轨迹曲线为圆形或椭圆形时，称圆极化波或椭圆极化波。所谓极化，即电磁波的电场振动方向的变化趋势。线极化时按电场矢量方向不随时间变化的情况，它又分为两个方向的极化，即水平极化和垂直极化。水平极化是指电场矢量与入射面(例如，侧视雷达发射的很窄的垂直于地面的扫描波束所形成的一个平面，如图 4.9 所示)垂直，而垂直极化则是指电场矢量与入射面平行。若发射和接收的都是水平极化(或垂直极化)电磁波，则得到同极化 HH(或 VV)，若发射和接收的电磁波是不同极化的电磁波，则得到的图像为交叉极化图像(HV 或 VH)。一般说来，有四种极化图像。同一地物对不同极化波的反应是不一样的，比如，表面光滑的地物其 HH 回波强度大于 HV。不同的地物在某一极化图像中的亮度可能比较接近(如日光熔岩、皮斯迦熔岩和冲积扇在 HH 图像中差异不大)，而在另一种极化图像中却可能很容易区分出来(如日光熔岩、皮斯迦熔岩和冲积扇在 HV 图像中的差异都很大)。

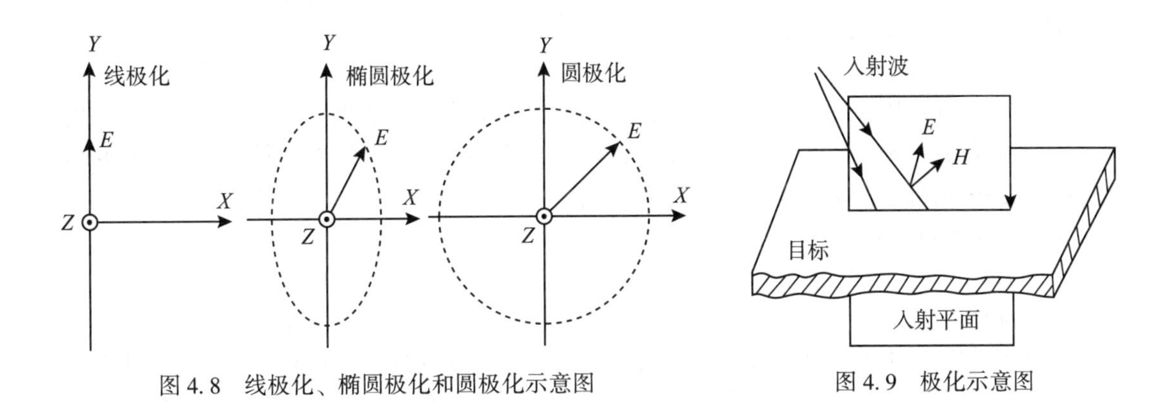

图 4.8　线极化、椭圆极化和圆极化示意图

图 4.9　极化示意图

4. 微波传感器及成像

微波传感器分为两类：非成像传感器和成像传感器。

1)非成像传感器

非成像传感器一般属于主动式遥感系统。通过发射装置发射雷达信号，再通过接收回波信号测定参数，这种设备不以成像为目的。微波遥感应用的非成像传感器有以下两种。

(1)微波散射计：

一般微波散射计的组成部分包括微波发射器、天线、微波接收机、检波器和数据积分器，如图 4.10 所示。

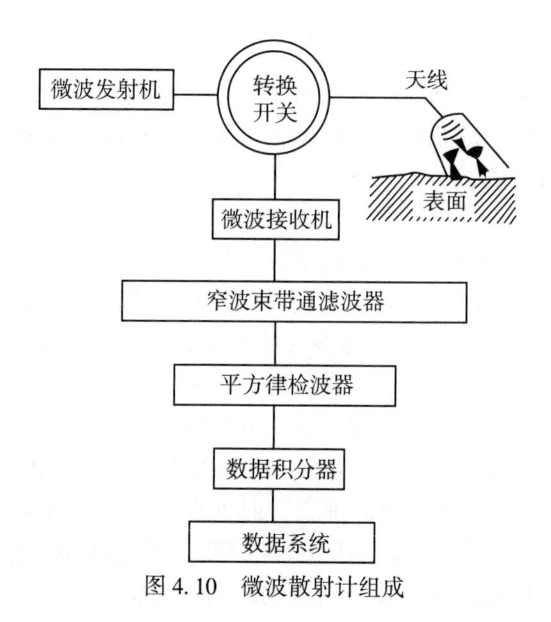

图 4.10　微波散射计组成

微波散射计的功能是测量地物表面(或体积)的散射或反射特性，也就是说，它主要用于测量目标的散射特性随雷达波束入射角变化的规律，也可用于研究极化和波长变化对目标散射特性的影响。

由散射计发射的波束入射角可以在 0°～90°范围内调整，但是一般都不能在整个角度范围内工作，特别是机载散射计，在掠射情况下，由于作用太远，收到的回波信号十分微弱，因而无法工作。

微波散射计可以发射水平极化波，然后同时接收垂直和水平两种极化波，它还可以先发射一种极化波，再接收另外一种极化波，而每次都接收两种极化波，所以对具体研究地物目标在各种情况下的散射特性是十分有利的。

(2)雷达高度计：

图 4.11 是简化的雷达高度计的基本结构图。其工作原理是，按定时系统的指令，发射机发出调制射频波束，经转换开关导向天线，由天线将波束射向目标，然后还是由天线方向发射或散射回来的那部分能量，再经转换开关引向接收机，将返回的信号进行处理后再提供输出数据，以决定往返双程传播的时延，因为传播速度是已知的，由时延测量即可计算目标的距离。

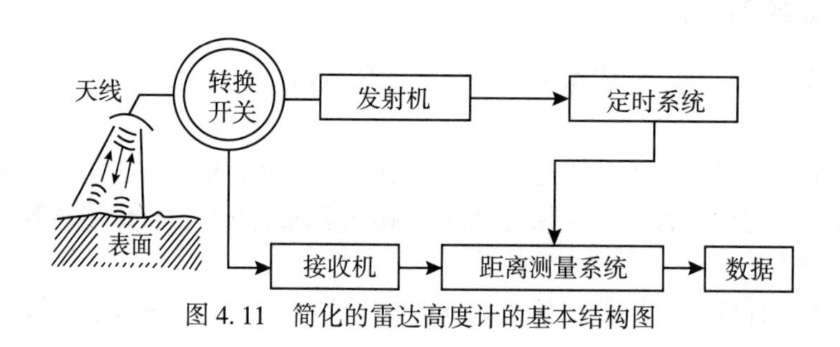

图 4.11　简化的雷达高度计的基本结构图

雷达高度计系统可能达到的量测精度，有赖于测量高度计的类型和工作频率以及特殊的系统设计。在飞机和宇宙飞行器的导航和着陆系统中，雷达高度计起到重要作用。现在，它还可以用于测量海浪的高度。

2) 成像传感器

成像传感器的共同特征是在地面上扫描获得带有地物信息的电磁波信号，并形成图像。这些传感器可以是主动式遥感系统，如真实孔径雷达、合成孔径雷达等，也可以是被动式遥感系统，如微波辐射计等。

(1) 微波辐射计：

微波辐射计可用于记录目标的亮度温度。将它放在地面平台上时，它可以记录一个观测单元的亮度温度。如果安装在飞行器上，则可以记录沿飞行方向的一条亮度温度曲线，而当将辐射的天线设计成扫描方式，就可以获得一个扫描区域的亮度温度数据，或一条沿着飞行方向，具有一定宽度的带状区域的亮度温度图。天线扫描有两种方式，一种是机械方式，比如让天线摆动，或者让天线的反射器摆动；另一种是电控方式，它并不像散射计、高度计那样发射雷达波束，工作方式如同红外扫描仪，只是所接收的是地物目标发射的微波信号。微波辐射计天线波束的两种不同扫描方式如图 4.12 所示，天线在每一瞬间接收来自地面一个近乎圆形或椭圆形地块内地物的微波辐射信号，通过天线来回扫描，随着飞行器的前进，获得扫描地带上各种地物的信号，并形成图像。

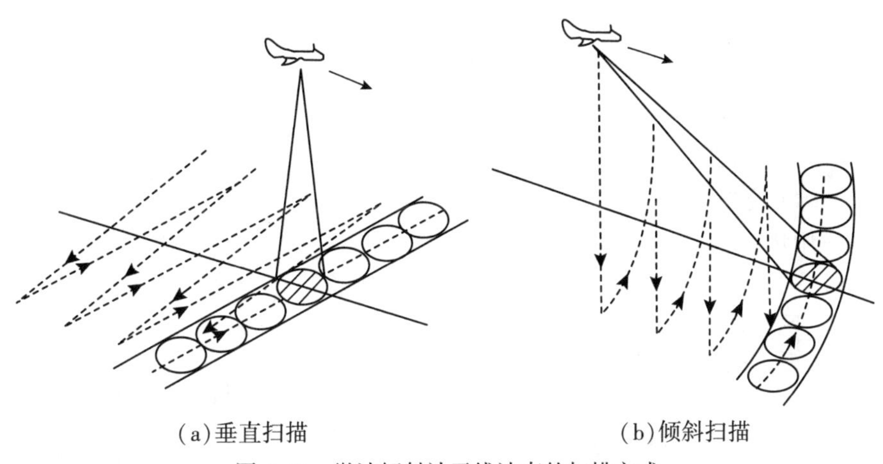

(a) 垂直扫描　　(b) 倾斜扫描

图 4.12　微波辐射计天线波束的扫描方式

(2) 真实孔径侧视雷达(RAR)：

真实孔径侧视雷达的工作原理如图 4.13 所示。天线装在飞机的侧面，发射天线向平台运动方向的侧面发射一束宽度很窄的脉冲电磁波，然后接收从目标地物反射回来的后向散射波，进而从接收的信号中获取地表的图像，由于地面各点到平台的距离不同，地物后向反射信号被天线接收的时间也不同，依它们到达天线的先后顺序记录，即距离近者先记录，距离远者后记录，这样根据后向反射回电磁波的返回时间排列就可以实现距离方向的扫描。通过平台的前进，扫描面在地面上移动，进而实现方位方向的扫描。

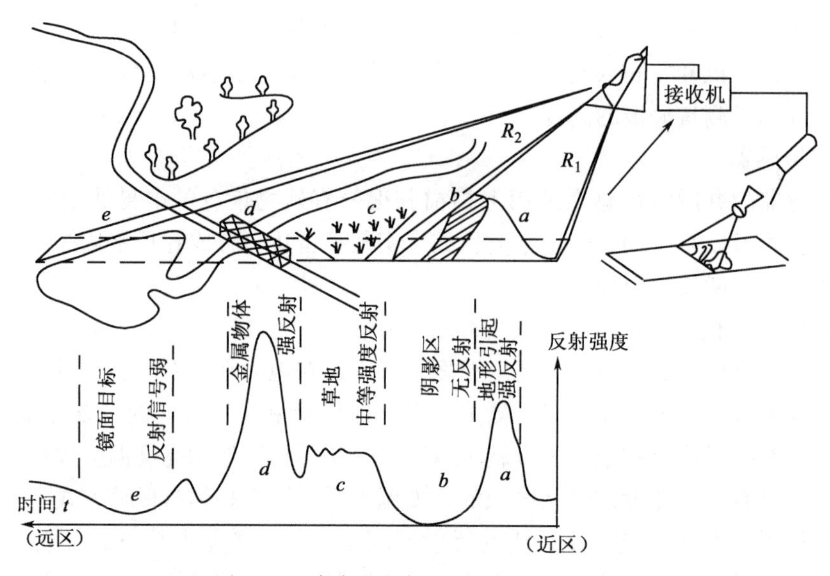

图 4.13　真实孔径侧视雷达的工作原理

真实孔径侧视雷达的分辨率包括距离分辨率(图 4.14)和方位分辨率(图 4.15)两种。距离分辨率是在脉冲发射的方向上，能分辨两个目标的最小距离，它与脉冲宽度有关，可用式(4-1)表示：

$$R_\tau = \frac{\tau c}{2}\sec\varphi \text{ 或 } R_{\mathrm{d}} = \frac{\tau c}{2} \tag{4-1}$$

式中：R_τ ——地距分辨率；

R_{d} ——斜距分辨率；

τ ——脉冲宽度；

φ ——俯角。

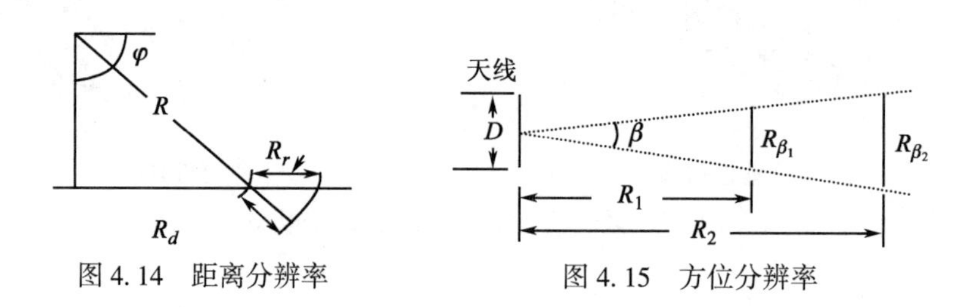

图 4.14　距离分辨率　　图 4.15　方位分辨率

式(4-1)还说明距离分辨率与距离无关，若要提高距离分辨率，需要减小脉冲宽度，但这样将使作用距离减小。为了保持一定的作用距离，这时需加大发射功率，但会造成设备庞大，费用昂贵。目前一般是采用脉冲压缩技术来提高距离分辨率。

方位分辨率是在雷达飞行方向上，能分辨两个目标的最小距离。它与波瓣角 β 有关，这时的方位分辨率为：

$$R_\beta = \beta \cdot R \tag{4-2}$$

式中：R ——斜距；

β——波瓣角。

波瓣角 β 与波长 λ 成正比，与天线孔径 D 成反比，因此方位分辨率又为：

$$R_\beta = \frac{\lambda}{D} R \tag{4-3}$$

从式(4-3)中看出，要提高方位分辨率，需采用波长较短的电磁波，加大无线孔径和缩短观测距离。这几项措施无论在飞机上或卫星上使用时都受到限制。目前主要利用合成孔径侧视雷达来提高侧视雷达的方位分辨率。

(3)合成孔径侧视雷达(SAR)：

合成孔径雷达是20世纪50年代和60年代期间作为一种能获取高空间分辨率地面图像的主动微波系统研制出来的。

合成孔径技术的基本思想，是用一个小天线作为单个辐射单元，将此单元沿一直线不断移动，如图4.16所示。在移动中选择若干个位置，在每个位置上发射一个信号，接收相应发射位置的回波信号储存记录下来。储存时必须同时保存接收信号的幅度和相位。当辐射单元移动一段距离 L_S后，存储的信号和实际天线阵列诸单元所接收的信号非常相似，可用图4.17来说明。

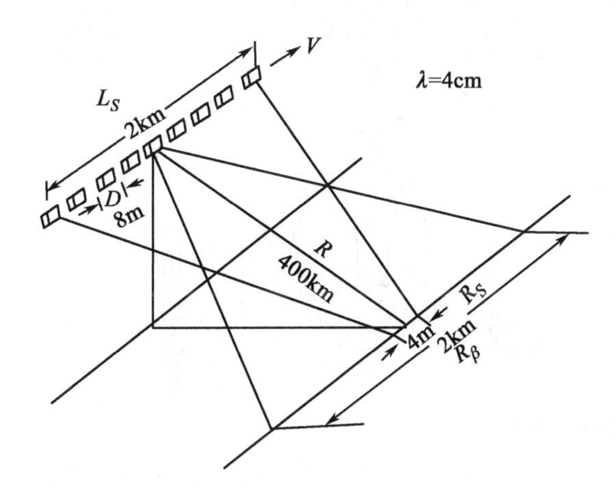

图4.16 合成孔径侧视雷达工作过程

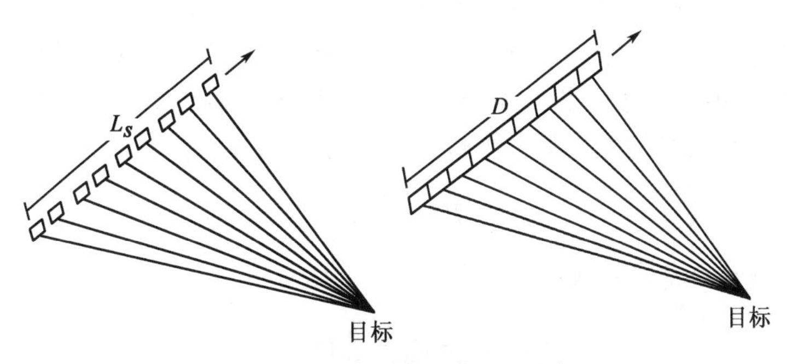

图4.17 两种天线接收信号的相似性

合成孔径天线是在不同位置上接收同一地物的回波信号，真实孔径天线则在一个位置上接收目标的回波。如果把真实孔径划分为许多小单元，则每个单元接收回波信号的过程与合成孔径在不同位置上接收回波的过程十分相似。真实孔径天线接收目标回波后，好像物镜那样聚合成像。而合成孔径天线对同一目标的信号不是在同一时刻得到，在每一个位置上都要记录一个回波信号。每个信号由于目标到飞机之间球面波的距离不同，其相位和强度也不同，如图 4.18 所示。然而，这种变化是有规律进行的，当飞机向前移动时，飞机与目标之间的球面波数逐步减少，目标在飞机航线的法线上时距离最小，当飞机越过这条法线时又有规律地增加。在这个过程中，每个反射信号在数据胶片上，连续记录呈间距变化的一条光栅状截面，记录的是一条一维相干图像。这种形成的整个图像，不像真实孔径雷达图像那样，能看到实际的地面图像，而是相干图像，它需经处理后，才能恢复地面的实际图像。

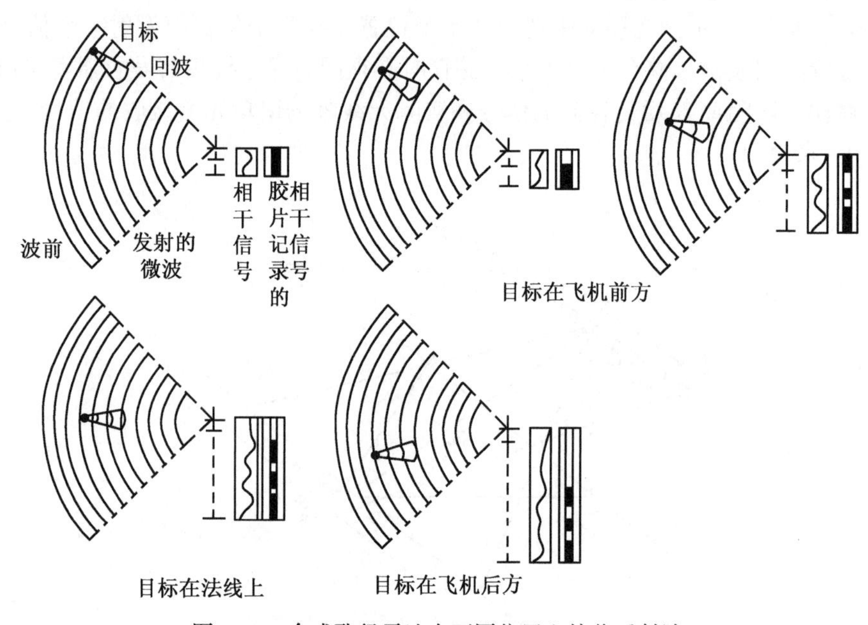

图 4.18　合成孔径雷达在不同位置上接收反射波

合成孔径雷达的方位分辨率可如前文图 4.15 所示，若用合成孔径雷达的实际天线孔径来成像，则其分辨率会很差。如前文图 4.16 所示，天线孔径为 8m，波长为 4cm，目标与飞机间的距离为 400km 时，按式(4-3)计算，其方位分辨率为 2km。现在若用合成孔径技术，合成后的天线孔径为 L_S，则其方位分辨率为：

$$R_S = \frac{\lambda}{L_S}R \tag{4-4}$$

由于天线最大的合成孔径为：

$$L_S = R_\beta = \frac{\lambda}{D}R \tag{4-5}$$

将式(4-5)代入式(4-4)，则

$$R_S = D \tag{4-6}$$

式(4-6)说明合成孔径雷达的方位分辨率与距离无关，只与实际使用的天线孔径有关。此外由于双程相移，方位分辨率还可提高一倍，即 $R_S = \frac{D}{2}$。

◎ 习题与思考题

1. 简述传感器的组成及各部分功能。
2. 简述传感器的性能指标及含义。
3. 简述扫描型传感器成像原理。
4. 微波遥感的特点有哪些?
5. 简述真实孔径侧视雷达与合成孔径侧视雷达成像原理的区别。

项目 5　遥感图像处理

☞ 学习目标

通过本项目的学习，理解遥感数字图像的概念，了解遥感图像处理的软件和遥感数字图像处理的过程与特点；能进行遥感图像输入与输出；能进行遥感图像投影变换，理解遥感图像校正的理论知识，并能进行遥感图像校正；能进行遥感图像镶嵌和裁切；理解遥感图像增强的目的，并能进行遥感图像空间增强处理、光谱增强处理和辐射增强处理。同时，通过上机实践操作完成遥感图像预处理和遥感图像增强处理，进一步培养学生的科学精神和工匠精神。

任务 5.1　遥感数字图像处理的基础知识

5.1.1　遥感数字图像

地物的光谱特性一般以图像的形式记录下来。地面反射或发射的电磁波信息经过地球大气到达遥感传感器，传感器根据地物对电磁波的反射强度以不同的亮度表示在遥感图像上。遥感传感器记录地物电磁波的形式有两种：一种以胶片或其他的光学成像载体的形式，另一种以数字形式记录下来，也就是所谓的以光学图像和数字图像的方式记录地物的遥感信息。

1. 图像的表示形式

1) 光学图像

一幅光学图像，如像片或透明正片、负片等，可以看成一个二维的连续的光密度(或透光率)函数，计算机无法直接处理的图像。如图 5.1 所示，像片上的密度随坐标(x, y)变化而变化，如果取一个方向的图像，则密度随空间而变化，是一条连续的曲线。我们用函数$f(x, y)$来表示，这个函数的特点是：它是连续变化的，其值是非负的和有限的，如式(5-1)表示：

$$0 \leqslant f(x, y) < \infty \tag{5-1}$$

一般在光学密度仪上，量测光学图像某一点的密度值为 0~3 或 0~4 中的某一值，或用透过率表示 1~1/1 000 或 1~1/10 000，它们之间的关系为：

$$D = \log(1/F) \tag{5-2}$$

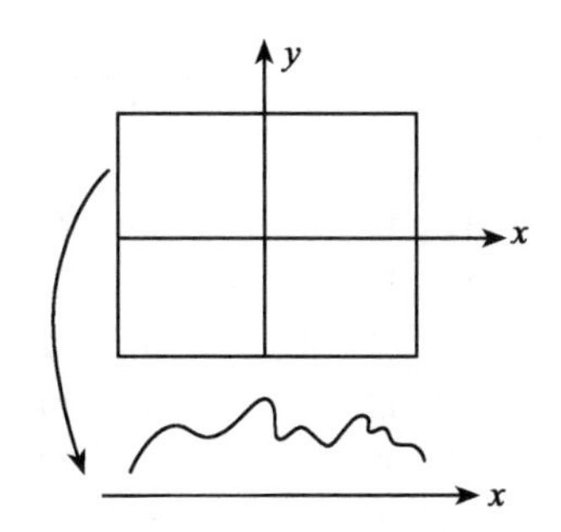

图 5.1　二维光学图像及一个方向上密度连续变化的情景

式中：D——密度；

F——透过率。

以上描述的是单一图像。如果对同一地区在不同时间获取的图像，则可用下标来区分其时间特性：

$$0 \leqslant f_t(x, y) < \infty \tag{5-3}$$

同样，对于多光谱图像则可用下标 l 来区分其光谱特性，写成 $f_l(x, y)$。

2)数字图像

数字图像是一个二维的离散的光密度(或亮度)函数，相对于光学图像，它在空间坐标(x, y)和密度上都已离散化，空间坐标 x，y 仅取离散值：

$$\begin{cases} \mathrm{x} = x_0 + m \cdot \Delta x \\ y = y_0 + m \cdot \Delta y \end{cases} \tag{5-4}$$

式中：$m=0, 1, 2, \cdots, m-1$；Δx，Δy 为离散化的坐标间隔。同时，$f(x, y)$也仅取离散值，一般取值区间为 0，1，2，…，127 或 0，1，2，…，255 等。

数字图像可用一个二维矩阵表示，即

$$\boldsymbol{f}(x, y) = \begin{pmatrix} f(0, 0) & f(0, 1) & \cdots & f(0, n-1) \\ f(1, 0) & f(1, 1) & \cdots & f(1, n-1) \\ \vdots & \vdots & & \vdots \\ f(m-1, 0) & f(m-1, 0) & f(m-1, 0) & f(m-1, n-1) \end{pmatrix} \tag{5-5}$$

矩阵中每个元素称为像元。图 5.2 直观地表示了一幅数字图像，实际上是由每个像元的密度值排列而成的一个数字矩阵。

3)数字化图像

光学图像变换成数字图像就是把一个连续的光密度函数变成一个离散的光密度函数。图像函数 $f(x, y)$ 在空间坐标和幅度(光密度)上都要离散化，其离散后的每个像元的值用数字表示，整个过程叫做图像数字化。其主要包括采样和量化两个过程，如图 5.3 所示。

(1)采样：

将空间上或时域上连续的图像(模拟图像)变换成离散采样点(像素)集合的操作称为采样。具体做法：先沿垂直方向按一定间隔从上到下顺序地沿水平方向直线扫描，取出各

	0	1	2	3	4	5	6	⋯	⋯	⋯	⋯	⋯	n−1
0	16	14	10	8	2	3	1	⋯	30	22	24	18	15
1	16	16	6	12	8	6	4	⋯	32	32	40	45	45
2	16	16	14	14	11	15	17	⋯	24	24	32	34	38
3	16	16	16	16	14	14	8	⋯	16	22	24	28	36
4	15	9	4	16	15	17	17	⋯	14	12	10	12	22
5	13	7	12	15	16	19	18	⋯	16	14	12	14	18
6	12	10	11	14	13	8	7	⋯	16	10	8	14	26
⋮	⋮	⋮	⋮	⋮	⋮	⋮	⋮		⋮	⋮	⋮	⋮	⋮
⋮	36	30	28	28	30	30	30		16	16	26	24	8
⋮	34	36	32	24	22	22	22		28	24	24	20	6
m−1	36	32	20	20	26	28	26		26	22	24	20	22

→x　↓y

图 5.2　数字图像

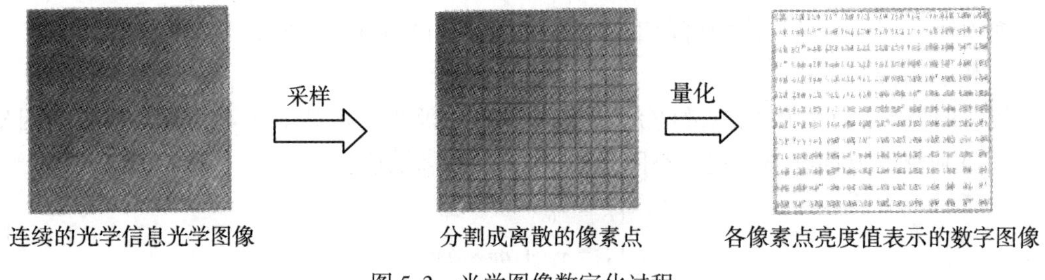

图 5.3　光学图像数字化过程

水平线上灰度值的一维扫描；而后再对一维扫描线信号按一定间隔采样得到离散信号，即先沿垂直方向采样，再沿水平方向采样，这个步骤完成采样。采样后得到二维离散信号的最小单位是像素。一幅图像是被采样成有限个像素点构成的集合。例如，一幅 640×480 分辨率的图像，表示这幅图像是由 640×480＝307 200 个像素点组成的。

在进行采样时，采样点间隔大小的选取很重要，它决定了采样后的图像能否真实地反映原图像的程度。一般来说，原图像中的画面越复杂，色彩越丰富，则采样间隔应越小。采样间隔和采样孔径的大小关系到图像分辨率的大小。采样间隔大，所得图像分辨率低，图像质量差，数据量小；采样间隔小，所得图像分辨率高，图像质量好，但数据量大。

(2)量化：

遥感模拟图像经过采样后，在空间上离散化为像素。但采样所得的像素值(即灰度值)仍是连续的，仍不能用计算机处理。把采样后所得的各像素的灰度值从模拟量到离散量的转换，就称为量化。一幅遥感数字图像中不同灰度值的个数称灰度级，用 G 表示。若一幅数字图像的量化灰度级 $G=2^8$级，灰度取值范围一般是 0～256 的整数。由于用8 bit 就能表示灰度图像像素的灰度值，因此常常把 bit 量化。彩色图像可采用24 bit量化，分别分给红、绿、蓝三原色8 bit，每个颜色层面数据为 0~255 级。

2. 遥感图像的坐标系统

遥感图像是地理信息的一种表达方式，其与普通图像的一个重要区别是遥感图像具有地理信息，例如图像所在的坐标系、比例尺，图像上点的坐标、经纬度、长度单位及角度单位等。这些信息都是以坐标系统为前提的，所以，对于遥感图像的理解，首先需要了解其所对应的坐标信息，只有结合这些地理信息才能正确解释遥感图像所表达的内容。为此，需要了解遥感图像所包含的坐标信息，其中主要包括投影信息、坐标系统以及图像对应的坐标描述。坐标分为球面坐标和平面坐标，在遥感图像处理过程中，经常会涉及这两种坐标系统之间的转换，这种转换是通过投影转换来完成的，为此，对于坐标系统的理解需要了解这些概念。

遥感影像获取过程中，传感器获得的是地球表面的影像，该影像为地表局部区域的平面表现，这种影像用于后续应用时，面临一个影像标准统一的问题，不然，不同传感器影像不能进行共同处理。因此，对获取的遥感需要进行坐标系的统一。

1) 地理坐标系

地理坐标系是球面坐标系，以经纬度为存储单元。由于地球是一个不规则的椭球，我们要将地球上的数字化信息存放在球面坐标系统上，首先需要对地球的形状进行模拟，模拟的结果形成不同的地球椭球面。这些椭球体可以量化计算，具有长半轴、短半轴、偏心率等参数。仅仅有这些参数还不够，还需要一个大地基准面将这个椭球定位。大地基准面是利用特定椭球体对特定地区地球表面的逼近，因此每个国家或地区均有各自的大地基准面，我们通常称谓的北京 54 坐标系、西安 80 坐标系实际上指的是两个大地基准面。我国参照苏联从 1953 年起采用克拉索夫斯基椭球体建立了我国的北京 54 坐标系，1978 年采用国际大地测量协会推荐的 IAG75 地球椭球体建立了我国的西安 80 坐标系，2008 年 7 月 1 日起启用 2000 国家大地坐标系，它是一个地心坐标系，即以地心作为椭球体中心的坐标系。目前 GPS 定位所得出的结果属于 WGS-84 坐标系，WGS-84 基准面采用 WGS-84 椭球体，它也是一个地心坐标系。因此相对同一地理位置，不同的大地基准，它们的经纬度坐标是有差异的。

椭球体与大地基准面之间的关系是一对多的关系，也就是基准面是在椭球体基础上建立的，但椭球体不能代表基准面，同样的椭球体能定义不同的基准面。

2) 投影坐标系

地理坐标描述的是地物在球面坐标系中的三维坐标系，而遥感影像不论是在获取的过程中，还是在后续的应用中，都是地面景观的一种平面表现形式，是二维的。为了用这种二维的影像表现三维的地面信息，需要将地球表面上的点转换到平面上，这就会涉及投影坐标系。

地球投影的实质就是将地球椭球面上的地理坐标转化为平面直角坐标。用某种投影条件将投影圆面上的地理坐标一一投影到平面坐标系内，以构成某种地图投影。如图 5.4 所示的一种投影方式。如果将地球这样“剥”开，然后摊平，再拉伸每一个带的边缘直到它们接触，就能得到投影后的地图，形成如图 5.5 所示的一幅平面图。

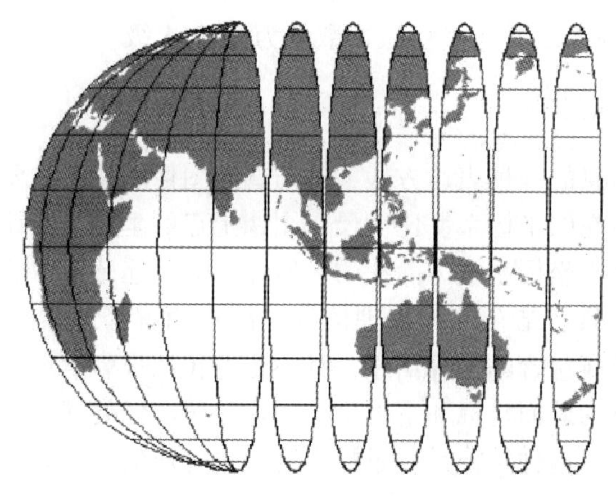

图 5.4　投影方式

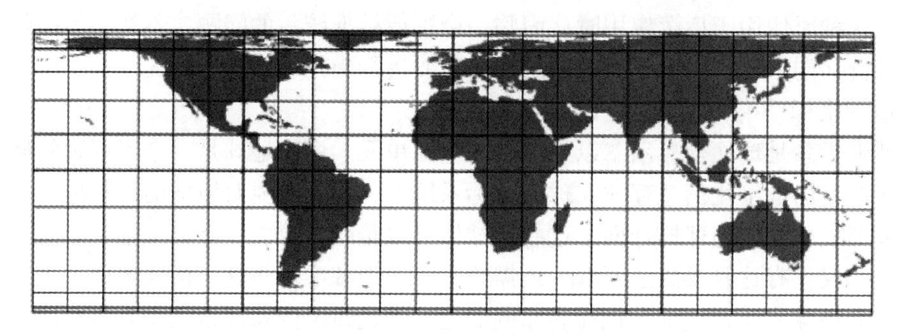

图 5.5　投影后形成的平面示意图

地球表面是一个不可展开的曲面，所以运用任何数学方法进行这种转换都有误差，为缩小误差就产生了各种投影方法。按变形性质，地图投影可分为三类：等角投影、等积投影和任意投影。

由于投影的变形，地图上所表示的地物，如大陆、岛屿、海洋等的几何特性(长度、面积、角度、形状)也会随之发生变形。每一幅地图都有不同程度的变形：在同一幅图上，不同地区的变形情况也不相同。地图上表示的范围越大，离没有变形的线或点的距离越长，变形也越大。

从上面可以看出，投影需要一个基准地理坐标系，投影操作都基于这个坐标系所确定的椭球和大地基准面进行。所以，经过处理的遥感图像都包含这些信息，如椭球、大地基准面、投影方式等。有了这些信息，就可以确定图像中每个像元所对应的地面坐标。

在遥感图像处理中，经常会遇到地理变换和投影变换。地理变换是在地理坐标系之间进行数据转换的方法，基准可能不同，有三参数法和七参数法。当系统所使用的数据来自不同的地图投影时，则需要一种投影的数据转换成另一种投影，这就需要进行投影变换。

3. 遥感数字图像的存储格式

用户从遥感卫星地面站获得的数据一般通用为二进制(generic binary)数据，外加一个说明性头文件。其中，二进制数据主要包括 3 种数据类型：BSQ 格式、BIP 格式、BIL 格式。另外，还有其他格式，如行程编码格式、HDF 格式。

1) BSQ (band sequential) 格式

BSQ 是一种按波段顺序依次排列的数字格式，其图像数据格式见表 5.1。BSQ 格式的数据排列遵循以下规律：第一波段位居第一，第二波段位居第二，第 n 波段位居第 n；在第一波段中，数据依据行号顺序依次排列，每一行内，数据按像元顺序排列；在第二波段中，数据依然根据行号顺序依次排列，每一行内，数据仍然按像元顺序排列。其余波段依次类推。

表 5.1　**BSQ 数据排列表**

第一波段	(1, 1)	(1, 2)	(1, 3)	(1, 4)		(1, m)
	(2, 1)	(2, 2)	(2, 3)	(2, 4)		(2, m)
	…					
第二波段	(1, 1)	(1, 2)	(1, 3)	(1, 4)		(1, m)
	(2, 1)	(2, 2)	(2, 3)	(2, 4)		(2, m)
	…					
第三波段	(1, 1)	(1, 2)	(1, 3)	(1, 4)		(1, m)
	(2, 1)	(2, 2)	(2, 3)	(2, 4)		(2, m)
	…					

2) BIP (band interleaved pixel) 格式

BIP 格式中每个像元按波段次序交叉排列，其图像数据格式见表 5.2。BIP 格式的数据排列遵循以下规律：第一波段第一行第一个像元位居第一，第二波段第一行第一个像元位居第二，第三波段第一行第一个像元位居第三，第 n 波段第一行第一个像元位居第 n；然后为第一波段第一行第二个像元位居第 $n+1$，第二波段第一行第一个像元位居第 $n+2$，其余数据排列位置依次类推。

表 5.2　**BIP 数据排列表**

项目	第一波段	第二波段	第三波段	…	第 n 波段	第一波段	第二波段	…
第一行	(1, 1)	(1, 1)	(1, 1)	…	(1, 1)	(1, 2)	(1, 2)	…
第二行	(2, 1)	(2, 1)	(2, 1)	…	(2, 1)	(2, 2)	(2, 2)	…
…				…				…
第 n 行	(n, 1)	(n, 1)	(n, 1)	…	(n, 1)	(n, 2)	(n, 2)	…

3)BIL(band interleaved by line)格式

BIL格式是逐行按波段次序排列的格式，其数据格式见表5.3。BIL格式的数据排列遵循以下规律：第一波段第一行第一个像元位居第一，第一波段第一行第二个像元位居第二，第一波段第一行第三个像元位居第三……第一波段第一行第 n 个像元位居第 n；然后为第二波段第一行第一个像元位居第 $n+1$，第二波段第一行第二个像元位居第 $n+2$，其余数据排列位置依次类推。

表5.3 **BIL数据排列表**

第一波段	(1, 1)	(1, 2)	(1, 3)	(1, 4)	(1, 5)	…
第二波段	(1, 1)	(1, 2)	(1, 3)	(1, 4)	(1, 5)	…
第三波段	(1, 1)	(1, 2)	(1, 3)	(1, 4)	(1, 5)	…
…						…
第 n 波段	(1, 1)	(1, 2)	(1, 3)	(1, 4)	(1, 5)	…
第一波段	(2, 1)	(2, 2)	(2, 3)	(2, 4)	(2, 5)	…
第二波段	(2, 1)	(2, 2)	(2, 3)	(2, 4)	(2, 5)	…
…						…

4)行程编码格式

为了压缩数据，采用行程编码格式。该格式属于波段连续方式，即对每条扫描线仅存储亮度值以及该亮度值出现的次数，如一条扫描线上有60个亮度值为10的水体，它在计算机内以060010整数格式存储。其含义为60个像元，每个像元的亮度值为10。计算机仅存60和10，要比存储60个10的存储量少得多。但是对于仅有较少相似值的混杂数据，此法并不适宜。

5)HDF格式

HDF格式是一种不必转换格式就可以在不同平台间传递的新型数据格式，由美国国家高级计算应用中心(NCSA)研制，已经应用于MODIS、MISR等数据中。

HDF格式有6种主要数据类型：栅格图像数据、调色板(图像色谱)、科学数据集、HDF注释(信息说明数据)、Vdata(数据表)、Vgroup(相关数据组合)。HDF格式采用分层式数据管理结构，可以直接从嵌套的文件中获得各种信息。因此，打开一个HDF文件，在读取图像数据的同时可以方便地查取到其地理定位、轨道参数、图像属性、图像噪声等各种信息参数。

具体地讲，一个HDF文件包括一个头文件和一个或多个数据对象。一个数据对象由一个数据描述符和一个数据元素组成。前者包含数据元素的类型、位置、尺度等信息；后者是实际的数据资料。HDF这种数据组织方式可以实现HDF数据的自我描述。用户可以通过应用界面来处理不同的数据集。例如，一套8bit图像数据集一般有3个数据对象：1个是描述数据集成员，1个是图像数据本身，1个是描述图像的尺寸大小。

5.1.2　遥感图像处理软件

当前主流的遥感图像处理软件包括 ERDAS IMAGINE、ENVI、PCI、ECognition、ER-Mapper 等软件。

1. ERDAS IMAGINE

ERDAS IMAGINE 是美国 ERDAS 公司开发的遥感图像处理系统。它以模块化的方式提供给用户，可让用户根据自己的应用要求、资金情况合理地选择不同功能模块及其组合，对系统进行裁剪，充分利用软硬件资源，并最大限度地满足用户的专业应用要求。ERDAS IMAGINE 面对不同需求用户，对于系统的扩展功能采用开放的体系结构以 Imagine Essentials、Imagine Advantage、Imagine Professional 的形式为用户提供了低、中、高三档产品架构，并有丰富的功能扩展模块供用户选择，产品模块的组合比较灵活。

1) Imagine Essentials 级

Imagine Essentials 级包括有制图和可视化核心功能的影像工具软件。可以在独立的或在企业协同计算的环境下，完成二维/三维显示、数据输入、排序与管理、地图配准、地图输出以及简单的分析。可以集成使用多种数据类型，并可以方便地升级到其他的 ERDAS 公司产品。可扩充模块包括：

(1) Vector——直接使用 ESRI ArcInfo 的 Coverage 格式建立、显示、编辑、查询、拓扑关系的建立和修改及矢量和光栅图像的双向转换等矢量数据操作。

(2) Virtual GIS——真实三维景观重现和 GIS 分析。

(3) Developer's Toolkit——ERDAS IMAGINE 的 C 程序接口，ERDAS 的函数库及程序设计指南。

2) Imagine Advantage 级

Imagine Advantage 级是建立在 Imagine Essentials 级基础之上的，增加了更丰富的栅格 GIS 和单片航片正射校正等功能的软件。Imagine Advantage 提供了灵活可靠的用于栅格分析、正射校正、地形编辑及先进的影像镶嵌工具。简而言之，Imagine Advantage 是一个完整的图像地理信息系统(Imagine GIS)。

除了 Essentials 级扩充模块外，可扩充模块：

(1) Radar 模块——雷达影像的基本处理。

(2) OrthoBase——区域数字影像正射校正。

(3) OrthoBASE Pro——航片、卫片快速正射纠正、利用立体像对自动提取高精度 DEM。

(4) OrthoRadar——可对 Radarsat、ERS 雷达影像进行正射纠正。

(5) StereoSAR DEM——用立体方法从雷达图像数据中提取 DEM。

(6) InSAR DEM——用干涉方法从雷达图像数据中提取 DEM。

(7) ATCOR2——对相对平坦地区图像进行大气校正和雾曦消除。

(8) ATCOR3——对山区图像进行大气校正、雾曦消除，可以消除地形的影响。

3) Imagine Professional 级

Imagine Professional 级是功能完整丰富的图像地理信息系统，主要面向从事复杂分析、需要最新和最全面处理工具、经验丰富的专业用户。除了 Essentials 和 Advantage 级中包含的功能外，Imagine Professional 还提供了易用的空间建模工具(使用简单的图形化界面)、高级参数/非参数分类器、知识工程师和专家分类器、分类优化和精度评定，以及雷达图像分析工具。

除了 Essentials 和 Advantage 级扩充模块外，还可扩充模块 Subpixel Classifier：子像元分类器能够进行混合像元信息提取，可达到提取混合像元中占 20%以上地物的目标。

4) Imagine 动态链接库

Imagine 动态链接库是 ERDAS IMAGINE 中支持动态链接库(DLL)的体系结构。它支持目标共享技术和面向目标的设计开发，提供一种无须对系统进行重新编译和连接而向系统加入新功能的手段，并允许在特定的项目中裁剪这些扩充的功能。

图像格式 DLL——提供对多种图像格式文件无须转换的直接访问，从而提高易用性和节省磁盘空间。支持的图像格式包括：Imagine、GRID、LAN/GIS、TIFF(GeoTIFF)、GIF、JFIF(JPEG)、FIT 和原始二进制格式等。

地形模型 DLL——提供新型的校正和定标，从而支持基于传感器平台的校正模型和用户裁剪的模型。这部分模型包括 Affine、Polynomial、Rubber Sheeting、TM、SPOT、Single Frame Camera 等。

字体 DLL 库——提供字体的裁剪和直接访问，从而支持专业制图应用、非拉丁语系国家字符集和商业公司开发的上千种字体。

2. ENVI

ENVI(The Environment for Visualizing Imagine)是美国 Research System Inc. 公司开发的一套功能齐全的遥感图像处理系统，能够处理、分析并显示多光谱数据、高光谱数据和雷达数据。

1)影像显示、处理和分析功能

ENVI 包含齐全的遥感影像处理功能：常规处理、几何校正、定标、多光谱分析、高光谱分析、雷达分析、地形地貌分析、矢量应用、神经网络分析、区域分析、GPS 连接、正射影像图生成、三维图像生成，丰富的可供二次开发调用的函数库、制图、数据输入与输出等。

ENVI 对于要处理的图像波段没有限制，可以处理最先进的卫星格式，如 Landsat-7、IKONOS、SPOT、Radarsat、NASA、NOAA、EROS 和 TERRA，并准备接收未来所有传感器的信息。

2)多光谱影像处理功能

ENVI 能够充分提取图像信息，具备比较完整的遥感影像处理功能，能够进行文件处理、图像增强、掩膜、预处理、图像计算和统计、完整的分类及后处理及图像变换和滤波、图像镶嵌、融合等处理。ENVI 遥感影像处理软件具有丰富完备的投影软件包，可支持各种投影类型。同时，ENVI 还创造性地将一些高光谱数据处理用于多光谱影像处理，可更有效地进行知识分类、土地利用动态监测。

3）集成栅格和矢量数据处理功能

ENVI 包含所有基本的遥感影像处理功能，如校正、定标、波段运算、分类、对比增强、滤波、变换、边缘检测及制图输出功能，并可以加注汉字。ENVI 具有对遥感影像进行配准和正射校正的功能，可以给影像添加地图投影，并与各种 GIS 数据套合。ENVI 的矢量工具可以进行屏幕数字化，栅格和矢量叠合，建立新的矢量层，编辑点、线、多边形数据，缓冲区分析，创建并编辑属性，进行相关矢量层的属性查询。

4）集成雷达分析工具

ENVI 集成的雷达分析工具可以快速处理雷达 SAR 数据，提取 CEOS 信息并浏览 Radarsat 和 ERS-1 数据。用天线阵列校正、斜距校正、自适应滤波等功能提高数据的利用率。纹理分析功能还可以分段分析 SAR 数据。ENVI 还可以处理极化雷达数据，用户可以从 SIRC 和 AIRSAR 压缩数据中选择极化和工作频率，用户还可以浏览和比较感兴趣区的极化信号，并创建幅度图像和相应图像。

5）地形分析工具

ENVI 具有三维地形可视化分析及动画飞行的功能，能按用户制定的路径飞行，并能将动画序列输出为 MPEG 文件格式，便于用户演示成果。

3. PCI

PCI Geomatica 是 PCI 公司将其旗下的四个主要产品系列：PCI EASI/PACE、（PCI SPANS，PAMAPS）、ACE 和 Orthoenine 集成到具有同一界面、同一使用规则、同一代码库、同一开发环境的一个新产品系列，该产品系列被称为 PCI Geomatica。该系列产品在每一级深度层次上，尽可能多地满足了该层次用户对遥感影像处理、摄影测量、GIS 空间分析、专业制图功能的需要，而且使用户方便地在同一个应用界面下完成他们的工作。

1）PCI Geomatica FreeView

FreeView 是 PCI 公司为用户提供的一个免费的影像浏览工具，用户可以从 PCI 的网址上直接下载。它可用于浏览、显示各种数据，如矢量、位图、卫星影像（如 Landsat、SPOT、Radarsat、ERS-1/2、NOAA AVHRR 等）、航片以及与 GIS 矢量数据叠加显示，进行属性查询等。FreeView 还具有影像增强、任意漫游、缩放、影像灰度值矩阵显示等功能。

2）PCI Geomatica GeoGateway

PCI Geomatica GeoGateway 数据网关能够进行各种格式的遥感和 GIS 数据的直接输入和输出。

3）PCI Geomatica Fundamentals

PCI Geomatica Fundamentals 包括基本处理模块的所有功能。

4）PCI Geomatica Prime

PCI Geomatica Prime 增加了 PCI Modeler、EASI、FLY!、算法库等模块。提供的工具可用于影像几何校正、数据可视化与分析以及专业标准地图生产。

5）PCI Productivity Tools

PCI Productivity Tools 软件是 PCI 公司为了提高 PCI 软件的生产能力和效率而专门设

计的，为用户提供一系列自动或批处理操作的导向功能。该软件是 PCI Geomatica Prime 或 PCI Geomatica Fundamentals 功能的扩展，主要提供影像自动镶嵌功能及针对 OrthoEngine 系列产品的航片、光学卫星影像、雷达卫星的自动同名点收集功能。同时，提供影像控制点库及库管理功能。

6) PCI Airphoto Model

PCI Airphoto Model 是一个与 PCI Geomatica Fundamentals 或 PCI Geomatica Prime 模块一起使用的功能强大的航空照片正射校正工具。该模块将扫描的或由数字摄像机得到的照片制作成精确的正射影像图。所生成的图像可以转化为多种文件形式，作为许多 GIS、CAD、MAP 软件的数据源。同时，用户可选择附加的 DEM 自动提取、3DVIEW 和三维特征提取模块(OrthoEngine Airphoto DEM)来构造自己的数字摄影测量软件包。

该软件具有如下功能：项目工程文件建立(含有自动框标点收集)、直接地理参考坐标信息读取(支持 GNSS/INS、支持外定向输入及文本控制点输入)、标准相机或数码相机内定向、控制点与同名点收集、区域光线束平差、数据侦测、残差报告及多种形式 DEM 导入功能、生成正射影像、镶嵌和输出项目报告。

7) PCI SATELLTTE Models

PCI SATELLTTE Models 模板主要对 SPOT1、2、3，Landsat-4、5、7，IRS1A/B/C/D，AVHRR，IKONOS (NITF with Rapid Positioning Capability—RPC)，ASTER，Radarsat，JERS1，ERS1、2 卫星影像进行正射纠正，包含针对上述传感器的计算模型(允许用户自建新传感器计算模型)，并纠正由于卫星姿态和位置、地形变化及投影产生的畸变。

该模块主要包括以下功能：项目建立、具有无需(或少量)地面控制点就可以对雷达影像进行精确纠正的特殊雷达算法模型、控制点及同名点收集、区域光线平差、残差报告及多种形式 DEM 导入功能、镶嵌、正射影像生成——特别是对雷达影像，还具有设置生成正射影像的同时对影像滤波，可以按照电压或功率方式导入数据，以及可以按影像视数导入数据的功能。

8) PCI IKONOS Models

PCI 公司特别针对 IKONOS 设计了 OrthoEngine IKONOS 模块，此模块包含从 IKONOS 数据生成高精度正射影像的空间传感器数学模型，可校正由卫星姿态、地形起伏、地球曲率及制图投影引起的影像变形，还可利用地面控制点、同名点计算生成正射影像。若无控制点也可利用磁带、CD 提供的影像角点坐标进行计算。同时，可以从未校正影像中裁剪感兴趣区域，使正射校正只在设定区域后删除原始影像，以节省硬盘空间。若不提供 DEM，系统将默认处理区域为平面，利用平均高程，对影像进行校正处理。用户可以利用高程比例及高程偏移修改 DEM 高程值，以此调节缓存改善处理速度。可选最邻近像元、双线性内差、双三次卷积等算法进行重采样。

9) PCI Automatic DEM Extraction

PCI Automatic DEM Extraction 软件包可从航片、SPOT、IRS、ASTER 影像上自动提取 DEM。软件允许用户选择提取绝对和相对高程，如果提取绝对高程，必须收集 GCP 和同名地物点。产生的 DEM 可以多种形式输出。

主要功能包括：核线影像生成、自动 DEM 提取、GEOCODE DEM、2D DEM 手工编辑、出错点消除及内插等。

10) PCI Automatic Radarsat DEM

PCI Automatic Radarsat DEM 软件包可从 Radarsat 影像上自动提取 DEM。软件允许用户选择提取绝对和相对高程，如果提取绝对高程，必须收集 GCP 和同名地物点。产生的 DEM 可以用多种形式输出。

主要功能包括：核线影像生成、自动 DEM 提取、GEOCODE DEM、2D DEM 手工编辑、出错点消除及内插等。

11) PCI 3D Viewing and Editing

PCI 3D Viewing and Editing 软件包向用户提供三维立体显示和特征提取(矢量编辑)功能，主要包括 SPOT、IRS-1、Radarsat 影像，同时也包括 3D DEM 编辑。操作过程中需要使用偏振眼镜/监视器进行立体作业。

12) PCI Advanced Modules

PCI Advanced Modules 软件包包括使用 EASI/PACE 技术进行光学影像和雷达影像以及高光谱影像分析和处理，使用 SPANS 进行 GIS 空间分析。

PCI 软件的高光谱分析模板提供高光谱地物库，并支持有限光谱通道的光谱库，也就是可由用户自行组合成有限光谱通道(如 10~20 个)的光谱曲线库。它同时提供用户各种光谱分析工具，根据光谱特点自动判读地物的功能。用户可用这些工具对高光谱影像进行辅助的或半自动的地物判读，或结合 PCI 软件的多光谱分析和神经元网络分类模板及其他影像解译方法进行地物判读。

13) 开发工具包

开发工具包由 150 个 C 语言和 FORTRAN 源程序和库构成，具备完备的语法结构。用户可用它们编写应用系统、访问数据库和外设、显示影像以及进行影像处理。同时它还提供了 PCI 用户界面编辑功能，使用户可以将新开发的功能和程序加入到 PCI 软件的用户界面。

14) PCI Author

Author 应用程序是一个基于 EASI+描述语言的直观并且功能强大的可视化设计工具，该语言已被集成进入 SPANS 和 EASI/PACE 软件中。使得用户将 EASI+提供的底层功能，用图形界面的方式得以体现。SPANS 和 EASI/PACE 的功能都被集成进入了 EASI+的框架结构中，使得用户可以方便地创造、编辑和运行用户定制的所有 SPANS 和 EASI/PACE 所提供功能的图形程序。

15) ACE Cartographic Edition

PCI 的 ACE 是一个功能完善的专业制图软件，能够提供“所见即所得”的栅格与矢量一体化的制图环境。图像可以是黑白、真彩色和伪彩色图像，矢量数据分层调用，每类要素的表示方法存储在表示码设置表中统一管理，具有任意复杂的填充方式和多层线性的制作功能和灵活的文字注释方式，一张图可分为多个区域，图廓可以可视化制作调整，可支持各种绘图仪和打印机。还具有符号编辑和外国文字(包括汉字)引入的功能，支持分色打印，具有索引功能。

4. ECognition

ECognition 是德国 Definiens Imagine 公司的遥感影像分析软件。该软件突破了传统影像分类方法的局限性，实现了遥感影像面向对象分类的功能。这种分类方法针对的是对象而不是传统意义上的像元进行分类，充分利用了对象信息(色调、形状、纹理、层次)和类间信息(与邻近对象、子对象、父对象的相关特征)。

该软件克服了面向像素的解算模式将像元孤立化分析、解译精度较低且斑点噪声难以消除的缺点，利用影像分割技术把影像分解成具有一定相似特征的像元的集合——影像对象，影像对象与像元相比，具有多元特征：颜色、大小、形状、均质性等，充分利用影像对象的信息进行分类。

该软件提供各种面向对象分类的工具，方便用户进行面向对象分类的操作过程。分类主要包括分割和分类两个步骤。

1)分割

分割是面向对象分类的前提，对尺度分割是影像对象提取的专利技术，可以根据目标任务和所用影像数据的不同任意选定尺度，进而分割出有意义的影像对象原型。

2)分类

多尺度分割的结果是影像对象层次网络，每一层是一次分割的结果，影像对象层次网络在不同的尺度同时表征影像信息。

该软件实现的主要功能如下：

1)多源数据融合工具

多源数据融合工具可用来融合不同分辨率的对地观测影像数据和 GIS 数据，如 Landsat、SPOT、IRS、QuickBird、SAR、航空影像、LiDAR 等，不同类型的影像数据和矢量数据同时参与分类。

2)多尺度影像分割工具

多尺度影像分割工具可用来将任何类型的全色或多光谱数据以选定尺度分割为均质影像对象，形成影像对象网络。在对象层次结构中，小对象是大对象的子对象，每一个对象都有它的上下文、邻居、子对象和父对象，由此来定义对象之间的关系，影像对象的属性和对象之间的关系可用于下一步分类。

3)基于样本的监督分类工具

基于样本的监督分类工具是一个简单、快速、强大的分类工具，影像对象通过点击训练样本来定义，被形象地称为“一点就分”。

4)基于知识的分类工具

用户运用继承机制、模糊逻辑概念和方法以及语义模型可建立用于分类的知识库。

ECognition 可以进行基于样本的监督分类或基于知识的模糊分类，二者结合分类以及人工分类，影像对象和分类结果易于导出为 GIS 数据格式，可用于集成或更新 GIS 数据库。

5.1.3 遥感数字图像处理的过程与特点

1. 遥感数字图像处理的过程

遥感数字图像处理基本流程如图 5.6 所示，包括图像预处理、图像增强、图像分类、专题地图制作等主要步骤。

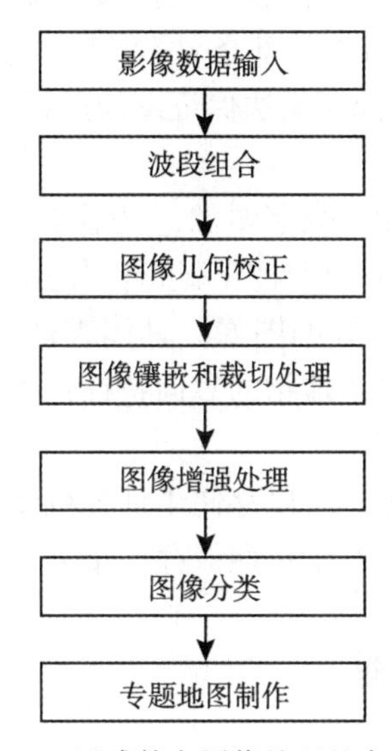

图 5.6 遥感数字图像处理基本流程

1) 遥感图像预处理

遥感图像预处理通常包括：影像数据输入、波段组合、图像几何校正、图像裁切和图像镶嵌等。

2) 遥感图像增强

遥感图像增强的实质是增强感兴趣目标和周围背景图像间的反差。遥感图像增强分为遥感图像空间增强、遥感图像光谱增强和遥感图像辐射增强。

3) 遥感图像分类

遥感图像的计算机分类就是利用计算机对地球表面及其环境在遥感图像上的信息进行属性的识别和分类，从而达到识别图像信息所对应的实际地物，提取所需地物信息的目标，常见的分类方法有监督分类和非监督分类两种。

4) 遥感专题地图制作

通过对遥感影像的计算机分类，并结合外业调查进行地物类别的核实，对土地利用数据库进行更新，制作土地利用现状图、土地利用动态监测图等。

2. 遥感数字图像处理的特点

(1) 图像信息损失低，处理的精度高。

由于遥感数字图像是用二进制表示的，在图像处理时，其数据存储在计算机数据库中，不会因长期存储而损失信息，也不会因处理而损失原有信息。而在模拟图像处理中，要想保持处理的精度，需要有良好的设备、装备，否则将会使信息受到损失或降低精度。

(2)抽象性强，再现性好。

不同类型的遥感数字图像有不同的视觉效果，对应不同的物理背景，由于它们都采用数字表示，在遥感图像处理中便于建立分析模型，运用计算机容易处理的形式表示。在传送和复制图像时，只在计算机内部进行处理，这样数据就不会丢失和损失，保持了完好的再现性。但在模拟图像处理中，因为外部条件(温度、照度、人的技术水平和操作水平等)的干扰或仪器设备的缺陷或故障而无法保证图像的再现性。

(3)通用性广，灵活性高。

遥感数字图像处理方法既适用于数字图像，又适用于用数字传感器直接获得的紫外、红外、微波等不可见光图像。同时，用计算机进行遥感图像处理，可作各种运算，迅速地更换各种方法或参数，得到效果较好的图像。具体表现在四个方面：提高了地面的分辨率；增强了地物的识别能力；增强了地物的表面特征；可进行自动分类和对比。

(4)有利于长期保存，反复使用。

经计算机处理的遥感数字图像，可以存储于计算机硬盘或光盘上，通过建立遥感数字图像处理数据库，进行大量复制，便于长期保存、重复使用。

任务 5.2　遥感图像预处理

5.2.1　遥感图像输入与输出

由于遥感数字图像的记录和存储具有不同的格式，数据类型又分为 8bit、16bit、32bit 等多种类型，因此，通过图像输入与输出，实现遥感数字数据的格式转换，以满足软件或实际应用的需求就显得尤为重要。通常情况下，图像文件分为基本遥感图像格式(BIL、BIP、BSQ 等)，通用标准图像格式(JPEG、BMP、TIF 等)和商业软件格式(PIX、IMG、ENVI 等)。而从遥感卫星地面站购置的图像数据往往是经过转换的单波段数据文件，用户不能直接使用，这就需要利用专业的遥感图像处理软件的图像输入输出功能，将数据转换为需要的格式。

1. 波段组合

一般来讲，用户所购买的卫星影像多波段数据在大多数情况下为多个单波段普通二进制文件，对于每个用户还附加一个头文件。而在实际的遥感图像处理过程中，大多是针对多波段图像进行的，因而需要将若干单波段遥感图像文件组合生成一个多波段遥感图像文件。该过程需要经过两个步骤：单波段二进制图像数据输入和多波段数据组合。

1)单波段二进制图像数据输入

首先需要将各波段数据(Band Data)依次输入，转换为 ERDAS IMAGINE 的 *.IMG 格式文件。

(1)运行 ERDAS 软件，选择【Manage Data】→【Import】图标，打开输入对话框，如图 5.7 所示。设置下列参数：

- 选择输入数据类型(Type)为普通二进制：Generic Binary；
- 确定输入文件路径和文件名(Input File)：band1. dat；
- 确定输出文件路径和文件名(Output File)：band1. img；
- 单击【OK】按钮(关闭数据输入对话框)。

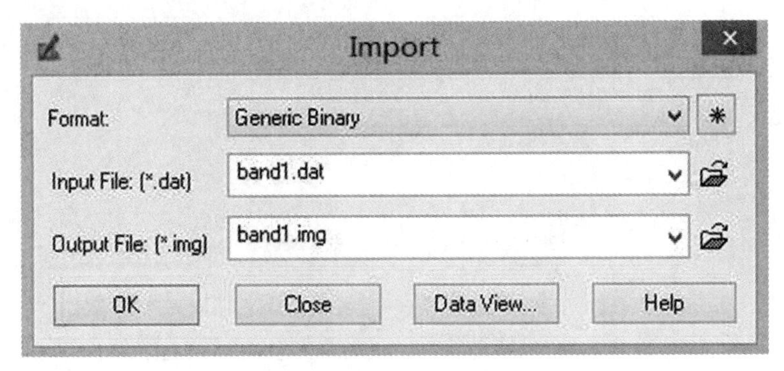

图 5.7　【Import】对话框

(2)打开【Import Generic Binary Data】对话框，如图 5.8 所示。在【Import Generic Binary Data】对话框中定义下列参数(在图像说明文件里可以找到参数)：

- 数据格式(Data Format)：BIL；
- 数据类型(Data Type)：Unsigned 8 Bit；
- 图像记录长度(Image Record Length)：0；
- 头文件字节数(Line Header Bytes)：0；
- 数据文件行数(Rows)：5728；
- 数据文件列数(Cols)：6920；
- 文件波段数量(Bands)：1。

(3)完成数据输入：

- 保存参数设置(Save Options)；
- 打开【Save Options File】对话框(图略)；
- 定义参数文件名(Filename)：*. gen；
- 单击【OK】按钮，退出【Save Options File】对话框。

(4)预览(Preview)图像效果：

- 打开一个视窗显示输入图像；
- 如果预览图像正确，说明参数设置正确，可以执行输入操作；
- 单击【OK】按钮，关闭【Import Generic Binary Data】对话框；
- 打开【Import Generic Binary Data】进程状态条；
- 单击【OK】按钮，关闭状态条，完成数据输入。

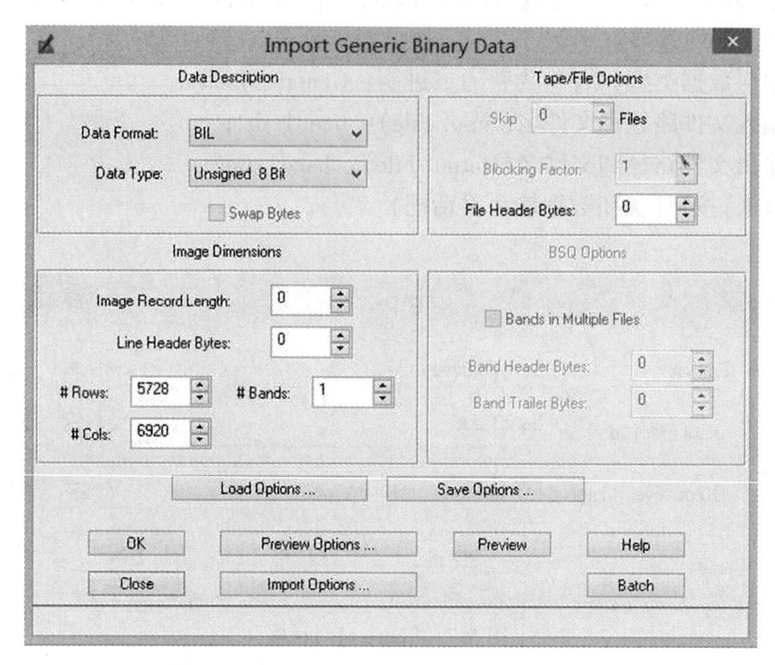

图 5.8　【Import Generic Binary Data】对话框

■ 重复上述部分过程，依次将多个波段数据全部输入，转换为 *.IMG 格式文件。

2)组合多波段数据

从本质上来讲，多波段遥感图像的各个波段均为灰度图像，遥感成像系统的辐射分辨率决定了各种不同地物间的辐射差异。而对人眼来讲，其对于灰度图像的灰度级分辨能力只有 20~60，而对于彩色图像的色彩和强度分辨能力则远强于灰度。另外，相同的地物在不同的波段组合上会有不同的色彩显示，适当的波段组合能够使得用户感兴趣的目标特征更加明显突出，这对于图像的分类解译有着重要意义。

根据图像彩色显示的原理，波段数选择的不同以及波段组合顺序的不同都会引起由于各波段的像元值映射到 CLUT 表中的 R、G、B 三基色分量的不同，从而造成最终不同波段组合间彩色显示差异。

多波段数据组合的操作步骤如下：

(1)单击 ERDAS 图标面板，选择【Raster】→【Spectral】→【Layer Stack】，启动【Layer Selection and Stacking】对话框，如图 5.9 所示。

(2)在【Input File】项打开单波段文件，打开后单击【Add】按钮，添加该波段数据记录。

(3)重复上一步骤，直到所有需要组合的波段添加完毕。

(4)在【Output File】项设定输出多波段文件名称以及路径。

(5)根据数据文件的数据类型以及用户需要设置对应的多波段组合其他参数。

(6)单击【OK】按钮，执行多波段数据组合。

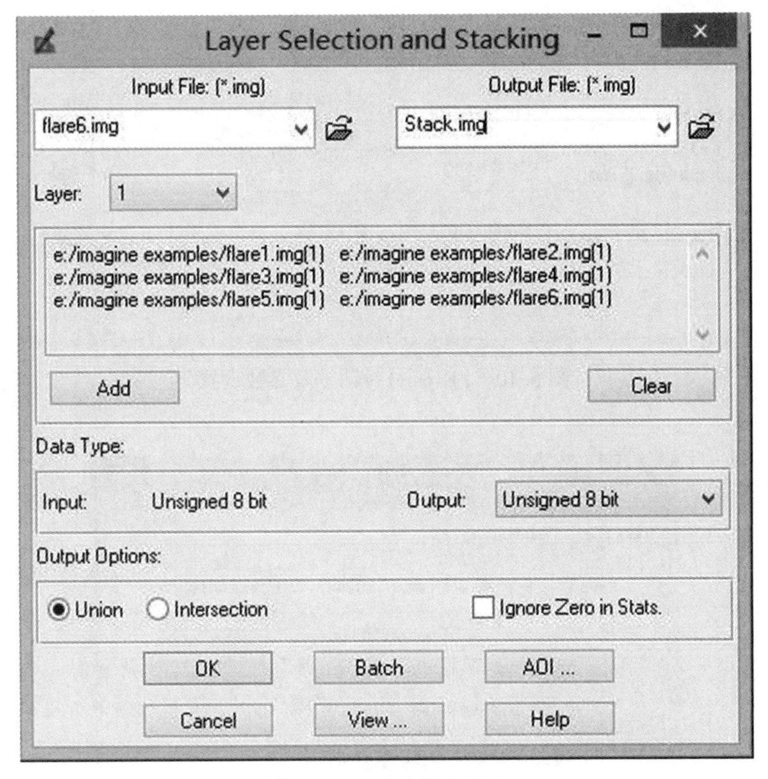

图 5.9　多波段数据组合

2. JPG 图像数据输出

JPG 图像数据是一种通用的图像文件格式，ERDAS 可以直接读取 *.JPG 图像数据，只要在打开图像文件时，将文件类型指定为 JFIF(JPG)格式，就可以直接在视窗中显示 *.JPG图像，但操作处理速度比较慢。如果要对 JPG 图像作进一步的处理操作，最好将 *.JPG 图像数据转换为 *.img 图像数据。具体操作如下：

(1)运行 ERDAS 软件，选择【Manage Data】→【Export】图标，打开输出对话框，如图 5.10 所示。设置下列参数：

- 选择输出数据类型(Type)为 JPG：JFIF(JPEG)；
- 确定输入文件路径和文件名(Input File：*.img)：\ germtm.img；
- 确定输出文件路径和文件名(Output File：*.jpg)：\ germtm.jpg；
- 单击【OK】按钮，关闭数据输入/输出对话框，打开【Export JFIF Data】对话框，如图 5.11 所示。

(2)在【Export JFIF Data】对话框中设置下列输出参数：

- 图像对比度调整(Contrast Option)：Apply Standard Deviation Stretch；
- 标准差拉伸倍数(Standard Deviations)：2；

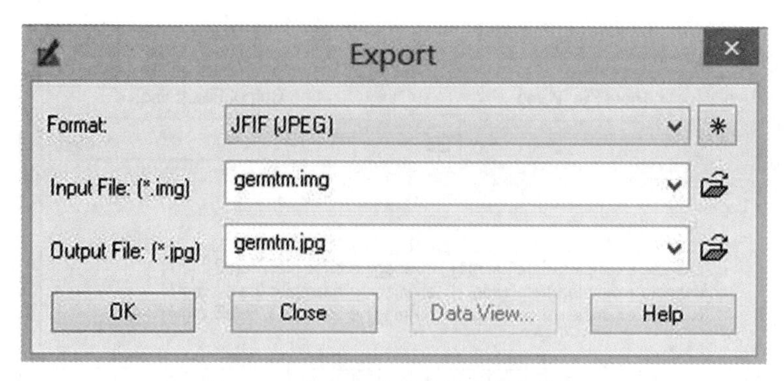

图5.10　【Export】对话框及参数设置

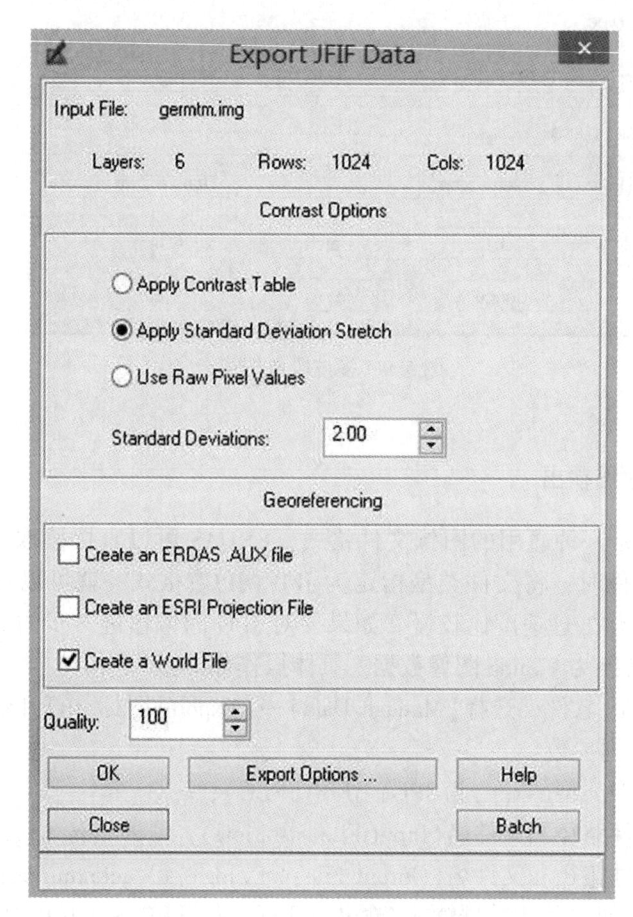

图5.11　Export JFIF Data 对话框

■ 图像转换质量(Quality)：100。

(3)在【Export JFIF Data】对话框中单击【Export Options】(输出设置)按钮，打开【Export Options】对话框，如图5.12所示，定义下列参数：

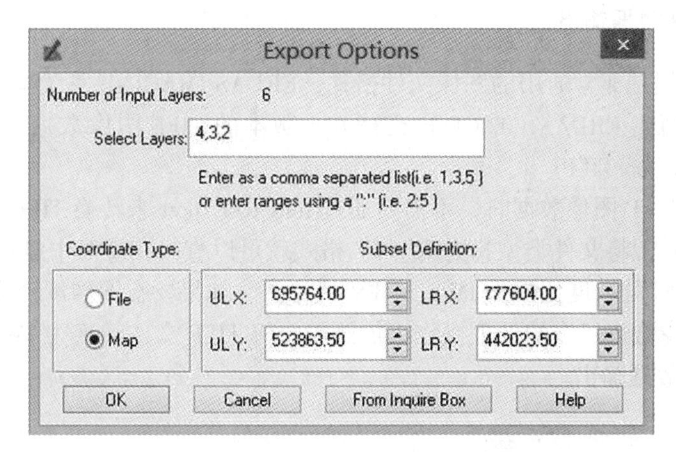

图 5.12 【Export Options】对话框及参数设置

■ 选择波段(Select Layers)：4，3，2；

■ 坐标类型(Coordinate Type)：Map；

■ 定义子区(Subset Definition)：ULX、ULY、LRX、LRY；

■ 单击【OK】按钮，关闭【Export Options】对话框，结束输出参数定义，返回【Export JFIF Data】对话框；

■ 单击【OK】按钮，关闭【Export JFIF Data】对话框，执行 JPG 数据输出操作，如图 5.13 所示。

图 5.13 germtm. jpg 图

3. TIFF 图像数据输出

TIFF 图像数据是非常通用的图像文件格式，ERDAS IMAGINE 系统里有一个 TIFF DLL 动态链接库，从而使 ERDAS IMAGINE 支持 6.0 版本的 TIFF 图像数据格式的直接读写，包括普通 TIFF 和 Geo TIFF。

用户在使用 TIFF 图像数据时，不需要通过 Import/Export 来转换 TIFF 文件，而是只要在打开图像文件时，将文件类型指定为 TIFF 格式就可以直接在视窗中显示 TIFF 图像。不过，操作 TIFF 文件的速度比操作 IMG 文件要慢一些。如果要在图像解译器(Interpreter)或其他模块下对图像做进一步的处理操作，依然需要将 TIFF 文件转换为 IMG 文件，这种转换类似 JPG 图像数据输出。

5.2.2　遥感图像的投影变换

遥感数据作为空间数据，具有空间地理位置的概念，不同来源的遥感数据都会采用相应的投影方式和坐标系统。在应用遥感图像之前，必须明确其投影和地理坐标系统。另外，地物经过遥感成像，由于各种因素的影响，像素的几何位置相对于对应地物的真实位置可能会产生偏离，造成几何误差，消除几何误差的过程就是遥感图像校正，也称为几何校正。在空间分析中，多源的遥感图像必须具有相同的投影和坐标系统，因此，遥感图像的几何处理是遥感信息处理过程中的一个重要环节。随着遥感技术的发展，来自不同空间分辨率、不同光谱分辨率和不同时相的多源遥感数据，形成了空间对地观测的图像金字塔。在许多遥感图像处理中，需要对这些多源数据进行比较和分析，如进行图像融合、混合像元分解、变化检测等都要求多源图像间必须保证在几何上是相互配准的。

一个地物在不同的图像上，位置一致，才可以进行融合处理、图像镶嵌、动态变化监测。对于同一地区的不同时间的遥感图像，不能把它们归纳到同一个坐标系中，因为图像中还存在变形，对这样的图像是不能进行融合、镶嵌和比较的，因此几何校正前必须先进行投影变换。

图像投影变换是将一种地图投影点的坐标变换为另一种地图投影点的坐标的过程。图像投影变换(reproject images)的目的在于将图像文件从一种投影类型转换到另一种投影类型。比如有一幅图像是兰伯特投影，但我国使用的是高斯-克吕格投影方式，这时需要把图像转换成高斯-克吕格投影。有时有多幅影像，而每幅图像的投影都不一样，这时就无法对图像做叠加的相关处理，也无法拼接，就要以其中一幅图像的投影作为标准，把其他所有图像都转换到这一投影下，然后才能进行其他相关处理。

1. 删除投影信息

某些情况下，数据的投影信息不正确，需要我们重新定义投影，这就需要首先删除投影信息。

(1)打开需要纠正的影像 lanier. img，点击【Menu】→【Open】→【Raster Layer】或在 Viewer 中点击右键→【Open Raster Layer…】。

(2)点击【Home】选项卡下【Layer Info】图标，打开【ImageInfo】窗口，可以看到影像的投影信息。点击 Edit 菜单下的【Delete Map Model】，在弹出的确认对话框中点击【Yes】，即可删除投影信息，如图 5.14 所示。

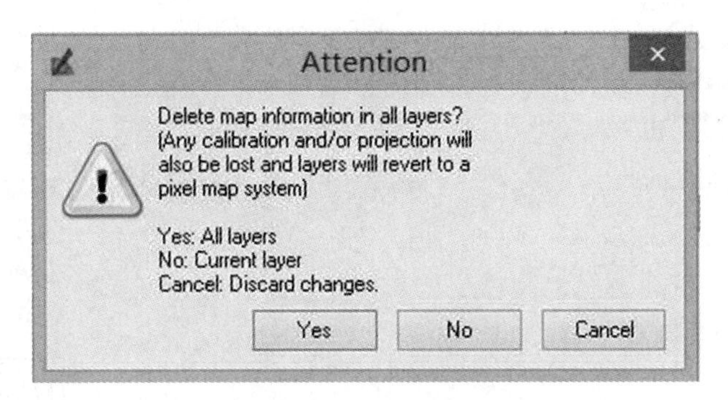

图 5.14 删除投影信息

2. 定义投影信息

(1)点击 Edit 菜单下的【Change Map Model…】，在弹出的对话框中定义参数，如图 5.15 所示。

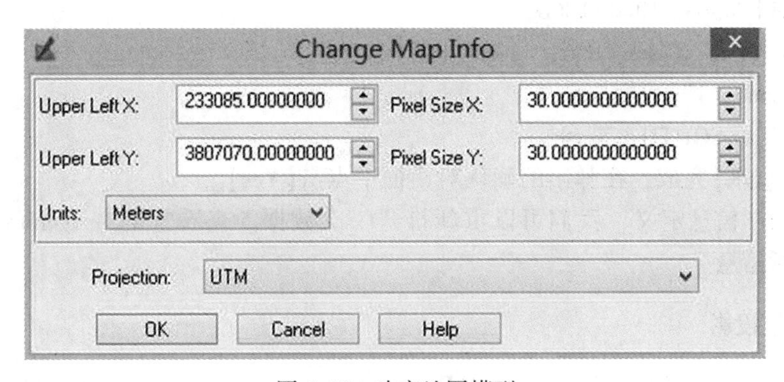

图 5.15 改变地图模型

- 左上角 X 坐标：233085.0；
- 左上角 Y 坐标：3807070.0；
- 像元大小：30，30；
- 投影类型：UTM；
- 单位：Meters；
- 单击【OK】确认，在弹出的确认对话框中点击【Yes】。

(2)点击 Edit 菜单下的【Add/Change Projection…】，在弹出的对话框中定义参数，如图 5.16 所示。

- Projection Type：UTM；

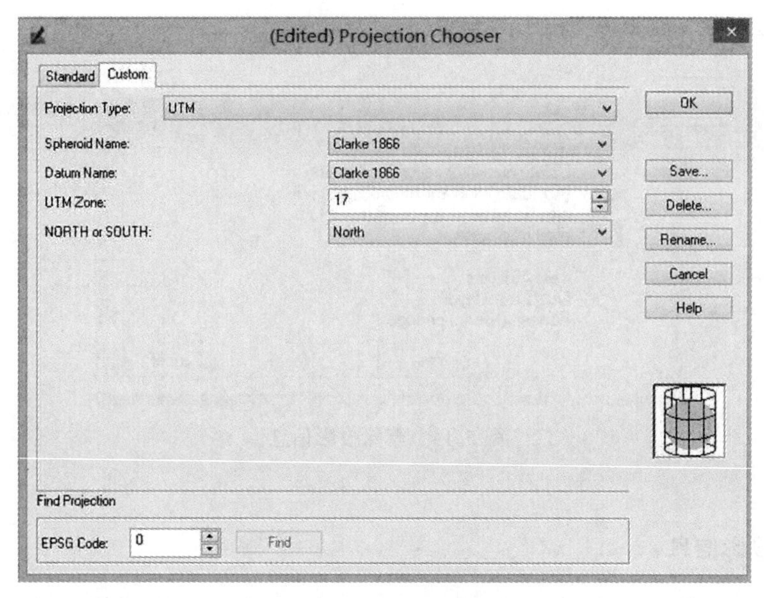

图 5.16 改变投影信息

◆ Spheroid Name：Clark 1866；

◆ Datum Name：Clark 1866；

◆ UTM Zone：17；

◆ NORTH or SOUTH：North。

(3)点击【OK】完成，在弹出的确认对话框中点击【Yes】。

完成了投影信息定义，我们可以重新打开一次数据。查看它的 Imageinfo，可以看到修改好的投影信息。

3. 影像重投影

在 ERDAS 图标面板菜单条中选择【Raster/ Reproject Images】命令，打开【Reproject Images】对话框，如图 5.17 所示。

具体操作如下，如图 5.18 所示。

■ 选择处理图像文件(Input File)：lanier. img；

■ 选择输出图像文件(Output File)，命名为 Reproject. img；

■ 定义输出图像投影(Output Projection)：包括投影类型和投影参数。定义投影类型(Categories)为 UTM WGS84 SOUTH；定义投影参数(Projection)为 UTM Zone 25；

■ 定义输出图像单位(Units)为 Meters；

■ 确定输出统计默认忽略零值；

■ 定义输出像元大小(Output Cell Size)，X 值为 0.5，Y 值为 0.5；

■ 选择重采样方法(Resample Method)为最邻近方法(Nearest Neighbor)；

■ 定义转换方法为严格按照数学模型进行变换(Rigorous Transformation)；

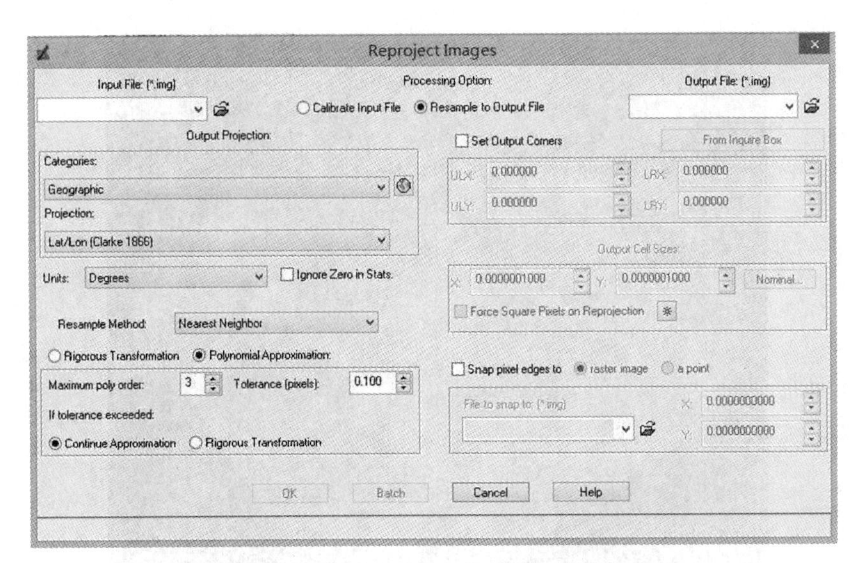

图 5.17 【Reproject Images】对话框

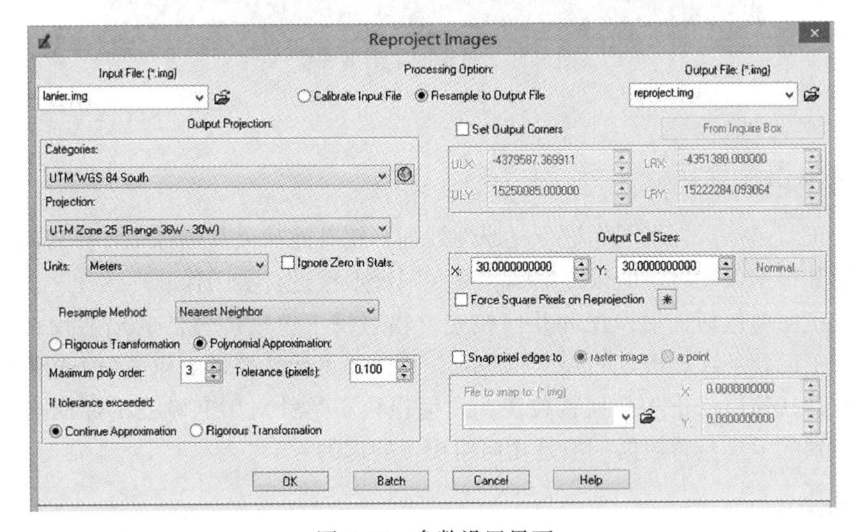

图 5.18 参数设置界面

如果选择多项式近似拟合(Polynomial Approximation)方法，还需增加以下步骤：

■ 多项式最大次方(Maximum Poly Order)为 3；

■ 定义像元容差(Tolerance Pixels)为 0.1。

■ 如果在设置的最大次方内超出像元容差限制，可以选择依然应用多项式模型(Continue Approximation)转换，或严格按投影模型(Rigorous Transformation)转换。

■ 单击【OK】按钮，关闭【Reproject Images】窗口，执行投影变换。

完成后可在视窗窗口中打开查看，如图 5.19 所示。

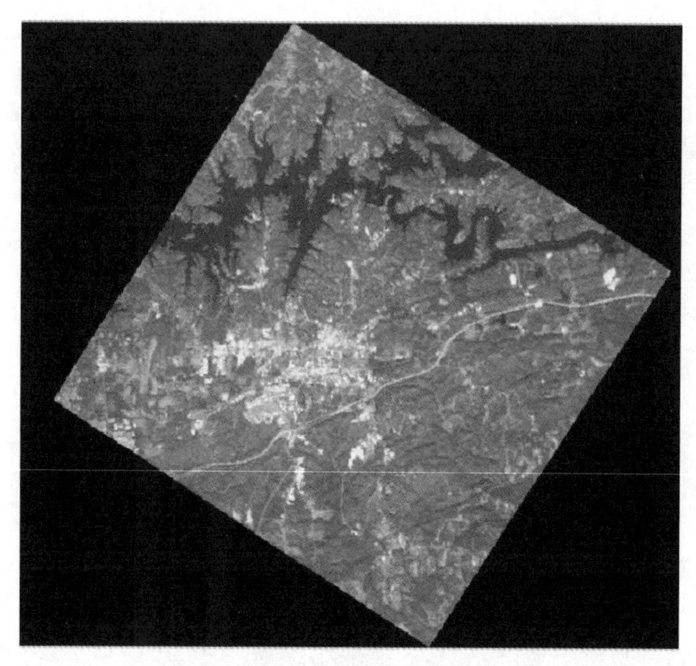

图 5.19　投影变换结果查看

5.2.3　遥感图像校正

图像校正就是指对失真图像进行复原性处理，使其能从失真图像中计算得到真实图像的估值，使其根据预先规定的误差准则，最大限度地接近真实图像。

图像校正主要包括辐射校正和几何校正。辐射校正包括传感器的辐射校正、大气校正、照度校正以及条纹和斑点的判定和消除。几何校正就是校正成像过程中造成的各种几何畸变，包括几何粗校正和几何精校正。几何粗校正是针对引起畸变的原因而进行的校正，我们得到的卫星遥感数据一般是几何粗校正处理的。

1. 辐射校正

各地面单元进入传感器，包括反射与辐射的总强度反映在图像上就是对应像素的亮度值(灰度值)。反射与辐射强度越大，亮度值(灰度值)越大。该值主要受两个物理量影响：一是太阳辐射照到地面的辐射度；二是地物的光谱反射率。当太阳辐射相同时，图像上像元亮度值的差异直接反映了地物目标光谱反射率的差异。但实际测量时，辐射强度值还受到其他因素的影响而发生改变，这一改变的部分就是需要校正的部分，故称为辐射畸变。

引起辐射畸变的原因有两个：一是传感器仪器本身产生的误差；二是大气(如云层)对辐射的影响。

仪器引起的误差是由于多个检测器之间存在差异，以及仪器系统工作产生的误差，这导致了接收的图像不均匀，产生条纹和“噪声”。一般来说，这种畸变应该在数据生产过程中出现，由生产单位根据传感器参数进行校正，而不需要用户自行校正。用户应该考虑的是大气影响造成的畸变。

1) 大气的影响

进入大气的太阳辐射会发生反射、折射、吸收、散射和透射。其中，对传感器接收影响较大的是吸收和散射，如图 5.20 所示。在没有大气存在时，传感器接收的辐射度，只与太阳辐射到地面的辐射度和地物反射率有关。由于大气的存在，辐射经过大气吸收和散射，透过率小于 1，从而减弱了原信号的强度。同时，大气的散射光也有一部分直接或经过地物反射进入到传感器，这两部分辐射又增强了信号，但却不是有用的。

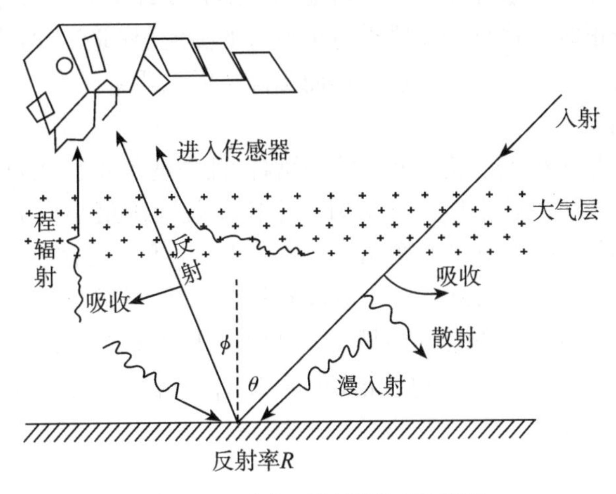

图 5.20　大气对辐射影响示意图

由于大气影响的存在，实际到达传感器的辐射亮度可表示为：

$$L_\lambda = L_{1\lambda} + L_{2\lambda} + L_{P\lambda} \tag{5-6}$$

式中：L_λ ——进入传感器的总亮度值；

$L_{1\lambda}$ ——入射光经地物反射进入传感器的亮度值；

$L_{2\lambda}$ ——大气对辐射散射后，来自各个方向的散射又重新以漫入射的形式照射地物，经过地物的反射及反射路径上大气的吸收进入传感器的亮度值；

$L_{P\lambda}$ ——散射光向上通过大气直接进入传感器的辐射，称为程辐射度；

大气的主要影响是减少了图像的对比度，即图像反差，使原始信号和背景信号都增加了因子。

2) 大气影响的粗略校正

精确的校正公式需要找出每个波段像元亮度值与地物反射率的关系，以及大气各种状态、大气包含的各种物质本身的散射规律，所以，常常采用一些简化的处理方法，只去掉主要的大气影响，使图像质量满足基本要求。

粗略校正是指通过比较简便的方法去掉程辐射度，从而改善图像质量。

严格地说，程辐射度的大小与像元有关，随大气条件、太阳照射方向和时间变化而变化，但因其变化量微小而忽略。可以认为，程辐射度在同一幅图像的有限面积内是一个常数，其值的大小只与波段有关。

(1)直方图最小值去除法：

直方图最小值去除法的基本思想在于一幅图像中总可以找到某种或某几种地物的辐射亮度或反射率接近 0，实测表明，这些位置上的像元亮度不为 0，这个值就应该是大气散射导致的程辐射度值。所谓程辐射，即光自地物到传感器之间传播路程中大气的辐射量。

一般来说，程辐射度主要来自米氏散射，其散射强度随波长的增大而减少，到红外波段有可能接近于 0。

具体的校正方法十分简单，首先，确定条件满足，即该图像上确有辐射亮度或反射亮度应为 0 的地区，比如土壤水分饱和的沼泽地区，则亮度最小值必定是这一地区大气影响的程辐射度增值。校正时，将每一波段中每个像元的亮度值都减去本波段的最小值，使图像亮度动态范围得到改善，对比度增强，从而提高了图像质量。

(2)回归分析法：

假定某红外波段存在程辐射为主的大气影响，且亮度最小，接近于 0，设为波段 a。现需要找到其他波段相应的最小值，这个值一定比 a 波段的最小值大一些，设为波段 b，如图 5.21 所示，分别以 a，b 波段的像元亮度值为坐标，作二维光谱空间，两个波段中对应的像元在坐标系内用一个点表示。由于波段间的相关性，通过回归分析，在众多点中一定能找到一条直线与波段 b 的亮度 L_b 轴相交，且可以认为 a 就是波段 b 的程辐射度。

校正方法是将波段 b 中每个像元的亮度值减去 a，改善图像，去掉程辐射。同理，依次完成其他较长波段的校正。

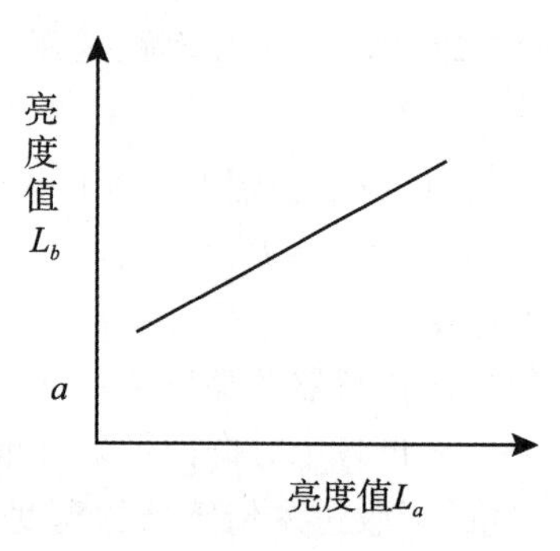

图 5.21　回归分析校正法

2. 几何校正

图像几何校正就是校正成像过程中造成的各种几何畸变，包括几何粗校正和几何精校正。几何精校正是利用地面控制点进行的几何校正，它是用一种数学模型来近似描述遥感图像的几何畸变过程，并利用标准图像与畸变遥感图像之间的一些对应点(地面控制点数据对)求得这个几何畸变模型，然后利用此模型进行几何畸变的校正，这种校正不考虑畸变的具体形成原因，而只考虑如何利用畸变模型来校正遥感图像。

当遥感图像在几何位置上发生变化，产生诸如行列不均匀、像元大小与地面大小对应不准确、地物形状不规则变化等问题时，则说明遥感图像发生了几何畸变。遥感图像的总体变形(相对于地面真实形态而言)是平移、缩放、旋转、偏扭、弯曲及其他变形综合作用的结果。产生畸变的图像给定量分析及位置配准造成了困难，因此，遥感数据被接收后，首先由接收部门进行校正，这种校正往往根据遥感平台、地球、传感器的各种参数进行处理。而用户拿到这种产品后，由于使用目的不同或投影及比例尺的不同，仍旧需要作进一步的几何校正，在此仅讨论被动遥感的情况。

1)遥感图像变形的原因

遥感平台位置和运动状态变化的影响。无论是卫星还是飞机，运动过程中都会由于种种原因产生飞行姿势的变化(如航高、航速、仰俯、翻滚、偏航等)，从而引起图像变形，具体原因有以下 4 种：

(1)地形起伏引起几何畸变。当地形存在起伏时，会产生局部像点的位移，使原本应是地面点的信号被同一位置上某一高点的信号所代替。由于高差，实际像点距离、像幅中心的距离相对于理想像点距离、像幅中心的距离移动了一点。

(2)地球表面曲率引起几何畸变。地球是椭球体，因此其表面是曲面，这一曲面的影响主要体现在两个方面，一是像点位置的移动，二是像点相对于地面宽度不等。当扫描角较大时，影响尤为突出，造成边缘景物在图像显示时被压缩。

(3)大气折射引起几何畸变。大气对电磁辐射的传播产生折射。由于大气的密度分布从下向上越来越小，折射率不断变化，因此折射后的辐射传播不再是直线，而是一条曲线，从而导致传感器接收的像点发生位移。

(4)地球自转引起几何畸变。卫星前进过程中，传感器对地面扫描获取影像时，地球自转影响较大，会产生影像偏离。多数卫星在轨道运行的降段(从北到南)接收图像，即卫星自北向南运动，这时地球自西向东自转。相对运动的结果，使卫星的星下位置逐渐产生偏离。

2)几何畸变校正

几何畸变校正的方法有多种，但常用的是一种精校正方法。该方法适合于在地面平坦且不需考虑高程信息，或地面起伏较大而无高程信息，以及传感器的位置和姿态参数无法获取的情况。有时根据遥感平台的各种参数已做过一次校正，但仍不能满足要求，就可以用该方法做遥感图像相对于地面坐标的配准校正，遥感图像相对于地图投影坐标系统的配准校正，以及不同类型或不同时相的遥感图像之间的几何配准和复合分析，以得到比较精确的结果。

几何畸变校正的基本思路：校正前的图像看起来是由行列整齐的等间距像元点组成的，但实际上，由于某种几何畸变，图像中像元点间所对应的地面距离并不相等，如图 5.22(a)所示。校正后的图像亦是由等间距的格网点组成的，且以地面为标准，符合某种投影的均匀分布，如图 5.22(b)所示，图像中格网的交点可以看成是像元的中心。校正的最终目的是确定校正后图像的行列数值，然后找到新图像中每一像元的亮度值。

图像几何校正的目的就是改变原始影像的几何变形，生成一幅符合某种地图投影或者图形表达要求的新图像。不论是航空还是航天遥感，其一般步骤如图 5.23 所示。

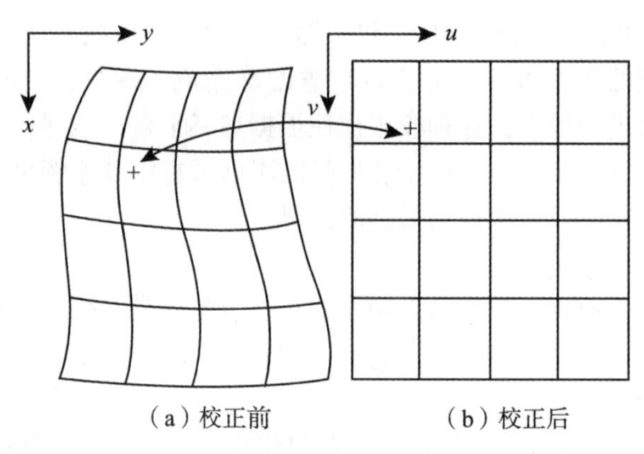

图 5.22　几何校正

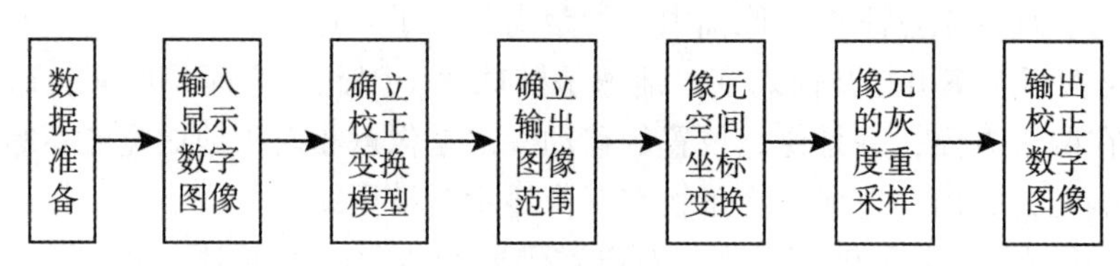

图 5.23　几何校正的一般步骤

第 1 步：数据准备。

数据准备过程包括资源卫星图像数据、航空图像数据、大地测量成果、航天器轨道参数和传感器姿态参数的收集和分析，所需控制点的选择和量测等。

第 2 步：确定校正变换模型。

校正变换模型是用来建立输入与输出图像间的坐标关系。校正方法依据采用的数学模型的不同而不同，一般有多项式法、共线方程法、随机场内的插值法等。由于多项式法原理比较直观，使用上较为灵活且可以用于各种类型的图像，因而遥感图像几何校正的空间变换一般采用多项式法。校正变换函数中有关的系数，可以利用地面控制点(GCP)解算。这些参数也可以利用卫星轨道参数、传感器姿态参数、航空图像的内外方位元素等获得。

第 3 步：确定输出图像范围。

如图 5.24 所示，求出原始图像 4 个角点(a, b, c, d)在改正后图像中对应点(a', b', c', d')的坐标($X_{a'}$, $Y_{a'}$)、($X_{b'}$, $Y_{b'}$)、($X_{c'}$, $Y_{c'}$)和($X_{d'}$, $Y_{d'}$)，求出 Min(X_a, X_b, X_c, X_d)、Max(X_a, X_b, X_c, X_d)、Min($X_{a'}$, $X_{b'}$, $X_{c'}$, $X_{d'}$)、Max($X_{a'}$, $X_{b'}$, $X_{c'}$, $X_{d'}$)。

根据精度要求，在新图像的范围内，划分网格，每个网格点就是一个像元。新图像的行数 $M=(Y_{max}-Y_{min})/\Delta Y+1$，列数 $N=(X_{max}-X_{min})/\Delta X+1$，式中，$\Delta X$、$\Delta Y$ 是设定的网格长、宽的地面尺寸。

输出图像范围定义恰当，校正后的图像就全部包括在定义的范围内，且能够使空白图像面积尽可能少。否则，会造成校正后的图像未被该范围全部包括或输出图像空白过多。

第 4 步：像元空间坐标变换。

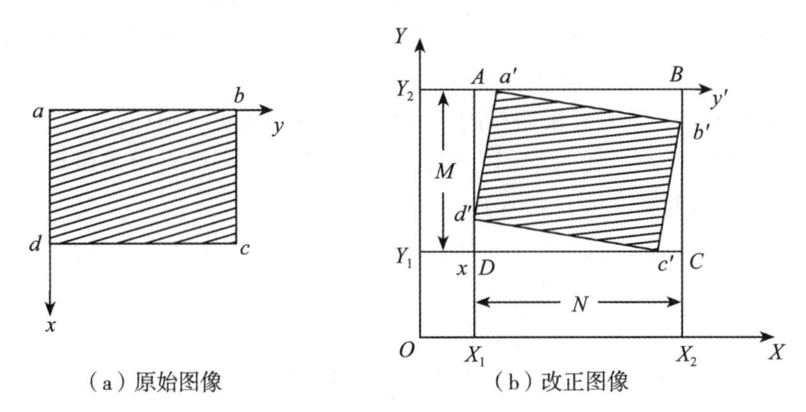

图 5.24　输出图像范围确定

像元空间坐标变换是按选定的校正函数，把原始的数字图像逐个像元地变换到输出图像相应的坐标上去，变换方法分为直接校正和间接校正(正解法和反解法)。两种方法的像元灰度赋值略有差别，如图 5.25 所示，直接变换法中，改正后像元获取办法称为灰度重匹配，它按行列的顺序依次求出原始图像的每个像元点(x，y)在标准图像空间中的正确位置(u，v)，并把原始畸变图像的像元亮度值移到这个正确的位置上。而间接法称为灰度重采样，它按行列的顺序依次对标准图像空间中的每个待输出像元点(u，v)反求其在原始畸变图像空间中的共轭位置(x，y)，同时利用内插方法确定这一共轭位置的亮度值，并把此位置的像元亮度值填入校正图像的空间位置(u，v)。这一方法能够保证图像空间中的像元呈均匀分布，因而是最常见的几何校正方法。

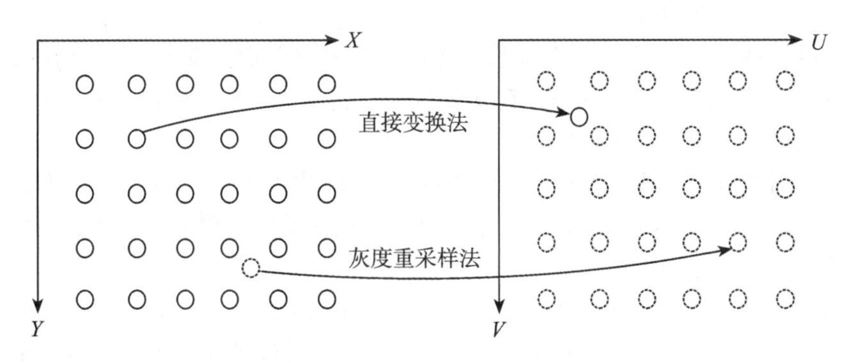

图 5.25　几何校正中的空间转换示意图

第 5 步：像元的灰度重采样。

重采样的过程就是依据未校正图像像元值生成一幅校正图像的过程，即对所有校正图像的像元灰度重新赋值。常用的重采样方法有最邻近插值法、双线性内插法和三次卷积内插法，其中，最邻近插值法最简单、计算速度快；三次卷积内插法采样中的误差约为双线性内插法的 1/3，产生的图像比较平滑，但计算工作量大，费时。

最邻近插值法是将最近像元值直接赋给输出像元。最邻近重采样算法简单，最大的优点是保持像元值不变。但是，改正后的图像可能具有不连续性，会影响制图效果。当相邻像元的灰度值差异较大时，可能会产生较大的误差。

如图 5. 26 所示，图像中两相邻点的距离为 1，即行间距、列间距，选取与所计算点 (x, y) 周围相邻的 4 个点，比较它们与被计算点的距离，哪个点距离最近，就取哪个的亮度值作为点 (x, y) 的亮度值 $f(x, y)$。

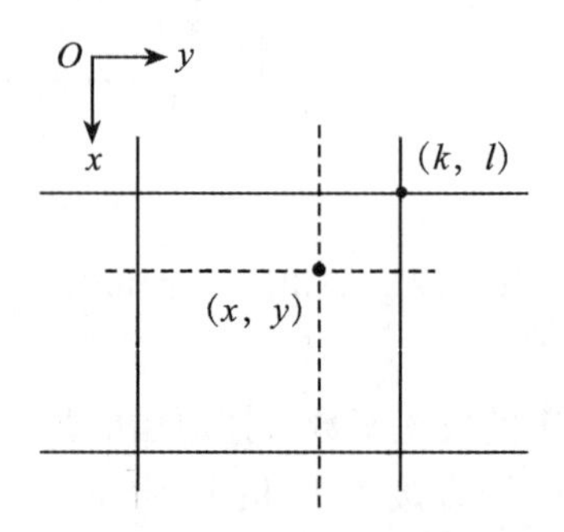

图 5. 26　最邻近插值法

设该最邻近点的坐标为 (k, l)，则

$$\begin{cases} k = \mathrm{Int}(x + 0.5) \\ l = \mathrm{Int}(y + 0.5) \end{cases} \tag{5-7}$$

式中：Int 表示取整。

这里 (k, l) 处可能没有原图像的像元，因为原图像与校正后图像并非线性关系，此式仅适用于有线性关系的情况。

于是点 (k, l) 的亮度值 $f(k, l)$ 就作为点 (x, y) 的亮度值，即 $f(x, y)=f(k, l)$。

这种方法简单易用，计算量小，在几何位置上精度为 ±0. 5 像元，但处理后图像的亮度具有不连续性，从而影响了精度。

双线性插值法是用双线性方程和 2×2 窗口计算输出像元值。该方法简单且具有一定的精度，一般能得到满意的插值效果。缺点是具有低通滤波的效果，会损失图像中的一些边缘或线性信息，导致图像模糊。

取点 (x, y) 周围的 4 邻点，在 y 方向(或 x 方向)内插两次，再在 x 方向(或 y 方向)内插一次，得到点 (x, y) 的亮度值 $f(x, y)$，该方法称为双线性内插法，如图 5. 27 所示。

设 4 个邻点分别为 (i, j)、$(i, j+1)$、$(i+1, j)$、$(i+1, j+1)$，i 代表左上角为原点的行数，j 代表列数。设 $\alpha=x-i$，$\beta=y-j$，过点 (x, y) 作直线与 x 轴平行，与 4 邻点组成的边相交于点 (i, y) 和点 $(i+1, y)$。先在 y 方向内插，计算交点的亮度 $f(i, y)$ 和 $f(i+1, y)$。如图 5. 27(b)所示，$f(i, y)$ 即由 $f(i, j+1)$ 与 $f(i, j)$ 内插计算而来。

由梯形计算公式：

$$\frac{f(i, j) - f(i, y)}{\beta} = \frac{f(i, y) - f(i, j + 1)}{i - \beta}$$

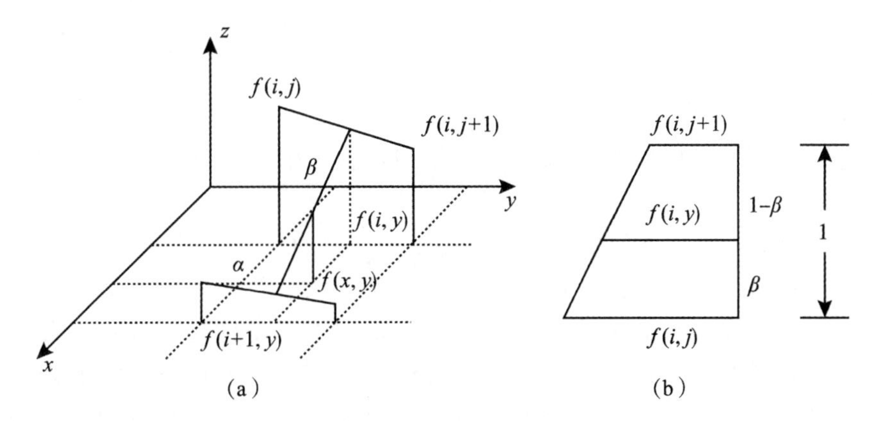

图 5.27 双线性内插法

故 $$f(i,\ y)=\beta f(i,\ j+1)+(1-\beta)f(i,\ j) \tag{5-8}$$

同理，$$f(i+1,\ y)=\beta f(i+1,\ j+1)+(1-\beta)f(i+1,\ j) \tag{5-9}$$

然后，计算 x 方向，以 $f(i,\ y)$ 和 $f(i+1,\ y)$ 为边组成梯形来内插 $f(x,\ y)$ 值，结果为：

$$f(x,\ y)=\alpha f(i+1,\ y)+(1-\alpha)f(i,\ y) \tag{5-10}$$

综合式(5-8)、式(5-9)和式(5-10)，得

$$f(x,\ y)=\alpha[\beta f(i+1,\ j+1)+(1-\beta)f(i+1,\ j)]+(1-\alpha)[\beta f(i,\ j+1)+(1-\beta)f(i,\ j)]$$

其中，i，j 的值由 x，y 取整获得

$$\begin{cases} i=\mathrm{Int}(x) \\ j=\mathrm{Int}(y) \end{cases} \tag{5-11}$$

实际计算时，先对全幅图像沿行依次计算每一个点，再沿列逐行计算，直到全部点计算完毕。

双线性内插法比最邻近内插法虽然计算量增加，但精度明显提高，特别是对亮度不连续现象或线性特征的块状化现象有明显的改善。但这种内插法会对图像起到平滑作用，从而使对比度明显的分界线变得模糊。鉴于该方法的计算量和精度适中，只要不影响应用所需的精度，作为可取的方法而常被采用。

三次卷积插值法是用三次方程和 4×4 窗口计算输出像元值。这是进一步提高内插精度的一种方法，该方法产生的图像比较平滑，它的缺点是计算量大。其基本思想是增加邻点来获得最佳插值函数。取与计算点$(x,\ y)$周围相邻的 16 个点，与双向线性内插法类似，可先在某一方向上内插，如先在 x 方向上，每 4 个值依次内插 4 次，求出$f(x,\ j-1)$、$f(x,\ j)$、$f(x,\ j+1)$、$f(x,\ j+2)$，再根据这 4 个计算结果在 y 方向内插，得到$f(x,\ y)$。每一组 4 个样点组成一个连续内插函数。可以证明(从略)，这种三次多项式内插过程实际上是一种卷积运算，故称为三次卷积内插。

需注意的是，欲以三次卷积内插法获得好的图像效果，就要求位置校正过程更准确，即对控制点选取的均匀性要求更高。如果前面的工作没做好，三次卷积内插法也得不到好的结果。

第 6 步：输出校正数字图像。

经过逐个像元的几何位置变换和灰度重采样得到的输出图像数据以需要的格式写入改正后的图像文件。

几何校正的第一步便是位置计算，首先是所选取的二元多项式求系数。这时必须已知一组控制点坐标。控制点又称同名点，即在图像上与实地或其他图件相对应的点。原则上，地面控制点应该均匀分散在整个影像上，特别是影像边缘部分，如果控制点集中在影像的很小区域，那么我们得到的几何校正的信息就很有限，因此一方面要使控制点的覆盖范围足够分散，另一方面又要处理在有些范围中很难准确定位控制点的问题。

一般来说，控制点应选取图像上易分辨且较精细的特征点。如道路交叉口、河流弯曲或分叉处，海岸线弯曲处、湖泊边缘、飞机场、城郭边缘等。特征变化大的地区应多选些；此外，尽可能满幅均匀选取，特征实在不明显的大面积区域(如沙漠)，可用求延长线交点的办法来弥补，但应尽可能避免这样做，以避免造成人为的误差。

控制点数据的最低限是按未知系数的多少来确定的。一次多项式

$$\begin{cases} x = a_{00} + a_{10}u + a_{01}v \\ y = b_{00} + b_{10}u + b_{01}v \end{cases} \tag{5-12}$$

式中有 6 个系数，就需要有 6 个方程来求解，需 3 个控制点的 3 对坐标值，即 6 个坐标数(实际上，对原图像的几何校正不是简单的线性变换，而是非线性变换，因而还需要增加一个非线性项，用 4 个控制点、8 个坐标数)。二次多项式有 12 个系数，需要 12 个方程(6 个控制点)。依次类推，三次多项式至少需要 10 个控制点，n 次多项式，控制点的最少数目为 $\frac{(n+1)(n+2)}{2}$。

实际工作表明，选择控制点的最少数目来校正图像，效果往往不好。在图像边缘处，在地面特征变化大的地区，如河流拐弯处等，由于没有控制点，而靠计算推出对应点，会使图像变形。因此，在条件允许的情况下，控制点的选取都要大于最低数很多(有时为 6 倍)。

多项式模型(Polynomial)属于一种近似校正方法，在卫星图像校正过程中应用得较多。校正时，先根据多项式的阶数，在图像中选取足够数量的控制点，建立图像坐标与地面坐标的关系式，再将整张图像进行转换；再调用多项式模型时，需要确定多项式的次方数(Order)，一般多用低阶多项式(三次或二次)，以避免高阶方程数值不稳定的状况。此外，各阶多项式所需控制点的数量除满足要求的最少控制点数外，一般还需额外地选取一定数量的控制点，以使用最小二乘平差求出较为合理的多项式系数。最小控制点数计算公式为 $\frac{(t+1)(t+2)}{2}$；其中，t 为选取函数的次方数，即 1 次方最少 3 个控制点，2 次方

最少 6 个控制点，3 次方最少需要 10 个控制点，依次类推。

此校正方式会受到图像面积及高程变化程度影响，如果图像范围不大且高程起伏不明显，校正后的精度一般会满足需求，反之，则精度会明显降低。因此，多项式模型一般适用于平地或精度要求相对较低的校正处理。

3. 几何校正实例——以 Landsat TM 为例

不同的数据源，几何校正的方法也不尽相同，下面以 Landsat TM 的校正为例来说明。数据源采用具有地理参考信息的 SPOT 全色影像作为标准图像，选取一定数量的地面控制点，采用多项式拟合方法对卫星图像进行校正，详细流程如图 5.28 所示。

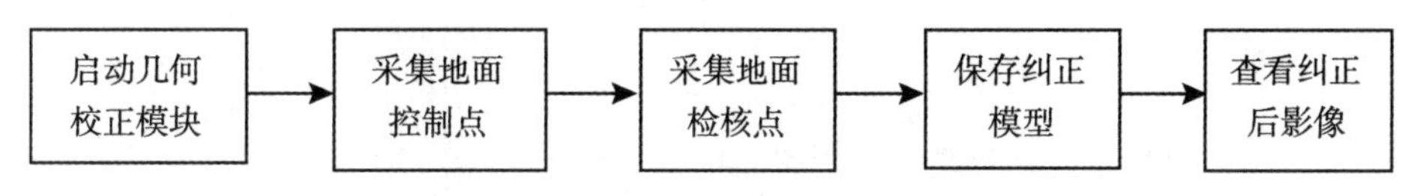

图 5.28　图像几何校正的一般过程

具体操作过程如下：

1)显示图像文件

打开需要纠正的影像 tmAtlanta.img，点击【Menu】→【Open】→【Raster layer】或在 Viewer 中单击右键→【Open Raster Layer...】。

2)启动几何纠正模块

在 ERDAS2014 中，点击【Multispectral】选项卡，在【Transform & Orthocorrect】标签组中点击【Control Points】图标，如图 5.29 所示。

图 5.29　几何校正模块

在打开的选择纠正模型对话框中选择【Polynomial】(多项式模型)，如图 5.30 所示。点击【OK】继续。在弹出的选择 GCP 来源对话框中选择【Image Layer(New Viewer)】，如图 5.31 所示。点击【OK】继续。

注意：ERDAS 系统提供 10 种控制点采集模式，如图 5.31 所示，可以归为窗口采点、文件采点、地图采点三类，具体类型及其含义见表 5.4。本例采用窗口采点模式，作为地理参考的 SPOT 图像已经含有投影信息，所以这里不需要定义投影参数。如果不是采用窗

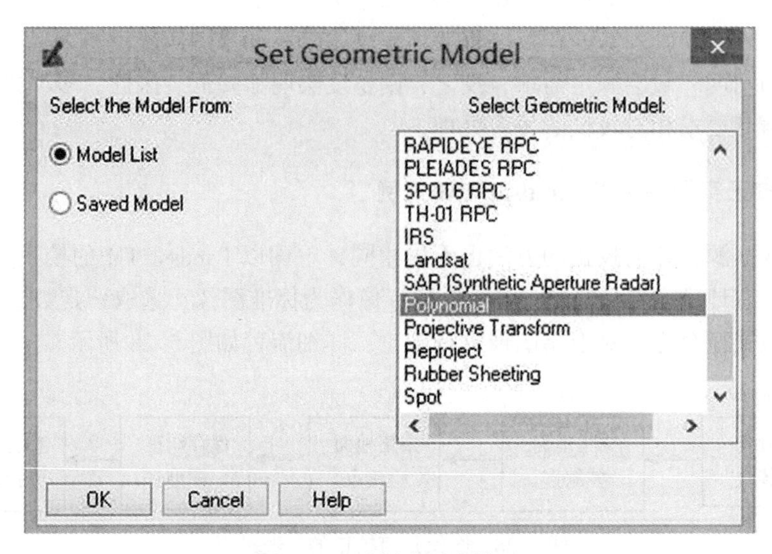

图 5. 30　选择多项式模型

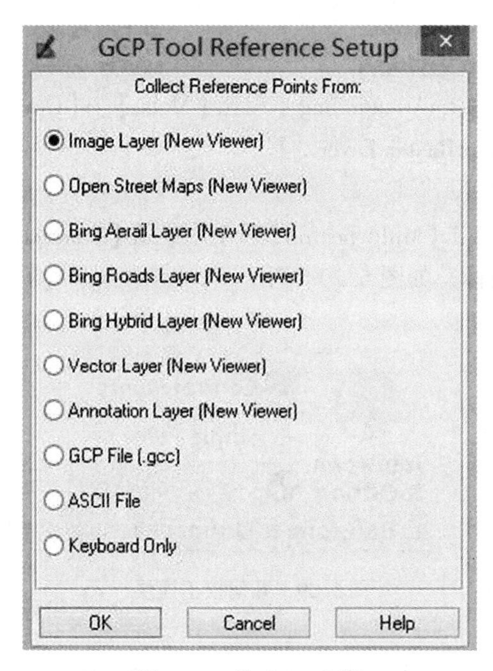

图 5. 31　选 GCP 来源

口采点模式，或者在参考图像没有包含投影信息，则必须在这里定义投影信息，包含投影类型及其对应的投影参数，并确保投影方式与采集控制点的投影方式保持一致。

表 5. 4 所列的三类几何校正采点模式，分别应用于不同的情况：

表 5.4　　几何校正采点模式及含义

模　　式	含　　义
Viewer to Viewer:	**窗口采点模式:**
Existing Viewer	在已经打开的视窗窗口中采点
Image Layer(New Layer)	在新打开的图像窗口中采点
Vector Layer(New Layer)	在新打开的矢量窗口中采点
Annotation(New Layer)	在新打开的注记窗口中采点
File to Viewer:	**文件采点模式:**
GCP File(*.gcc)	在控制点文件中读取点
ASCII File	在 ASCII 文件中读取点
Map to Viewer:	**地图采点模式:**
Digitizing Tablet(Current)	在当前数字化仪上采点
Digitizing Tablet(New)	在新配置数字化仪上采点
Keyboard Only	通过键盘输入控制点

(1)如果已经拥有校正图像区域的数字地图或经过校正的图像，又或者是注记图层，就可以应用窗口采点模式，直接以它们作为地理参考，在另一个窗口中打开相应的数据层，从中采集控制点，本例采用的就是这种模式。

(2)如果事先已经通过 GPS 测量或摄影测量及其他途径获得控制点的坐标数据并且存储格式为 ERDAS 控制点数据格式 *.gcc 或者 ASCII 数据文件的话，就可以调用文件采点模式，直接在数据文件中读取控制点。

(3)如果只有印刷地图或者坐标纸作为参考，则采用地图采点模式，在地图上选点后，借助数字化仪采集控制点坐标；或先在地图上选点并量算坐标，然后通过键盘输入坐标数据。

在弹出的文件选择对话框中选中参考影像 panAtlanta.img，点击【OK】。弹出参考影像的坐标信息如图 5.32 所示，点击【OK】继续。

在弹出的多项式模型属性对话框中，设置 Polynomial Order(多项式次数)为 2 次，点击【Apply】应用，点击【Close】关闭，如图 5.33 所示。出现了几何纠正界面，如图 5.34 所示，工具栏中提供了缩放漫游按钮，可以根据需要使用。

每个数据视窗都包括主窗口、全图窗口、细节放大窗口三个窗口。底部的列表显示所采集的控制点(GCP)信息。在主窗口和全图窗口中可以看到链接框，可以拖动及缩放获取更佳的视觉效果(链接框的颜色可以在窗口点击右键，选择【Link Box Color】进行设置)。

3)采集地面控制点(GCP)

几何校正过程中，控制点采集是一个非常精细的过程，需要格外细致，精确找取地物的特征点线才能够较好地选取用于匹配校正图像和标准图像的控制点。

GCP 一般选择在两幅影像中都易识别的地物，如道路交叉点等，GCP 分布要尽量均匀覆盖整个区域。此时 GCP 的类型均为控制点，用于控制计算，建立转换模型及多项式方程。控制点工具(GCP Tool)对话框由菜单条、工具条、控制点数据表(GCP CellArray)及状态条四个部分组成。菜单条主要命令及其功能见表 5.5，工具条中的图标及其功能见表 5.6。

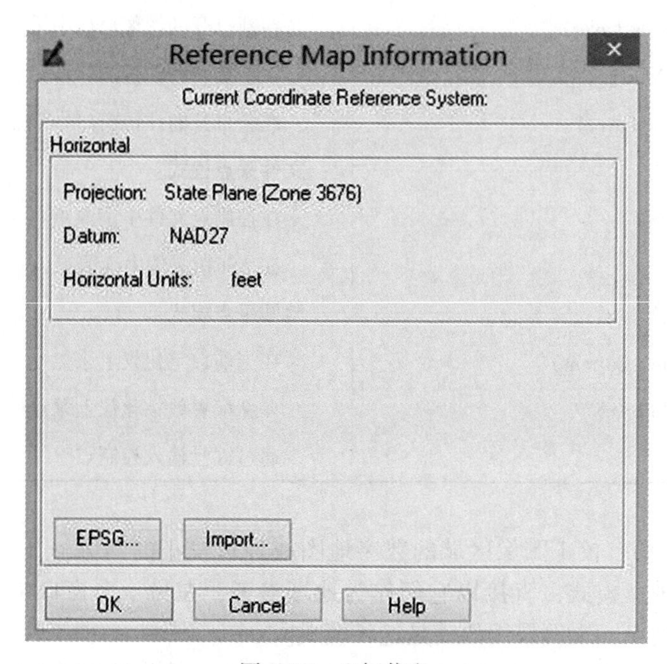

图 5.32　坐标信息

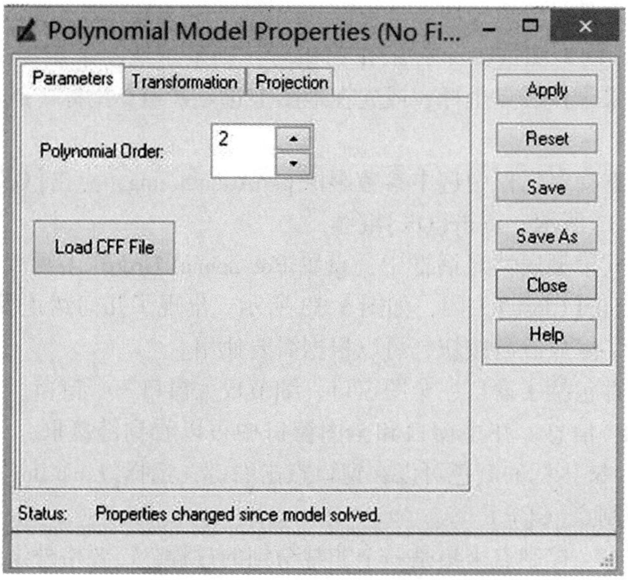

图 5.33　设置多项式系数

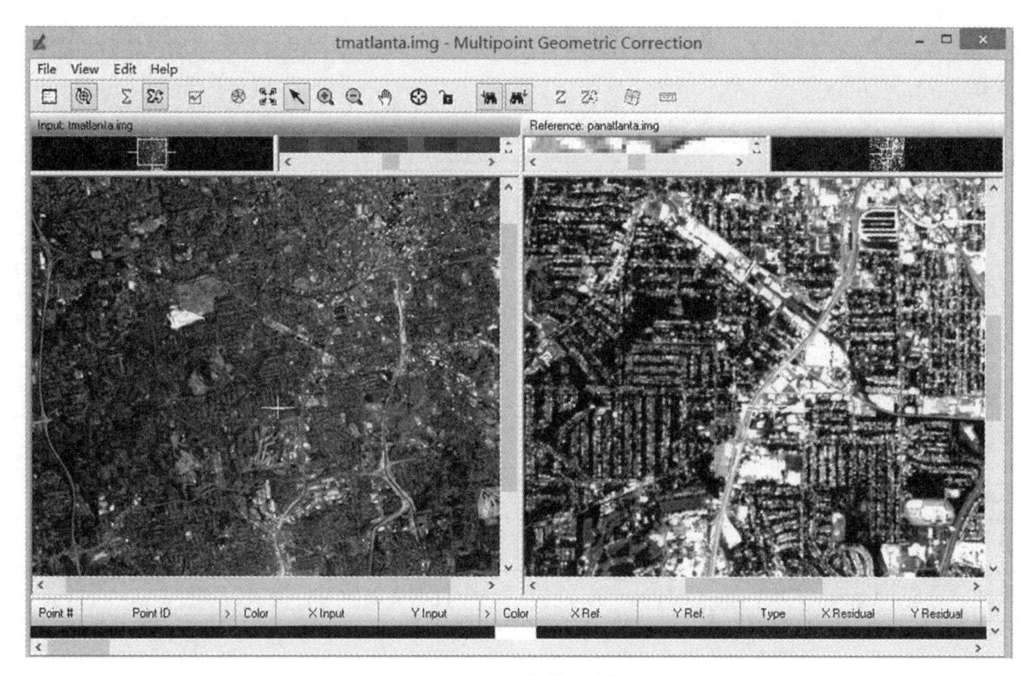

图 5.34　几何校正界面

表 5.5　　**GCP 菜单条主要命令及其功能**

命　　令	功　　能
View:	**显示操作:**
View only Selected GCPS	窗口仅显示所选择的控制点
Show Select GCP in Table	在表格显示所选择的控制点
Arrange Frames on Screen	重新排列屏幕中的组成要素
Tools	调出控制点工具图标面板
Start Chip Viewer	重新打开放大窗口
Edit:	**编辑操作:**
Set Point Type(Control/Check)	设置采集点的类型(控制点/检查点)
Reset Reference Source	重置参考控制点源文件
Reference Map Projection	改变参考文件的投影参数
Point Prediction	按照转换方程计算下一个点位置
Point Matching	借助像元的灰度值匹配控制点

表 5.6　　**GCP 工具条按钮及其功能**

按钮	命　　令	功　　能
	Toggle Fully Automatic GCP Editing Mode	自动 GCP 编辑模式开关键
Σ	Solve Geometric Transformation Control Points	依据控制点求解几何校正模型

续表

按钮	命　　令	功　　能
	Set Automatic Transformation Calculation	设置自动转换计算开关
	Compute Error for Check Points	计算检查点的误差，更新 RMS 误差
	Select GCP	激活 GCP 选择工具、在窗口中选择 GCP
	Create GCP	在窗口中选择定义 GCP
	Keep Current Tool Lock	锁住当前命令，以便重复使用
	Keep Current Tool Unlock	释放当前被锁住命令
	Find Selected Point in Input	选择寻找输入图像中的 GCP
	Find Selected Point in Refer	选择寻找参考文献中的 GCP
	Update Z Value on Select GCPS	计算更新所选 GCP 的 Z 值
	Set Automatic Z Value Updating	自动更新所有 GCP 的 Z 值

控制点工具(GCP Tool)对话框，有如下几点需要注意：

输入控制点(X/Y Input)是在畸变图像窗口中采集的，具有畸变图像的坐标系统，而参考控制点(X/Y Reference)是在参考图像窗口中采集的，具有已知的参考系统，GCP 工具将根据对应点的坐标值自动生成转换模型，这两种数据源需要区分清楚。

在 GCP 数据列表中，残差(X/Y Residuals)、中误差(RMS)、贡献率(Contribution)及匹配程度(Match)等参数，是在编辑 GCP 的过程中自动计算更新的，用户不可以任意改变，但可以通过调整 GCP 位置提高精度。

所有输入的 GCP 和参考 GCP 都可以直接保存在畸变图像文件(Save Input 菜单)和参考图像文件(Save Reference 菜单)中。每个 .img 文件都可以有一个 GCP 数据集与之关联，GCP 数据集保存在一个栅格层数据文件中，如果 .img 文件有一个 GCP 数据集存在的话，只要打开 GCP 工具，GCP 点就会出现在窗口中。

所有的输入 GCP 和参考 GCP 也可以保存在控制点文件(Save Input As 菜单)和参考控制点文件(Save Reference As 菜单)中，分别通过对应窗口的 Load Input 菜单和 Load Reference 菜单加载调用。

GCP 具体采集过程如下：GCP 工具启动后，默认情况下是处于 GCP 编辑模式，这时就可以在 Viewer 窗口中选择地面控制点(GCP)。

(1)在 Viewer#1 移动关联方框，寻找特征的地物点，作为输入 GCP，在 GCP 工具对话框中，点击(Create GCP 图标)，并在 Viewer#3 中点击左键定点，GCP 数据表将记录一个输入 GCP，包括其编号(Point #)、标识码(Point ID)、X 坐标(X Input)、Y 坐标(Y Input)。

(2)为使 GCP#1 容易识别，单击 GCP 数据列表的 Color 列 GCP#1 对应的空白处，在弹出的颜色列表中选择比较醒目的颜色，如黄色。

(3)在 GCP 对话框中，点击【Select GCP】图标，重新进入 GCP 选择状态。在 Viewer#2 移动关联方框位置，寻找对应的同名地物点，作为参考 GCP。

(4)在 Viewer#4 中单击定点，系统自动把参考 GCP 点的坐标(X Reference，Y Reference)显示在 GCP 数据表中。

(5)为使参考 GCP 容易识别，单击 GCP 数据列表的 Color 列参考 GCP 对应的空白处，在弹出的颜色列表中选择容易区分的颜色，如蓝色。

(6)不断重复步骤①~⑤，采集若干 GCP，直到满足所选定的几何校正模型为止。前 4 个控制点的选取尽量均匀分布在图像四角(控制点选取≥6 个)，选取完 6 个控制点后，RMS 值自动计算(要求 RMS 值<1)。本例共选取 6 个控制点。每采集一个 Input GCP，系统就自动产生一个参考控制点(Ref. GCP)，通过移动 Ref. GCP，可以逐步优化校正模型。

注意：要移动 GCP 需要在 GCP 工具窗口选择【Select GCP】按钮，进入 GCP 选择状态。在 Viewer 窗口中选择 GCP，拖动到需要放置的精确位置。也可以直接在 GCP 数据列表中修改坐标值。如果要删除某个控制点，在 GCP 数据列表 Point#列，右击需要删除的点编号，在弹出的菜单项中选择【Delete Selection】，删除当前控制点。采集 GCP 以后，GCP 数据列表，如图 5.35 所示。

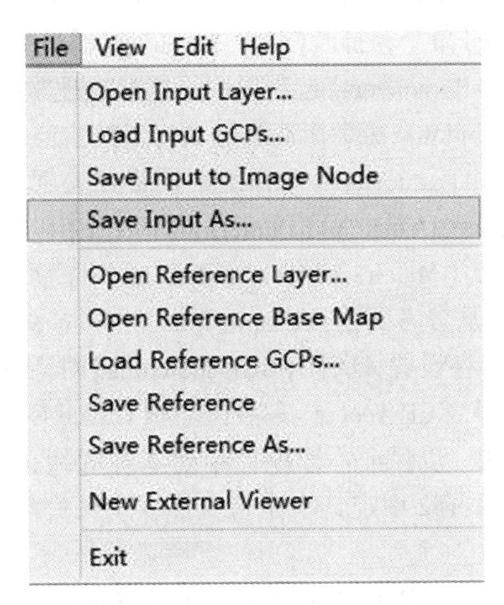

图 5.35　保存、加载控制点文件

(7)采集完 6 个控制点后，在采集第 7 个点时，GCP 列表中 RMS Error 就会显示每个点的误差，在状态栏可以看到控制点的总体误差，如果没有，点击工具栏的统计图标即可计算，如图 5.36 所示。

(8)几何精纠正要求 GCP 总体误差(Total)一般平坦区域要小于 1，山区小于 2。如果误差较大，需要进行修改、删除点或增加新的控制点来降低误差。

4)采集地面检查点

以上所采集的 GCP 类型均为控制点(Control Point)，用于控制计算、建立转换模型及

Point #	Point ID	>	Color	X Input	Y Input	>	Color	X Ref.	Y Ref.	Type	X Residual	Y Residual	RMS Error	Contrib.	Match
1	GCP #1			160.644	-141.524			411849.386	1364246.155	Control	0.003	0.002	0.003	0.015	
2	GCP #2			452.750	-362.750			435290.953	1338885.699	Control	-0.162	-0.086	0.183	0.815	
3	GCP #3			381.750	-144.250			432248.390	1360252.791	Control	0.008	0.004	0.009	0.041	
4	GCP #4			282.746	-325.557			420201.661	1345210.499	Control	-0.316	-0.167	0.357	1.588	
5	GCP #5			148.250	-439.250			405964.830	1337000.816	Control	-0.032	-0.017	0.037	0.164	
6	GCP #6			386.114	-350.179			429174.096	1341222.750	Control	0.361	0.192	0.409	1.818	
7	GCP #7			174.250	-347.250			410492.334	1345004.636	Control	0.138	0.073	0.156	0.692	0.355
8	GCP #8									Control					

Model solution is current.　　Control Point Error: (X) 0.1987　(Y) 0.1054　(Total) 0.2249

图 5.36　误差检查

多项式方程，通过校正计算得到全局校正以后的影像图，但它的质量无从获知，因此需要用地面检查点与之对比、检验。以下所采集的 GCP 均是用于衡量效果的地面检查点(Check Point)，用于检验所建立的转换方程的精度和实用性。关于 RMS 误差精度要求，并没有严格的规定。通常情况下认为平地和丘陵地区，平面误差不超过 1 个像素，在山区，RMS 不超过 2 个像素。操作过程如下：

(1)在 GCP Tool 菜单条选择【Edit/Set Point Type/Check】命令，进入检查点编辑状态。

(2)在 GCP Tool 菜单条中确定 GCP 匹配参数(Matching Parameter)。在 GCP Tool 菜单条选择【Edit/ Point Matching】命令，打开【GCP Matching】对话框，并定义如下参数：

■ 在匹配参数(Matching Parameters)选项组中设置最大搜索半径(Max Search Radius)为 3；搜索窗口大小(Search Window Size)中 X 值为 5，Y 值为 5。

■ 在约束参数(Threshold Parameters)选择组中设置相关阈值(Correlation Threshold)为 0.8，删除不匹配的点(Discard Unmatched Points)。

■ 在匹配所有/选择点(Match All/Selected Point)选项组中设置从输入到参考(Reference from Input)或者从参考到输入(Input from Reference)。

■ 单击【Close】按钮，保存设置，关闭【GCP Matching】对话框。

(3)确定地面检查点。在 GCP Tool 工具条中选择【Create GCP】按钮，并将【Lock】按钮打开，锁住 Create GCP 功能，以保证不影响已经建立好的纠正模型。如同选择控制点一样，分别在 Viewer#1 和 Viewer#2 中定义 5 个检查点，定义完毕后单击【Unlock】按钮，解除 Create GCP 的功能锁定。

(4)计算检查点误差。在 GCP Tool 工具条中选择【Computer Error】按钮，检查点的误差就会显示在 GCP Tool 的上方，只有所有检查点的误差均小于一个像元，才能够继续进行合理的重采样。一般来说，如果控制点(GCP)定位选择比较准确，检查点会匹配得比较好，误差会在限制范围；否则，若控制点定义不精确，检查点就无法匹配，误差会超标。

5)影像重采样

重采样的过程就是依据未校正图像的像元值，计算生成一幅校正图像的过程。原图像中所有栅格数据层都要进行重采样。

在 Geo Correction Tool 窗口中选择【Image Resample】按钮，打开图像重采样(Resample)对话框如图 5.37 所示，设置如下：

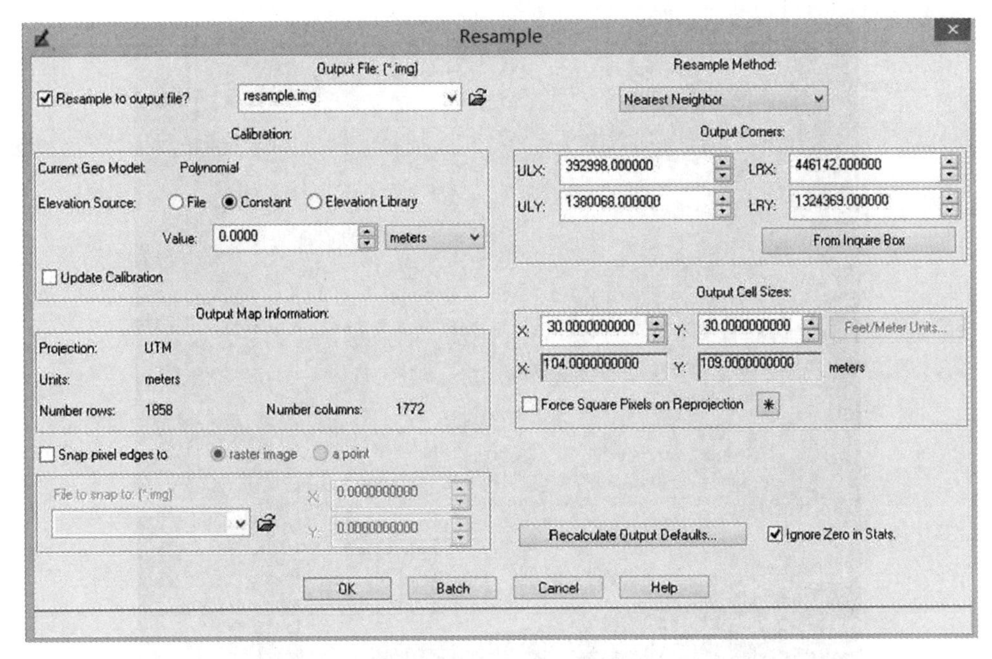

图 5.37　Resample 对话框

■ 输出图像(Output File)文件名以及路径，这里设为 resample.img；

■ 选择重采样方法(Resample Method)这里选最邻近采样(Nearest Neighbor)，具体方法的适用范围可以参考相应的文档；

■ 定义输出图像范围(Output Corners)，在 ULX、ULY、LRX、LRY 微调框中分别输入需要的数值，本例采用默认值；

■ 定义输出像元大小(Output Cell Sizes)，X 值为 15，Y 值为 15，一般与数据源像元大小一般；

■ 设置输出统计中忽略零值，即选中 Ignore Zero in Stats 复选框；

■ 单击【OK】按钮，关闭【Resample】对话框，执行重采样。

6)保存几何校正模式

在 Geo Correction Tool 对话框中单击【Exit】按钮，推出几何校正过程，按照系统提示选择保存图像几何校正模式，并定义模式文件(*.gms)，以便下次直接使用。

7)检验校正结果

检验校正结果(Verify Rectification Result)的基本方法是：同时在两个窗口中打开两幅图像，其中一幅是校正以后的图像，一幅是校正时的参考图像。进行定性检验的具体过程如下：

■ 在 ERDAS IMAGINE 中选择【File】→【Open】→【Raster Options】选项，选择参考图像文件 panAtlanta.img，再次选择【File】→【Open】→【Raster Options】选项，选择校正之后的图像 Resample.img，如图 5.38 所示。

图 5.38　检验校正结果

■ 选择【Home】→【Swipe】，选中 Transition 选项卡下的 Start/Stop 控件，进行自动滑动定性检验，如图 5.39 所示。

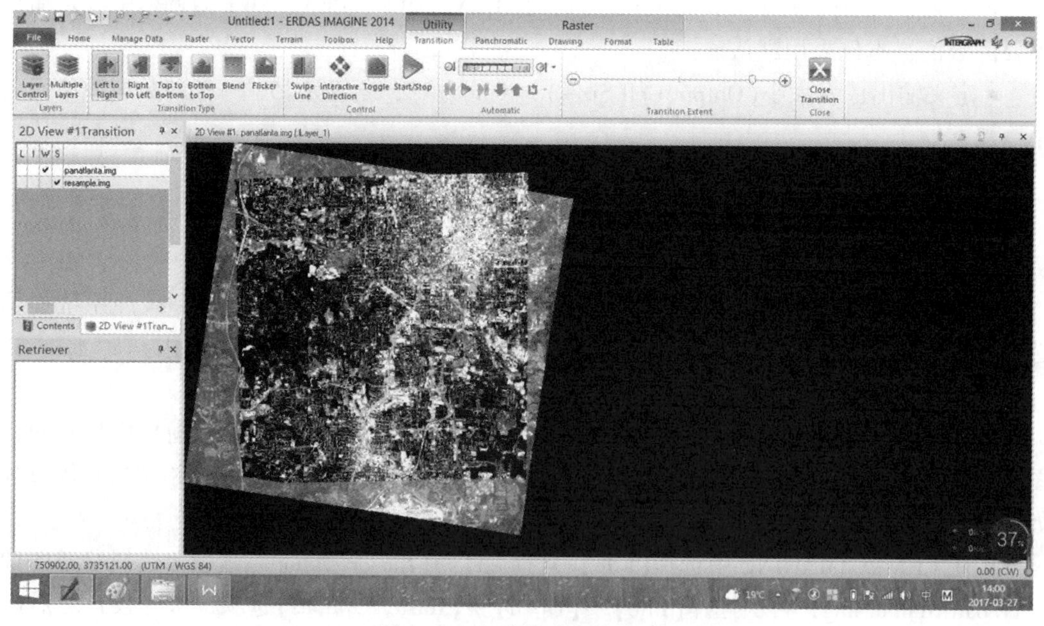

图 5.39　自动滑动定性检验

5.2.4　遥感图像镶嵌

当研究区域超出单幅遥感图像所覆盖的范围时，通常需要将两幅或多幅具有地理参考的互为邻接(时相往往可能不同)的遥感数字图像合并成一幅统一的新(数字)图像，这个过程就叫遥感图像镶嵌(Mosaic Image)，也叫遥感图像拼接。需要镶嵌的输入图像必须含有地图投影信息，或经过几何校正处理，或进行过校正标定。虽然所有的输入图像可以具有不同的投影类型、不同的像素大小，但必须具有相同的波段数。在进行图像镶嵌时，需要确定一幅参考图像，参考图像将作为输出镶嵌图像的基准，决定镶嵌图像的对比度匹配以及输出图像的地图投影、像素大小和数据类型。制作好一幅总体上比较均衡的镶嵌图像，一般包括以下工作步骤：

(1)准备工作。首先要根据研究对象和专业要求，挑选数据合适的遥感图像。其次在镶嵌时，应尽可能选择成像时间和成像条件接近的遥感图像，以减轻后续的色调调整工作。

(2)预处理工作。主要包括辐射校正和几何校正。

(3)确定实施方案。首先确定参考像幅，一般位于研究区中央，其次确定镶嵌顺序，即以参考像幅为中心，由中央向四周逐步进行。

(4)重叠区确定。遥感图像镶嵌工作的进行主要是基于相邻图像的重叠区。无论是色调调整、几何拼接，都是以重叠区作为基准的。

(5)色调调整。不同时相或者成像条件存在差异的图像，由于要镶嵌的图像总体色调不一样，图像的亮度差异比较大，若不进行色调调整，镶嵌后的图像即使几何位置很精确，也会由于色调不同，而不能够很好地满足应用。

(6)图像镶嵌。在重叠区已经确定和色调调整完毕后，即可对相邻图像进行镶嵌了。

遥感图像镶嵌常用的有多波段镶嵌和剪切线镶嵌两种方式。

1. 多波段遥感图像镶嵌

实际工作中，如果几何校正的精度足够高，图像的镶嵌过程只需要经过色调调整之后就可以直接运行。下面以彩色卫星图像为例，经过色调调整后进行图像镶嵌。需要注意的是，对于彩色图像，需要从红绿蓝三个波段分别进行灰度的调整；对于多个波段的图像文件，进行一一对应的多个波段的灰度调整。灰度调整的方法是进行交互式的图像拉伸，进行图像直方图的规定化或者进行更加复杂的类似变化。

1)启动图像镶嵌工具

在 ERDAS 图标面板菜单条中选择 Raster /Mosaic / MosaicPro 命令，打开【MosaicPro】对话框，启动图像镶嵌工具；或者在 Toolbox 选项卡中找到 Mosaic 并打开，如图 5.40 所示。

2)加载镶嵌图像

(1)选择【Display Add Dialog】按钮，打开【Add Images】对话框。或者在 Mosaic Tool 工具条菜单栏中，选择【Edit/Add Images】菜单，打开【Add Images】对话框。

(2)选择窗口中的 File 选项卡，在数据存放路径中选择 wasia1_mss. img，按住 Ctrl 键

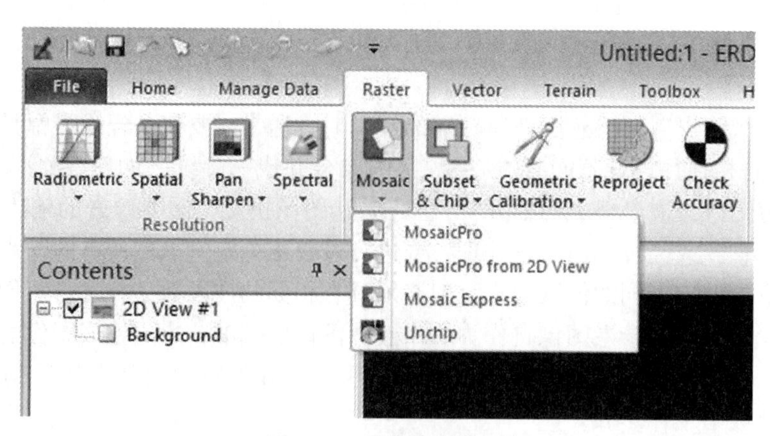

图5.40　影像镶嵌模块

选择 wasia2_mss. img，这样一次选中两个数据(也可多个数据)。

(3)再选择【Image Area Option】标签，进入【Image Area Options】对话框，如图5.41所示，进行拼接影像范围的选择。ERDAS 提供了以下五种方法：

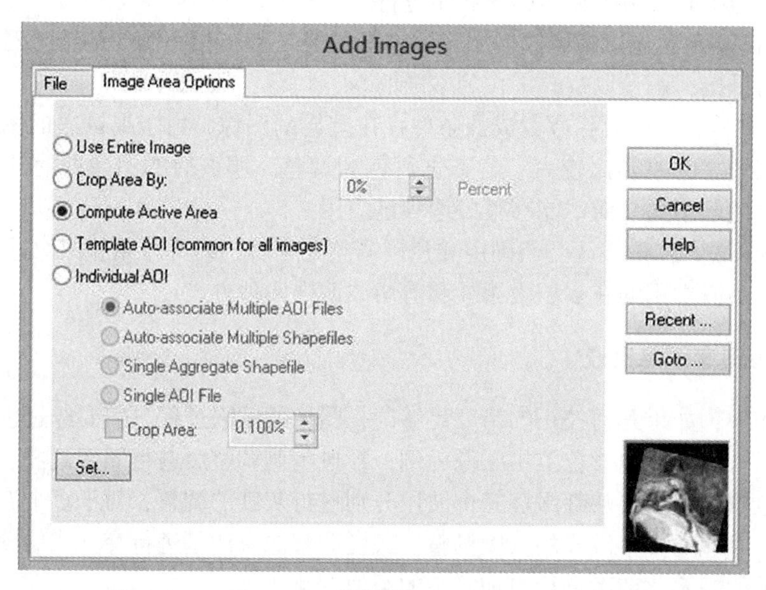

图5.41　Add Images 对话框【Image Area Options】标签

■ Use Entire Image：使用整幅图像，即将每一幅输入图像的外接矩形范围都用于拼接。

■ Crop Area：裁剪区域。选择此项将出现裁剪比例(Crop Percentage)选项，输入不同百分数，表示将每幅输入图像的矩形图幅范围按此百分数进行四周裁剪，并利用裁剪后的图幅进行拼接。例如，如果某一研究区原有矩形图幅范围为 1 000km^2，如果设置百分数为 50%，则用于拼接的矩形图幅范围为图幅中心 500 km^2。

■ Compute Active Area：计算活动区，即只利用每幅图像中有效数据覆盖的范围用于拼接。

■ Template AOI：模板 AOI，即在一幅待镶嵌图像中利用 AOI 工具绘制用于镶嵌的图幅范围。这里 AOI 将被转换为文件坐标（AOI 相对于整个图幅的位置），在镶嵌时，利用此相对位置先在所有图幅中选择镶嵌范围，然后将此范围内的多幅图像用于镶嵌。

■ Individual AOI：单一 AOI，即利用认为指定的 AOI 从输入图像中裁剪感兴趣区域进行镶嵌。

注意：通常用到的 TM 等数字图像，经过校正等工作以后，会在边界出现黑色的锯齿状的数据，因此需要定义有效的 AOI 去除该区域，以使得镶嵌结果更加理想。

(4)本例中选择计算活动区(Compute Active Area)按钮，并单击【Set】打开【Active Area Options】对话框，如图 5.42 所示，可以对如下参数进行设置：

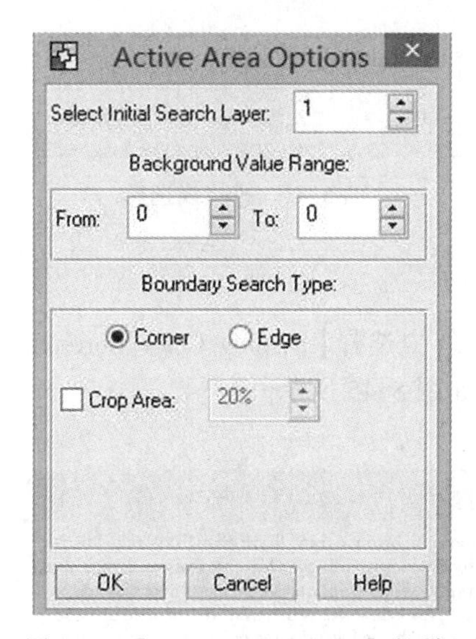

图 5.42 【Active Area Options】对话框

■ Select Search Layer：指定哪个图层用于活动区的选择。

■ Background Value Range：背景值范围，即根据“from”，“to”设置某一光谱段或光谱值为背景，在运行拼接过程中落入该光谱范围内的图像不参与拼接运算。

■ Boundary Search Type：边界搜索类型，包括 Corner 和 Edge 选项。选择 Corner 时可以对 Corp Area 进行设置，将对输入图像进行裁剪。

(5)点击【OK】，加载两幅卫星图像。

(6)在打开的 MosaicPro 窗口的数据列表中对每幅影像都勾选“Vis.”，并点击工具栏中或 View 菜单下的【Show Rasters】使其显示，如图 5.43 所示。

3)生成拼接线

点击工具栏中的图标，在弹出的自动生成拼接线对话框中选择“Most Nadir Seamline”，如图 5.44 所示，点击【OK】继续。

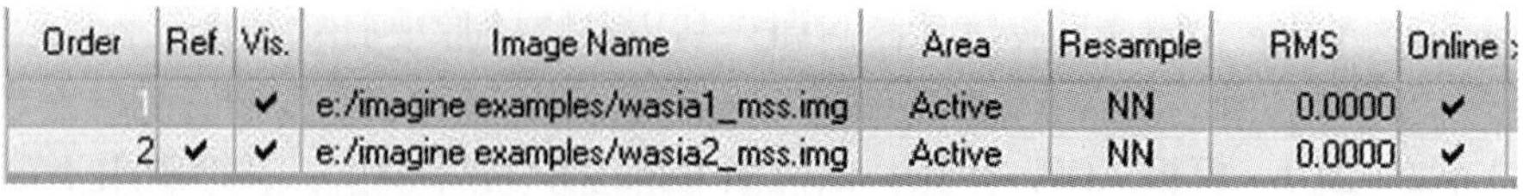

Order	Ref.	Vis.	Image Name	Area	Resample	RMS	Online
1		✔	e:/imagine examples/wasia1_mss.img	Active	NN	0.0000	✔
2	✔	✔	e:/imagine examples/wasia2_mss.img	Active	NN	0.0000	✔

图 5.43　使其影像显示

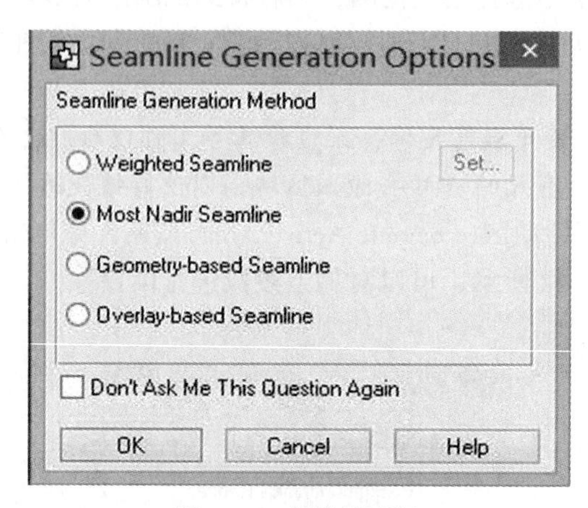

图 5.44　拼接线选择

4)图像匹配设置

(1)在 Mosaic Tool 工具条中选择【Display Color Correction】按钮，打开色彩校正(Color Corrections)对话框，如图 5.45 所示。

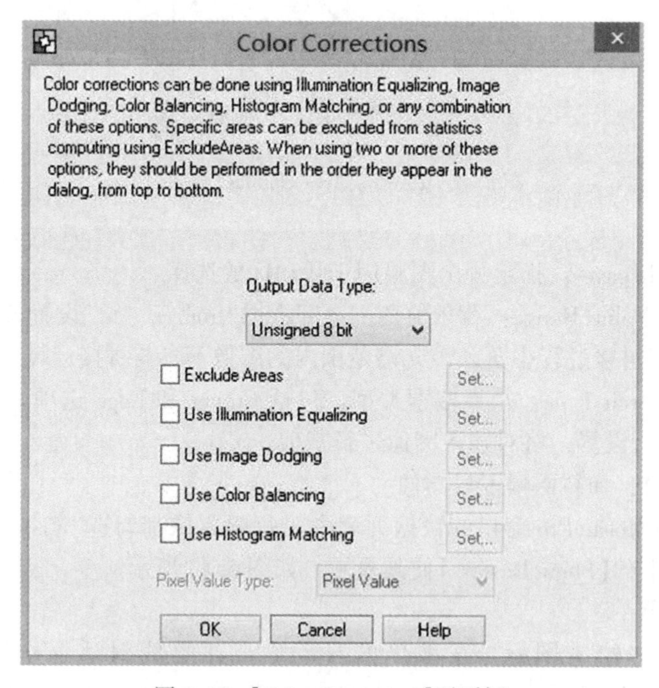

图 5.45　【Color Corrections】对话框

注意：如果输入的镶嵌图像自身存在较大的亮度差异(例如，中间暗周围亮或者一边亮一边暗)，需要首先利用色彩平衡(Use Color Balancing)去除单幅图像自身的亮度差异。本例中不需要对此进行设置。

(2)选中【Use Histogram Matching】按钮，单击【Set】，打开【Histogram Matching】(直方图匹配)对话框，如图 5.46 所示，执行图像的色彩调整。

■ 匹配方法(Matching Method)为 Overlap Area，即只利用叠加区直方图进行匹配。直方图类型(Histogram Type)为 Band by Band，即分别从红绿蓝三个波段进行灰度的调整(如果是多波段，则表示逐波段进行一一对应的灰度调整)。

■ 单击【OK】按钮，保存设置，回到【Color Corrections】对话框，在 Color Corrections 窗口中再次单击【OK】按钮退出。

■ 在 Mosaic Tool 工具条选择【Set Mode for Intersection】按钮，进入设置图像关系模式的状态。

(3)在 Mosaic Tool 工具条选择叠加函数(Set Overlap Function)按钮，或是从 Mosaic Tool 工具菜单栏打开对话框，如图 5.47 所示。

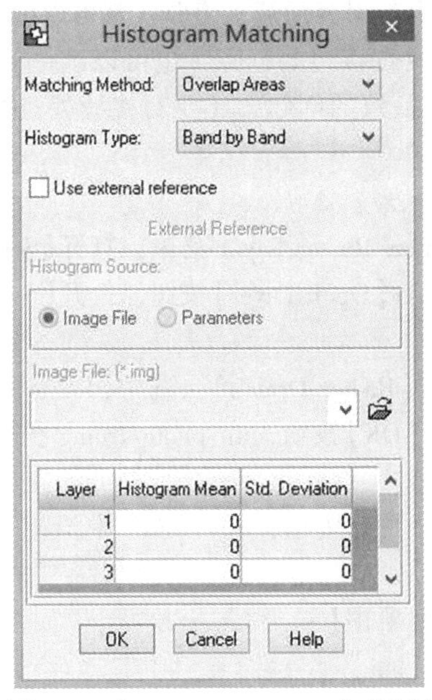

图 5.46 【Histogram Matching】对话框

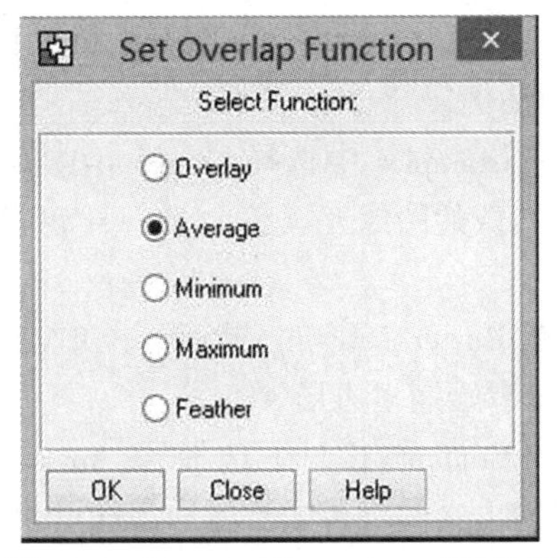

图 5.47 【Set Overlap Function】对话框

■ 设置叠加方法(Intersection Method)为无剪切线(No Cutline Exists)，重叠区像元灰度计算(Select Function)为均值(Average)，即叠加区各个波段的灰度值所有覆盖区域图像灰度的均值。

■ 单击【Apply】按钮应用设置，单击【Close】按钮关闭【Set Overlap Function】对话框。

5)运行 Mosaic 工具

(1)在 Mosaic Tool 工具条中选择输出图像模型(Set Mode For Output Images)按钮，

进入输出模式设置状态。选择【Run the Mosaic process to Disk】按钮，打开【Output File Name】对话框。或者在 Mosaic Tool 菜单条选择“Process/Run Mosaic”命令，打开【Output File Name】对话框。

(2)输出文件名为 wasia_mosaic. img，选择 Output Options 标签，选中忽略统计输出值(Stats Ignore Value)复选框。

(3)单击【OK】按钮，关闭【Run Mosaic】对话框，运行图像镶嵌。

6)退出 Mosaic 工具

在 Mosaic Tool 工具条选择 File/Close 菜单，系统提示是否保存 Mosaic 设置，单击【No】按钮不保存，关闭【Mosaic Tool】对话框，退出 Mosaic 工具。

7)检核

文件生成后，打开 Viewer#1 窗口，将叠合的图像(wasia-mosaic. img)加载进来。

2. 剪切线遥感图像镶嵌

以航空图像为例，利用剪切线，进行图像镶嵌。剪切线就是在镶嵌过程中，可以在相邻的两个图的重叠区域内，按照一定规则选择一条线作为两幅图的镶嵌线。主要是为了改善接边差异太大的问题。例如，在相邻的两个图上如果有河流、道路，就可以画一个沿着河流或者道路的剪切线，这样图像拼接后就很难发现接边的缝隙，也可以选择 ERDAS 提供的几个预定义的线形。为了去除接缝处图像不一致的问题，还要对接缝处进行羽化处理，使剪切线变得模糊并融入图像中。

1)拼接准备工作，设置输入图像范围

(1)在 Viewer 图标面板菜单条中选择 File/Open/Raster Layer 菜单，打开【Select Layer to Add】对话框。或在 Viewer 图标面板工具条中选择【Open Layer】按钮，打开【Select Layer to Add】对话框。

(2)在 examples 中选择 air-photo-1. img，单击【Raster Option】，选中【Fit to Frame】按钮，保证加载的图像充满整个 Viewer 窗口。单击【OK】按钮，air-photo-1. img 在 Viewer 窗口中显示。

(3)在 Raster/Drawing 界面下，单击【Polygon】按钮，在 Viewer 中沿着 air-photo-1. img 内轮廓绘制多边形 AOI。

(4)在 Contents 栏目下选择 *. Aoi，鼠标右键单击【Save Layer As...】，如图 5. 48 所示，设置输出文件路径以及名称，这里为 template. aoi。

注意：由于航片四周有框标，绘制 AOI 的目的就是为了去除框标，只利用内轮廓数据用于镶嵌。这里也可以根据研究的需要选择合适的范围绘制 AOI 用于镶嵌。

2)启动图像镶嵌工具

点击 MosaicPro 图标启动图像镶嵌。

3)加载镶嵌图像

(1)在 MosaicPro 图标面板菜单条选择【Edit/Add Images】菜单，打开【Add Images】对话框。或在 MosaicPro 图标面板工具条选择【Add Images】图标，打开【Add Images】窗口。

(2) 选择 air-photo-1. img，并选择 Image Area Options 标签，切换到【Image Area

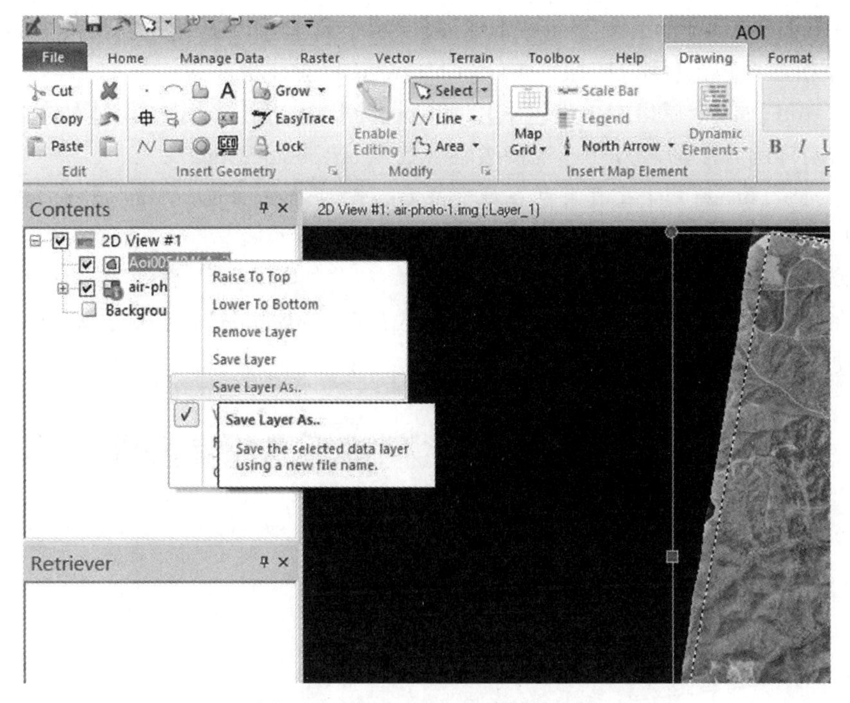

图 5.48　【Save AOI As】对话框图

Options】对话框。选择【Template AOI】，单击【Set】，打开【Choose AOI】对话框，如图 5.49 所示。

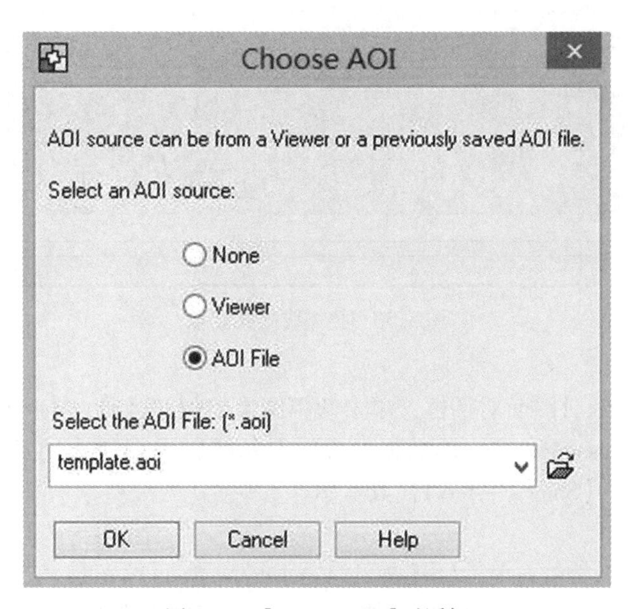

图 5.49　【Choose AOI】对话框

(3)在 Select AOI File 中加入 template. aoi 文件，即利用 AOI 记录的文件坐标包含的图幅范围用于拼接。单击【OK】按钮，关闭【Choose AOI】对话框。

(4)在 Add Images 窗口中单击【OK】，air-photo-1. img 在【Mosaic Tool】对话框中显示。

(5)以同样的方法加入另外一幅接边融合数据 air-photo-2. img。

注意：如果 Image List 没有自动在底部显示，则可以在 Mosaic Tool 图标面板菜单条选择【Edit/Image Lists】菜单条打开影像列表。

4)确定相交区域

(1)在 Mosaic Tool 工具条中选择【Set Mode For Intersection】按钮，两幅影像之间将会出现叠加线，如图 5. 50 所示。

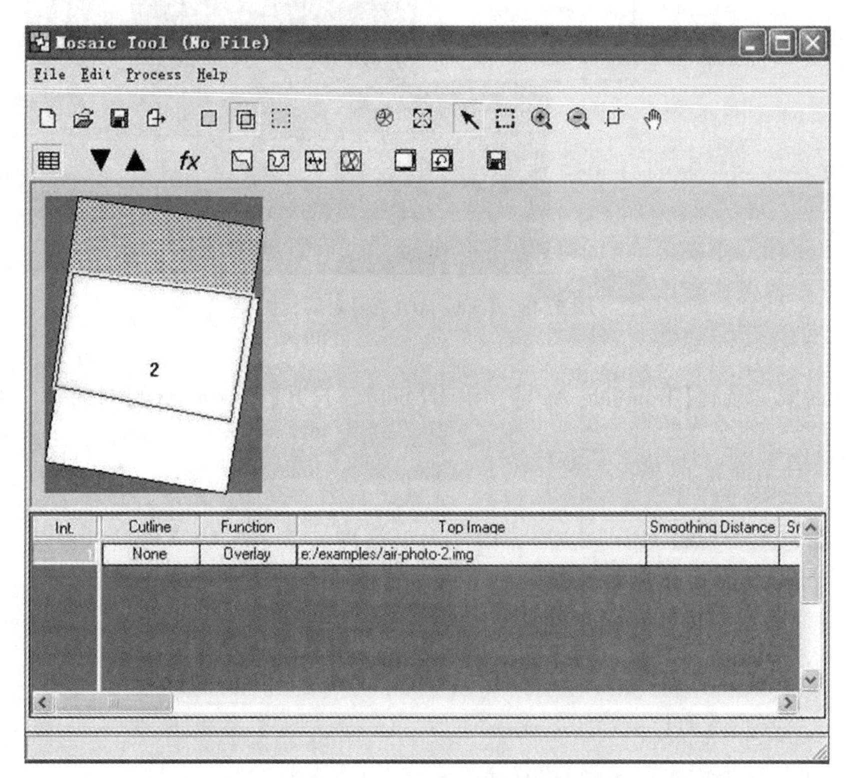

图 5. 50　叠加线高亮显示

(2)在【Mosaic Tool】图面对话框，单击两幅图像的相交区域，该区域将被高亮显示。

(3)在打开的 MosaicPro 窗口的数据列表中对每幅影像都勾选“Vis. ”，并点击工具栏中或 View 菜单下的【Show Rasters】使其显示。

5)绘制接缝线

在 Mosaic Tool 工具条，单击【Set Mode For Intersection】按钮，进入图像叠加关系模式设置。选择【Cutline Selection Viewer】按钮，打开接缝线选择窗口。打开绘制线状 AOI 工具，在叠加区绘制线状 AOI，如图 5. 51 所示。

在 Mosaic Tool 工具条中选择【Set Overlap Function】按钮 fx，打开【Set Overlap

Function】对话框(如图 5.52 所示)，设置如下：

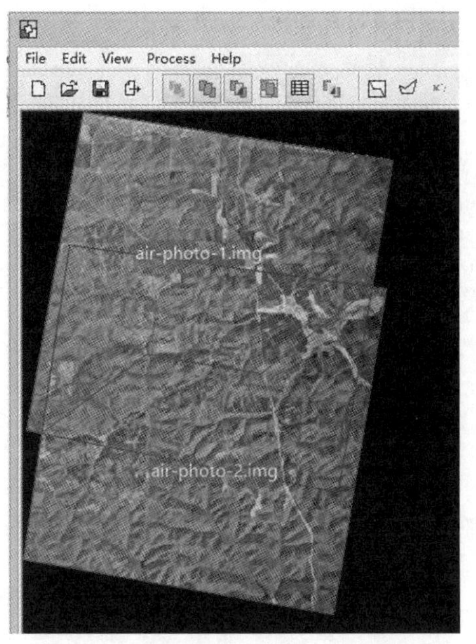

图 5.51 叠加区线状 AOI(图中虚线)

图 5.52 【Set Overlap Function】对话框

- 设置相交类型为 Cutline Exists。
- 设置 Feathering Options 为 Feathering，即对接缝线附近进行羽化操作，使接缝处影像显示效果比较一致。
- 单击【Apply】按钮应用设置。
- 单击【Close】按钮，关闭【Set Overlap Function】对话框。

6)定义输出图像

在 Mosaic Tool 工具条中选择【Set Mode For Output Images】按钮，进入图像输出模式设置。

在 Mosaic Tool 工具条中选择【Set Output Options Dialog】按钮，打开【Output Image Options】对话框，如图 5.53 所示，设置如下：

- 定义输出图像区域(Define Output Map Areas)为所有输入影像的范围(Union Of All Inputs)。
- 定义输出像元大小(Output Cell Size)，X 值为 10，Y 值为 10。
- 输出数据类型(Output Data Type)为 Unsigned 8 bit。
- 单击【OK】按钮，关闭【Output Image Options】对话框。

7)运行镶嵌功能

- 在 Mosaic Tool 工具条中选择【Run The Mosaic Process to Disk】按钮，打开【Output File Name】对话框。
- 设置拼接文件输出路径以及名称：这里命名为 AirMosaic.img。

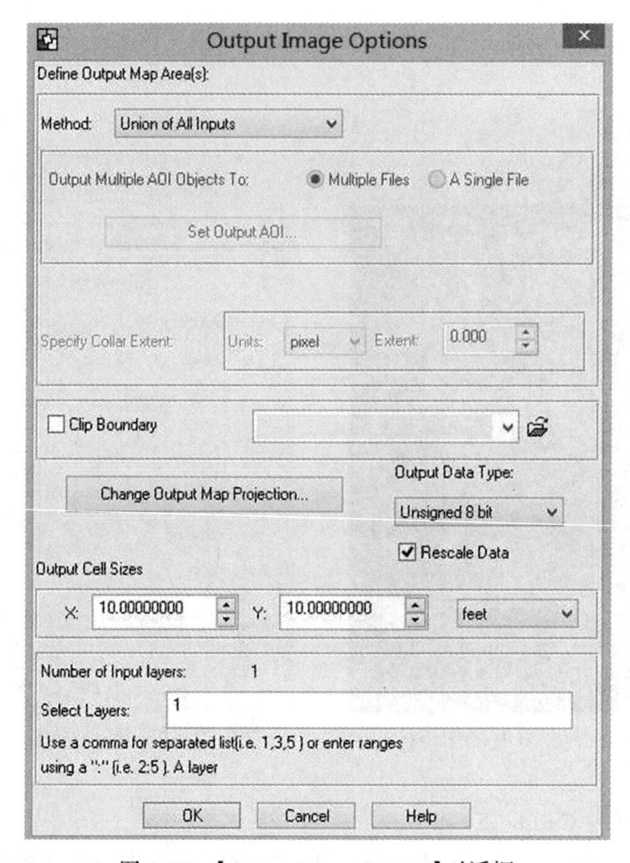

图 5.53 【Output Image Options】对话框

■ 选择 Output Options 标签，选中忽略统计值(Stats Ignore Value)按钮。

■ 返回到 File 标签，单击【OK】按钮，运行图像拼接。

8)退出图像镶嵌工具

在 Mosaic Tool 菜单条单击【File/Close】菜单，系统提示是否保存 Mosaic 设置，单击【NO】按钮，关闭 Mosaic Tool 对话框，退出 Mosaic 工具。

5.2.5 遥感图像裁切

实际工作中，我们经常会得到一幅覆盖较大范围的图像，而我们需要的数据只覆盖其中的一部分。为节约磁盘的存储空间，减少数据处理时间，经常需要从原始的很大范围的整景影像得到研究区的较小范围的遥感影像，这就是遥感影像的裁切。遥感影像的裁剪包括规则范围的裁切和不规则范围的裁切。规则的裁切包括矩形、正方形形状的遥感图像；不规则的裁切包括不规则范围的遥感图像。

1. 规则遥感图像裁切

规则分幅裁切是指裁切图像的边界范围是一个矩形，通过左上角和右下角两点的坐标就可以确定图像的裁切位置。

1)打开裁切工具

点击【Raster】选项卡，在 Geometry 标签组中点击 Subset&Chip 图标，在下拉菜单中点击 Create Subset Image 图标，如图 5.54 所示。

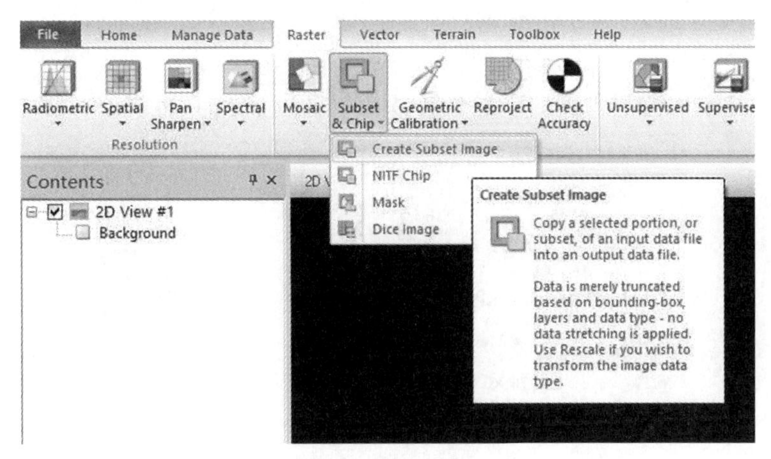

图 5.54　打开裁切工具

2)打开需要裁切的图像，设置裁切范围

(1)在文件列表中选择数据(以 eldoatm.img 为例)，单击【OK】按钮，在 Viewer 中显示数据。

(2)在 Viewer 菜单条中选择【Home】→【Inquire】→【Inquire Box】菜单，打开查询框。或者右击图面，进入 Quick View 菜单条，选择 Inquire Box 菜单，打开查询框。

(3)在此根据需要输入左上角点和右下角点的坐标，也可以在图幅窗口中直接拖动查询框到需要的范围。本例参数设置如图 5.55 所示，确定裁切区位置，如图 5.56 所示。

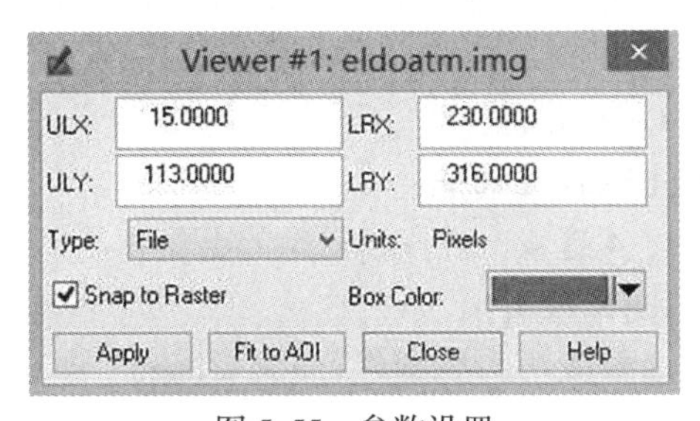

图 5.55　参数设置

图 5.56　裁切区位置

(4)单击【Apply】按钮。

3)根据设置好的裁切范围裁切图像

(1)在【Subset】对话框中，如图5.57所示，进行如下设置：

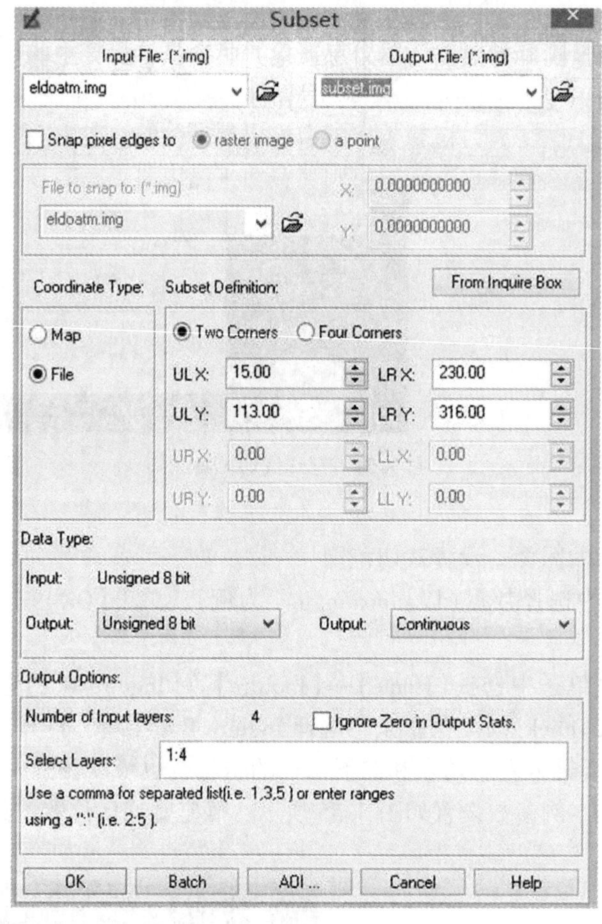

图5.57 【Subset】对话框

■ 选择处理图像文件(Input File)为eldoatm. img；

■ 输出文件名称(Output)为subset. img；

■ 单击【From Inquire Box】按钮引入裁切1)过程中设置的两个角点坐标，坐标类型(Coordinate Type)为Map；

■ 输出数据类型(Data Type)为Unsigned 8 Bit，Continuous；

■ 输出统计忽略零值，选中Ignore Zero In Output Stats复选框；

■ 输出波段(Select Layer)为1∶4(表示1、2、3、4这4个波段)。

(2)单击【OK】按钮(关闭【Subset】对话框，执行图像裁切)。

(3)文件生成后，分别打开两个Viewer窗口，加载裁切前后图像(subset. img)，如图5.58所示。

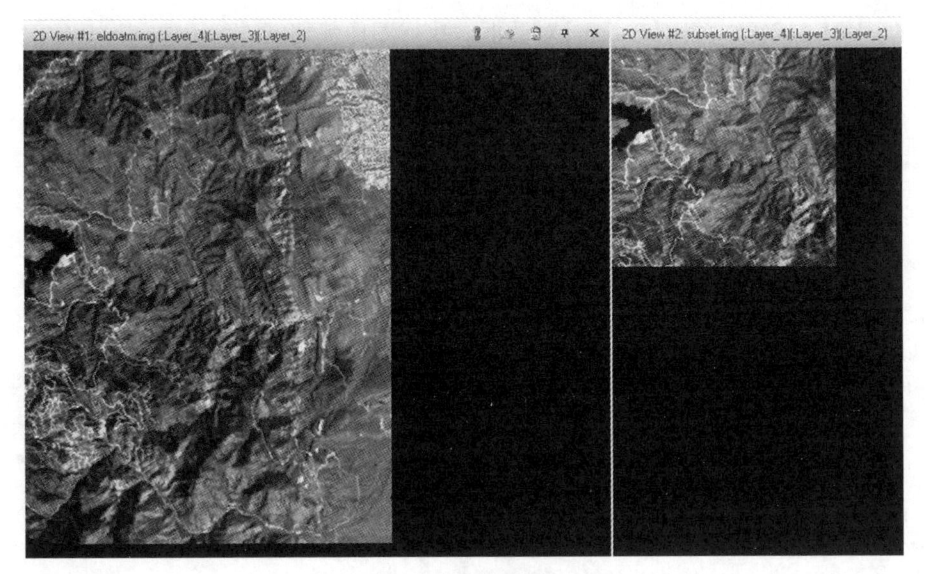

图 5.58　裁切前后结果对比图

2. 不规则遥感图像裁切

不规则遥感图像裁切是指裁切图像的边界范围是任意多边形，不通过左上角和右下角两点的坐标确定裁切范围，而必须事先设置一个完整的闭合多边形区域，可以利用 AOI 工具创建裁切多边形，然后利用分幅工具分割；也可以是 ArcGIS 的一个 Polygon Coverage，根据不同的区域选择不同的裁切方法。

1)用 AOI 区域裁切

AOI 是用户感兴趣区域(Area Of Interest)的缩写。

步骤如下：

(1)打开要裁切的图像 eldoatm. img，选择【Drawing】→ ，绘制想要的 AOI 区域。绘制完成后双击鼠标右键结束。

(2)点击【Raster】选项卡，在 Geometry 标签组中点击 Subset & Chip 图标，在下拉菜单中点击【Create Subset Image】图标。

(3)打开【Subset】对话框，如图 5.59 所示，设置如下：

■ 选择处理图像文件(Input File)为 eldoatm. img；

■ 输出文件名称(Output File)为 eldoatm_sub_aoi. img，并设置存储路径；

■ 单击【AOI】，打开【Choose AOI】对话框，选择 AOI 来源为 Viewer(或者为 AOI File)；如果是 Viewer，要注意如果需要多个 AOI，需要在 Viewer 中按住 Shift 键选中所需要的 AOI；如果是 AOI File，则进一步选择上一步中保存的 eldoatm_sub_aoi. img；

■ 输出数据类型(Data Type)为 Unsigned 8 Bit，Continuous；

■ 输出统计忽略零值，选中 Ignore Zero in Stats 复选框；

■ 设置输出波段(Select Layer)，这里选 1：4(表示 1、2、3、4 这 4 个波段)；

■ 单击【OK】按钮，关闭【Subset】对话框，执行图像裁切。

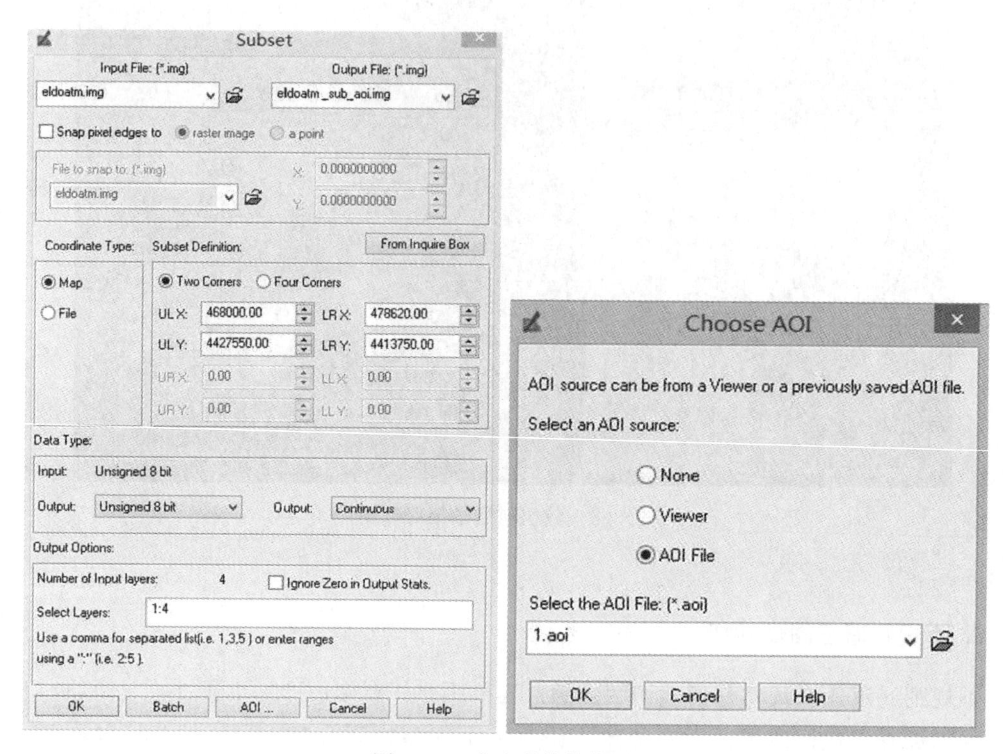

图 5.59　多边形裁剪范围

(4)文件生成后，分别打开 2 个 Viewer 窗口，加载裁切前后的图像，查看是否裁切成功，如图 5.60 所示。

图 5.60　裁切前后结果对比图

2)用 ArcGIS 的多边形裁切

如果按照行政区划边界或自然区划边界进行图像的分幅裁切，往往是首先利用 ArcInfo 或 ERDAS 的 Vector 模块绘制精确的边界多边形，然后以 ArcInfo 的 Polygon 为边界条件进行图像裁切。对于这种情况，需要调用 ERDAS 其他模块的功能，分以下两步完成：

(1)需要将其转换成栅格图像。

选择【Vector】→【Vector to Raster】，设置好参数后单击【OK】按钮完成转换。

(2)通过掩膜算法实现图像不规则裁切。

图像掩膜是按照一幅图像所确定的区域及区域编码，采用掩膜的方法从相应的另一幅图像中进行选择，产生一幅或若干幅输出图像。

具体方法如下：

■ 在 ERDAS Imagine 菜单栏中选择【Raster】→【Subset & Chip】→【Mask】选项，打开 Mask 对话框并设置参数，如图 5.61 所示。

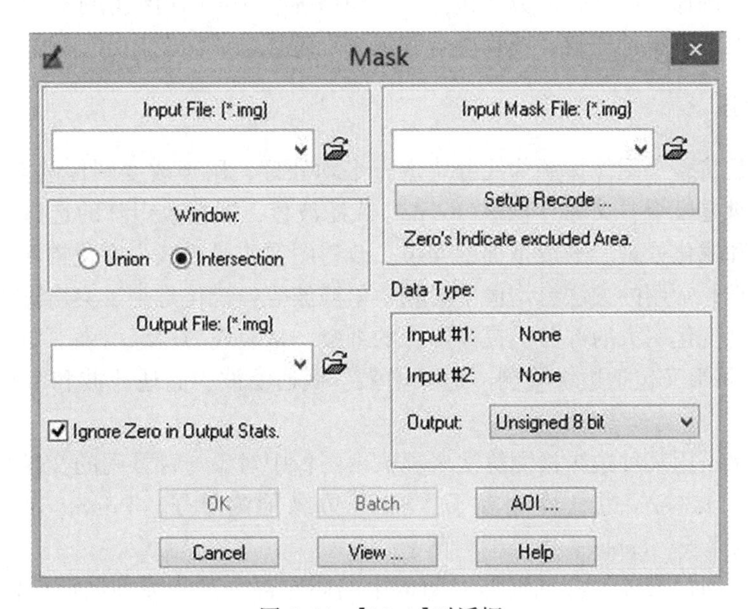

图 5.61 【Mask】对话框

■ 输入需裁切的图像文件名称；
■ 输入掩膜文件名称；
■ 单击【Setup Recode】设置裁切区域内 New Value 为 1，区域外取 0 值；
■ 确定掩膜区域作交集运算为 Intersection；
■ 确定输出图像文件名称；
■ 确定输出数据类型为 Unsigned 8 bit；
■ 输出统计忽略零值，即选中“Ignore Zero in Output Stats”；
■ 单击【OK】按钮，关闭【Mask】对话框，执行掩膜运算。

任务5.3 遥感图像增强处理

遥感图像在获取的过程中，由于受到大气的散射、反射、折射或者天气等的影响，获得的图像难免会有噪声或目视效果不好，如对比度不够、图像模糊；有时总体效果较好，但是所需要的信息不够突出，如线状地物或面状地物的边缘部分；或者有些图像的波段较多、数据量较大，如TM图像，但各波段的信息量存在一定的相关性，为进一步处理造成困难。针对上述问题，需要对图像进行增强处理。通过增强处理可以突出遥感图像中的有用信息，使图像中感兴趣的特征得以强调，使图像变得清晰，其主要目的是提高遥感图像的可解译性，为进一步的图像判读做好预处理工作。

5.3.1 遥感图像空间增强处理

遥感图像空间增强是利用像元自身及其周围像元的灰度值进行运算，达到增强整个图像之目的。遥感图像空间增强的方法包括：卷积增强、非定向边缘增强、聚焦分析、纹理分析、自适应滤波、统计滤波、图像融合和锐化处理。

1. 卷积增强

卷积增强是将整个图像按照像元分块进行平均处理，用于改变图像的空间频率特征。卷积运算的关键是模板，又称卷积核(Kernal)或滤波核，即系数矩阵的选择，主要用于对图像进行平滑和锐化处理。平滑是抑制噪声，改善图像质量或减少变化幅度，使亮度变化平缓所做的处理，常用的方法有均值平滑和中值滤波等；锐化是为了突出影像边缘、线性目标或某些亮度变化率大的部分，提高影像的细节，常表现为边缘增强。矩阵有3×3、5×5、7×7三组，每组又包括边缘检测、边缘增强、低通滤波、高通滤波和水平增强等处理方式。

边缘检测是采用某种边缘检测算法来提取出图像中对象与背景间的交界线。常用的边缘检测算子有：Roberts 边缘检测算子、Sobel 边缘检测算子、Prewitt 边缘检测算子、Canny 边缘检测算子、Laplace 边缘检测算子。

低通滤波是通过 $H(u, v)$ 滤波器对图像中的高频部分削弱或抑制而保留低频部分的滤波方法。由于图像的噪声主要集中在高频部分，所以低频滤波可以抑制噪声，同时强调低频部分，图像就变得平滑。

高通滤波是通过 $H(u, v)$ 滤波器对图像中边缘信息进行突出，是对图像进行锐化的方法。

选择 EDRAS 面板菜单【Raster】→【Spatial】→【Convolution】命令，打开【Convolution】(卷积增强)对话框，如图5.62所示。在对话框中，主要设置如下参数：

- 确定输入文件(Input File)为 lanier. img；
- 定义输出文件(Input File)为 convolution. img；
- 选择卷积算子(Kernal Selection)；
- 卷积算子文件(Kernal Library)为 default. klb；

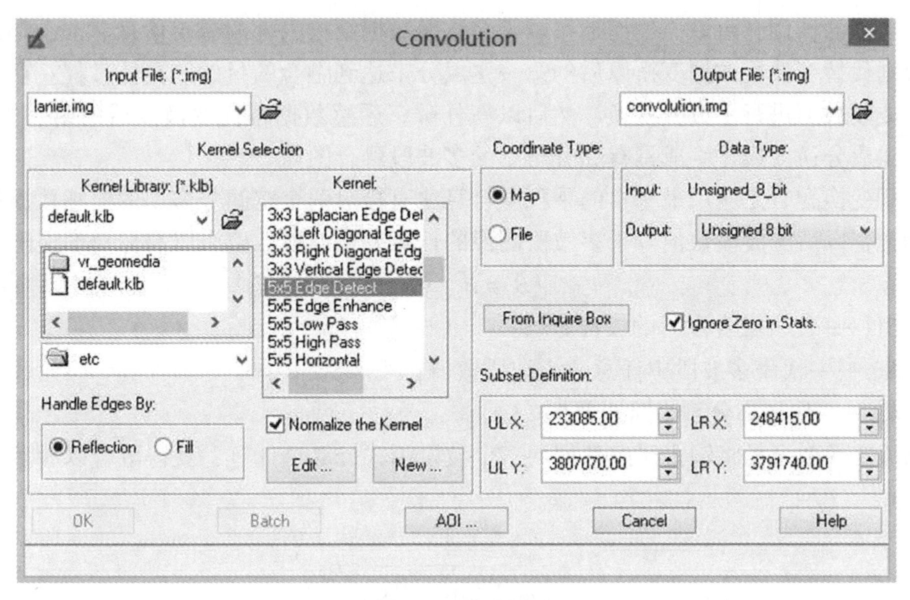

图 5.62　卷积增强

- 卷积算子类型(Kernal)为 5×5Edge Detect;
- 边缘处理方法(Handle Edges)为 Reflection;
- 卷积归一化处理，选中 Normalize the Kernal 复选框;
- 文件坐标类型(Coordinate Type)为 Map;
- 输出数据类型(Output Data Type)为 Unsigned 8 bit;
- 单击【OK】按钮(关闭【Convolution】对话框，执行卷积增强处理)。

2. 图像融合

遥感技术的发展为人们提供了丰富的多源遥感数据，这些来自不同传感器的数据具有不同的时间、空间和光谱分辨率以及不同的极化方式。单一传感器获取的图像信息量有限，往往难以满足应用的需要，通过图像融合，可以从不同的遥感图像中获得更多的有用信息，补充单一传感器的不足。

图像融合(Resolution Merge)是对不同空间分辨率遥感图像的融合处理，使处理后的遥感图像既具有较好的空间分辨率，又具有多光谱特征，从而达到增强图像的目的。

例如：全色图像一般具有较高空间分辨率，多光谱图像光谱信息较丰富，为提高多光谱图像的空间分辨率，可以将全色图像融合多光谱图像。通过图像融合，既可以提高多光谱图像空间分辨率，又能保留其多光谱特性。

图像分辨率融合的关键是融合前两幅图像的配准以及处理过程中融合方法的选择，只有将不同空间分辨率的图像进行精确地配准，才可能得到满意的融合效果；而对于融合方法的选择，则取决于被融合的图像的特性以及融合的目的。

遥感图像融合的方法包括主成分变换融合、乘积变换融合和比值变换融合。

主成分变换融合是建立在图像统计特征基础上的多维线性变换，具有方差信息浓缩、数据量压缩的作用，可以更确切地揭示了多波段数据结构内部的遥感信息。常常是以高分辨率数据代替多波段数据变换以后的第一主成分来达到融合的目的。具体过程：首先对输入的多波段数据进行主成分变换，然后以高分辨率遥感数据替代变换以后的第一主成分，再进行主成分逆变换，生成具有高分辨率的多波段融合图像。

乘积变换融合是应用最基本的乘积组合算法直接对两个空间分辨率的遥感数据进行合成，即融合以后的波段数值等于多波段图像的任意一个波段数值乘以高分辨率遥感数据。

$$B_i' = B_{im} \cdot B_h \tag{5-13}$$

式中：B_i'——代表融合以后的波段数值；

B_{im}——代表多波段中任意一个波段数值；

B_h——代表高分辨率遥感数据。

比值变换融合是将输入遥感数据的三个波段用式(5-14)计算，获得融合以后多波段的数值。

$$B_i' = \frac{B_{im}}{B_{rm} + B_{gm} + B_{bm}} \cdot B_h \tag{5-14}$$

式中：B_i'——代表融合以后的波段数值；

B_{im}——代表红、绿、蓝 3 波段中任意一个波段数值；B_{rm}、B_{gm}、B_{bm} 分别代表红、绿、蓝 3 波段的数值；

B_h——代表高分辨率遥感数据。

选择 EDRAS 面板菜单【Raster】→【Pan Sharpen】→【Resolution Merge】命令，打开【Resolution Merge】(图像融合)对话框，如图 5.63 所示。在【Resolution Merge】对话框中，需要设置下列参数：

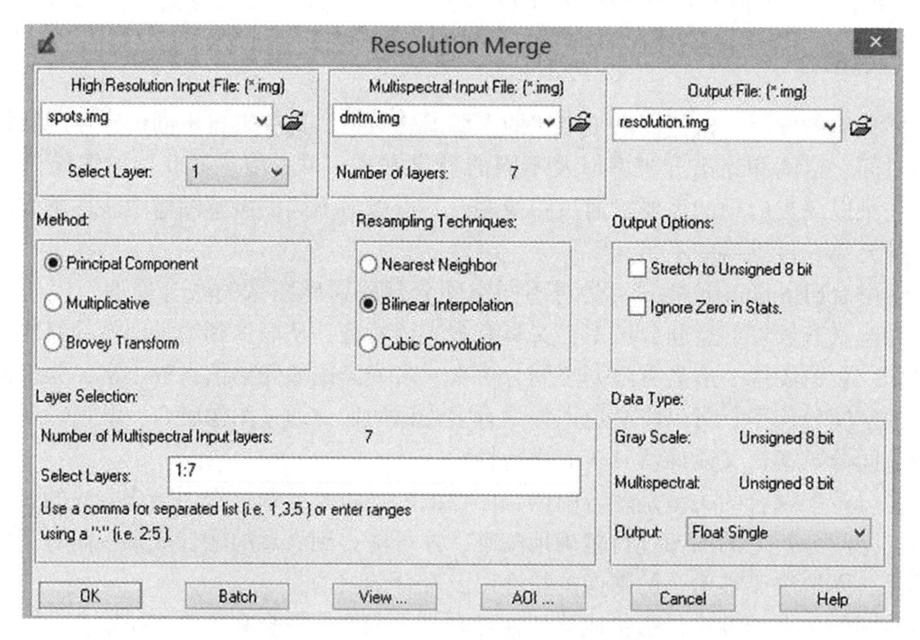

图 5.63　【Resolution Merge】对话框

■ 确定高分辨率输入文件(High Resolution Input File)为 spots. img;
■ 确定多光谱输入文件(Multispectral Input File)为 dmtm. img;
■ 定义输出文件(Input File)为 resolution. img;
■ 选择融合方法(Method)为 Principle Component(主成分变换法)。系统提供的另外两种融合方法是 Mutiplicative(乘积方法)和 Brovey Transform(比值变换方法);
■ 选择重采样方法(Resampling Techniques)为 Bilinear Interpolation;
■ 输出数据选择(Output Option)为 Stretch Unsigned 8bit;
■ 输出波段选择(Layer Selection)为 Select Layers: 1: 7;
■ 单击【OK】按钮(关闭【Resolution Merge】对话框,执行分辨率融合)。

3. 聚焦分析

聚焦分析使用类似卷积滤波的方法对图像数值进行多种分析,基本算法是在所选窗口范围内,根据所定义函数,应用窗口范围内的像素数值计算窗口中心像素的值,达到增强的目的。输入文件名,输出数据类型选择"Unsigned 8bit",聚集窗口大小为 5×5,调整窗口形状和大小,算法(Function)为"Median"。

在 ERDAS 面板上,选择【Raster】→【Spatial】→【Focal Analysis】命令,打开【Focal Analysis】(图像聚焦分析)对话框,如图 5.64 所示,可进行均值滤波、中值滤波操作等。其主要参数设置见表 5.7。

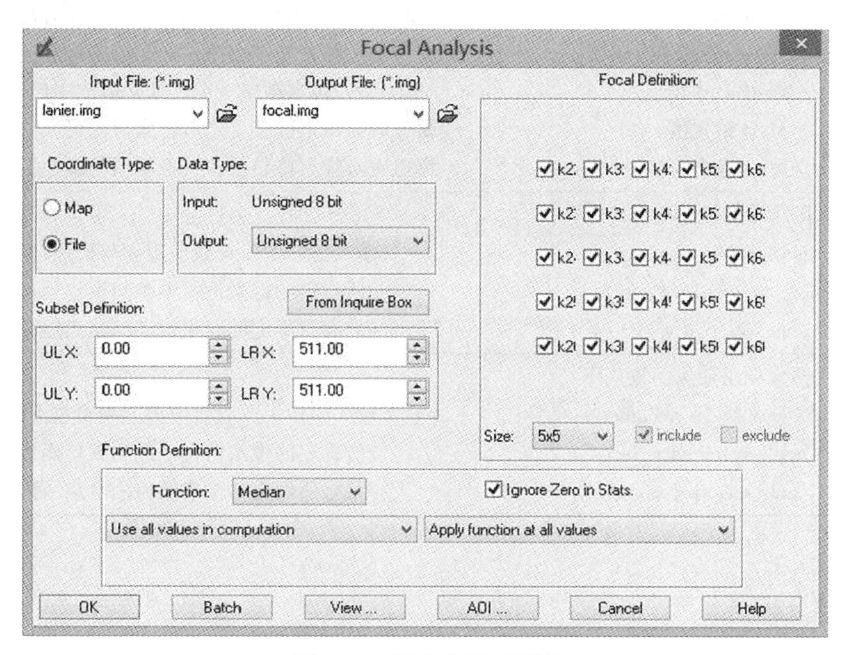

图 5.64　聚焦分析对话框

在【Focal Analysis】对话框中,需要设置下列参数:
■ 确定输入文件(Input File)为 lanier. img;

■ 定义输出文件(Input File)为 focal. img;

■ 处理范围确定(Subset Definition)，在 ULX/Y、LRX/Y 微调框中输入需要的数值(默认状态为整个图像范围，可以应用 Inquire Box 定义窗口)。

■ 输出数据类型(Output Data Type)为 Unsigned 8 bit;

■ 选择聚焦窗口(Focal Definition)，包括窗口大小和形状;

■ 窗口大小(Size)为 5×5(或 3×3 或 7×7);

■ 窗口默认形状为矩形，可以调整为各种形状(如菱形);

■ 聚焦函数定义(Function Definition)，包括算法和应用范围;

■ 算法(Function)为 Max(或 Min/Sum/Mean/SD/Median);

■ 应用范围包括输入图像中参与聚焦运算的数值范围(3 种选择)和输入图像中应用聚焦运算函数的数值范围(3 种选择);

■ 输出数据统计时忽略为零值，选中"Ignore Zero in Stats"复选框;

■ 单击【OK】按钮(关闭【Focal Analysis】对话框，执行聚焦分析)。

表 5.7 **聚焦分析窗口主要参数设置及意义**

聚焦函数选择项	聚焦函数选项意义
聚焦函数算法	
Sum(总和)	窗口中心像素被整个窗口像素值的和所代替
Mean(均值)	窗口中心像素被整个窗口像素值的均值所代替
SD(标准差)	窗口中心像素被整个窗口像素值的标准差所代替
Median(中值)	窗口中心像素被整个窗口像素值的中值所代替
Max(最大值)	窗口中心像素被整个窗口像素值的最大值所代替
Min(最小值)	窗口中心像素被整个窗口像素值的最小值所代替
输入图像参与聚焦运算范围	
Use all values in computation	输入图像中所有数值都参与聚焦运算
Ignore specified value(s)	所确定的像素值将不参与聚焦运算
Use only specified value(s)	只有所确定的像素值参与聚焦运算
输入图像应用聚焦函数范围	
Apply all values in computation	输入图像中所有数值都应用聚焦函数
Don't apply specified value(s)	所确定的像素值将不应用聚焦函数
Apply only specified value(s)	只有所确定的像素值应用聚焦函数

4. 纹理分析

纹理分析(Texture Analysis)通过在一定的窗口内进行二次变异分析(2nd-order Variance)或三次非对称分析(3rd-order Skewness)，使雷达图像或其他图像的纹理结构得到增强。

在 ERDAS 面板上，选择【Raster】→【Spatial】→【Texture】命令，打开图像【Texture

Analysis】(纹理分析)对话框，如图 5.65 所示。

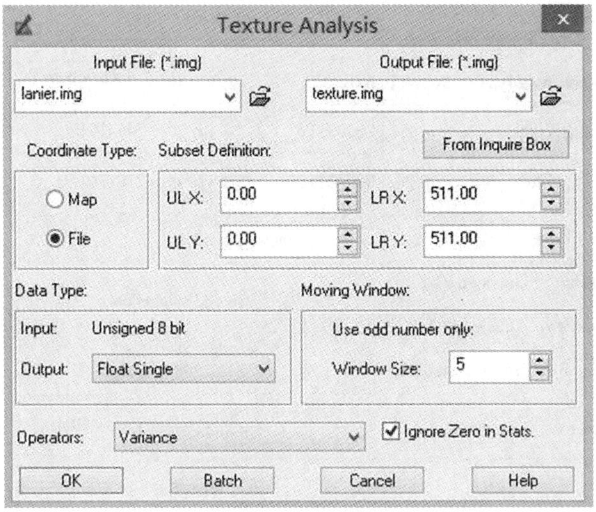

图 5.65 纹理分析对话框

在【Texture Analysis】对话框中，需要设置下列参数：

■ 确定输入文件(Input File)为 lanier. img；

■ 定义输出文件(Output File)为 texture. img；

■ 文件坐标类型(Coordinate Type)为 Map；

■ 处理范围确定(Subset Definition)，在 ULX/Y、LRX/Y 微调框中输入需要的数值(默认状态为整个图像范围，可以应用 Inquire Box 定义窗口)；

■ 输出数据类型(Output Data Type)为 Float Single；

■ 操作函数定义(Operators)为 Variance(或 Skewness)；

■ 窗口大小确定(Window Size)为 5×5(或 3×3 或 7×7)；

■ 输出数据统计时忽略为零值，选中"Ignore Zero in Stats."复选框；

■ 单击【OK】按钮(关闭【Texture Analysis】对话框，执行纹理分析)。

5. 自适应滤波

自适应滤波(Adaptive Filter)是应用 Wallis Adaptive Filter 方法对图像的感兴趣区域(AOI)进行对比度拉伸处理，从而达到图像增强的目的。关键是移动窗口大小和乘积倍数大小的定义，移动窗口大小可以任意选择，如 5×5、3×3、7×7 等，请注意通常都确定为奇数；而乘积倍数大小是为了扩大图像反差或对比度，可以根据需要确定。

在 ERDAS 面板上，选择【Raster】→【Spatial】→【Adaptive Filter】命令，打开【Wallis Adaptive Filter】(自适应滤波)对话框，如图 5.66 所示。

在【Wallis Adapter Filter】对话框中，需要设置下列参数：

■ 确定输入文件(Input File)为 lanier. img；

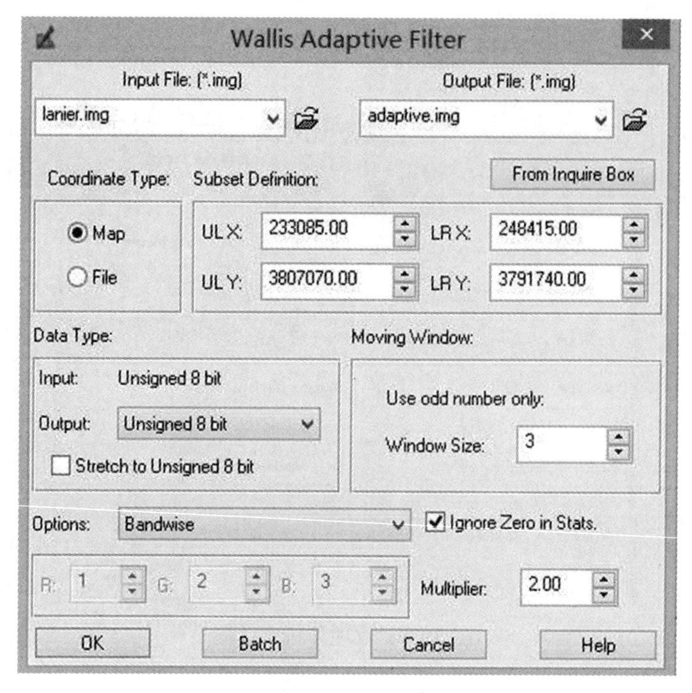

图 5.66　自适应滤波

■ 定义输出文件(Output File)为 adaptive. img;

■ 文件坐标类型(Coordinate Type)为 Map;

■ 处理范围确定(Subset Definition), 在 ULX/Y、LRX/Y 微调框中输入需要的数值(默认状态为整个图像范围, 可以应用 Inquire Box 定义窗口);

■ 输出数据类型(Output Data Type)为 Unsigned 8 bit;

■ 移动窗口大小为 3(表示 3×3);

■ 输出文件选择(Option)Bandwise(逐个波段进行滤波)或 PC(仅对主成分变换后的第一主成分进行滤波);

■ 乘积倍数定义(Multiplier)为 2(用于调整对比度);

■ 输出数据统计时忽略为零值, 选中"Ignore Zero in Stats."复选框;

■ 单击【OK】按钮(关闭【Wallis Adapter Filter】对话框, 执行自适应滤波)。

6. 锐化增强

锐化增强处理(Crisp Enhancement)实质上是通过对图像进行卷积滤波处理, 使整景图像的亮度得到增强而不使其专题内容发生变化, 从而达到图像增强的目的。根据其底层的处理过程, 又可以分为两种方法: 其一是根据用户定义的矩阵直接对图像进行卷积处理; 其二是首先对图像进行主成分变换, 并对第一主成分进行卷积滤波, 然后再进行主成分逆变换。

常用的锐化处理的方法包括: 微分法、卷积处理、统计区分法、频率域高通滤波法等。

在 ERDAS 面板上, 选择【Raster】→【Spatial】→【Crisp】命令, 打开【Crisp】(锐化增强处理)对话框, 如图 5.67 所示。

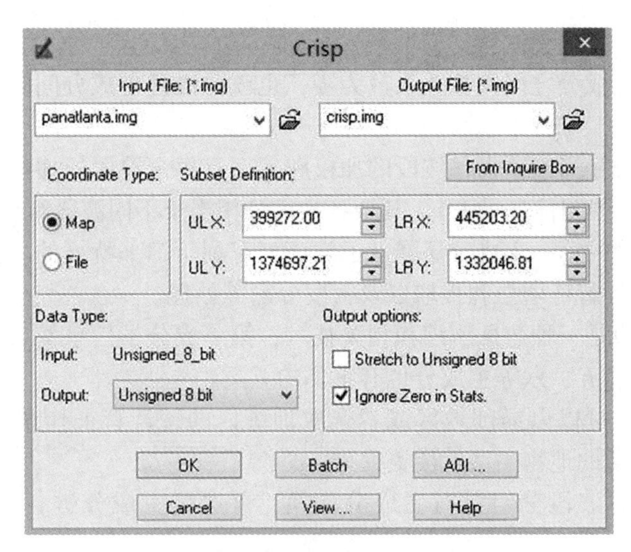

图 5.67 锐化增强处理对话框

在【Crisp】对话框中，需要设置下列参数：

■ 确定输入文件(Input File)为 panatlanta. img;

■ 定义输出文件(Output File)为 crisp. img;

■ 文件坐标类型(Coordinate Type)为 Map;

■ 处理范围确定(Subset Definition)，在 ULX/Y、LRX/Y 微调框中输入需要的数值(默认状态为整个图像范围，可以应用 Inquire Box 定义子区)；

■ 输出数据类型(Output Data Type)为 Unsigned 8 bit;

■ 输出数据统计时忽略为零值，选中"Ignore Zero in Stats."复选框；

■ 单击【OK】按钮(关闭【Crisp】对话框，执行锐化增强处理)。

5.3.2 遥感图像光谱增强处理

遥感图像光谱(Spectral Enhancement)增强处理是基于多波段数据对每个像元的灰度值进行变换，达到图像增强的目的。光谱增强的方法包括：主成分变换、主成分逆变换、去相关拉伸、缨帽变换、色彩变换、色彩逆变换、指数计算和自然色彩变换。

1. 主成分变换(Principal Component Analysis, PCA)

主成分变换是一种常用的数据压缩方法，它可以将具有相关性的多波段数据压缩到完全独立的较少的几个波段上，使图像更易于解译。主成分变换是建立在统计特征上的多维正交线性变换，是一种离散的 K-L 变换。

主成分变换具有以下性质和特点：

(1)由于主成分变换是正交线性变换。变换前后的方差总和不变，变换只是把原来的方差按权值再分配到新的主成分图像中。

(2)第一主成分包含了方差的绝大部分(一般在 80%以上)，其余各主成分的方差依次减小。

(3)变换后各主成分之间的相关系数为零，也就是说各主成分间的内容是不同的，是“垂直”的。

(4)第一主成分相当于原来各波段的加权和，而且每个波段的加权值与该波段的方差大小成正比(方差大说明信息量大)。其余各主成分相当于不同波段组合的加权差值图像。

(5)主成分变换的第一主成分还降低了噪声，有利于细部特征的增强和分析，适用于进行高通滤波，线性特征增强和提取以及密度分割等处理。

(6)主成分变换是一种数据压缩和相关技术，第一成分虽信息量大，但有时对于特定的专题信息，第四、五、六等主成分也有重要的意义。

(7)在图像中，可以以局部地区或者选取训练区的统计特征作整个图像的主成分变换，则所选部分图像的地物类型就会更突出。

(8)可以将所有波段分组进行主成分变换，再选择主成分进行假彩色合成或其他处理。

(9)主成分变换在几何意义上相当于空间坐标旋转了一个角度，第一主成分坐标轴一定指向光谱空间中数据散布最大的方向；第二主成分则取与第一主成分正交且数据散布次大的方向，其余依次类推。此过程可实现数据压缩和图像增强。

在 ERDAS 面板上，选择【Raster】→【Spectral】→【Principal Components】命令，打开【Principal Components】(主成分变换)对话框，如图 5.68 所示。

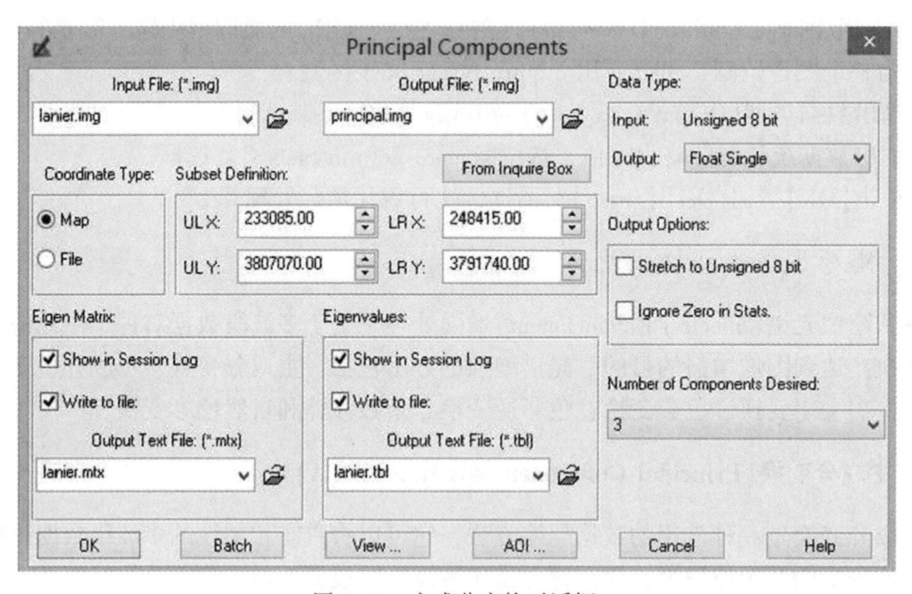

图 5.68　主成分变换对话框

在【Principal Components】对话框中，需要设置下列参数：

- 确定输入文件(Input File)为 lanier. img；
- 定义输出文件(Output File)为 principal. img；

■ 文件坐标类型(Coordinate Type)为 Map;
■ 处理范围确定(Subset Definition), 在 ULX/Y、LRX/Y 微调框中输入需要的数值(默认状态为整个图像范围, 可以应用 Inquire Box 定义子区);
■ 输出数据类型(Output Data Type)为 Float Single;
■ 输出数据统计时忽略为零值, 选中"Ignore Zero in Stats"复选框;
■ 若需要运行日志中显示, 选中"Show in Session Log"复选框;
■ 若需要写入特征矩阵文件, 选中"Write to File"复选框;
■ 特征矩阵文件名(Eigen Matrix)为 lanier. tbl;
■ 需要转换的主成分数量(Number of Components Desired)为 3;
■ 单击【OK】按钮(关闭【Crisp】对话框, 执行锐化增强处理)。

注意: 特征矩阵(Eigen Matrix): (需要逆变换时必选项)是矩阵 A 的表现形式; 特征值(Eigen Values): 特征值表示波段信息量的大小; 主成分的数量(Number of Components Desired): 其数量小于输入图像的波段数; 运行日记中显示(Show in Session Log): 输出结果在运行日记中显示; 对变换的图像, 利用输出的特征矩阵、特征值(属于文本文件, 可用写字板打开)对各成分进行分析, 并将结果记录下来。

2. 主成分逆变换(Inverse Principal Components)

将经主成分变换获得的图像重新恢复到 RGB 彩色空间, 应用时输入的图像必须是由主成分变换得到的图像, 而且必须有当时的特征矩阵(*. mtx)参与变换。

在 ERDAS 面板上, 选择【Raster】→【Spectral】→【Inverse Principal Components】命令, 打开【Inverse Principal Components】(主成分逆变换)对话框, 如图 5. 69 所示。

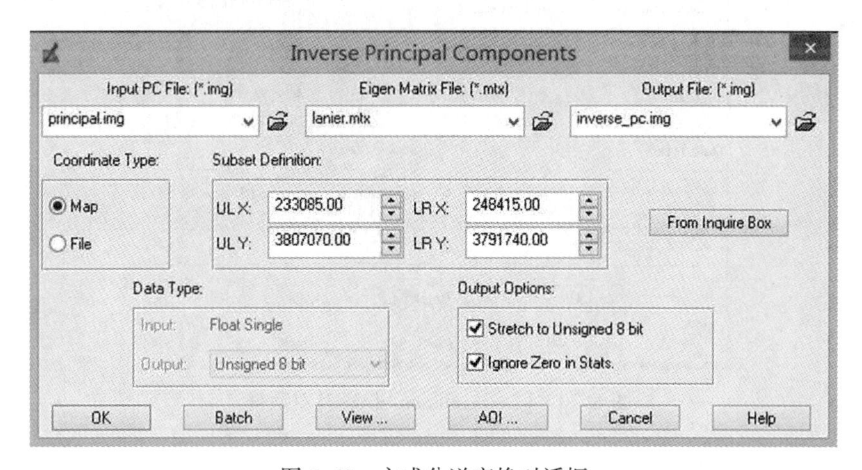

图 5. 69　主成分逆变换对话框

在【Inverse Principal Components】对话框中, 需要设置下列参数:

■ 确定输入文件(Input File)为 principal. img(经主成分变换的图像或成分被替换的图像);

■ 确定特征矩阵(Eigen Matrix File)为 Lanier. mtx(正变换时生成的特征矩阵文件);
■ 定义输出文件(Output File)为 inverse_pc. img;
■ 文件坐标类型(Coordinate Type)为 Map;
■ 处理范围确定(Subset Definition), 在 ULX/Y、LRX/Y 微调框中输入需要的数值(默认状态为整个图像范围, 可以应用 Inquire Box 定义子区);
■ 输出数据选择(Output Options);
■ 若输出数据拉伸到 0~255, 请选中"Stretch to Unsigned 8 bit"复选框;
■ 若输出数据统计时忽略零值, 请选中"Ignore Zero in Stats"复选框;
■ 单击【OK】按钮, 关闭【Inverse Principal Components】对话框, 执行主成分逆变换。

3. 去相关拉伸(Decorrelation Stretch)

去相关拉伸是对图像的主成分进行对比度拉伸处理, 而不是对原始图像进行拉伸。实际操作时, 只需要输入原始图像, 系统将首先对原始图像进行 PCA 变换, 并对主成分图像进行对比度拉伸处理, 然后进行 IPCA 变换, 依据当时的特征矩阵, 将图像恢复到 RGB 空间。

在 ERDAS 面板上, 选择【Raster】→【Spectral】→【Decorrelation Stretch】命令, 打开【Decorrelation Stretch】(去相关拉伸)对话框, 如图 5. 70 所示。

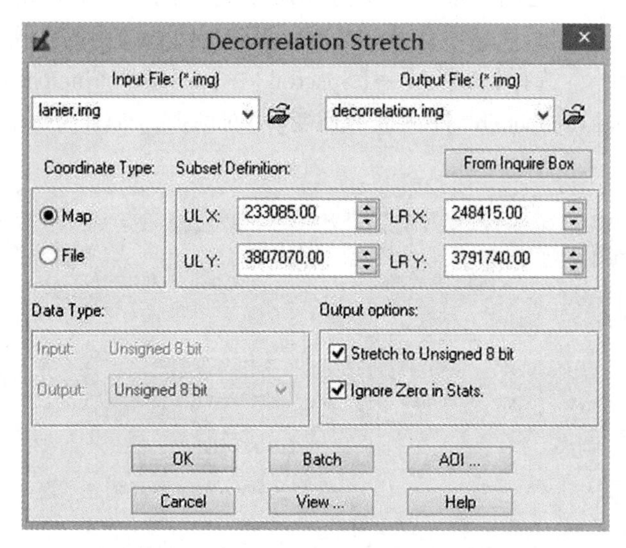

图 5. 70　【Decorrelation Stretch】对话框

在【Decorrelation Stretch】对话框中, 需要设置下列参数:
■ 确定输入文件(Input File)为 lanier. img;
■ 定义输出文件(Output File)为 decorrelation. img;
■ 文件坐标类型(Coordinate Type)为 Map;
■ 处理范围确定(Subset Definition), 在 ULX/Y、LRX/Y 微调框中输入需要的数值(默认状态为整个图像范围，可以应用 Inquire Box 定义子区)；

- 输出数据选择(Output Options)；
- 若输出数据拉伸到 0~255，请选中“Stretch to Unsigned 8 bit”复选框；
- 若输出数据统计时忽略零值，请选中“Ignore Zero in Stats.”复选框；
- 单击【OK】按钮，关闭【Decorrelation Stretch】对话框，执行去相关拉伸。

4. 缨帽变换(Tasseled Cap)

1976 年，Kauth 和 Thomas 构造了一种新的线性变换方法——Kauth-Thomas 变换，简称 K-T 变换，形象地称为缨帽变换。缨帽变换旋转坐标空间，但旋转后的坐标轴不是指向主成分的方向，而是指向另一个方向，这些方向与地物有密切的关系，特别是与植物生长过程和土壤有关。缨帽变换既可以实现信息压缩，又可以帮助判断分析农作物特征，因此有很大的实际应用意义。

缨帽变换的基本思想是多波段(N 波段)图像可以看作 N 维空间，每一个像元都是 N 维空间中的一个点，其位置取决于像元在各个波段上的数值。研究表明，植被信息可以通过 3 个数据轴(亮度轴、绿度轴和湿度轴)来确定，而这 3 个轴的信息可以通过简单的线性计算和数据空间旋转获得，当然还需要定义相关的转换系数；同时，这种旋转与传感器有关，因而还需要确定传感器类型。

在 ERDAS 面板上，选择【Raster】→【Spectral】→【Tasseled Cap】命令，打开【Tasseled Cap】(缨帽变换)对话框，如图 5.71 所示。

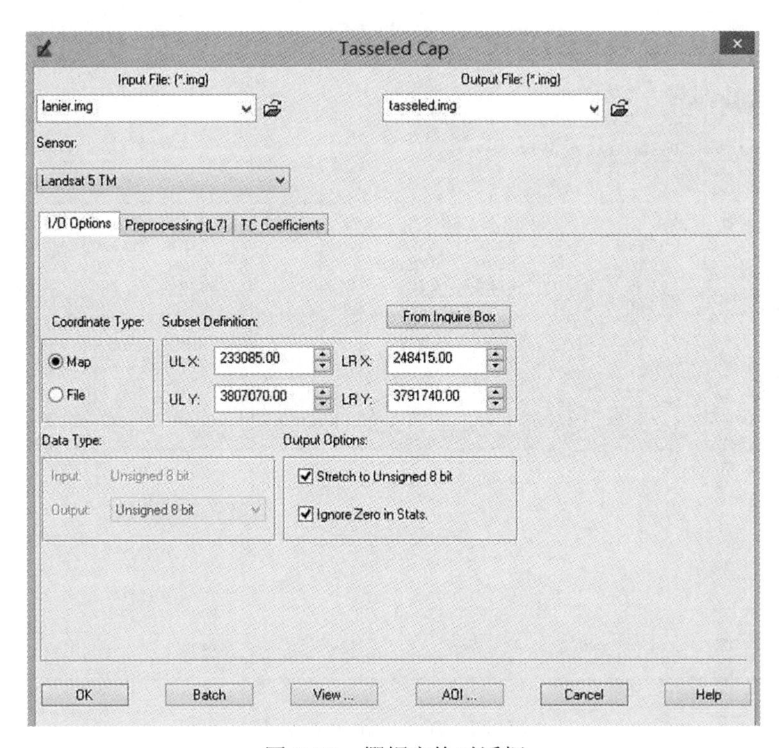

图 5.71　缨帽变换对话框

在【Tasseled Cap】对话框中，需要设置下列参数：

■ 确定输入文件(Input File)为 lanier. img

■ 定义输出文件(Output File)为 tasseled. img;

■ 文件坐标类型(Coordinate Type)为 Map;

■ 处理范围确定(Subset Definition)，在 ULX/Y、LRX/Y 微调框中输入需要的数值(默认状态为整个图像范围，可以应用 Inquire Box 定义子区);

■ 输出数据选择(Output Options);

■ 若输出数据拉伸到 0~255，请选中“Stretch to Unsigned 8 bit”复选框;

■ 若输出数据统计时忽略零值，请选中“Ignore Zero in Stats.”复选框;

■ 定义相关系数(Set Coefficients)，单击【Set Coefficients】按钮;

■ 打开 Tasseled Cap Coefficients 对话框;

■ 首先确定传感器类型(Sensor)为 Landsat 5 TM;

■ 定义相关系数 Coefficients Definition，可利用系统默认值;

■ 单击【OK】按钮(关闭 Tasseled Cap Coefficients)对话框;

■ 单击【OK】按钮，关闭【Tasseled Cap】对话框，执行缨帽变换。

注意：不同的传感器，其变换矩阵是不一样的。系统自动切换到该传感器的变换矩阵 TC Coefficients 页面，如图 5.72 所示。

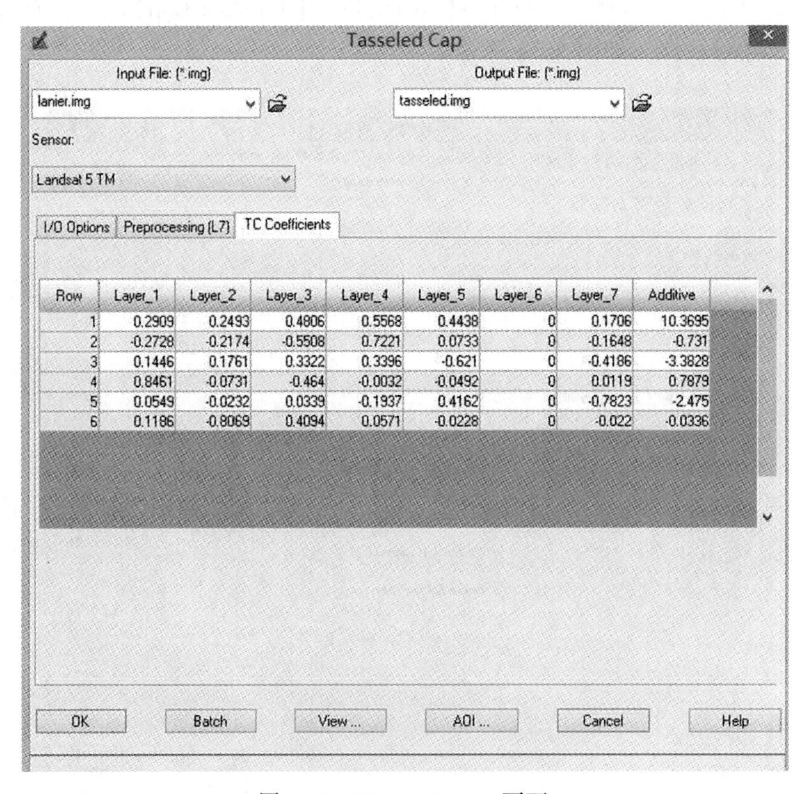

Row	Layer_1	Layer_2	Layer_3	Layer_4	Layer_5	Layer_6	Layer_7	Additive
1	0.2909	0.2493	0.4806	0.5568	0.4438	0	0.1706	10.3695
2	-0.2728	-0.2174	-0.5508	0.7221	0.0733	0	-0.1648	-0.731
3	0.1446	0.1761	0.3322	0.3396	-0.621	0	-0.4186	-3.3828
4	0.8461	-0.0731	-0.464	-0.0032	-0.0492	0	0.0119	0.7879
5	0.0549	-0.0232	0.0339	-0.1937	0.4162	0	-0.7823	-2.475
6	0.1186	-0.8069	0.4094	0.0571	-0.0228	0	-0.022	-0.0336

图 5.72　TC Coefficients 页面

5. 色彩变换

在图像处理中通常应用两种彩色坐标系：一种是由红(R)、绿(G)、蓝(B)构成的彩色空间(RGB 空间)；另一种是由亮度(I，Intensity)、色调(H，Hue)、饱和度(S，Saturation)三个变量构成的彩色空间(IHS 空间)。也就是说一种颜色既可以用 RGB 空间内的 R、G、B 来描述(物理)，也可以用 IHS 空间的 I、H、S 来描述(人的主观感觉)。

在 IHS 空间，亮度是指人眼对光源或物体明亮程度的感觉，一般来说与物体的反射率成正比，取值范围为 0~1；色调也称色别，是指彩色的类别，是彩色彼此相互区分的特征，取值范围是 0~360；饱和度代表颜色的纯度，一般来说颜色越鲜艳饱和度也越大，取值范围为 0~1。

色彩变换(RGB to IHS)是将遥感图像从红(R)、绿(G)、蓝(B)3 种颜色组成的彩色空间转换到以亮度(I)、色度(H)、饱和度(S)作为定位参数的彩色空间，以便使图像的颜色与人眼看到的更为接近。

在 ERDAS 面板上，选择【Raster】→【Spectral】→【RGB to IHS】命令，打开【RGB to IHS】(色彩变换)对话框，如图 5.73 所示。

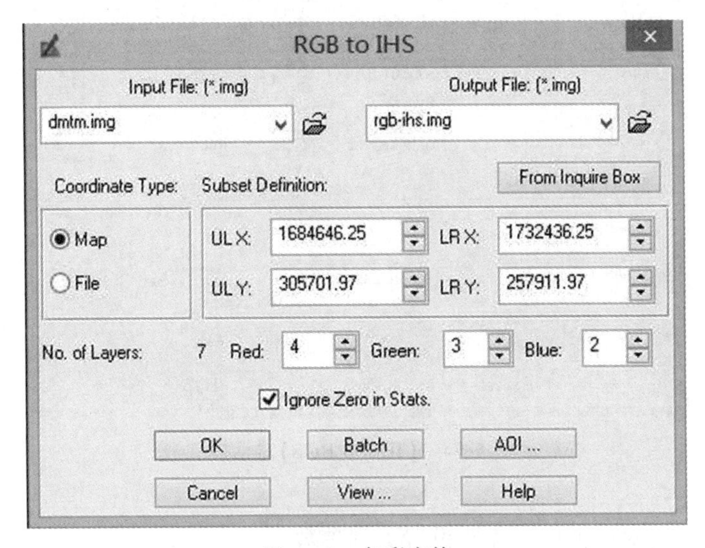

图 5.73　色彩变换

在【RGB to IHS】对话框中，需要设置下列参数：

- 确定输入文件(Input File)为 dmtm. img；
- 定义输出文件(Output File)为 rgb-ihs. img；
- 文件坐标类型(Coordinate Type)为 Map；
- 处理范围确定(Subset Definition)，在 ULX/Y、LRX/Y 微调框中输入需要的数值(默认状态为整个图像范围，可以应用 Inquire Box 定义子区)；
- 确定参与色彩变换的 3 个波段，Red：4/Green：3/Blue：2；

■ 若输出数据统计时忽略零值，请选中“Ignore Zero in Stats”复选框；
■ 单击【OK】按钮，关闭【RGB to IHS】对话框，执行 RGB to IHS 变换。

6. 色彩逆变换

色彩逆变换(IHS to RGB)是将遥感图像从以亮度(I)、色度(H)、饱和度(S)作为定位参数的彩色空间转换到红(R)、绿(G)、蓝(B)3种颜色的彩色空间，在完成色彩逆变换的过程中，经常需要对亮度与饱和度进行最小最大拉伸，使其数值充满0~1的取值范围。

在 ERDAS 面板上，选择【Raster】→【Spectral】→【IHS to RGB】命令，打开【IHS to RGB】(色彩变换)对话框，如图5.74所示。

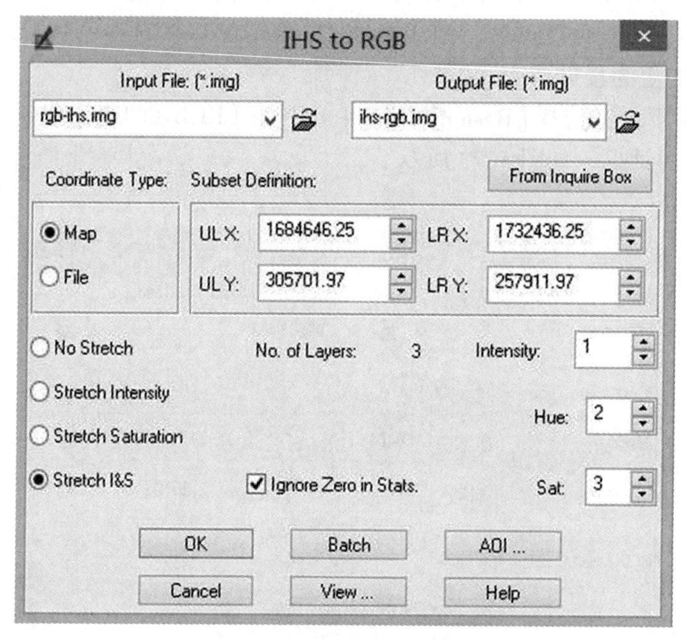

图5.74 【IHS to RGB】对话框

在【IHS to RGB】对话框中，需要设置下列参数：
■ 确定输入文件(Input File)为 rgb-ihs. img
■ 定义输出文件(Output File)为 ihs-rgb. img;
■ 文件坐标类型(Coordinate Type)为 Map;
■ 处理范围确定(Subset Definition)，在 ULX/Y、LRX/Y 微调框中输入需要的数值(默认状态为整个图像范围，可以应用 Inquire Box 定义子区)；
■ 对亮度(I)与饱和度(S)进行拉伸，选择 Stretch I&S 单选框；
■ 确定参与色彩变换的3个波段，Intensity：1/Hue：2/Sat：2；
■ 若输出数据统计时忽略零值，请选中“Ignore Zero in Stats”复选框；
■ 单击【OK】按钮，关闭【IHS to RGB】对话框，执行 IHS to RGB 变换。

7. 自然色彩变换

自然色彩变换(Natural Color)就是模拟自然色彩对多波段数据进行变换，输出自然色彩图像。变换过程中关键是 3 个输入波段光谱范围的确定，这 3 个波段依次是近红外、红、绿，如果 3 个波段定义不够恰当，则转换以后的输出图像也不可能是真正的自然色彩。

在 ERDAS 面板上，选择【Raster】→【Spectral】→【Natural Color】命令，打开【Natural Color】(色彩变换)对话框，如图 5.75 所示。

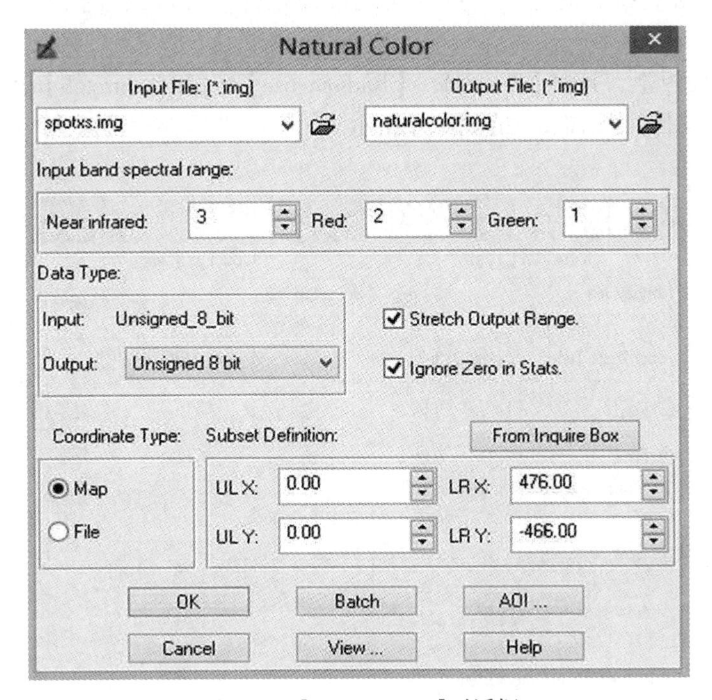

图 5.75 【Natural Color】对话框

在【Natural Color】对话框中，需要设置下列参数：

- 确定输入文件(Input File)为 spotxs. img；
- 定义输出文件(Output File)为 naturalcolor. img；
- 确定输入光谱范围(Input Band Spectral Range)为 NI：3/R：2/G：1；
- 输出数据类型(Output Data Type)为 Unsigned 8 bit；
- 拉伸输出数据，选中“Stretch Output Range”复选框；
- 若输出数据统计时忽略零值，请选中“Ignore Zero in Stats”复选框；
- 文件坐标类型(Coordinate Type)为 Map；
- 处理范围确定(Subset Definition)，在 ULX/Y、LRX/Y 微调框中输入需要的数值(默认状态为整个图像范围，可以应用 Inquire Box 定义子区)；
- 单击【OK】按钮，关闭【Natural Color】对话框，执行 Natural Color 变换。

5.3.3 遥感图像辐射增强处理

遥感图像辐射增强处理是对单个像元的灰度值进行变换达到图像增强的目的。遥感图像辐射增强处理的方法：查找表拉伸、直方图均衡化、直方图匹配、亮度反转、去霾处理、降噪处理和去条带处理。

1. 查找表拉伸(LUT Stretch)

查找表拉伸是遥感图像对比度拉伸的总和，是通过修改图像查找表使输出图像值发生变化。根据用户对查找表的定义，可以实现线性拉伸、分段线性拉伸和非线性拉伸等处理。

在ERDAS面板上，选择【Raster】→【Radiometric】→【LUT Stretch】命令，打开【LUT Stretch】(查找表拉伸)对话框，如图5.76所示。

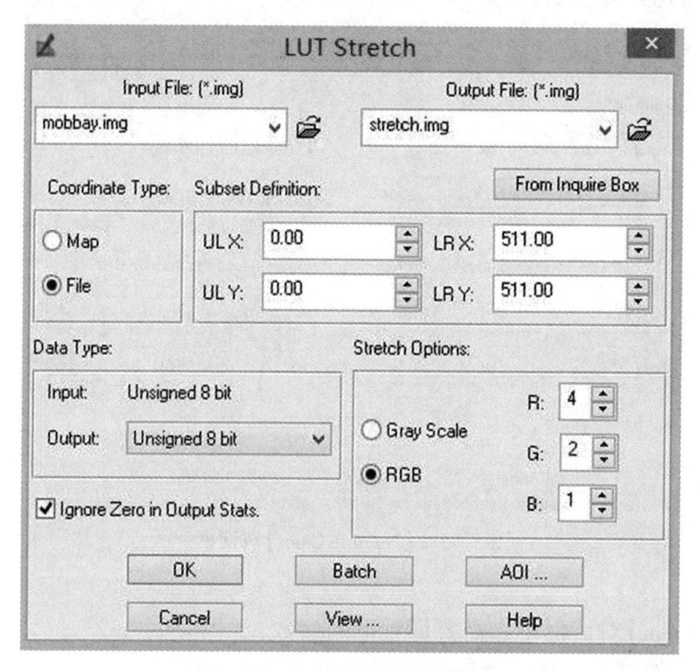

图5.76 【LUT Stretch】对话框

在【LUT Stretch】对话框中，需要设置下列参数：

- 确定输入文件(Input File)为mobbay. img；
- 定义输出文件(Output File)为stretch. img；
- 文件坐标类型(Coordinate Type)为File；
- 处理范围确定(Subset Definition)，在ULX/Y、LRX/Y微调框中输入需要的数值(默认状态为整个图像范围，可以应用Inquire Box定义子区)；
- 输出数据类型(Output Data Type)为Unsigned 8 bit；

■ 确定拉伸选择(Stretch Options)为 RGB(多波段图像、红绿蓝)或 Gray Scale(单波段图像);

■ 单击【View】按钮，打开模型生成器窗口(图略)，浏览 Stretch 功能的空间模型;

■ 双击【Custom Table】，进入查找表编辑状态(图略)，根据需要修改查找表;

■ 单击【OK】按钮，关闭查找表定义对话框，退出查找表编辑状态;

■ 单击【File | Close ALL】命令，退出模型生成器窗口;

■ 单击【OK】按钮，关闭【LUT Stretch】对话框，执行查找表拉伸处理。

2. 直方图均衡化(Histogram Equalization)

横轴表示灰度级，纵轴($P_i=m_i/M$)表示灰度级为 g_i 的像素个数 m_i 占像素总数 M 的百分比。将 $2n$ 个 P_i 绘于图上，所形成的统计直方图叫灰度直方图，如图 5.77 所示。

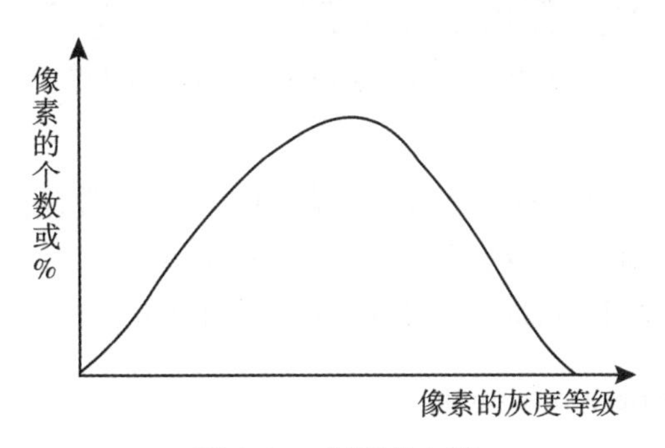

图 5.77　灰度直方图

直方图直观地表示了图像亮度值的分布范围、峰值的位置、均值以及亮度值分布的离散程度，因此，直方图曲线形态可以反映图像的质量。

直方图均衡化实质上是对图像进行非线性拉伸，重新分配图像像元值，使一定灰度范围内像元的数量大致相等。这样，原来直方图中间的封顶部分对比度得到增强，而两侧的谷底部分对比度降低，输出图像的直方图是一个较平的分段直方图。

在 ERDAS 面板上，选择【Raster】→【Radiometric】→【Histogram Equalization】命令，打开【Histogram Equalization】(直方图均衡化)对话框，如图 5.78 所示。

在【Histogram Equalization】对话框中，需要设置下列参数:

■ 确定输入文件(Input File)为 lanier. img;

■ 定义输出文件(Output File)为 equalization. img;

■ 文件坐标类型(Coordinate Type)为 File;

■ 处理范围确定(Subset Definition)，在 ULX/Y、LRX/Y 微调框中输入需要的数值(默认状态为整个图像范围，可以应用 Inquire Box 定义子区);

■ 输出数据分段(Number of Bins)为 256(可以小一些);

■ 输出数据统计时忽略零值，选中"Ignore Zero in Stats. "复选框;

■ 单击【View】按钮，打开模型生成器窗口(图略)，浏览 Equalization 空间模型;

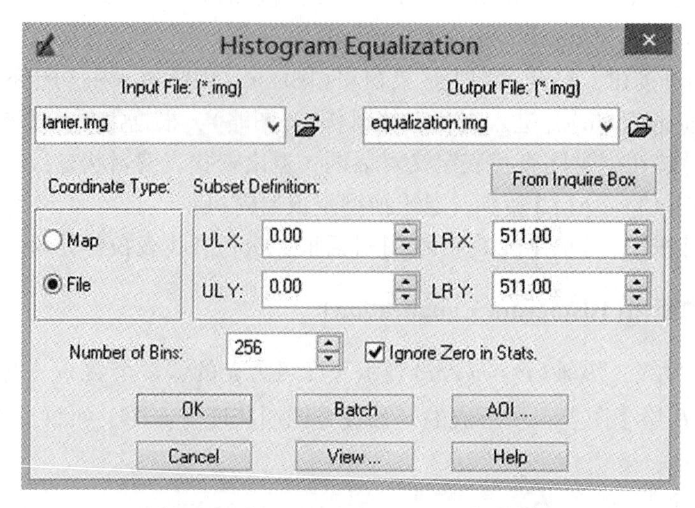

图 5.78　【Histogram Equalization】对话框

- 双击 Custom Table，进入查找表编辑状态(图略)，根据需要修改查找表；
- 单击【File | Close ALL】命令(退出模型生成器窗口)；
- 单击【OK】按钮(关闭【Histogram Equalization】对话框，执行直方图均衡化处理)。

3. 直方图匹配(Histogram Match)

直方图匹配是对图像查找表进行数学变换，使一幅图像某个波段的直方图与另一幅图像对应波段类似，或使一幅图像所有波段的直方图与另一幅图像所有对应波段类似。

直方图匹配经常作为相邻图像拼接或应用多时相遥感图像进行动态变化研究的预处理工作，通过直方图匹配可以消除由于太阳高度角或大气影响造成的相邻图像的效果差异。

在 ERDAS 面板上，选择【Raster】→【Radiometric】→【Histogram Matching】命令，打开【Histogram Matching】(直方图匹配)对话框，如图 5.79 所示。

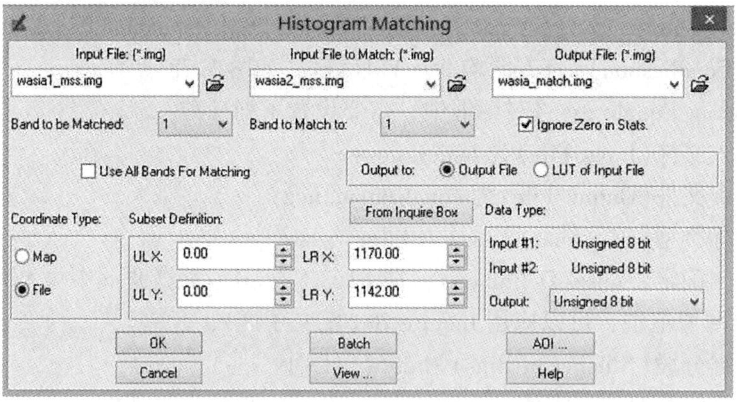

图 5.79　【Histogram Matching】对话框

在【Histogram Matching】对话框中，需要设置下列参数：

■ 输入匹配文件(Input File)为 wasia1_mss. img；

■ 匹配参考文件(Input File to Match)为 wasia2_mss. img；

■ 匹配输出文件(Output File)为 wasia_match. img；

■ 选择匹配波段(Band to be Matched)为 1；

■ 匹配参考波段(Band to be Match)为 1(也可以对图像的所有波段进行匹配：Use ALL Bands for Matching)；

■ 文件坐标类型(Coordinate Type)为 File；

■ 处理范围确定(Subset Definition)，在 ULX/Y、LRX/Y 微调框中输入需要的数值(默认状态为整个图像范围，可以应用 Inquire Box 定义子区)；

■ 输出数据统计时忽略零值，选中“Ignore Zero in Stats.”复选框；

■ 输出数据类型(Output Data Type)为 Unsigned 8 bit；

■ 单击【View】按钮，打开模型生成器窗口(图略)，浏览 Matching 空间模型；

■ 双击 Custom Table，进入查找表编辑状态(图略)，根据需要修改查找表；

■ 单击【File | Close ALL】命令(退出模型生成器窗口)；

■ 单击【OK】按钮，关闭【Histogram Matching】对话框，执行直方图匹配处理。

4. 亮度反转处理(Brightness Inversion)

亮度反转处理是对图像亮度范围进行线性或非线性取反，产生一幅与输入图像亮度相反的图像，原来亮的地方变暗，原来暗的地方变亮。其中包括两种反转算法：一种是条件反转；另一种是简单反转。前者强调输入图像中亮度较暗的部分，后者则简单取反，同等对待。

在 ERDAS 面板上，选择【Raster】→【Radiometric】→【Brightness Inversion】命令，打开【Brightness Inversion】(亮度反转处理)对话框，如图 5.80 所示。

在【Brightness Inversion】对话框中，需要设置下列参数：

■ 确定输入文件(Input File)为 loplakebedsig357. img；

■ 输出文件(Output File)为 inversion. img；

■ 文件坐标类型(Coordinate Type)为 Map；

■ 处理范围确定(Subset Definition)，在 ULX/Y、LRX/Y 微调框中输入需要的数值(默认状态为整个图像范围，可以应用 Inquire Box 定义子区)；

■ 输出数据类型(Output Data Type)为 Unsigned 8 bit；

■ 输出数据统计时忽略零值，选中“Ignore Zero in Stats.”复选框；

■ 输出变换选择(Output Options)为 Inverse(或 Reverse)。Inverse 表示条件反转，条件判断，强调输入图像中亮度较暗的部分；Reverse 表示简单反转，简单取反，输出图像与输入图像等量相反；

■ 单击【View】按钮，打开模型生成器窗口(图略)，浏览 Inverse/Reverse 空间模型；

■ 单击【File | Close ALL】命令(退出模型生成器窗口)；

■ 单击【OK】按钮(关闭【Brightness Inversion】对话框，执行亮度反转处理)。

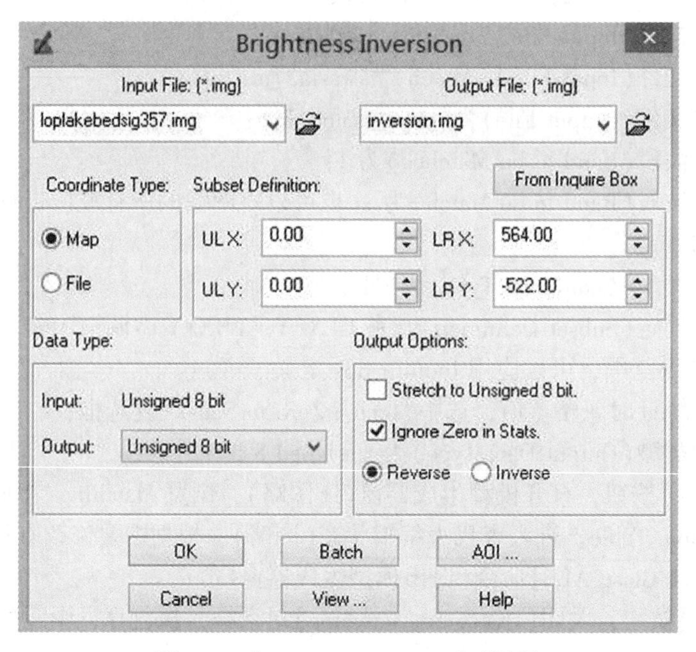

图 5.80　【Brightness Inversion】对话框

5. 去霾处理(Haze Reduction)

去霾处理的目的是降低多波段图像或全色图像的模糊度(霾)。对于多波段图像，该方法实质上是基于缨帽变换方法，首先对图像进行主成分变换，找出与模糊度相关的成分并剔除，然后再进行主成分逆变换回到 RGB 彩色空间，达到去霾的目的。对于全色图像，该方法采用点扩展卷积反转进行处理，并根据情况选择(5×5)或(3×3)的卷积算子分别用于高频模糊度或低频模糊度的去除。

在 ERDAS 面板上，选择【Raster】→【Radiometric】→【Brightness Inversion】命令，打开【Haze Reduction】(去霾处理)对话框，如图 5.81 所示。

在【Haze Reduction】对话框中，需要设置下列参数：

■ 确定输入文件(Input File)为 klon_tm. img；

■ 输出文件(Output File)为 haze. img；

■ 文件坐标类型(Coordinate Type)为 Map；

■ 处理范围确定(Subset Definition)，在 ULX/Y、LRX/Y 微调框中输入需要的数值(默认状态为整个图像范围，可以应用 Inquire Box 定义子区)；

■ 处理方法选择(Landsat 5 TM 或 Landsat 4 TM)；

■ 单击【OK】按钮，关闭【Haze Reduction】对话框，执行去霾处理。

6. 降噪处理(Noise Reduction)

降噪处理是利用自适应滤波方法去除图像中的噪声，该技术在沿着边缘或平坦区域去

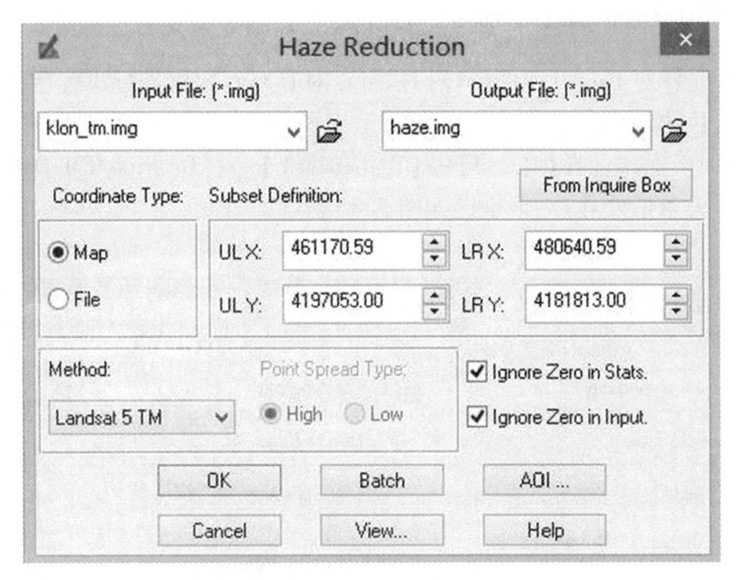

图 5.81 【Haze Reduction】对话框

除噪声的同时，还可以很好地保持图像中的一些微小细节。

在 ERDAS 面板上，选择【Raster】→【Radiometric】→【Noise Reduction】命令，打开【Noise Reduction】(降噪处理)对话框，如图 5.82 所示。

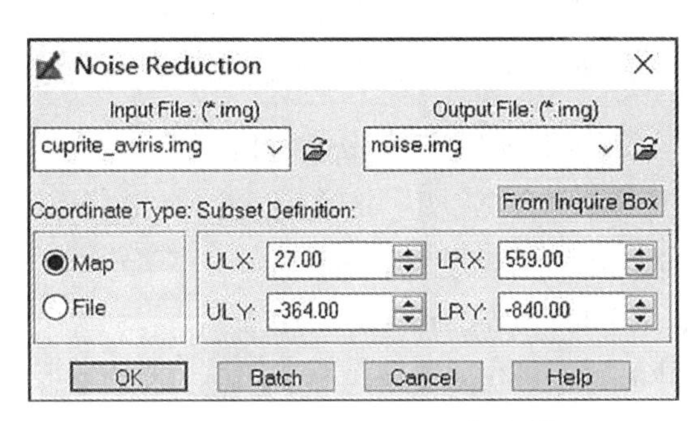

图 5.82 【Noise Reduction】对话框

在【Noise Reduction】对话框中，需要设置下列参数：

- 确定输入文件(Input File)为 dmtm. img；
- 输出文件(Output File)为 noise. img；
- 文件坐标类型(Coordinate Type)为 Map；
- 处理范围确定(Subset Definition)，在 ULX/Y、LRX/Y 微调框中输入需要的数值(默认状态为整个图像范围，可以应用 Inquire Box 定义子区)；
- 处理方法选择(Landsat 5 TM 或 Landsat 4 TM)；
- 单击【OK】按钮(关闭 Noise Reduction 对话框，执行降噪处理)。

7. 去条带处理(Destripe TM Data)

去条带处理是针对 Land TM 的图像扫描特点对其原始数据进行 3 次卷积处理，以达到去除扫描条带的目的。

在 ERDAS 面板上，选择【Raster】→【Radiometric】→【 Destripe TM Data】命令，打开【Destripe TM】(去条带处理)对话框，如图 5. 83 所示。

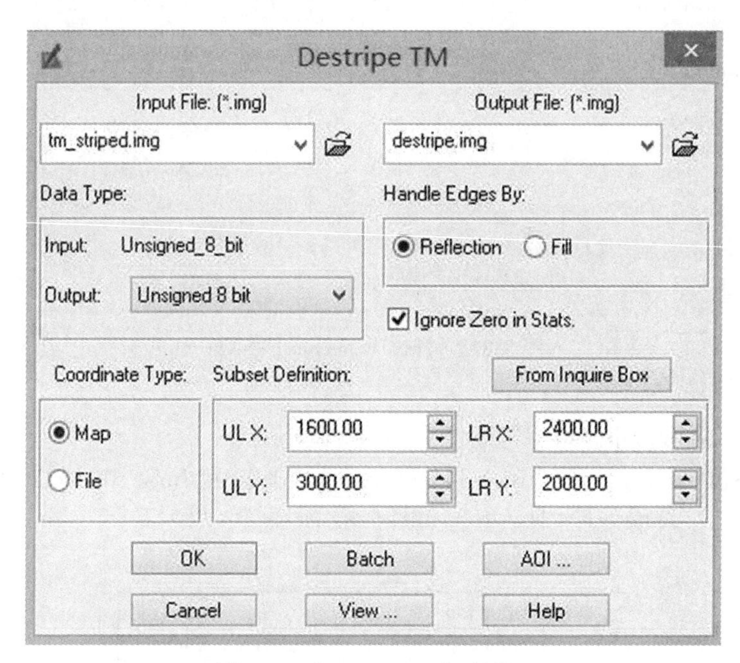

图 5. 83　【Destripe TM】对话框

在【Destripe TM】对话框中，需要设置下列参数：

■ 确定输入文件(Input File)为 tm_striped. img；

■ 输出文件(Output File)为 destripe. img；

■ 输出数据类型(Output Data Type)为 Unsigned 8 bit；

■ 输出数据统计时忽略零值，选中“Ignore Zero in Stats. ”复选框；

■ 边缘处理方法(Handle Edges by)为 Reflection；

■ 文件坐标类型(Coordinate Type)为 Map；

■ 处理范围确定(Subset Definition)，在 ULX/Y、LRX/Y 微调框中输入需要的数值(默认状态为整个图像范围，可以应用 Inquire Box 定义子区)。单击【OK】按钮，关闭 Destripe TM 对话框，执行去条带处理。

注意：Reflection(反射)是应用图像边缘灰度值的镜面反射值作为图像边缘以外的像元值，这样可以避免出现晕光；Fill(填充)是统一将图像边缘以外的像元以 0 值填充，呈黑色背景。

◎ 习题与思考题

1. 什么是图像的采样和量化?
2. 通用的遥感数据的储存格式有哪些?
3. 什么是图像直方图? 直方图在遥感图像分析中的意义何在?
4. 常用遥感图像处理的软件有哪些?
5. 遥感图像几何变形误差的主要来源和类型有哪些?
6. 遥感图像几何校正的一般过程; 采取多项式纠正时, 控制点的选取个数与原则分别是什么?
7. 什么是遥感图像的镶嵌?
8. 什么是遥感图像的融合? 它与图像镶嵌有什么区别?
9. 什么是图像重采样? 重采样的方法有哪些? 比较一下优缺点。
10. 遥感图像处理中通常应用的两种彩色坐标系是什么?
11. 为什么要进行遥感图像的裁切? 常用的裁切方法有哪两种?
12. 遥感图像空间增强的方法是什么?
13. 遥感图像光谱增强的方法是什么?
14. 遥感图像辐射增强的方法是什么?

项目6　遥感图像的判读

☞ 学习目标

通过本项目的学习,理解遥感成像与目视判读,掌握遥感图像目视判读的直接标志和间接标志;掌握目视判读的原则、方法与步骤;能利用遥感图像的目视判读标志,根据遥感图像目视判读的原则、方法与步骤,完成单波段像片、多光谱像片、热红外像片和侧视雷达像片的目视判读。同时,通过遥感图像的目视判读,进一步培养学生求真务实的工作态度及开拓创新的精神。

任务6.1　遥感图像目视判读原理

6.1.1　遥感成像与目视判读

遥感的成像过程是将地物的电磁辐射特性或地物波谱特性，用不同的成像方式(摄影、光电扫描、雷达成像)生成各种影像。一般来说，当选定时间、位置、成像方式、探测波段后，成像过程获得的像元与相应的地面单元一一对应。遥感图像是探测目标地物综合信息的最直观、最丰富的载体，人们运用丰富的专业背景知识，通过肉眼观察，经过综合分析、逻辑推理、验证检查把这些信息提取和解析出来的过程叫目视判读，或称目视解译。目视判读即为遥感成像的逆过程，如图6.1所示。

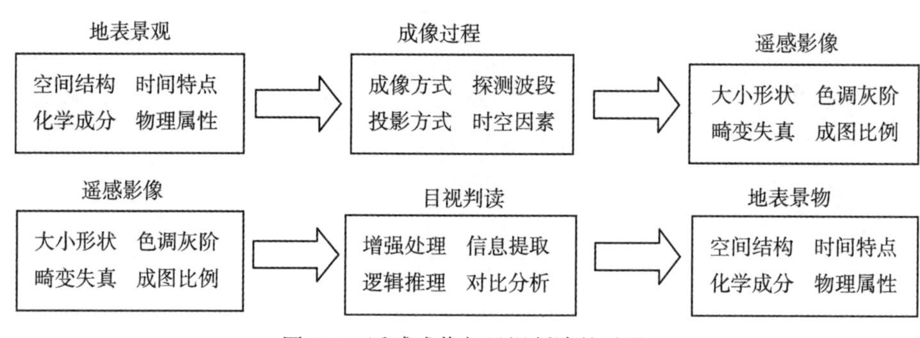

图6.1　遥感成像与目视判读的过程

6.1.2　遥感图像目视判读的标志

目视判读是其他专题信息提取方法研究的基础，只有正确了解遥感影像目视判读的思想，加上一定的判读经验，才能模拟人脑，探索出其他的信息提取的方法，而且目视判读仍然被广泛地应用于对精度要求较高的专题信息提取中。

遥感图像目视判读标志是遥感影像上那些能够作为识别、分析、判断景观地物的影像特征，可以分为直接判读标志和间接判读标志两类。

1. 直接判读标志

直接判读标志是指能够直接反映和表现目标地物信息的遥感影像的各种特征，它包括遥感影像上地物的形状、大小、颜色、色调、阴影、位置、图案、纹理等。判读者利用直接判读标志可以直接识别遥感影像上的目标地物。

1)形状

地面物体都具有一定的几何形态，根据像片上物体特有的形态特征可以判断和识别目标地物，如图6.2所示。我们知道，同种物体在图像上有相同的灰度特征，这些同灰度的像元在图像上的分布就构成了与物体相似的形状。物体的形状与物体本身的性质和形成有密切的关系。随着图像比例尺的变化，形状的含义也有所不同。一般情况下，大比例尺图像上可看出每幢房屋的平面几何形状，而在小比例尺图像上则只能看出整个居民地房屋集中分布的外围轮廓。

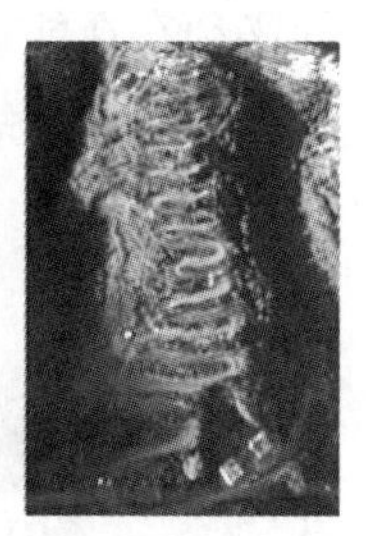

图6.2　形状(田螺坑土楼群、水边的“小提琴”建筑、盘山公路)

2)大小

大小是地物的尺寸、面积、体积在图像上按比例缩小后的相似性记录，如图6.3所示。在不知道像片比例尺时，比较两个物体的相对大小有助于我们识别它们的性质，例如房屋和楼房的大小不同，单车道和多车道的街道宽度不同。如果知道了像片比例尺，根据比例尺的大小可以计算或估算出图像上物体所对应的实际大小，也可以利用已知目标地物在像片上的尺寸来比较其他待识别的目标。影响图像上物体大小的因素有地面分辨率、物体本身亮度与周围亮度的对比关系等。

3)颜色

颜色是彩色遥感图像中目标地物识别的基本标志。日常生活中目标地物的颜色是地物在可见光波段对入射光选择性吸收与反射在人眼中的主观感受。遥感图像中目标地物的颜色是地物在不同波段中反射或发射电磁辐射能量差异的综合反映。颜色的差别反映了地物间的细小差别，为细心的判读人员提供了更多的信息。特别是多波段彩色合成图像的判读，判读人员往往依据颜色的差别来确定地物与地物间或地物与背景间的边缘线，从而区分各类物体。

图 6.3　大小(小汽车、火车、立交桥)

4)色调

色调是人眼对图像灰度大小的生理感受。人眼不能确切地分辨出灰度值，只能感受其大小的变化，灰度大者色调深，灰度小者色调浅。色调是地物电磁辐射能量大小和地物波谱特征的综合反映。同一地物在不同波段的图像上存在色调差异，在同一波段的影像上，由于成像时间和季节的差异，即使同一地区同一地物的色调也会不同。目标地物与背景之间必须存在能被人的视觉所分辨出的色调差异，目标地物才能够被区分。图 6.4 为红树林在绿、红、近红外波段图像上的色调特征。

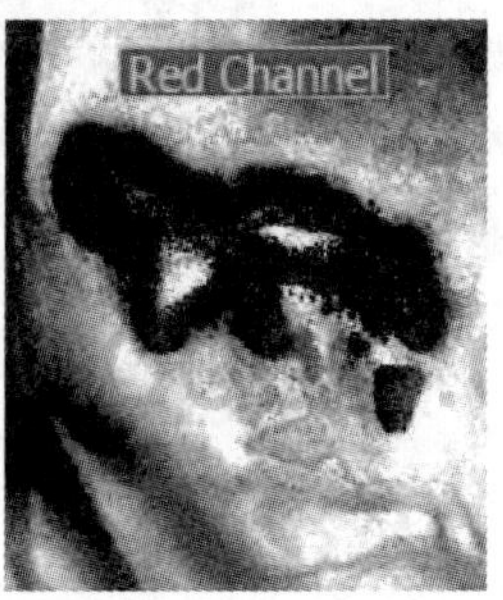

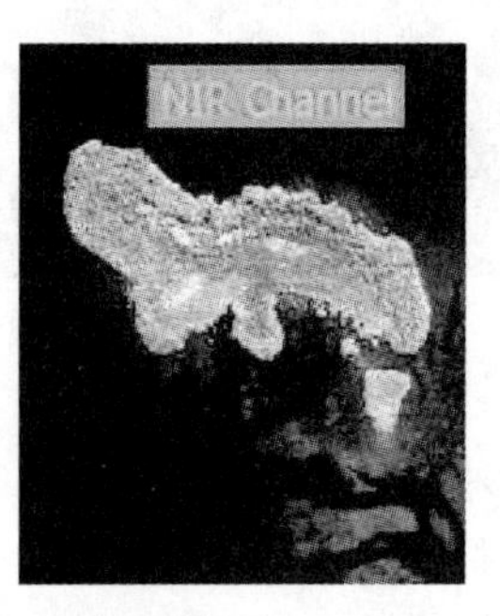

图 6.4　红树林在绿、红、近红外波段图像上的色调特征

5)阴影

由于地物高度的变化，阻挡太阳光照射而产生了阴影，如图 6.5 所示。根据阴影形状、大小可判读物体的性质或高度，如航空像片判读时利用阴影可以了解铁塔及高层建筑物等的高度及结构。阴影会对目视判读产生相互矛盾的影响。一方面，人们可以利用阴影的立体感，判读地形地貌特征。在大比例尺图像上，还可利用阴影判读物体的侧视图形，按落影的长度和成像时间的太阳高度角测量物体的高度、单株树木的干粗等。另一方面，阴影区中的物体不易判读，甚至根本无法判读。

6)位置

位置是指地物存在的地点和所处的环境，如图 6.6、图 6.7 所示。目标地物与其周围

图 6.5　阴影(金字塔和桥梁)

地理环境总是存在着一定的空间联系，因而它是判断地物属性的重要标志。例如造船厂要求设置在江、河、湖、海的岸边，不会在没有水域的地方出现；公路与沟渠相交一般都有桥涵相连。特别是组合目标，它们的每一个组成单元都是按一定的关系进行位置配置的。如火力发电厂由燃料场、主厂房、变电所和散热设备所组成；导弹基地则一般由发射场、储备库和组装车间、控制中心等组成。因此，了解地物间的位置有利于识别集团目标的性质和作用。

图 6.6　桥梁与水系、居民地与道路

位置特征有利于对一些影像较小的地物或地物很小而没有成像的地物进行判读。例如草原上的水井，有的影像很小或没有影像，不能直接判读，但可以根据多条小路相交于一处来识别；又如当田间的机井房没有影像时，可以根据机井房和水渠的相关位置来判读。

7) 图案

图案是指目标地物有规律地组合排列而形成的图案，如图 6.8 所示。它可以反映各种人造地物和天然地物的特征，如农田的垄、果树林排列整齐的树冠等，各种水系类型、植被类型、耕地类型等也都有其独特的图形结构。

图 6.7　水电站、核电站

图 6.8　农田的垄、果园、阔叶林

8)纹理

纹理是指图像上细部结构以一定频率重复出现，是单一特征的集合，如图 6.9 所示。组成纹理的最小细部结构称为纹理基元，纹理反映了图像上目标地物表面的质感。纹理特征有光滑的、波纹的、斑纹的、线性的和不规则的等。如航空像片上农田呈线条带状纹理，草地及牧场看上去像天鹅绒样平滑，阔叶林看上去呈现粗糙的簇状特征，坟地看上去是弧形的特征。纹理可以作为区别地物属性的重要依据。

2. 间接判读标志

间接判读标志是指能够间接反映和表现目标地物信息的遥感影像的各种特征，借助它可以推断与地物属性相关的其他现象。

由于遥感技术的局限性，许多信息不能直接从目视判读获得答案，需要从其他相关事物间的联系，通过逻辑推理来判断。间接判读标志灵活多变，难有规律可循。建立间接标志需要丰富的知识背景和严密的逻辑推理。

不同专业判读有不同的间接标志。如进行地质构造分析时，可以把水系形态、地貌类型作为间接标志。如图 6.10 所示，辐射型水系模式是由一个中心地区呈辐射状外流的河流构成的水系，是火山区的典型产物；向心型水系模式与辐射型相反，发育于灰岩漏斗区、冰川壶洞区、火山口及其他凹陷区；格子状水系模式是由同一主要流向的河流和与之正交的次级支流所构成的，发育于褶皱的沉积岩区。

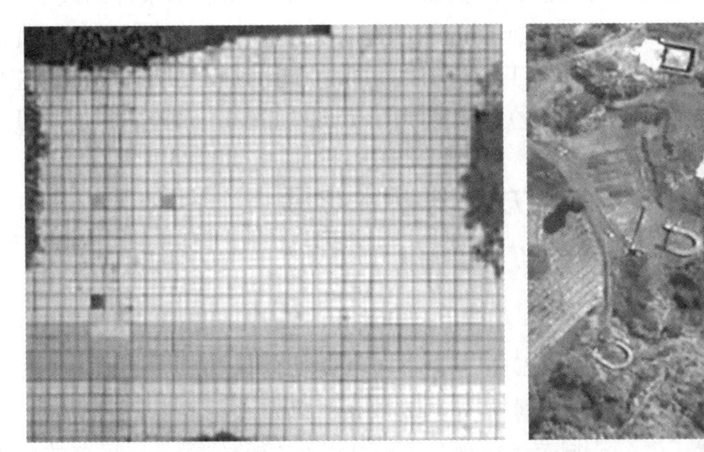

图 6.9　瓷砖和坟地

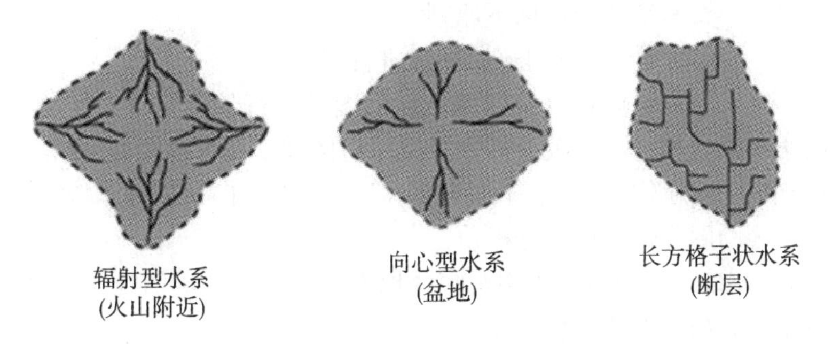

图 6.10　各种类型的水系

遥感影像中常用的间接判读标志有：

(1) 目标地物及其相关指示特征。例如，影像中河流边滩、沙嘴的形态特征是确定河流流向的间接判读标志；影像中呈线状延伸的陡立三角面地形，是推断地质断层存在的间接判读标志。

(2) 目标地物与环境的关系。可以根据有代表性的植物类型推断当地的生态环境，例如寒温带针叶林的存在说明该地区属于寒温带气候。

(3) 目标地物与成像时间的关系。对于同一地区，不同时间段地面覆盖的地物类型不同，地面景观会发生很大的变化，如冬天冰雪覆盖，初春为露土，春夏为植物或树林。

3. 判读标志的可变性

各种地物是处于复杂、多变的自然环境中的，所以判读标志也随着地区的差异和自然景观的不同而变化，绝对稳定的判读标志是不存在的，有些判读标志具有普遍意义，有些则带有地区性。有时即使是同一地区的判读标志，在相对稳定的情况下也在变化。因此，在判读过程中，对判读标志要认真地分析总结，不能盲目地照搬套用。

判读标志的可变性与成像条件、成像方式、相应波段、传感器类型和感光材料等有关。色调、阴影、图型、纹理等标志总是随摄影时的自然条件和技术条件的改变而改变，所以不能生搬硬套地使用判读标志，否则会造成判读错误，而要尽可能运用一切直接或间接的判读标志进行综合分析。为了建立工作区的判读标志，必须反复认真判读和进行野外对比检验，并选择一些典型像片作为建立地区性判读标志的依据，以提高判读质量。

任务6.2　目视判读的原则、方法与基本步骤

6.2.1　遥感图像目视判读的原则

遥感图像目视判读的一般顺序是先宏观后微观，先整体后局部；先已知后未知，先易后难等。例如，在中小比例尺像片上通常首先判读水系，确定水系的位置和流向，其次根据水系确定分水岭的位置，区分流域范围，然后判读大片农田的位置、居民点的分布和交通道路。在此基础上，再进行地质、地貌等专门要素的判读。

遥感图像判读时，一般应遵循以下原则：

(1)总体观察。从整体到局部对遥感图像进行观察。

(2)综合分析。应用航空和卫星图像、地形图及数理统计等手段，参考前人调查资料，结合地面实况调查和地学相关分析方法进行图像判读标志的综合分析。

(3)对比分析。采用不同平台、不同比例尺、不同时相、不同太阳高度角以及不同波段或不同方式组合的图像进行对比分析。

(4)观察方法正确。需要进行宏观观察的地方尽量采用卫星图像，需要进行细部观察的地方尽量采用具有局部细节的航空像片。

(5)尊重图像的客观实际。图像判读标志虽然具有地域性和可变性，但图像判读标志间的相关性却是存在的，要依据图像特征进行判读。

(6)解译耐心认真。不能单纯地依据图像上的几种判读标志草率下结论，而应该耐心认真地观察图像上的各种微小变异。

(7)重点分析。有重要意义的地段，要抽取若干典型区进行详细的测量调查，达到“从点到面”及印证判读结果的目的。

6.2.2　遥感图像目视判读的方法

常用的遥感图像目视判读的方法有以下几种：

1. 直接判读法

直接判读是根据遥感影像目视判读直接标志，直接确定目标地物属性与范围的一种方法。例如，在可见光黑白像片上，水体对光线的吸收率强，反射率低，水体呈现灰黑到黑色，根据色调可以从影像上直接判读出水体，根据水体的形状则可以直接分辨出水体是河流还是湖泊。在MSS-4、MSS-5、MSS-7三波段假彩色影像上，植被颜色为红色，根据地物颜色色调，可以直接区别植物与背景。

2. 对比分析法

对比分析法包括同类地物对比分析法、空间对比分析法和时相动态对比法。

同类地物对比分析法是在同一景遥感影像上，由已知地物推出未知目标地物的方法。例如，在大、中比例尺航空摄影像片上识别居民点，我们一般都比较熟悉城市的特点，可以根据城市具有街道纵横交错、大面积浅灰色调的特点与其他居民点进行对比分析，从众多的居民点中将城市从背景中识别出来，也可以通过比较浅灰色调居民点的大小，将城镇与村庄区别开来。

空间对比分析法是根据待判读区域的特点，判读者选择另一个熟悉的与遥感图像区域特征类似的影像，将两个影像相互对比分析，由已知影像为依据判读未知影像的一种方法。例如，两张地域相邻的彩红外航空像片，其中一张经过判读，并通过实地验证，判读者对它很熟悉，因此就可以利用这张彩红外航空像片与另一张彩红外航空像片相互比较，从“已知”到未知，加快对地物的判读速度。使用空间对比分析法应注意对比的区域应该是自然地理特征基本相似的，即应在同一个温度带，并且干湿状况相差不大。

时相动态对比法是对同一地区不同时间成像的遥感影像加以对比分析，了解同一目标地物动态变化的一种解译方法。例如，遥感影像中河流在洪水季节与枯水季节中的变化。利用时相动态对比法可进行洪水淹没损失评估，或其他一些自然灾害损失评估。

3. 信息复合法

信息复合法是利用透明专题图或者透明地形图与遥感图像重合，根据专题图或者地形图提供的多种辅助信息，识别遥感图像上目标地物的方法。例如，TM影像图，覆盖的区域大，影像上土壤特征表现不明显，为了提高土壤类型解译精度，可以使用信息复合法，利用植被类型图增加辅助信息。从地带性分异规律可知，太阳辐射能在地表沿纬度变化也会导致土壤与植被呈现地带性变化，植被类型提供的信息有助于对土壤类型的识别。

等高线对识别地貌类型、土壤类型和植被类型也有一定的辅助作用。例如，在卫星影像上，高山和中山多呈条块状、棱状、肋骨状或树枝状图形。等高线与卫星影像复合，可以提供高程信息，这有助于中高山地貌类型的划分。使用信息复合法的关键是遥感影像图必须与等高线图严格配准，这才能保证地物边界的精度。

4. 综合推理法

综合考虑遥感图像多种解译特征，结合生活常识，分析、推断某种目标地物的方法。例如，铁道延伸到大山脚下，突然中断，可以推断出有铁路隧道通过山中。在摄影航空像片中，公路在像片上的构像为狭长带状，在晴朗天气下成像时，公路因为平坦，反射率高，影像上呈现灰白或浅灰色调，铁路在形状上构像与公路相似，但色调为灰色或深灰色，从色调上比较易于识别。如果遥感图像为大雨过后成像，公路因路面积水，影像色调也呈现灰色至深灰色，很难依据色调将公路与铁路区分，此时就需要采用综合推理法，因汽车转弯相对灵活，公路转弯处半径很小，而火车转弯不灵活，铁路在转弯处半径很大。此外，铁路在道口与公路或大路直角相交，而大路与公路既有直角相交，也有锐角相交。

铁路每隔一定距离就有一个车站，根据这些特征综合分析，就可以将公路与铁路区别开来。

5. 地理相关分析法

地理相关分析法是根据地理环境下各种地理要素之间的相互依存、相互制约关系，借助专业知识，分析推断某种地类要素性质、类型、状况与分布的方法。例如，利用地理相关分析法分析洪水冲积扇各种地理要素的关系。山地河流出山后，因比降变小，动能减小，水流速度变慢，常在山地到平原过渡带形成巨大的洪水冲积扇，其物质分布带有明显的分选性。冲积扇上中部，主要由沙砾物质组成，呈灰白色和淡灰色，由于土层积肥与保水性差，一般无植物生长。冲积扇的中下段，因水流分选作用，扇面为粉沙或者黏土覆盖，土壤有一定保肥与保水能力，植物在夏季的标准假彩色影像上呈现红色或者粉红色。冲积扇前沿的洼地，地势低洼，遥感影像色调较深，表明有地下水溢出地面，影像上灰白色小斑块表明土壤存在盐渍化。

又如，利用地学相关分析法分析遥感影像上地形与土壤的相关关系。从地貌学原理可知，地形对热量、水分和物质具有二次分配作用，它可以影响土壤含水量、植物生态环境等。在河流两侧天然堤范围内微地形起伏较大，土壤质地变化也大。如风沙土或者砂砾土在MSS-5影像上呈现白色和灰白色，活动的沙丘为白色，半固定的沙丘为灰白色。在它们的外围，土壤较干，水分少，为沙性土，农作物生长不良，MSS-5影像上一般为浅灰色。离河流较远处的阶地，土壤质地适中，种植条件良好，作物生长正常，影像呈现灰色或暗灰色。河间低地为黏性土，土壤含水量大，排水条件差，盐碱化现象严重，种植条件不好，影像上一般为浅灰色至灰色。

6.2.3　遥感图像判读的步骤

遥感影像判读可能有不同的应用目的，有的要编制专题图，有的要提取某种有用信息和进行数据估算，但判读程序基本相同。

遥感影像目视判读是一项认真细致的工作，判读人员必须遵循一定的行之有效的基本程序和步骤，才能够更好地完成判读任务。

1. 判读前的准备

1）判读员的训练

判读员的训练包括判读知识、专业知识的学习和实践训练两个方面。知识的学习包括遥感与判读的课程以及各种专业课程，如农林、地学、海洋、环保、军事、测绘、水利等。对于具体的判读员，其判读内容比较专业化，一般不可能所有的专业知识都学，而只能以某一专业知识为主，但需兼顾必要的其他专业知识。对于已具备某种专业知识的人，主要学习遥感和判读方法的知识，以及必要的边缘学科的知识。

实践训练包括野外实地勘查，多阅读别人已判读过的遥感图像，以及遥感图像与实地对照，并参与一些典型试验区的判读和分类等，以积累判读经验。

2）搜集充足的资料

在判读前应尽可能搜集判读地区的原有的各种资料，以防止重复劳动和盲目性。对原有资料上已有的东西，又没有发生变化或变化不大者，可以很快地从遥感图像上提取出来。集中精力对变化的地区和原来的资料上没有记载的地区进行判读。

需收集的资料包括历史资料、统计资料、各种地图及专题图，以及实况测定资料和其他辅助资料，等等。

3）了解图像的来源、性质和质量

当判读员拿到遥感图像（或要去索取遥感图像）时，应知道这些图像是什么传感器获取的，什么日期和地点，哪个波段，及其比例尺、航高、投影性质，等等。大多数卫星遥感像片上印有各种注记，能说明图像的来源、性质等。例如，Landsat MSS 像片，图像四周有四个“+”字为标准符号，并注有经纬度格网，在图像下方与灰度标尺之间有一串文字字母注记。

更详细的说明可以从 MSS 磁带的头记录中读出，其他卫星像片也有类似的注记说明，航空像片的说明可以查阅飞行和摄影记录以及摄影处理的记录说明。

除了了解像片的注记说明外，还应掌握各波段像片特性，以便选取最有利的波段进行判读。例如 Landsat MSS 图像，MSS-4 波段，对清澈的浅水透射能力较强，可用于 10～15m 深的湖水和近海的水深探测，对于描绘浅滩和暗礁很有利。MSS-5 波段用于人文方面的判读较有利。如城市、道路、新建区、采石场，因红色光散射较小，有这些地物的地区图像反差较好。MSS-5 对混浊水，如泥沙注入清澈湖水现象显示也很清楚，还对地貌和地质体的显示较清楚。MSS-6 和 MSS-7 强调植物、水和陆地的边界以及土地类型等。如表 6.1 表示，TM 各波段也有其各自的特点。

至于图像的质量，应该清楚了解的是图像的几何分辨率、辐射分辨率、光谱波段的个数和波长区间、时间的重复性、像片的反差、最小灰度和最大灰度等。

4）判读仪器和设备

像片判读设备一般用于三个基本目的：像片观察、像片测量和像片转绘。

表 6.1　**TM 各波段的图像特征**

通道	波长范围 /μm	辐射灵敏度 ΔP_{NE}/(%)	特　征
TM1	0.45～0.52（蓝）	0.8	这个波段的短波端相应于清洁水的峰值，长波端在叶绿素吸收区，这个蓝波段对针叶林的识别比 Landsat-1、2、3 的能力更强
TM2	0.52～0.60（绿）	0.5	这个波段在两个叶绿素吸收带之间，因此相应于健康植物的绿色。波段 1 和波段 2 合成，与水溶性航空彩色胶片 SO-224 相似，它显示水体的蓝绿比值，能估测可溶性有机物和浮游生物
TM3	0.63～0.690（红）	0.5	这个波段为红色区，在叶绿素吸收区内。在可见光中这个波段是识别土壤边界和地质界线的最有利的光谱区。在这个区段，表面特征经常展现出高的反差，大气濛雾的影响比其他可见光谱段低。这样影像的分辨能力较好

续表

通道	波长范围/μm	辐射灵敏度 ΔP_{NE}/(%)	特　　征
TM4	0.76~0.90（红外）	0.5	这个波段相应于植物的反射峰值，它对于植物的鉴别和评价十分有用。TM2 和 TM4 的比值对绿色生物量和植物含水量敏感
TM5	1.55~1.75（红外）	1.0	在这个波段中叶面反射强烈地依赖于叶湿度。一般来说，这个波段在对于收成中干旱的监测和植物生物量的确定是有用的。另外，1.55~1.75μm 区段水的吸收率很高，所以区分不同类型的岩石，区分云、地面冰和雪就十分有利。湿土和土壤的湿度从这个波段上也很容易看出
TM6	10.4~12.6（热红外）	ΔT_{NE}/K 0.5	这个波段对于植物分类和估算收成很有用。在这个波段，来自表面发射的辐射量，按照发射本领和温度(表面的)来测定。这个波段可用于热制图和热惯量制图
TM7	2.08~2.35（红外）	ΔT_{NE}/K 2.0	这个波段主要的价值是用于地质制图，特别是热液变岩环的制图，它同样可用于识别植物的长势

像片观察设备比较简单，一般可用放大镜和各种立体镜，在彩色合成和伪色彩密度分割判读分析方面观察更好。

像片测量如果是坐标和高程测量，可使用各种摄影仪器或软件。面积量算可用求积仪、格网，或直接用计算机判读后的栅格专题图或矢量分类图统计。密度值可用密度仪器测量。

像片转绘是判读中的一个重要环节，在像片上勾绘出判读类别之后，应转绘到地图上，经整饰后，作为最后的成果。转绘可用专门的转绘仪进行。如图6.11所示为一种立体变焦缩放判读转绘仪，它是在立体镜的基础上增加一个地图通道，眼睛在观察立体模型或单张像片时，可以同时看到地形图。为了使像片比例尺和地图比例尺匹配，该仪器增设了一套 ZOOM 缩放系统；对点时可用手旋动地图或调解像片盘上的旋转螺丝。该仪器还增加了一个照相机摄影通道，可以同时将地形图和像片拍摄在同一张底片上，得到带线划的影像图。

图6.11(a)为立体变焦缩放转绘仪的外形图；图6.11(c)为眼睛观察地图和像片的光路图，在右眼能同时看到地图和像片；图6.11(b)为照相机同时摄取地图和像片图的光路图。

这种仪器的 ZOOM 放缩范围达7∶1，像片放大率为0.6~4.2倍，地图放大率为0.7~1倍，视野为180mm/放大率，像片台尺寸为79cm×28cm，光学图像的旋转范围为360°。此外，为了提高目视判读的视觉效果，还需准备各种图像增强的处理设备。

由于计算机图像处理系统的发展，现在目视判读大多还在计算机屏幕上进行，用摄像合成、叠加、融合及增强等各种手段，使影像上的信息显示特别清楚。在与地图叠加时可通过比较和分析进行修测和更新，也可直接用鼠标在屏幕上绘图。目前大多数软件中可以建立注记层、矢量层或专题层，将影像放在背景上，直接利用工具箱中的各种功能将判读

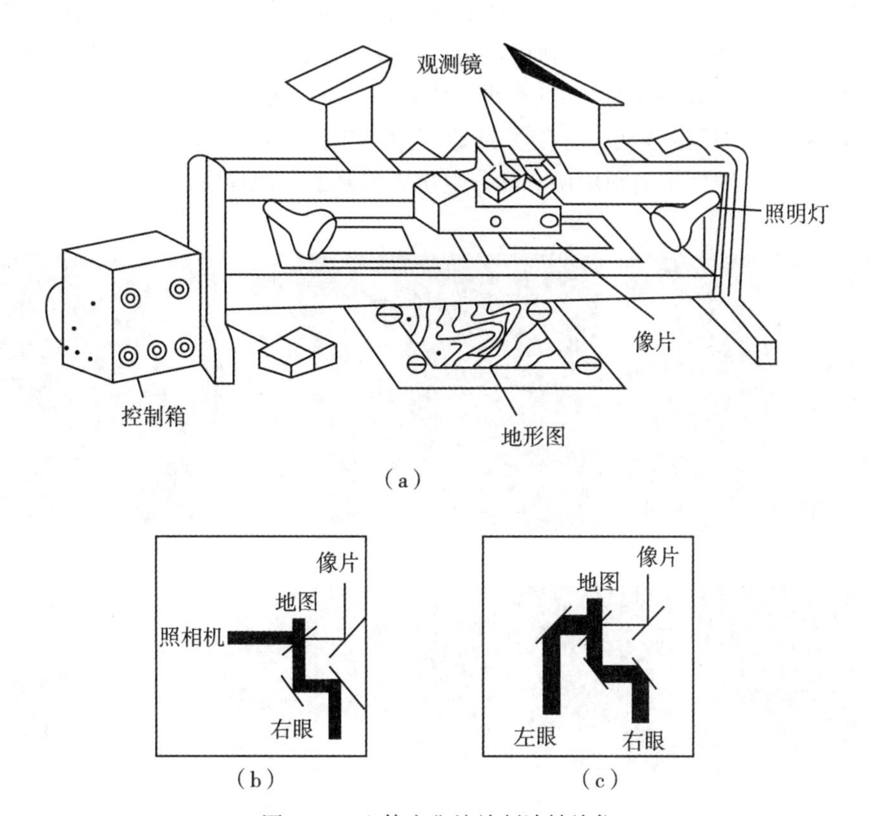

图 6.11　立体变焦缩放判读转绘仪

结果绘在透明的注记层、矢量层或专题层上，例如，ERDAS 中的矢量层上绘制的判读图直接可以在 ARC/INFO 中显示和编辑，注记层也是矢量型的数据，专题层是栅格型数据，这些数据之间可以互相转化，十分方便。

2. 判读的一般过程

1)发现目标

根据图上显示的各种特征和地物的判断标志，按先大后小，由易入难，由已知到未知，先反差大的目标后反差小的目标，先宏观观察后微观分析等原则，并结合专业判读的目的去发现目标。在判读时还应注意，除了应用直接判读标志外，有些地物或现象应该通过使用间接判读标志的方法来识别。例如在矿藏的遥感探测中，要通过一些地质构造类型、地貌类型、土壤类型甚至植物生长的变异状态等间接标志来揭露伪装。当目标间的差距很微小，难以判读时可使用光学或数学增强影像的方法来提高目标的视觉效果。

2)描述目标

对发现的目标，应从光谱特征、空间特征、时间特征等几个方面去描述。因为各个地物的这些特征都各不相同，通过描述，再与标准的目标特征比较，就能判读出来。当然如果有经验的话，一经描述(这种描述有时也往往在目视观察中用脑子进行)同时也就判读出来。当经验不足或即使经验丰富，但还有许多目标的判读有困难时，可借助仪器进行测量。例如，光谱响应特征可以使用密度仪量取，或从计算机上直接读取光谱亮度值，几何特征可用坐标测量仪测量它的大小、形状、位置等，也可用一些增强的方法提取纹理特征等。可将描述的标准目标特征，分门类别地列记下来，即建立判读标志，作为判读的依据。图6.12所示为城市土地利用调查部分卫星影像判读标志样图。

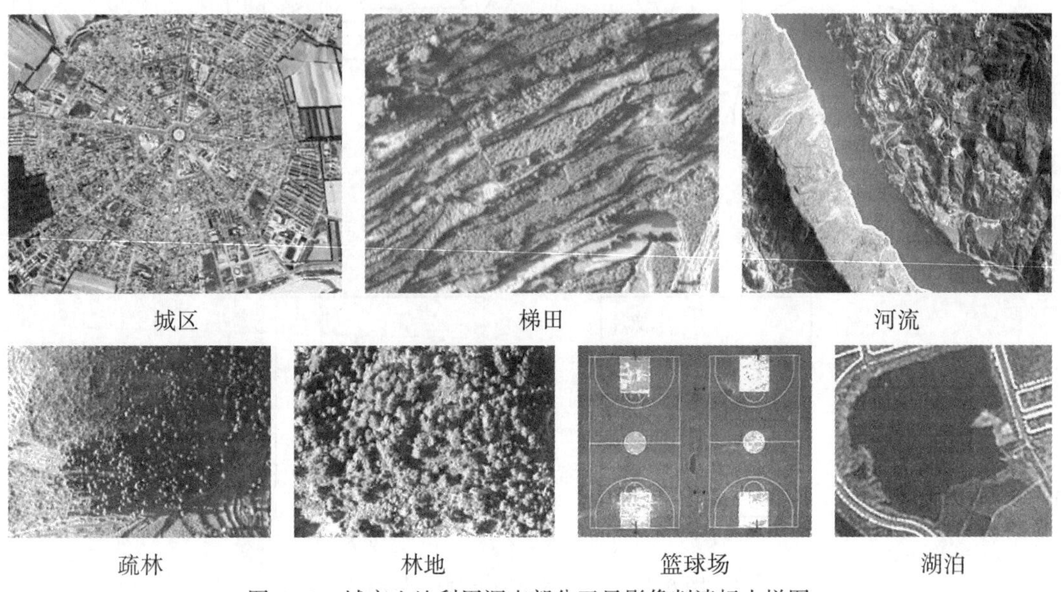

图6.12　城市土地利用调查部分卫星影像判读标志样图

3)识别和鉴定目标

利用已有的资料对描述的特征，结合判读员的经验，通过推理分析(包括必要的统计分析)将目标识别出来。判读出来的目标还应该经过鉴定后才能确认。鉴定的方法中野外鉴定最重要和最可靠，应在野外选择一些试验场进行鉴定，或用随机抽样方法鉴定。鉴定后要列出判读正确与错误的对照表，最后求出判读的可信度水平。也可以利用地形图或专用图，在确认没有变化区域内，对判读结果进行鉴定，还可以使用一些统计数据加以鉴定。

4)清绘和评价目标

图上各种目标识别并确认后应清绘成各种专题图。对清绘出的专题图可量算类地物的面积，估算作物产量和清查资源等，经评价后提出管理、开发、规划等方面的方案。

任务6.3　遥感图像目视判读案例

6.3.1　单波段像片的判读

对于单波段的可见光、近红外像片，从其色调特征和空间特征来分析判读。如图

6.13 所示为一张 Landsat 卫星像片取出的苏州市地区的窗口像，是 7 波段，因水对近红外光吸收严重，呈深色调，城市地区建筑物对红外光反射比水强，再加上马路上有行树，使得城市的色调比水淡一些，但仍较深。由于眼睛区分灰阶的能力较差，有时看来城市与水的色调差不多。农田中农作物反射近红外光强，因此呈浅色调。黑白像片可以结合空间特性来分析，如城市有一定的规则形状，与水的形状不一样，因此即使色调一样，也能区分开。另一种方法是采用图像增强器方法，如反差增强器能使不同亮度地物间的灰度差拉大，区分类别就比较容易，对于时间特征可用边缘增强器来凸显地物的轮廓。另一种有效的方法是进行密度分割并用伪彩色编码技术来增强图像，因为人眼对颜色差别比灰度差别敏感得多，因此效果好。图 6.14 是经数字密度分割手工填绘的伪彩色编码后的增强图像。从图中清楚地看到城区与湖水颜色的差别，并且城区内由于建筑密度不同，造成反射亮度的微小差别，经增强后显示出来；城区内园林、绿地及菜地(南城区)也毕露；城周围的河流，也由于其宽度不足一个像元，与植物混杂，使其反射率下降，色调与城区相近。但结合空间特征，它是线状地物，再根据这个地区河网交错的特点，可以判断为河流；城外红色、橙色为不同的农作物或树；绿、黄、淡红色调则为农田、道路、房屋间杂形成，这些在黑白像片上是难以判断的。

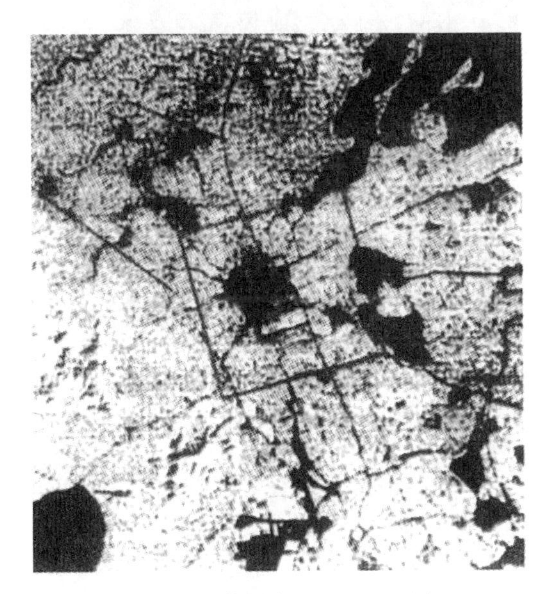

图 6.13　苏州市 MSS-7 卫星图

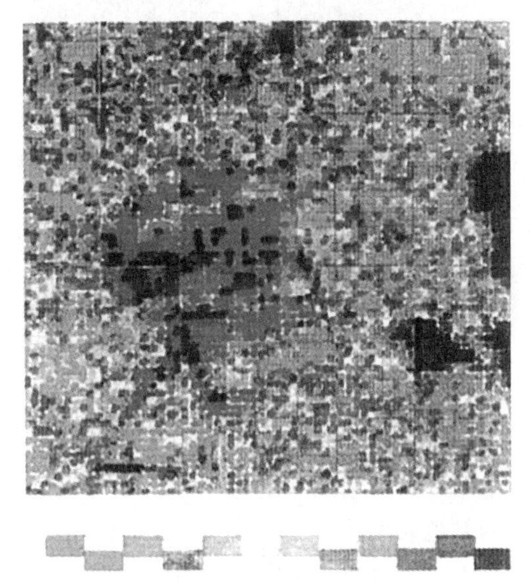

图 6.14　经密度分割增强后的伪彩色图像

6.3.2　多光谱像片的判读

多光谱像片显示景物的光谱特征比单波段强得多，它能表示景物在不同光谱段的反射率变化。对于多光谱像片可以使用比较判读的方法，将多光谱图像与各种地物的光谱反射特性数据联系起来，以正确判读地物的属性和类别。图 6.15 给出了可见光和近红外光两个波段的多光谱像片。取其中 4 种地物来说明多光谱判读的有效性，这 4 种地物分别为草、水泥、沥青、土壤。假定我们仅用一张可见光像片(图6.15(a)所示)并且仅用色调(暂不用空间特性)来判断，则草和沥青无法区分，水泥和土壤的色调也十分接近；又假定仅用一张红外像片(如图6.15(b)所示)，则草、水泥的色调又十分相近，无法区分，沥青和土壤的色调也比较接近。可见仅用单张像片易混类，而且确定图像的类别也把握不大(如果不考虑空间特征)。现在使用多光谱像片，最简单的是使用两个波段，即将刚才两张像片放在一起比较判读，并且与地物的反射波谱特性曲线联系起来分析。首先我们可以测量这4种地物在两张像片上的黑度(如果是数字数据取它们的亮度值)，绘出如图6.16所示的波谱响应曲线，发现这4种地物的响应曲线各不相同，可以肯定这是4种不同的地物，这样已完成了对这4个目标的分类，然后与4种地物的反射波谱特性曲线进行比较，图6.17显示了它们在两个波段中的变化趋势。A与草，B与水泥，C与土壤，D与沥青最相应，因此可以确定A为草，B为水泥，C为土壤，D为沥青。从图6.17中可以看出，在可见光波段上水泥和土壤、草和沥青的灰度分别比较接近；在红外片上草与水泥、土壤与沥青的灰度分别比较接近，是符合影像上的实际情况的。

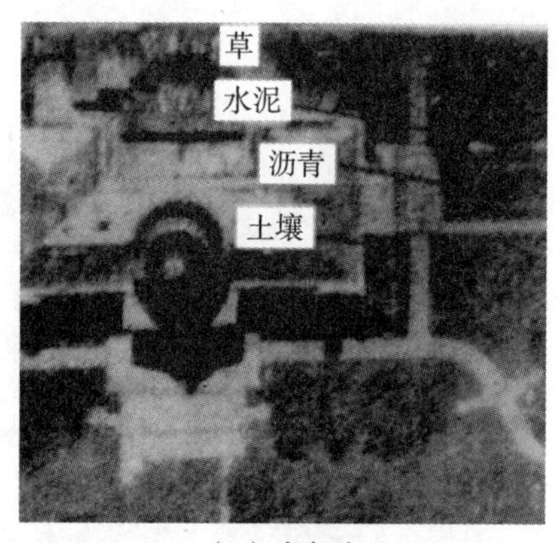

(a)全色片

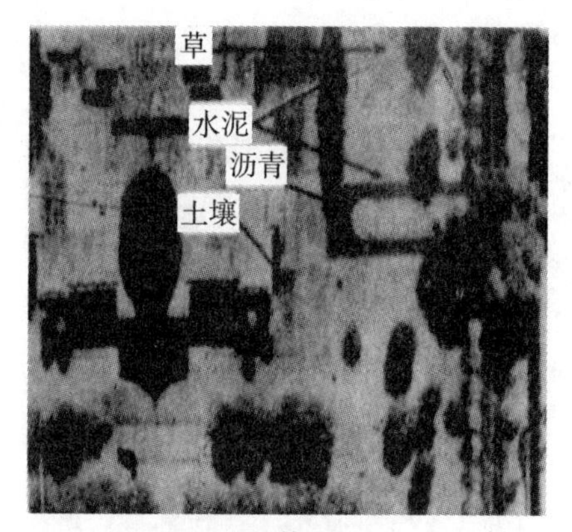

(b) 红外片

图6.15　两个波段的多光谱像片

判读多光谱图像的另一种有效方法是将几个波段进行假彩色合成。假彩色合成像片上的颜色表示了各波段亮度值在合成图像上所占的比率，这样可以直接在一张假彩色像片上进行判读。例如，图6.18所示为一张含有植物、土壤、水等地物的假彩色合成片。红外波段使用红色，红色波段使用绿色，绿色波段使用蓝色，合成的结果植物为红色、土壤(刚翻耕)为绿色，水为蓝黑色，形成这种颜色的原因，与地物的光谱特性和所用的滤光片、波段有关，可按图6.19所示分析，图6.19(a)为这三种地物的波谱特性曲线，图6.19(b)为它们的波谱响应曲线。当红外波段使用红色，红波段使用绿色，绿波段使用蓝色时，植物红外波段反射强，红色比例最大，因此偏红；土壤红波段反射强，绿色比例最大，此外绿色波段反射也较大，蓝色也占一定比例，因此是绿色偏蓝，带一点青色。

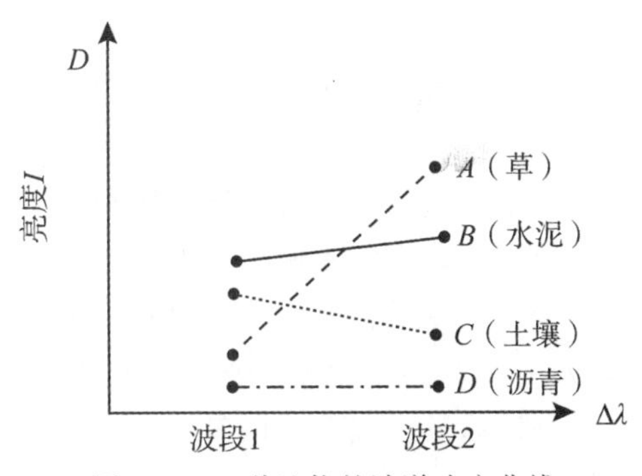

图6.16　4种地物的波谱响应曲线

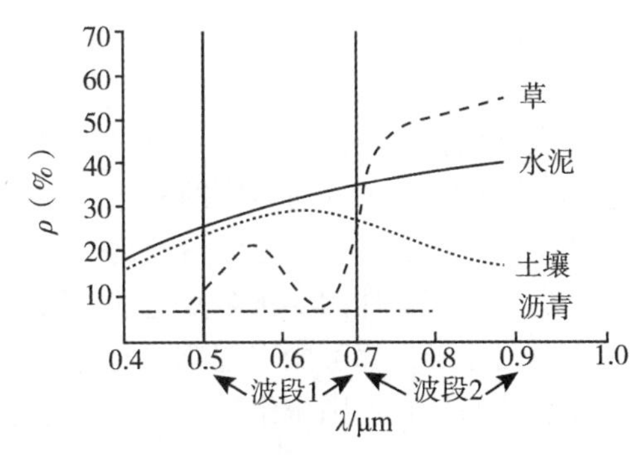

图6.17　4种地物的光谱反射特性曲线

图6.18　假彩色合成图片

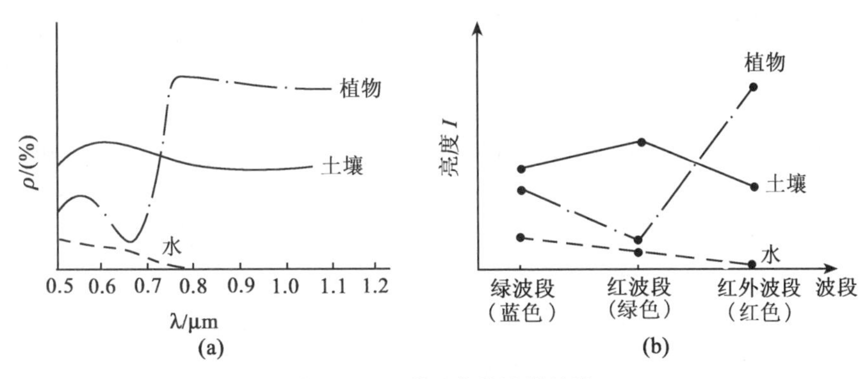

图6.19　三种地物的波谱特性

水(清洁水)各波段反射都比较弱，绿色波段反射稍强，因此偏蓝黑。其他各种地物由于波谱特性各不一样，因此颜色不同，但与其波谱反射率关系密切，还与合成时所选择的波段和滤光片有关。图6.20为南京市MSS-4、5、7合成的假彩色像片。长江由于含有泥沙，黄色波段处反射率高，所以出现青色。飞机场跑道是水泥，红外波段和红色波段及绿色波段反射率都较高，因此呈白色。树木的红外反射率比作物高，因此呈现大红色，而作物偏品红色。当然地面上物体错综复杂，必然在假彩色合成像片上出现许多种颜色，我们可以根据地物的波谱特性、合成时使用的波段、滤光片和合成的条件等因素，制定出颜色色别、明度和饱和度与地物的关系表，作为判读标志来进行对全片各种地物的判读，当然具体判读时还要结合具体的情况进行。因为像片上色调受许多因素影响，不是固定不变的，如摄影处理条件的变化会使色别、明度和饱和度都发生变化，滤光片和曝光时间以及底片本身的差异，都可能引起判读标志的变化。又如地形的阴影会使图像的明度发生变化，而它的好处是色别变化不是太大，这样比单波段判读起来把握性大得多。

图6.20　南京市假彩色卫星影像

无论是单波段像片还是多波段像片的判读，在利用它们的光谱判读标志的同时，应结合图像上的空间特征来进行。尽管卫星像片比例尺很小，地物的空间特征在像片上的反映仍然是很明显的。利用国产高分辨率遥感影像数据，为国家地理信息公共服务平台“天地图”提供数据支撑，2019年度更新公共服务影像1 000万平方千米，在水利、公安、气象、农业等41个部门开展了广泛应用，有效支撑了第四次全国经济普查、第二次全国污染源普查、第三次全国国土调查等国家重大国情国力调查工作，如图6.21所示。

按照国土空间生态修复要求，依托“全国矿山环境恢复治理状况遥感地质调查与监测”项目，如图6.22所示，快速完成了长江经济带、京津冀及周边、汾渭平原重点城市等区域废弃露天矿山遥感调查工作，为推进“打赢蓝天保卫战三年行动计划”、部署全国重点地区矿山环境生态修复工作提供了有力的决策支持。

2020年3月28日19时30分，木里县乔瓦镇锄头湾村与项脚蒙古族乡项脚村交界处发生森林火灾，充分利用2m/8m光学卫星星座三星组网拍摄能力，于3月30日至4月1日连续追踪火情发展，形成了包括影像图(图6.23)、三维仿真视频(图6.24)等时序监测成果，并提交应急指挥一线用于辅助决策。

图6.21　“天地图”亚米级影像服务

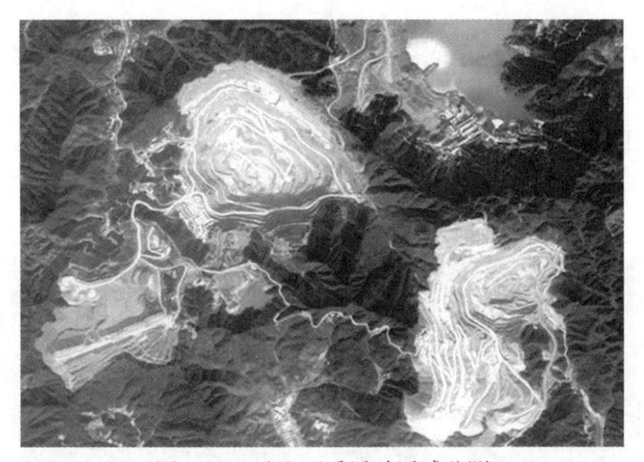

图6.22　矿山开采活动遥感监测

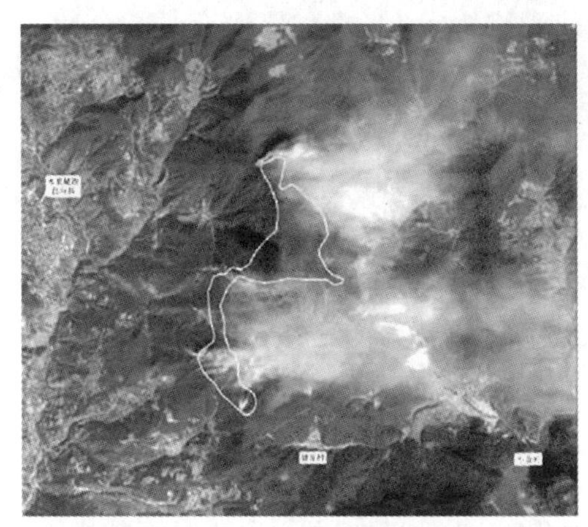

(a)2020年3月30日2m/8m光学卫星遥感影像图

(b)2020年4月1日2m/8m光学卫星遥感影像图

图6.23　四川凉山木里森林火灾遥感影像解译图

图 6.24　火灾三维仿真视频截图(底图为 2020 年 3 月 30 日 2m/8m 光学卫星遥感影像图)

为落实全国农村乱占耕地建房问题整治工作会议精神，山西省卫星中心完成了全省情况摸排，开展了卫星影像数据采集、全省卫星遥感影像底图数据制作、国家下发辅助摸排图斑的信息提取等工作，如图 6.25 所示，研制了农村乱占耕地建房在线信息填报取证平台，保质保量地完成了全省农村乱占耕地建房问题摸排工作。

(a)2012 年 9 月卫星遥感影像

(b)2020 年 6 月卫星遥感影像

图 6.25　长治市某区农村乱占耕地建房疑似图斑(1∶2 000)

按照《国务院办公厅关于坚决制止耕地“非农化”行为的通知》提出的六种严禁耕地“非农化”行为，根据耕地保护监督绿化通道监测要求，对河北省、山西省、江苏省、河南省、山东省和湖北省 6 个省份的 2020 年 9 月以后新增绿化通道开展了遥感监测。通过提取新增绿化通道图斑、叠加相关管理数据、判断疑似图斑实际变化时间、套合审批备案数据，完成了疑似违法新增绿色通道图斑分析，形成了《6 省新增绿化通道遥感监测情况报告》，为开展耕地“非农化”监管工作提供了数据和信息支撑。图 6.26 为新增绿化通道监测图斑前、后时相影像图，其中前时相采用 2019 年 10 月“高分”二号影像，图斑表现为耕地影像特征，后时相采用 2020 年 9 月“高分”二号影像，图斑表现为绿化林地特征。

(a)前时相“高分”二号 2019 年 10 月

(b)后时相“高分”二号 2020 年 9 月

图 6.26　新增绿化通道监测图(局部)

陕西省卫星中心以多时相高分辨率卫星影像及地理信息技术为基础，开展了关中城市群重点区域农用地、未利用地转为建设用地批后监管工作，采用“卫星遥感监测+无人机巡查+实地核查”技术方法对 20 个重大建设项目用地 100 个监测单元进行季度遥感监测。通过影像解译识别，获取监测目标审批范围内空间分布状况、变化及其变化量等信息，发现审批外超占、未批先建、批而未用、实际建设界址与审批范围不符等疑似问题，有效地支撑了省级国土空间用途管制工作。图 6.27 为建设用地用途管制遥感监测图斑，用不同颜色的线条来界定建设用地项目审批范围和实际建设边界，通过卫星遥感监测及时发现临时占用农用地、审批外超占等问题，为建设用地批后监管工作服务。

甘肃省卫星中心利用多期遥感影像数据，为某县公安局对该县一起采矿企业的越界开采违法行为的认定提供了客观真实的数据。在公安机关开展案件调查时，采矿企业负责人坚持越界开采是 2018 年后出现的新情况。甘肃卫星中心向公安机关提供了 2013—2020 年该区域连续的时空序列的卫星影像，办案人员从连续时间的卫星影像上清楚地分析了越界开采行为发生的时间，为案件侦破提供了有力的数据支撑。如图 6.28 所示，采矿企业越界开采位置区域在 2013 年还没有开始开采，在 2016 年已有地表变化，2018 年人工建筑区域范围扩大，到 2020 年已经形成一定区域的开采边界，开采痕迹明显，卫星遥感影像上直观地显示了此矿企越界开采的过程。

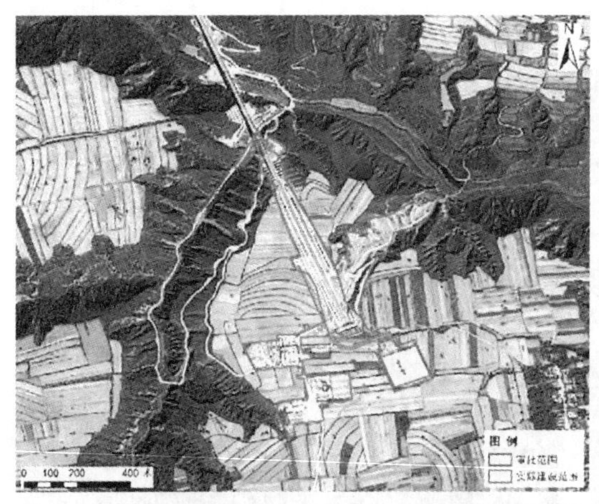

图6.27　建设用地用途管制遥感监测影像图(影像底图：“资源”三号01星，时间2020年9月4日)

(a)2013年Worldview-1遥感影像：无开采迹象

(b)2016年“高分”二号遥感影像：开始开采

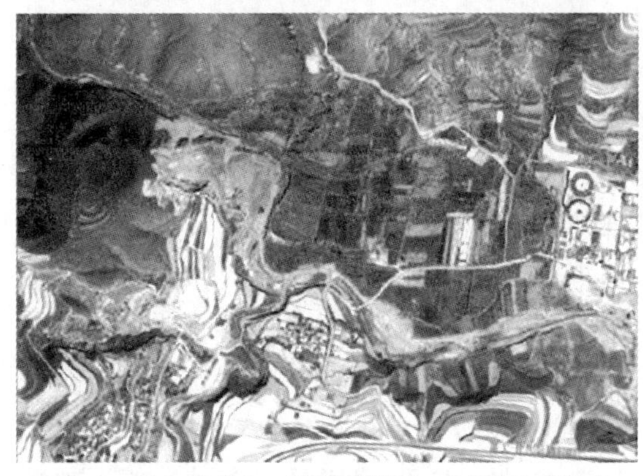

(c)2018年“高分”二号遥感影像：开采区域扩大

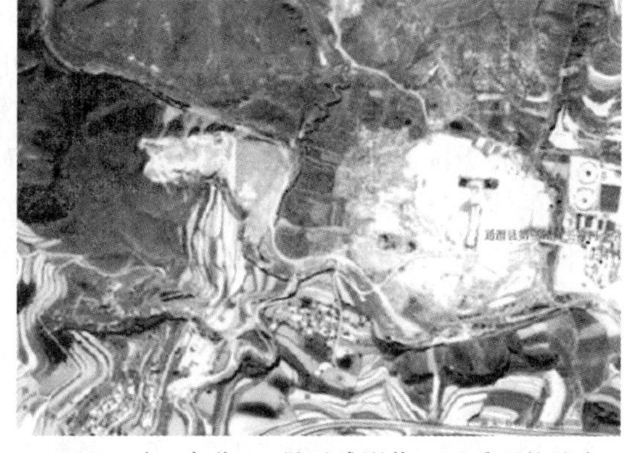

(d)2020年“高分”二号遥感影像：开采现状认定

图6.28　越界开采多期卫星遥感影像数据支撑公安机关案件结果认定

根据《长江岸线保护和开发利用总体规划》，安徽省卫星中心利用高分辨率卫星影像，结合第三次全国国土调查和地理国情监测数据，确定长江(安徽)岸线 1 公里、5 公里、15 公里范围线，明确长江(安徽)经济带“1515”监测范围，开展长江(安徽)经济带废弃露天矿山生态修复监测工作。通过建立废弃露天矿山三维模型，形成专题监测数据库，全方位立体地展示废弃露天矿山修复成效。监测成果表明长江(安徽)经济带“1515”范围内生态资源禀赋良好，以废弃矿山修复为代表的长江岸线生态修复工作成效显著。该矿山被列入长江经济带(安徽)废弃露天矿山 2019—2020 年生态修复名单，2019 年 6 月由安庆市自然资源和规划局修复完成。主要恢复治理工程有边坡岩浮石清、绿化工程、排水工程。如图 6.29 所示，安庆市宜秀区 77 号露天矿经过生态修复治理，从 2017 年到 2020 年 4 月 30 日已经修复了 18.02 公顷。

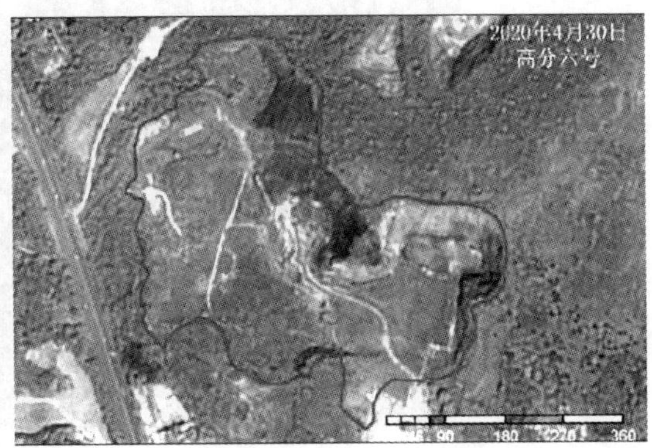

图 6.29　安庆市宜秀区 77 号露天矿监测情况

6.3.3　热红外像片的判读

地物的辐射功率与温度和发射功率成正比，其中与温度的关系更密切。在热红外像片上其灰度与辐射功率呈函数关系，因此也就与温度和发射功率的大小有直接的关系。无论是温度(自然状态下)还是发射功率都与地物的热特性有关。物体的热特性包括物体的热容量、热传导率和热惯量等。热传导率大的物体，其发射功率一般较小，如金属比岩石的传导率大得多。热惯量大的物体比热惯量小的物体，在白天和夜间的整个期间有更均匀一致的表面温度。

如图 6.30 所示为 1982 年 9 月白天和凌晨摄取的新疆塔里木地区的两张热红外影像。图 6.30(a)为午后 13 时的成像，被风沙淹没的河床(指针 S_s 处)呈暖色调，图 6.30(b)为凌晨 4 时获取的夜间影像，呈冷色调；有水的河流白天呈冷色调，夜间呈暖色调，树林白天、夜间都呈冷色调。这里冷暖的相对比较，实际上是由于白天、夜间水温变化较小，而土壤变化较大造成的。图 6.31 显示出了土壤与水一天中辐射温度变化的一般情景。水温虽然夜间比白天要低一点，但白天土壤比水热得多，而夜间土壤比水的温度还低。

如图 6.32(a)所示为我国黄海和东海地区的气象卫星(NOAA)热图像，其中：①为山东半岛；⑥为辽东半岛；⑦为海冰；②为黄海冷水舌；③为台湾海峡暖流；⑧为云。该图像是在 1978 年 1 月 14 日 19 时获取。冬季气温较低，该影像为负像，温度高的显得“暗”，温度

（a）午后 13 时成像

（b）凌晨 4 时成像

图 6.30 1982 年 9 月获取的塔里木地区热红外影像

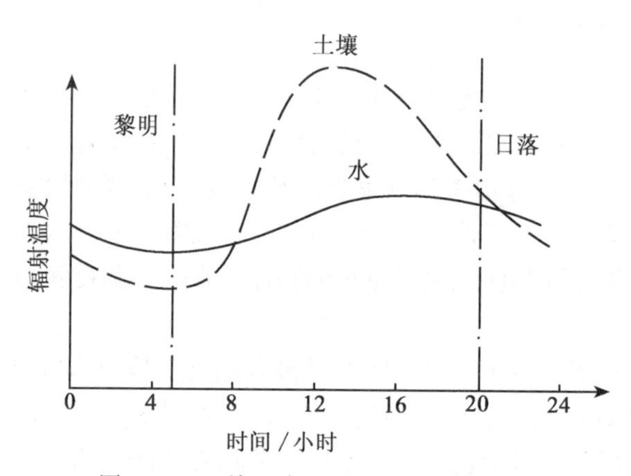

图 6.31 土壤和水一天辐射温度的变化

低的显得“亮”。图 6.32(b)所示为将图像经密度分割后输出的伪彩色图像。在这个图像上暖流和冷水海流的边界和流向都显得十分清楚。长江口外和朝鲜半岛西南端有两个暗红色的舌状，称冷水舌，这里形成海洋锋面，鱼群往往在这里洄游，是很好的海洋渔场。

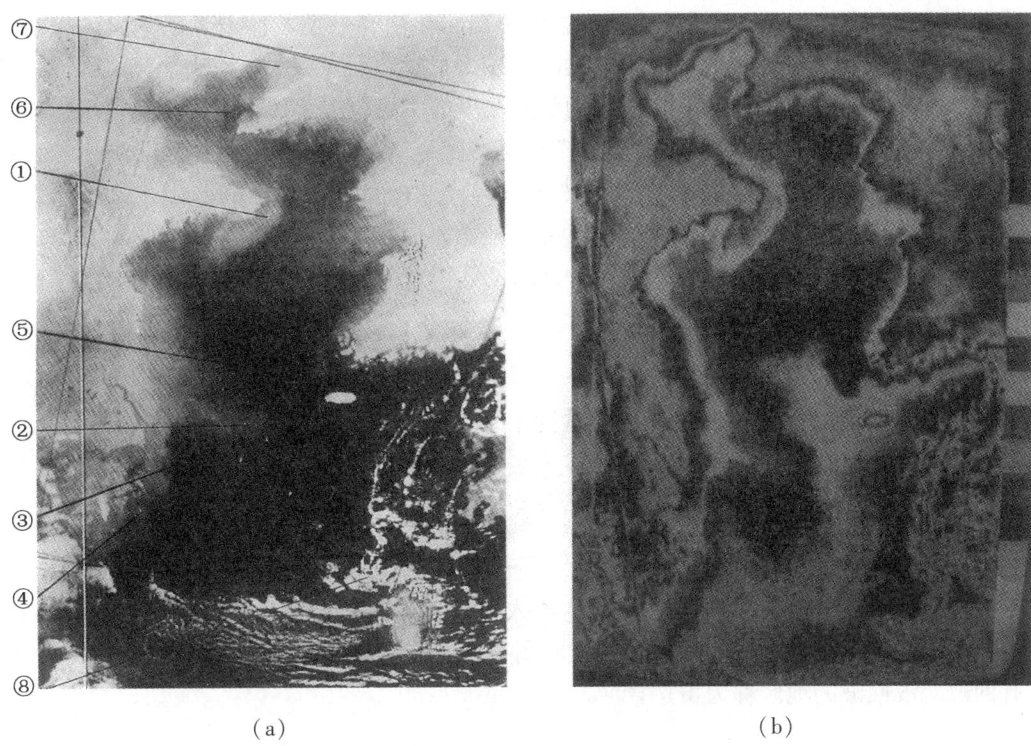

(a)　　　　　　　　　　　　(b)

图6.32　黄海和东海的气象卫星热图像及经密度分割后的伪彩色图像

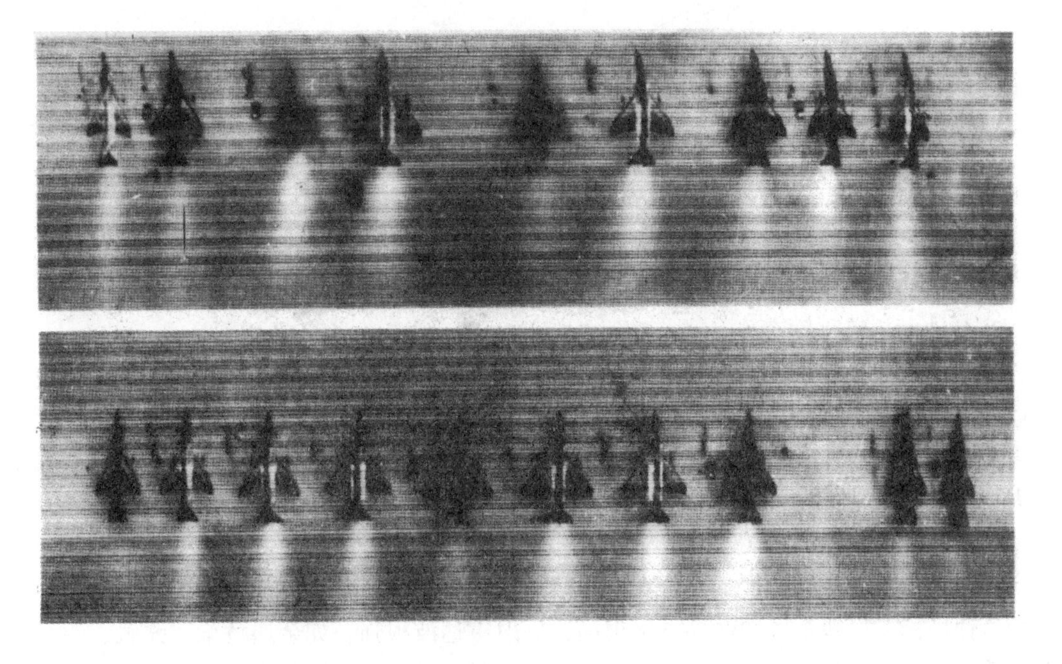

图6.33　热红外像片

这种热图像色调与温度的关系的例子还有很多。例如，夜间对飞机场起跑线的扫描热图像如图 6.33 所示，已发动的发动机，温度很高，显出亮色调，而未发动的发动机都是金属部件，显得很冷；飞机的尾喷温度很高，显得很热，而飞机的金属表面显得很冷；铺地材料水泥，显得较热。像片上有意思的是刚飞离的飞机位置上留下了一个热阴影，这是由于尾喷造成地面温度升高，出现“热影”，而飞机金属部件较冷，吸收地面的热量，使其温度比周围低，产生了“冷影”。这种热阴影与普通可见光像片上的阴影含义不同，它是由温度差引起的。白天热红外像片虽然与可见光像片上建筑物或山体后的阴影相仿，但热影像上的阴影是由于未照射到太阳光，其温度低于太阳光照射处所导致的。

6.3.4　侧视雷达像片的判读

1. 侧视雷达图像的色调与地物特性的关系

侧视雷达图像上色调的高低，与可见光、近红外及热红外图像都不同，它与地物以下的一些特征有关：

1) 与入射角有关

由于地形起伏和坡向不同，造成雷达波入射地面单元的角度不同。如图 6.34 所示，朝向飞机的坡面反射强烈，朝天顶方向就要弱一些，背向飞机方向反射雷达波很弱，甚至没有回波。没回波的地区称为雷达盲区。

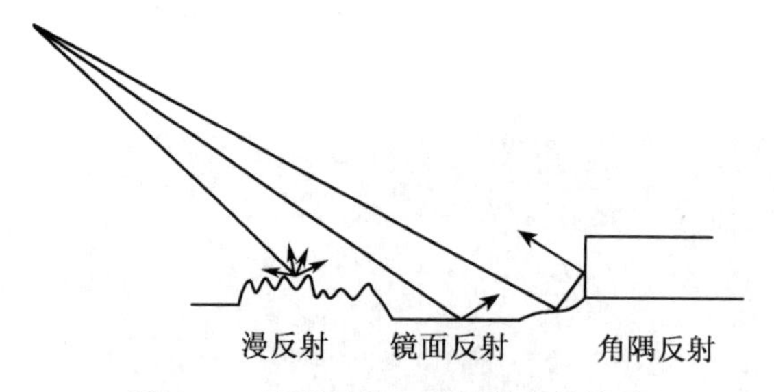

图 6.34　地形起伏与反射强度的关系

2) 与地面粗糙程度有关

地面地物微小起伏如果小于雷达波波长，则可以看成是“镜面”，镜面反射雷达波很少返回到雷达接收机中，因此显得很暗；当地面微小起伏大于或等于发射波长时会产生漫反射，雷达接收机接收的信号比镜面反射强。另外一种称为“角隅反射”，其反射波强度更大，如图 6.35 所示。

3) 与地物的电特性有关

一切物体的电特性量度是复合介电常数。这个参数是各种不同的物质的反射率和导电率的一种指标。一般金属物体导电率很高，反射雷达波很强，如金属桥梁、铁轨、铝金属飞机等。水的介电常数为 80，对雷达波反射也较强，地面物体不同含水量将反映出不同的反射强度。含有不同矿物的岩石，有不同的介电常数，在雷达影像上能显示出来。当然

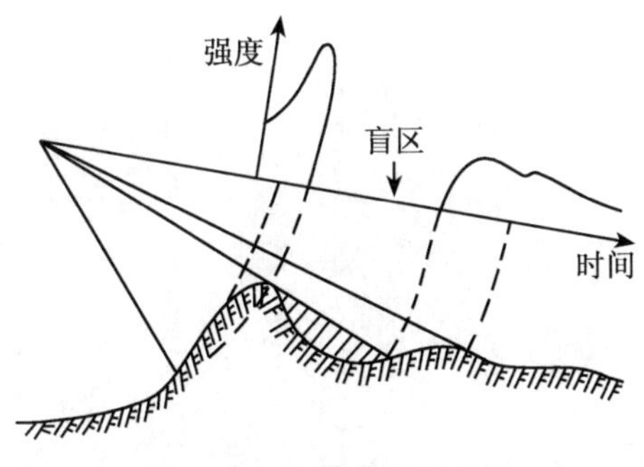

图 6.35 各种表面的反射

地物的电特性应与其他引起色调变化的因素结合起来分析。如水面很平坦时，造成镜面反射，反射波还是很弱的。

2. 侧视雷达图像的几何特性

雷达图像是斜距投影，因此图像的变形与其他图像不同。它的影像空间特征判读主要表现在以下两个方面：一方面是比例尺失真，侧视雷达 Y 方向上的地面长度为 $\Delta R\sec\varphi$，在一条图像线上降底角 φ 随斜距 R 的增加而减少，则 $\sec\varphi$ 随 R 增大也是减少。如果 $\Delta R\sec\varphi$ 保持不变，如图 6.36 所示，随着 R 增加必然 ΔR 增大，影像上的长度 $\Delta\alpha$ 变大，因此 R 大处的影像比例尺大，即离飞机远的影像比例尺大，反之比例尺小，这与全景像片正好相反。如图 6.36 所示，$\Delta R_1\sec\varphi_1 = \Delta R_2\sec\varphi_2 = \Delta R_3\sec\varphi_3$，但 $\Delta\alpha_3 > \Delta\alpha_2 > \Delta\alpha_1$。

另一方面是几何特性导致的，地形起伏引起的投影差变化与中心投影像片的位移方向相反。如图 6.37 所示，在判读时应注意，高山往往向飞机方向倾斜。如逐个获取立体像对，按常规方法观察立体，将是一个反立体。

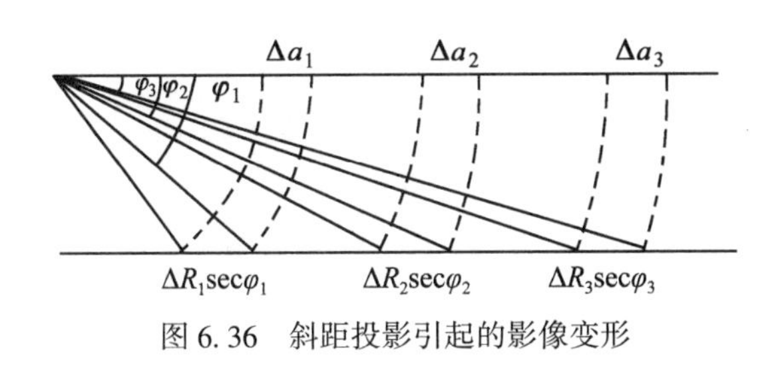

图 6.36 斜距投影引起的影像变形

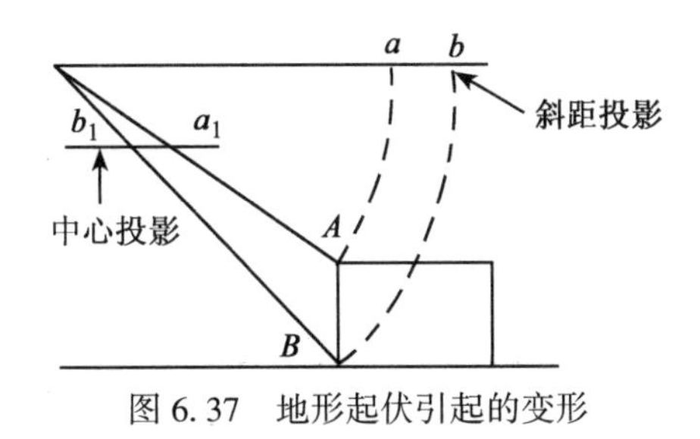

图 6.37 地形起伏引起的变形

◎ 习题与思考题

1. 为积极践行“绿水青山就是金山银山”的发展理念，河北省卫星中心利用卫星遥感监测手段对河北省 86 个山水林田湖生态修复治理试点工程项目的工程进度、质量和效果进行了监管与评估，图 6.38 是两个地方的湿地生态恢复工程遥感监测影像，如何用遥感图像进行目视判读？

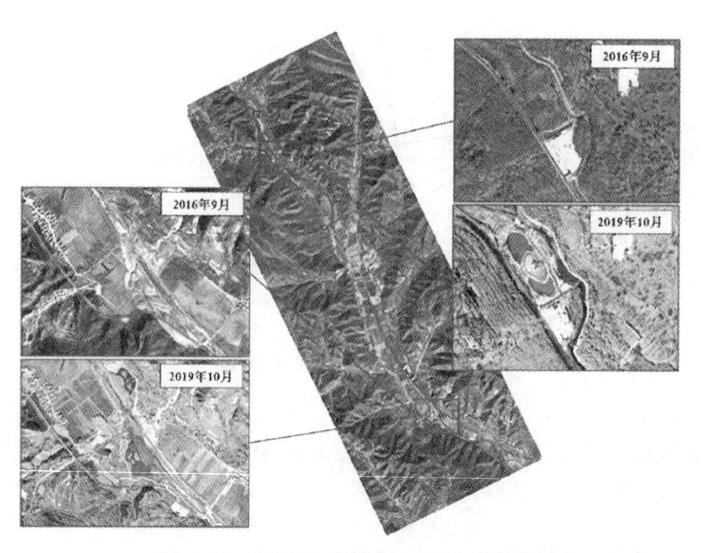

图6.38 湿地生态恢复工程遥感监测

2. 什么是直接判读标志？其一般包括哪些内容？什么是间接判读标志？
3. 遥感目视判读的方法主要有哪些？
4. 简述遥感影像目视判读的步骤。
5. 如何判读热红外像片？

项目7 遥感图像分类

☞ 学习目标

通过本项目的学习，掌握遥感图像分类的基本原理和方法；掌握遥感图像非监督分类的概念，理解非监督分类的方法，能利用遥感图像处理软件 ERDAS IMAGING 完成遥感图像非监督分类，理解非监督分类的特点；掌握遥感图像监督分类的概念，理解监督分类训练样区的选择原则，理解监督分类的方法，能利用遥感图像处理软件 ERDAS IMAGING 完成遥感图像监督分类，理解监督分类的特点；理解分类后处理的概念，能利用遥感图像处理软件 ERDAS IMAGING 处理遥感图像分类中小图斑存在的问题，能利用遥感图像处理软件 ERDAS IMAGING 解决遥感图像分类中分类重编码；理解面向对象遥感分类的原理；能利用遥感图像处理软件 ERDAS IMAGING 完成面向对象的遥感分类；同时，通过上机实践操作，培养学生求真务实的学习态度。

任务7.1 概　　述

遥感图像分类是根据遥感图像中地物的光谱特征、空间特征、时相特征等，对地物目标进行识别的过程。图像分类通常是基于图像像元的灰度值，将像元归并成有限的几种类型、等级或数据集，通过图像分类，可以得到地物类型及其空间分布信息。因此，遥感图像分类是图像数字处理的一个重要内容，非监督分类和监督分类是非常经典的遥感图像分类方法。

监督分类和非监督分类的基本步骤是类似的，即首先根据专题应用目的和图像数据的特性确定计算机分类处理的类别或通过从训练数据中提取的图像数据特征确定分类类别；选择能够描述这些类别的特征量；提取各个分类类别的训练数据；测定总体的统计量，或是对代表给定类别的部分进行采样，测定其总体特征，或是用聚类分析方法对特征相似的像元进行归类分析，从而确定其特征；使用给定的分类基准，对各个像元进行分类归并处理，包括对每个像元进行分类和对每个预先分割的均质区域进行分类；把已知的训练数据及分类类别与分类结果进行比较，检验结果，对分类的精度与可靠性进行分析。这两种分类的结果都产生专题栅格层。遥感图像的监督分类与非监督分类的工作流程如图 7.1 所示。

遥感是以电磁波与地球表面物质相互作用为基础，探测、分析和研究地球资源与环境，揭示地球表面各要素的空间分布特征与时空变化规律的一门科学技术。通过遥感图像

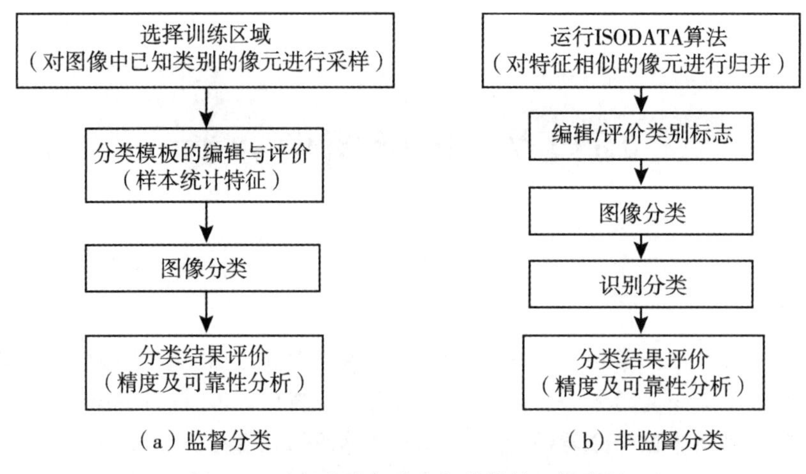

图 7.1　监督分类与非监督分类的工作流程

识别各种目标是遥感技术发展的一个重要环节，无论是专题信息提取、动态变化监测、专题制图，还是遥感数据库建设等都离不开遥感图像分类技术。可以说，遥感图像分类技术是进行图像分析的前提。

遥感图像分类的过程就是模式识别的过程，遥感图像分类的任务是通过对各类地物的光谱特征分析来选择特征参数，将特征空间划分为互不重叠的子空间，然后将图像内各个像元划分到各个子空间中去，从而实现分类。

在对遥感图像分类之前，需要进行特征参数的选择和特征提取，特征参数选择是从众多特征中挑选出可以参加分类运算的若干个特征，所谓特征参数就是能够反映地物光谱特征信息并可用于遥感图像分类处理的变量。特征提取是在特征参数选择之后，利用特征提取算法从原始特征中求出最能反映其类别特征的一组新特征。通过特征提取，既可以达到数据压缩的目的，又可以提高不同类别特征之间的可区分性。

任务 7.2　非监督分类

7.2.1　非监督分类的概念

非监督分类是无人工干预的遥感分类，遥感图像上的同类地物在相同的表面结构特征、植被覆盖、光照条件下，一般具有相同或相近的光谱特征，从而表现出某种内在的相似性，归属于同一光谱空间区域；不同的地物，光谱信息特征不同，归属于不同的光谱空间区域。这就是非监督分类的理论依据。因此，可以这样定义非监督分类，即在没有先验知识(训练场地)的情况下，根据图像本身的统计特征及自然点群的分布情况来划分地物类别的分类处理，类别的属性需要通过目视判读或实地调查再对已分出的各类地物属性进行确认，也称为“边学习边分类”。

7.2.2　非监督分类的方法

非监督分类主要有分级集群分析法(Hierarchuical Clustering)和非分级集群分析法(Non-Hierarchuical Clustering)，其中以非分级集群分析法中的 *K*-均值法(*K*-Means)和 ISODATA(Iterative Self-Organizing Data Analysis Techniques Algorithm)方法效果较好，使用较多。

1. *K*-均值法

K-均值法的聚类准则是使每一聚类中，多模式点到该类别的中心的距离的平方和最小。其基本思想是：通过迭代，逐次移动各类的中心，直至得到最好的聚类结果为止。其算法框图如图 7.2 所示。

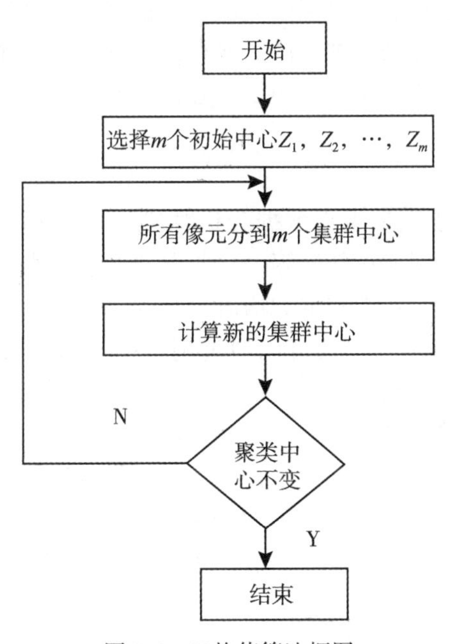

图 7.2　*K*-均值算法框图

具体计算步骤如下：

假设图像上的目标分为 m 类，m 为已知数。

第 1 步：适当地选取 m 个类的初始中心 $\mathbf{Z}_1^{(1)}$，$\mathbf{Z}_2^{(1)}$，…，$\mathbf{Z}_m^{(1)}$，初始中心的选择对聚类结果有一定的影响，初始中心的选择一般有如下两种方法：

(1)根据问题的性质和经验确定类别数 m，从数据中找出从直观上看来比较适合的 m 个类的初始中心。

(2)将全部数据随机地分为 m 个类别，计算每类的重心，将这些重心作为 m 个类的初始中心。

第 2 步：在第 k 次迭代中，对任一样本 X 按如下方法把它调整到 m 个类别中的某一

类别中去。对于所有的 $i \neq j$，$i=1, 2, \cdots, m$，如果 $\| \boldsymbol{X}-\boldsymbol{Z}_j^{(k)} \| < \| \boldsymbol{X}-\boldsymbol{Z}_i^{(k)} \|$，则 $\boldsymbol{X} \in S_j^{(k)}$，其中 $S_j^{(k)}$ 是以 $\boldsymbol{Z}_j^{(k)}$ 为中心的类。

第 3 步：由第 2 步得到 $S_j^{(k)}$ 类新的中心 $\boldsymbol{Z}_j^{(k+1)}$：

$$\boldsymbol{Z}_j^{(k+1)} = \frac{1}{N_j} \sum_{X \in S_j^{(k)}} \boldsymbol{X} \tag{7-1}$$

式中：N_j为 $S_j^{(k)}$ 类中的样本数。$\boldsymbol{Z}_j^{(k+1)}$ 是按照使 J 最小的原则确定的，J 的表达式为：

$$J = \sum_{j=1}^{m} \sum_{X \in S_j^{(k)}} \| \boldsymbol{X} - \boldsymbol{Z}_j^{(k+1)} \|^2 \tag{7-2}$$

第 4 步：对于所有的 $i=1, 2, \cdots, m$，如果 $\boldsymbol{Z}_i^{(k+1)} = \boldsymbol{Z}_i^{(k)}$，则迭代结束，否则转到第 2 步继续进行迭代。

这种算法的结果受到所选聚类中心的数目和其初始位置以及模式分布的几何性质和读入次序等因素的影响，并且在迭代过程中又没有调整类数的措施，因此可能产生不同的初始分类并得到不同的结果，这是这种方法的缺点；但可以通过其他的简单的聚类中心试探方法，如最大最小距离定位法，来找出初始中心，提高分类效果。

2. ISODATA 法

ISODATA 算法也称为迭代自组织数据分析算法。它与 K-均值法有两点不同：第一，它不是每调整一个样本的类别就重新计算一次各类样本的均值，而是在每次把所有样本都调整完毕之后才重新计算一次各类样本的均值，前者称为逐个样本修正法，后者称为成批样本修正法；第二，ISODATA 法不仅可以通过调整样本所属类别完成样本的聚类分析，而且可以自动地进行类别的“合并”和“分裂”，从而得到类数比较合理的聚类结果。

ISODATA 算法过程如图 7.3 所示。

其中具体算法步骤如下：

第 1 步：将 N 个模式样本 $\{\boldsymbol{X}_i, i=1, 2, 3, \cdots, N\}$ 读入，预选 N_c 个初始聚类中心 $\{\boldsymbol{Z}_1, \boldsymbol{Z}_2, \cdots, \boldsymbol{Z}_{N_c}\}$，它可以不必等于所要求的聚类中心的数目，其初始位置亦可从样本中任选一些代入。

预选：K=预期的聚类中心数目；

θ_N=每一聚类域中最小的样本数目，即若小于此数就不作为一个独立的聚类；

θ_s=一个聚类域中样本距离分布的标准差；

θ_c=两聚类中心之间的最小距离，如小于此数，两个聚类进行合并；

L=在一次迭代运算中可以合并的聚类中心的最多对数；

I=迭代运算的次数序号。

第 2 步：将 N 个模式样本分给最近的聚类 S_j，假如

$$D_j = \min(\| \boldsymbol{X} - \boldsymbol{Z}_i \|, i=1, 2, \cdots, N_c),$$

即 $\| \boldsymbol{X} - \boldsymbol{Z}_i \|$ 的距离最小，则 $X \in S_j$。

第 3 步：如果 S_j 中的样本数目 $N_j < \theta_N$，则取消该样本子集，这时 N_c 减去 1。

第 4 步：修正各聚类中心值。

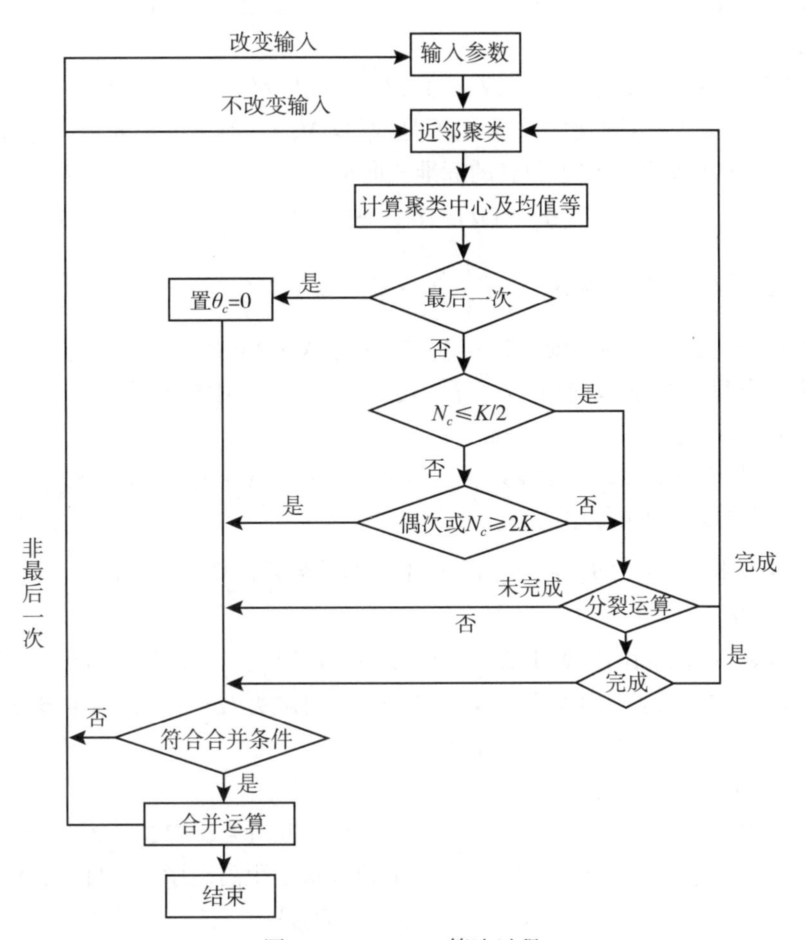

图 7.3　ISODATA 算法过程

$$Z_j = \frac{1}{N_j}\sum_{X \in S_j} X,\ j = 1,\ 2,\ \cdots,\ N_c$$

式中，N_j 为 S_j 类的样本数。

第 5 步：计算各聚类域 S_j 中诸聚类中心间的平均距离：

$$\overline{D}_j = \frac{1}{N_j}\sum_{X \in S_j} \| \boldsymbol{X} - \boldsymbol{Z}_j \|,\ j = 1,\ 2,\ \cdots,\ N_c \tag{7-3}$$

第 6 步：计算全部模式样本对其相应聚类中心的总平均距离：

$$\overline{D} = \frac{1}{N}\sum_{j=1}^{N_c} N_j \overline{D}_j$$

式中，N 为样本总数。

第 7 步：判别分裂、合并及迭代运算等步骤：

(1)如迭代运算次数已达 I 次，即最后一次迭代，置 $\theta_c = 0$，跳到第 11 步，运算结束；

(2)如 $N_c \leqslant K/2$，即聚类中心的数目等于或不到规定值的一半，则进入第 8 步，将已有的聚类分裂；

(3)如迭代运算的次数是偶次，或 $N_c \geqslant 2K$，不进行分裂处理，跳到第 11 步；如不符合以上两个条件(即既不是偶次迭代，也不是 $N_c \geqslant 2K$)，则进入第 8 步，进行分裂处理。

第 8 步：计算每聚类中样本距离的标准差向量：

$$\boldsymbol{\sigma}_j = (\sigma_{1j} \quad \sigma_{2j} \quad \cdots \quad \sigma_{nj})^{\mathrm{T}} \tag{7-4}$$

其中，向量的各个分量为 $\boldsymbol{\sigma}_{ij} = \sqrt{\dfrac{1}{N_j}\sum\limits_{x \in S_j}(x_{ik} - z_{ij})^2}$

式中，维数 $i=1, 2, \cdots, n$；聚类数 $j=1, 2, \cdots, N_c$；$k=1, 2, \cdots, N_j$。

第 9 步：求每一标准差向量 $\{\boldsymbol{\sigma}_j, j=1, 2, \cdots, N_c\}$ 中的最大分量，以 $\{\boldsymbol{\sigma}_{j\max}, j=1, 2, \cdots, N_c\}$ 为代表。

第 10 步：在任一最大分量集 $\{\boldsymbol{\sigma}_{j\max}, j=1, 2, \cdots, N_c\}$ 中，如有 $\boldsymbol{\sigma}_{j\max} > \theta_s$(该值给定)，同时又满足以下两条件中之一：

(1) $\overline{D_j} > D$ 和 $N_j > 2(\theta_N + 1)$，即 S_j 中样本总数超过规定值一倍；

(2) $N_c \leqslant K/2$；

则将 z_j 分裂为两个新的聚类中心 z_j^+ 和 z_j^-，且 N_c 加 1。z_j^+ 中相当于 $\boldsymbol{\sigma}_{j\max}$ 的分量，可加上 $k\boldsymbol{\sigma}_{j\max}$，其中 $0 \leqslant k \leqslant 1$；$z_j^-$ 中相当于 $\boldsymbol{\sigma}_{j\max}$ 的分量，可减去 $k\boldsymbol{\sigma}_{j\max}$。如果本步骤完成了分裂运算，则跳回第 2 步；否则，继续合并处理。

第 11 步：计算全部聚类中心的距离：

$$D_{ij} = \| Z_i - Z_j \|;\ i=1, 2, \cdots, N_c - 1;\ j = i+1, \cdots, N_c$$

第 12 步：比较 D_{ij} 与 θ_c 值，将 $D_{ij} < \theta_c$ 的值按最小距离次序递增排列，即

$$\{D_{i1j1}, D_{i2j2}, \cdots, D_{iLjL}\} \tag{7-5}$$

式中，$D_{i1j1} < D_{i2j2} < \cdots < D_{iLjL}$。

第 13 步：如将距离为 D_{iLjL} 的两个聚类中心的 z_{iL} 和 z_{jL} 合并，得新中心：

$$\boldsymbol{Z}_L^* = \frac{1}{N_{iL} + N_{jL}}[N_{iL}z_{iL} + N_{jL}z_{jL}] \quad i=1, 2, \cdots, L \tag{7-6}$$

式中，被合并的两个聚类中心向量，分别以其聚类域内的样本数加权，使 $\boldsymbol{Z}_L^*$ 为真正的平均向量，且 N_c 减去 L。

第 14 步：如果是最后一次迭代运算(即第 I 次)，算法结束。如果需由操作者改变输入参数，则回到第 1 步；如果输入参数不变则进入第 2 步。

在本步运算里，迭代运算的次数每次应加 1。

7.2.3　非监督分类的实施

非监督分类的步骤如下：

(1)确定初始类别参数，即确定最初类别数和类别中心。

(2)计算每一个像元所对应的特征矢量与各集群中心的距离。

(3)选择与中心距离最短的类别作为这一矢量的所属类别。

(4)计算新的类别均值向量。

(5)比较新的类别均值与原中心位置。若位置发生明显变化，则继续执行第(6)步。如果位置不再变化，则停止计算。

(6)以新的类别均值作为聚类中心，再从第(2)步开始重复，进行反复迭代操作。如果聚类中心不再变化，计算停止。

下面以遥感图像处理软件 ERDAS IMAGING 为例简单介绍遥感图像非监督分类的实施过程。

1. 非监督分类过程

1)启动非监督分类对话框

选择【Raster】→【Unsupervised】→【Unsupervised Classification】。

2)进行非监督分类

打开非监督分类对话框【Unsupervised Classification】，如图 7.4 所示。

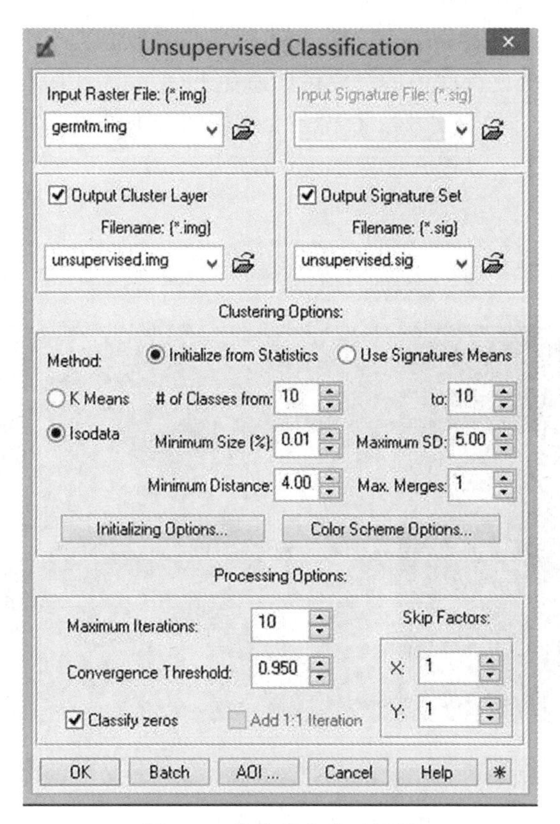

图 7.4　非监督分类对话框

- 确定输入文件(Input Raster File)为 germtm. img(被分类的图像)。
- 确定输出文件(Output File)为 unsupervised. img(产生的分类图像)。
- 选择生成分类模板文件(Output Signature Set)，将产生一个模板文件。

■ 确定分类模板文件(Filename)为 unsupervised. sig(分类模板)。

■ 确定聚类参数，两种方法详述如下："Initialize from Statistics"指由图像文件整体(或其 AOI 区域)的统计值产生自由聚类，分出类别的多少由自己决定；"Use Signatures Means"是基于选定的模板文件进行非监督分类，类别的数目由模板文件决定。

■ 确定初始分类数(Number of classes)(如输入 10 则表示将分出 10 个类别，实际工作中一般将初始分类数取为最终分类数的两倍以上)。

■ 点击【Initializing Options】按钮调出【File Statistics Options】对话框以设置 ISODATA 的一些统计参数。

■ 点击【Color Scheme Options】按钮可以调出【Output Color Scheme Options】对话框以决定输出的分类图像是彩色的还是黑白的。

■ 前两个选项的设置一般使用缺省值即可。

■ 定义最大循环次数(Maximum Iterations)，最大循环次数是指 ISODATA 重新聚类的最多次数，这是为了避免程序运行时间太长或由于没有达到聚类标准而导致的死循环。一般在应用中将循环次数设置为 6 次以上。

■ 设置循环收敛阈值(Convergence Threshold)，收敛阈值是指两次分类结果相比保持不变的像元所占最大百分比，此值的设立可以避免 ISODATA 无限循环下去。

■ 点击【OK】，执行非监督分类，获得一个初步的分类结果，如图 7.5 所示。

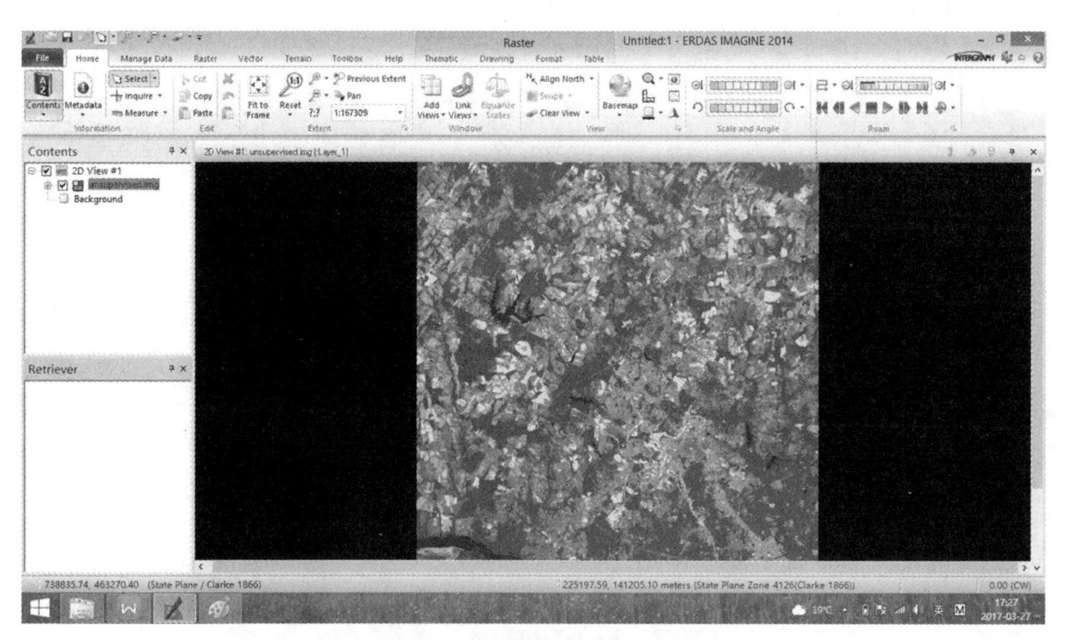

图 7.5　非监督分类初始结果

2. 非监督分类后的结果评价

获得一个初步的分类结果以后，可以应用分类叠加(Classification Overlay)方法来评价分类结果、检查分类精度、确定类别专题意义、定义分类色彩，以便获得最终的分类结果。具体步骤如下：

1）显示原图像与分类图像

在 ERDAS IMAGINE 视窗下，打开 germtm. img 和分类结果 unsupervised. img。

注意：在打开 germtm. img 时，在【File】选项卡中选择了图像之后，在【Raster Option】选项卡中的 Layers to Colors 设置显示方式为红(4)、绿(5)、蓝(3)。设置完成后在窗口中同时显示 germtm. img 和 unsupervised. img，右键单击 unsupervised. img，在弹出的菜单中选择 Raise to Top 选项，将其叠加在 germtm. img 上。

2）调整属性字段显示顺序

在 ERDAS IMAGINE 界面左侧的 Contents 中选中 result 图层，然后在菜单栏中选择【Table】→【Show Attributes】，打开它的属性表。属性表中的记录分别对应生成的 10 类目标，每个记录都有一系列的字段，拖动浏览条可以看到所有字段。为了便于看到关注的重要字段，可以按照如下操作字段显示顺序：选择【Table】→【Column Properties】，打开【Column Properties】对话框，如图 7.6 所示。

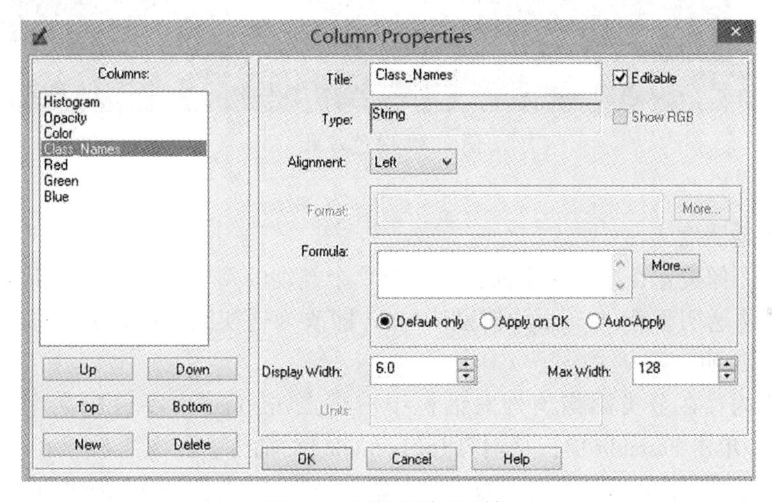

图 7.6 属性列表对话框

在 Columns 中选择需要调整显示顺序的字段，单击【Up】【Down】【Top】【Bottom】等几个按钮可调整其合适的位置，通过选择 Display Width 调整其显示宽度，通过 Alignment 调整其对齐方式。如果选择“Editable”复选框，则可以在 Title 中修改各个字段的名字及其他内容。

在【Column Properties】对话框中调整字段顺序，最后使“Histogram”“Opacity”“Color”“Class_Name”4 个字段的显示顺序依次排在前面，如图 7.6 所示，然后单击【OK】按钮，关闭【Column Properties】对话框。

3）给各个类别赋颜色

在属性对话框中点击一个类别的 Row 字段从而选中该类别，然后右键点击该类别的

Color 字段(颜色显示区)，选择一种合适颜色。重复以上步骤直到给所有类别赋予合适的颜色，如图 7.7 所示。

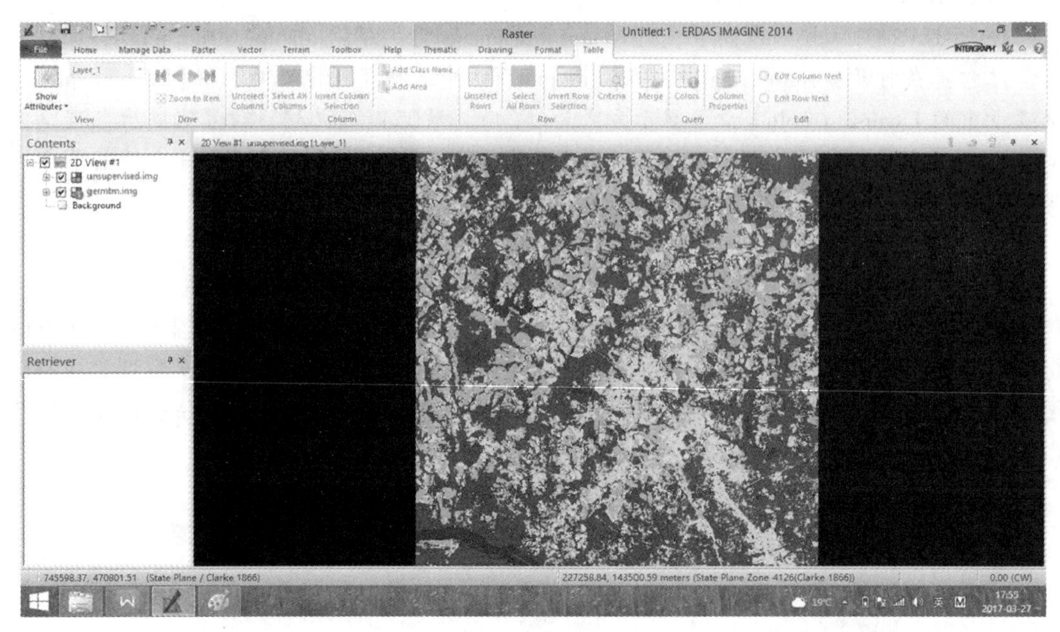

图 7.7　赋色效果

4)设置不透明度

由于分类图像覆盖在原图像上面，为了对单个类别的判别精度进行分析，首先要把其他所有类别的不透明程度(Opacity)值设为“0”(即改为透明)，而要分析的类别的透明度设为“1”(即不透明)。

具体方法为：在分类图像属性对话框中右键点击 Opacity 字段的名字，在【Column Options】菜单中单击 Formula 项，从而打开【Formula】对话框，如图 7.8 所示。在【Formula】对话框的输入框中(用鼠标点击右上数字区)输入“0”，点击【Apply】按钮(应用设置)。返回【Raster Attribute Editor】对话框，点击一个类别的 Row 字段从而选择该类别，点击该类别的 Opacity 字段从而进入输入状态，在该类别的 Opacity 字段中输入“1”，并按回车键。此时，在视窗中只有要分析类别的颜色显示在原图像的上面，其他类别都是透明的。

5)确定类别专题意义及其准确程度

选择【Home】→【Swipe】→【Flicker】，打开【Viewer Flicker】对话框，在 Transition Type 中单击任意检验方式控件，观察各类图像与原图像之间的对应关系。

6)标注类别的名称和相应颜色

在【Raster Attribute Editor】对话框中点击刚才分析类别的 Row 字段，从而选中该类别，在该类别的 Class Names 字段中输入其专题意义(如水体)，并按回车键。右键点击该类别的 Color 字段(颜色显示区)，选择一种合适的颜色(如水体为蓝色)，效果如图 7.9 所示。

重复以上 4)、5)、6)三步直到对所有类别都进行了分析与处理。注意，在进行分类

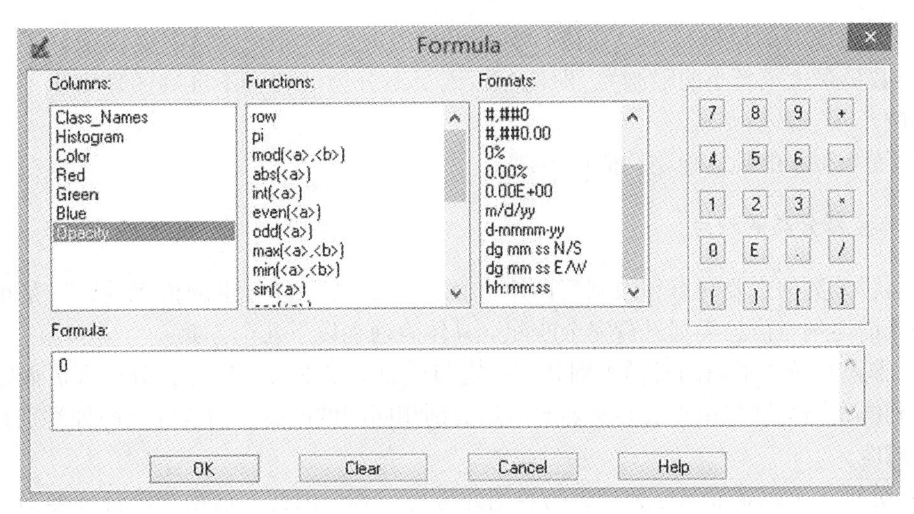

图7.8 属性列表变量设置对话框

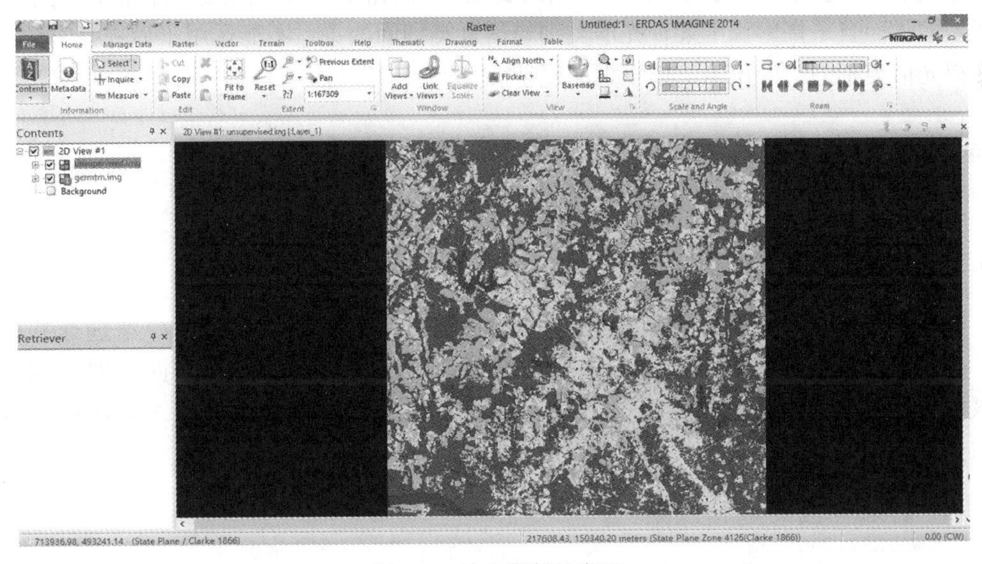

图7.9 输入判断的类型

叠加分析时，一次可以选择一个类别，也可以选择多个类别同时进行。

如果经过上述6步操作获得了比较满意的分类，非监督分类的过程就可以结束，反之，则需要进行分类后处理。

7.2.4 非监督分类的特点

1. 非监督分类的优点

非监督分类的优点如下：

(1)非监督分类不需要预先对所要分类的区域有广泛的了解。

(2)人为误差的概率很小。在进行非监督分类时，分析人员只需要设定分类的数量(如分类数量最大或最小的限制)。即使分析人员对分类区域有不准确的理解也不会有很大的影响。

(3)面积很小的独立地物均能被识别。

2. 非监督分类的缺点

非监督分类的主要缺点和限制有两个方面，一是“自然”分组的依赖性，二是很难将分类的光谱类别与信息类别进行完全匹配。具体表现在以下几个方面：

(1)非监督分类形成的光谱类别并不一定与信息类别对应。因此，分析人员面临着将分类得到的光谱类别与用户最终所要的信息类别相匹配的问题，而实际上两种类别几乎很少一一对应。

(2)分析人员很难控制分类产生的类别并进行识别。因此，运用非监督分类不一定会产生令分析人员满意的结果。

(3)由于信息类别的光谱特征随时间而变化，因此信息类别与光谱特征间的关系并不是固定的，而且一幅影像中某种光谱类别与信息类别间的关系不能运用于另一幅影像，因此使得光谱类别的解译识别工作量大而复杂。

任务 7.3　监督分类

7.3.1　监督分类的概念

监督分类是在有先验知识(训练场地)的情况下，以训练区提供的样本选择特征参数，建立判别函数，然后将图像未知类别像素的值代入判别函数，依据判别函数准则对该样本所属的地物类别进行分类处理，即是利用已知地物的信息对未知地物进行分类的方法。

7.3.2　训练样区的选择原则

由于地物在特征空间中分布在不同的区域，并且以集群的现象出现，这样就可能把特征空间的某些区域与特定的地面覆盖类型联系起来。如果要判别某一个特征矢量 $\boldsymbol{X}$ 属于哪一类，只要在类别之间画上一些合适的边界，将特征空间分割成不同的判别区域。当特征矢量 $\boldsymbol{X}$ 落入某个区域时，这个地物单元就属于那一类别。

各个类别的判别区域确定后，某个特征矢量属于哪个类别可以用一些函数来表示和鉴别，这些函数就称为判别函数。这些函数不是集群在特征空间形状的数学描述，而是描述某一未知矢量属于某个类别的情况，如属于某个类别的条件概率。一般而言，不同的类别都有各自不同的判别函数。当计算完某个矢量在不同类别判别函数中的值后，我们要确定该矢量属于某类必须给出一个判断的依据。如若所得函数值最大则该矢量属于最大值对应的类别。这种判断的依据，我们称之为判别规则。下面介绍监督法分类中常用的两种判别函数和判别规则。

1. 概率判别函数和贝叶斯判别规则

根据前面介绍的特征空间概念可知，地物点可以在特征空间找到相应的特征点，并且同类地物在特征空间中形成一个从属于某种概率分布的集群。由此，我们可以把某特征矢量($\boldsymbol{X}$)落入某类集群的条件概率当成分类判别函数(概率判别函数)，把 $\boldsymbol{X}$ 落入某集群的条件概率最大的类作为 $\boldsymbol{X}$ 的类别，这种判别规则就是贝叶斯判别规则。贝叶斯判别规则是以错分概率或风险最小为准则的判别规则。

假设，同类地物在特征空间服从正态分布，则类别的概率密度函数如式(7-7)所示。根据贝叶斯公式可得：

$$P(\omega_i|\boldsymbol{X}) = P(\boldsymbol{X}|\omega_i) \cdot \frac{P(\omega_i)}{P(\boldsymbol{X})} \tag{7-7}$$

式中：$P(\omega_i)$ —— ω_i 类出现的概率，也称先验概率；

$P(\boldsymbol{X}|\omega_i)$ ——在 ω_i 类中出现 $\boldsymbol{X}$ 的条件概率，也称 ω_i 类的似然概率；

$P(\omega_i|\boldsymbol{X})$ —— $\boldsymbol{X}$ 属于 ω_i 的后验概率。

由于 $P(\boldsymbol{X})$ 对各个类别都是一个常数，故可略去，所以判别函数如式(7-8)所示：

$$d_i(\boldsymbol{X}) = P(\boldsymbol{X}|\omega_i) \cdot P(\omega_i) \tag{7-8}$$

根据判别函数的概念，分类时函数列形式不是唯一的。如果用 $f(d_i(\boldsymbol{X}))$ 取代每一个 $d_i(\boldsymbol{X})$，只要 $f(d_i(\boldsymbol{X}))$ 是一个单调增函数，则最后的分类结果仍旧不变，为了计算方便，将式(7-8)用取对数方式来处理。即

$$d_i(\boldsymbol{X}) = \ln P(\boldsymbol{X}|\omega_i) + \ln P(\omega_i) \tag{7-9}$$

再将式(7-8)代入式(7-9)，得贝叶斯判别函数如下：

$$d_i(\boldsymbol{X}) = -\frac{1}{2}(\boldsymbol{X} - \boldsymbol{M}_i)^{\mathrm{T}}\boldsymbol{\Sigma}_i^{-1}(\boldsymbol{X} - \boldsymbol{M}_i) - \frac{n}{2}\ln 2\pi - \frac{1}{2}\ln|\boldsymbol{\Sigma}_i| + \ln P(\omega_i) \tag{7-10}$$

去掉与 i 值无关的项对分类结果没有影响，因此式(7-10)可简化为：

$$d_i(\boldsymbol{X}) = -\frac{1}{2}(\boldsymbol{X} - \boldsymbol{M}_i)^{\mathrm{T}}\boldsymbol{\Sigma}_i^{-1}(\boldsymbol{X} - \boldsymbol{M}_i) - \frac{1}{2}\ln|\boldsymbol{\Sigma}_i| + \ln P(\omega_i) \tag{7-11}$$

相应地，贝叶斯判别规则为：若对于所有可能的 $j = 1, 2, \cdots, m$；$j \neq i$ 有 $d_i(\boldsymbol{X}) > d_j(\boldsymbol{X})$，则 $\boldsymbol{X}$ 属于 ω_i 类。

由以上分析可知，概率判别函数的判别边界为 $d_1(\boldsymbol{X}) = d_2(\boldsymbol{X})$（假设有两类）。当使用概率判别函数实行分类时，不可避免地会出现错分现象，分类错误的总概率由后验概率函数重叠部分下的面积给出，如图7.10所示。错分概率是类别判别分界两侧做出不正确判别的概率之和。很容易看出，贝叶斯判别边界使这个数错误为最小，因为这个判别边界无论向左还是向右移都将包括不是1类便是2类的一个更大的面积，从而增加总的错分概率。由此可见，贝叶斯判别规则是以错分概率最小的最优准则。

根据概率判别函数和贝叶斯判别规则来进行的分类通常称为最大似然分类法。

2. 距离判别函数和判别规则

基于距离判别函数和判别规则，在实践中以此为原理的分类方法称为最小距离分类

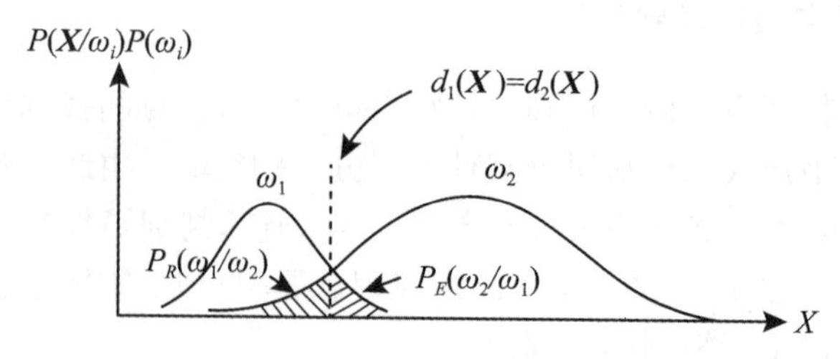

图 7.10　最大似然法分类的错分概率

法。距离判别函数的建立是以地物光谱特征在特征空间中按集群方式分布为前提的，它的基本思想是设法计算未知矢量 $\boldsymbol{X}$ 到有关类别集群之间的距离，哪个类别距离它最近，该未知矢量就属于那一类别。

距离判别函数不像概率判别函数那样偏重于集群分布的统计性质，而是更偏重于几何位置。但它又可以从概率判别函数出发，通过概念的简化而导出，而且在简化的过程中，其判别函数的类型可以由非线性的转化为线性的。距离判别规则是按最小距离判别的原则进行的。最小距离分类法中通常使用以下三种距离判别函数。

1）马氏（Mahalanobis）距离

由式（7-10）出发，如果考虑下列条件成立，$P(\omega_i)=P(\omega_j)$，$|\boldsymbol{\Sigma}_i|=|\boldsymbol{\Sigma}_j|$，则和 $|\boldsymbol{\Sigma}|$ 可消去不计，式（7-10）转化为下式：

$$\boldsymbol{d}_{Mi}=(\boldsymbol{X}-\boldsymbol{M}_i)^{\mathrm{T}}\boldsymbol{\Sigma}_i^{\mathrm{T}}(\boldsymbol{X}-\boldsymbol{M}_i) \tag{7-12}$$

这就是马氏距离，其几何意义是 $\boldsymbol{X}$ 到类重心之间的加权距离，其权系数为多维方差或协方差。马氏距离判别函数实际上是在各类别先验概率和集群体积 $|\boldsymbol{\Sigma}|$ 都相同（或先验概率与体积的比为同一常数）的情况下的概率判别函数。

2）欧氏（Euclidean）距离

若将协方差矩阵限制为对角的，即所有特征均为非相关的，并且沿每一特征轴的方差均相等，则式（7-12）进一步简化为：

$$\boldsymbol{d}_{Ei}=(\boldsymbol{X}-\boldsymbol{M}_i)^{\mathrm{T}}(\boldsymbol{X}-\boldsymbol{M}_i)=\|\boldsymbol{X}-\boldsymbol{M}_i\|^2 \tag{7-13}$$

$d_{Ei}(\boldsymbol{X})$ 即为欧氏距离。欧氏距离是马氏距离用于分类集群的形状都相同情况下的特例。

3）计程（Taxi）距离

计程距离判别函数是欧氏距离的进一步简化。其目的是避免平方（或开方）计算，从而用 $\boldsymbol{X}$ 到集群中心在多维空间中距离的绝对值之总和来表示，即

$$d_{ij}=\sum_{j=1}^{m}|\boldsymbol{X}-\boldsymbol{M}_{ij}| \tag{7-14}$$

由于其计算简单的特点，在分类实践中得以经常使用。

下面分析一下最大似然法和最小距离法分类的错分概率问题。我们从一维特征空间来进行说明，设有两类和，其后验概率分布如图 7.11 所示。其中的最小距离法是以欧氏距离和计程距离为例说明的，因为马氏距离不仅与均值向量有关，还和协方差矩阵有关，考

虑起来要复杂些。从图7.11中可以看出最大似然法总的错分概率小于最小距离法总的错分概率。对于马氏距离来说，判别边界有可能不是两个均值向量的中点，其判别边界与集群的分布形状大小有关。

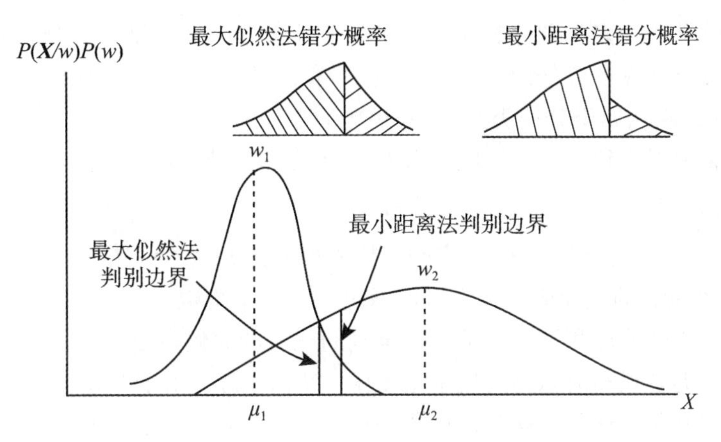

图7.11 最大似然法与最小距离法错分概率及判别边界

7.3.3 监督分类的方法

监督分类的分类算法有参数型和非参数型。参数型分类算法是假设一个特定的类别的统计分布一般为正态分布，然后估计这个分布的参量，以用于分类算法中。参数型分类算法有最大似然法、最小距离法和决策树分类法等。非参数型分类算法则是对类的分布不作假设。非参数型分类算法有特征空间和平行六面体法等。监督分类中常用的具体分类方法有以下两种。

1. 最小距离分类法

最小距离分类法是以特征空间中的距离作为像元分类依据的。最小距离分类包括最小距离判别法和最近邻域分类法。最小距离判别法要求对遥感图像中每一个类别选一个具有代表意义的统计特征量(均值)，首先计算待分像元与已知类别之间的距离，然后将其归属于距离最小的一类。最近邻域分类法是上述方法在多波段遥感图像分类的推广。在多波段遥感图像分类中，每一类别具有多个统计特征量。最近邻域分类法首先计算待分像元到每一类中每一个统计特征量间的距离，这样，该像元到每一类都有几个距离值，取其中最小的一个距离作为该像元到该类别的距离，最后比较该待分像元到所有类别间的距离，将其归属于距离最小的一类。最小距离分类法原理简单，分类精度不高，但计算速度快，它可以在快速浏览分类情况中使用。

2. 最大似然分类法

最大似然分类法是经常使用的监督分类方法之一，它是通过求出每个像元对于各类别归属概率(似然度)(likelihood)，把该像元分到归属概率(似然度)最大的类别中去的方法。

最大似然分类法假定训练区地物的光谱特征和自然界大部分随机现象一样，近似服从正态分布，利用训练区可求出均值、方差以及协方差等特征参数，从而可求出总体的先验概率密度函数。当总体分布不符合正态分布时，其分类可靠性将下降，这种情况下不宜采用最大似然分类法。

最大似然分类法在多类别分类时，常采用统计学方法建立起一个判别函数集，然后根据这个判别函数集计算各待分像元的归属概率(似然度)。这里，归属概率(似然度)是指对于待分像元 x，它从属于分类类别 k 的(后验)概率。

设从类别 k 中观测到 x 的条件概率为 $P(x \mid k)$，则归属概率 L_k 可表示为如下形式的判别函数：

$$L_k = P(k|x) = P(k) \cdot P(x|k) / \sum p(i) \cdot (x|i) \tag{7-15}$$

式中，$P(k)$为类别 k 的先验概率，它可以通过训练区来决定。

此外，由于式中分母和类别无关，在类别间比较的时候可以忽略。

最大似然分类必须知道总体的概率密度函数 $P(x \mid k)$。由于假定训练区地物的光谱特征和自然界大部分随机现象一样，近似服从正态分布(对一些非正态分布可以通过数学方法化为正态问题来处理)，因此通常可以假设总体的概率函数为多维正态分布，通过训练区，按最大似然度测定其平均值及方差、协方差。此时，像元 x 归为类别 k 的归属概率 $\boldsymbol{L}_k$ 表示如下(这里省略了和类别无关的数据项)：

$$\boldsymbol{L}_k(x) = \left\{2\pi^{n/2} \times \left(\det\boldsymbol{\Sigma}_k\right)^{1-2}\right\}\exp\left\{(-1/2) \times (\boldsymbol{x} - \boldsymbol{\mu}_k)^{i}\boldsymbol{\Sigma}_k^{-1}(\boldsymbol{x} - \boldsymbol{\mu}_k)\right\} \tag{7-16}$$

式中：n——特征空间的维数；

$P(k)$——类别 k 的先验概率；

$\boldsymbol{L}_k(x)$——像元 x 归并到类别 k 的归属概率；

$\boldsymbol{x}$——像元向量；

$\boldsymbol{\mu}_k$——类别 k 的平均向量(n 维列向量)；

det——矩阵 $\boldsymbol{A}$ 的行列式；

$\boldsymbol{\Sigma}_k$——类别 k 的方差、协方差矩阵($n \times n$ 矩阵)。

这里注意，各个类别的训练数据至少要为特征维数的 2 到 3 倍，这样才能测定具有较高精度的均值及方差、协方差；如果 2 个以上的波段相关性强，那么方差、协方差矩阵的逆矩阵可能不存在或非常不稳定，在训练样本大多数取相同值的均质性数据组时，这种情况也会出现。此时，最好采用主成分变换，把维数压缩成仅剩下相互独立的波段，然后再求方差、协方差矩阵；当总体分布不符合正态分布时，不适合采用以正态分布的假设为基础的最大似然分类法。

当各类别的方差、协方差矩阵相等时，归属概率变成线性判别函数，如果类别的先验概率也相同，此时是根据欧氏距离建立的线性判别函数，特别当协方差矩阵取为单位矩阵时，最大似然判别函数退化为采用欧氏距离建立的最小距离判别法。

7.3.4　监督分类的实施

监督分类一般有以下几个步骤：定义分类模板(Define Signatures)、评价分类模板

(Evaluate Signatures)、进行监督分类(Perform Supervised Classification)、评价分类结果(Evaluate Classification)。

1. 定义分类模板

ERDAS的监督分类是基于分类模板(Classification Signature)来进行的，而分类模板的生成、管理、评价和编辑等功能是由分类模板编辑器(Signature Editor)来负责的。在分类模板编辑器中生成分类模板的基础是原图像或其特征空间图像。因此，显示这两种图像的视窗也是进行监督分类的重要组件。

第1步：显示需要分类的图像。

在视窗中打开需要分类的图像：germtm. img。

第2步：打开模板编辑器并调整显示字段。

选择【Raster】→【Supervised】→【Signature Editor】，打开【Signature Editor】窗口，如图7.12所示。

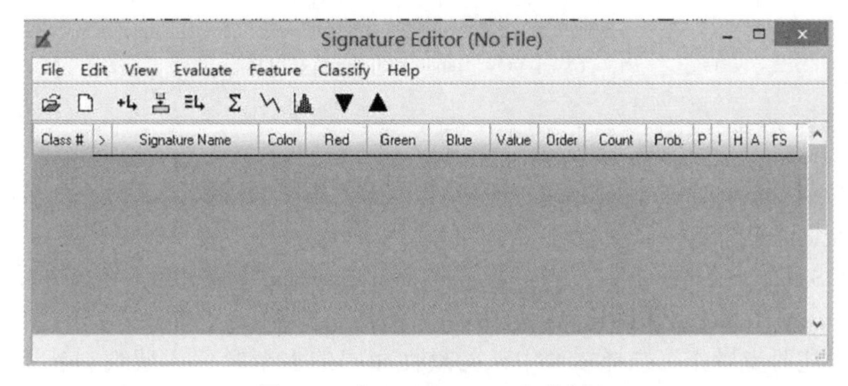

图7.12 【Signature Editor】对话框

在图7.12中可以看到有很多字段，有些字段对分类的意义不大，我们希望不显示这些字段，所以要进行如下调整：

在Signature Editor窗口菜单条，单击【View | Columns】命令，打开【View Signature Columns】对话框：单击第一个字段的Column列并向下拖拉直到最后一个段，此时，所有字段都被选择上，并用黄色(缺省色)标识出来。按住Shift键的同时分别点击“Red”“Green”“Blue”三个字段，Red、Green、Blue三个字段将分别从选择集中被清除，如图7.13所示。单击【Apply】，关闭【View Signature Columns】对话框。可以看出，在Signature Editor对话框中，这三个字段将不再显示。

第3步：获取分类模板信息。

可以分别应用AOI绘图工具、AOI扩展工具和查询光标这三种方法，在原始图像或特征空间图像中获取分类模板信息。在实际工作中也许只用一种方法就可以了，也许要将几种方法联合应用。

本示例以应用AOI绘图工具在原始图像获取分类模板信息为例进行说明，具体操作

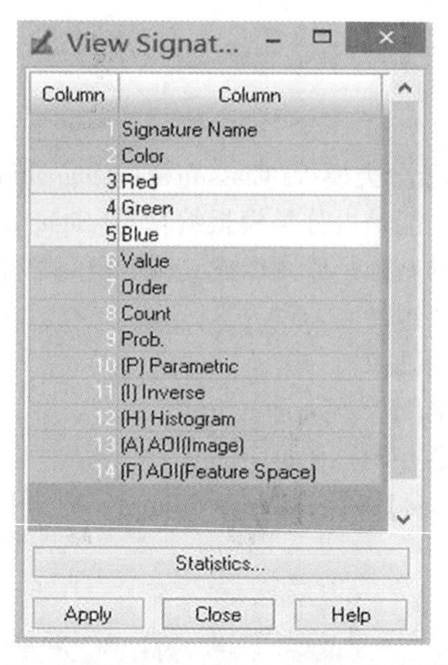

图 7.13　【View Signature Columns】对话框

如下：

(1)选择【Drawing】→按钮，在视窗中选择绿色区域(林地)，绘制一个多边形 AOI，双击鼠标左键完成绘制。

(2)在 Signature Editor 窗口，单击【Create New Signature】图标，将多边形 AOI 区域加载到 Signature Editor 分类模板属性表中。

重复上述两步操作，选择图像中认为属性相同的多个绿色区域绘制若干个多边形 AOI，并将其作为模板依次加入到 Signature Editor 分类模板属性表中。

(3)按下 Shift 键，同时在 Signature Editor 分类模板属性表中依次单击选择"Class#"字段下面的分类编号，将上面加入的多个绿色区域 AOI 模板全部选定。

(4)在 Signature Editor 工具条中，单击【Merge Signatures】图标，将多个绿色区域 AOI 模板合并，生成一个综合的新模板，其中包含了合并前的所有模板像元属性。

(5)在 Signature Editor 菜单条，单击【Edit | 】→【Delete】，删除合并前的多个模板。

(6)在 Signature Editor 属性表中，改变合并生成的分类模板的属性，包括名称与颜色分类名称(Signature Name)，Agriculture/颜色(Color)设置为绿色。

重复上述所有操作过程，根据实地调查结果和已有研究结果，在图像窗口选择绘制多个黑色区域 AOI(水体)，依次加载到 Signature Editor 分类属性表中，并执行合并生成综合的水体分类模板，然后确定分类模板的名称和颜色。

同样重复上述所有操作过程，绘制多个蓝色区域 AOI(建筑)、多个红色区域 AOI(林地)等，加载、合并、命名、建立新的模板。

如果将所有的类型都建立了分类模板，就可以保存分类模板，如图 7.14 所示。

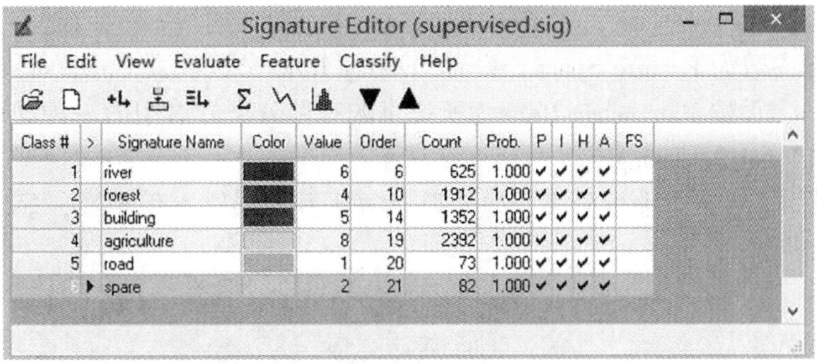

图 7.14 分类模板属性示意图

2. 评价分类模板

分类模板建立之后，就可以对其进行评价，删除、更名、与其他分类模板合并等操作。分类模板评价工具包括分类预警、可能性矩阵、特征对象、图像掩膜评价、直方图方法、分离性分析和分类统计分析等工具。这里向大家介绍可能性矩阵评价分类模板的方法。

可能性矩阵(Contingency Matrix)评价工具是根据分类模板分析 AOI 训练样区的像元是否完全落在相应的种别之中。通常都期望 AOI 区域的像元分到它们参与练习的种别当中，实际上，AOI 中的像元对各个类都有一个权重值，AOI 练习样区只是对种别模板起到加权的作用。可能性矩阵的输出结果是一个百分比矩阵，它说明每个 AOI 练习区中有多少个像元分别属于相应的种别。可能性矩阵评价工具操作过程如下：

(1)在 Signature Editor 分类属性表中选中所有的类别，然后单击【Evaluation】→【Contingency】→【Contingency Matrix】命令，弹出如图 7.15 所示的对话框。

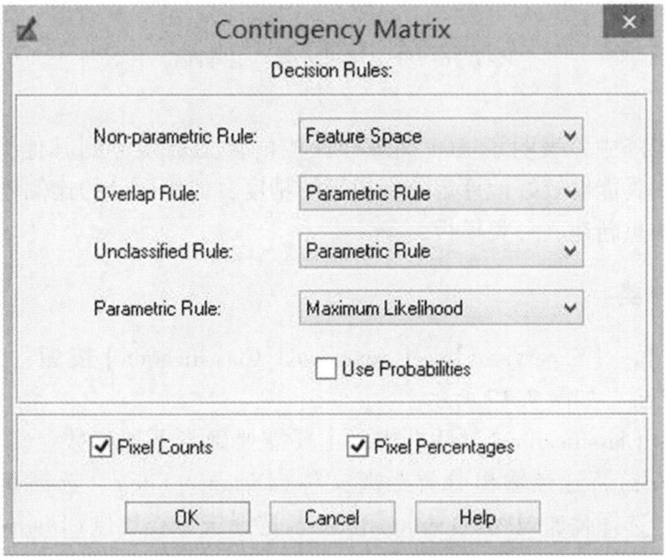

图 7.15 【Contingency Matrix】对话框

(2)在【Contingency Matrix】对话框中，设定相应的分类决策参数。一般设置 Non-parametric Rule 参数为 Feature Space，设置 Overlay Rule 参数以及 Unclassified Rule 参数为 Parametric Rule，设置 Parametric Rule 为所提供的三种分类方法中的一种均可。同时选中 Pixel Counts 和 Pixel Percentages。

(3)单击【OK】按钮，进行分类误差矩阵计算，并弹出文本编辑器，显示分类误差矩阵，如图 7.16 所示。

Editor: (No File), Dir:

File Edit View Find Help

ERROR MATRIX

Reference Data

Classified Data	river	forest	building	agricultur
river	607	0	0	0
forest	5	1843	5	17
building	13	11	1299	4
agricultur	0	39	5	1926
road	0	0	26	53
spare	0	19	17	392
Column Total	625	1912	1352	2392

Reference Data

Classified Data	road	spare	Row Total
river	0	0	607
forest	0	1	1871
building	3	2	1332
agricultur	2	8	1980
road	68	0	147
spare	0	71	499
Column Total	73	82	6436

----- End of Error Matrix -----

图 7.16 分类模板可能性矩阵评价

在分类误差矩阵中，表明了 AOI 训练样区内的像元被误分到其他类别的像元数目。可能性矩阵评价工具能够较好地评定分类模板的精度，如果误分的比例较高，则说明分类模板精度低，需要重新建立分类模板。

3. 执行监督分类

单击【Raster】→【Supervised】→【Supervised Classification】按钮，打开【Supervised Classification】对话框，如图 7.17 所示。

在【Supervised Classification】对话框中，主要需要确定下列参数：确定分类模板文件(Input Signature File)、选择输出分类距离文件(Distance File)、选择非参数规则(Non-parametric Rule)、选择叠加规则(Overlay Rule)、选择未分类规则(Unclassified Rule)、选择参数规则(Parametric Rule)。

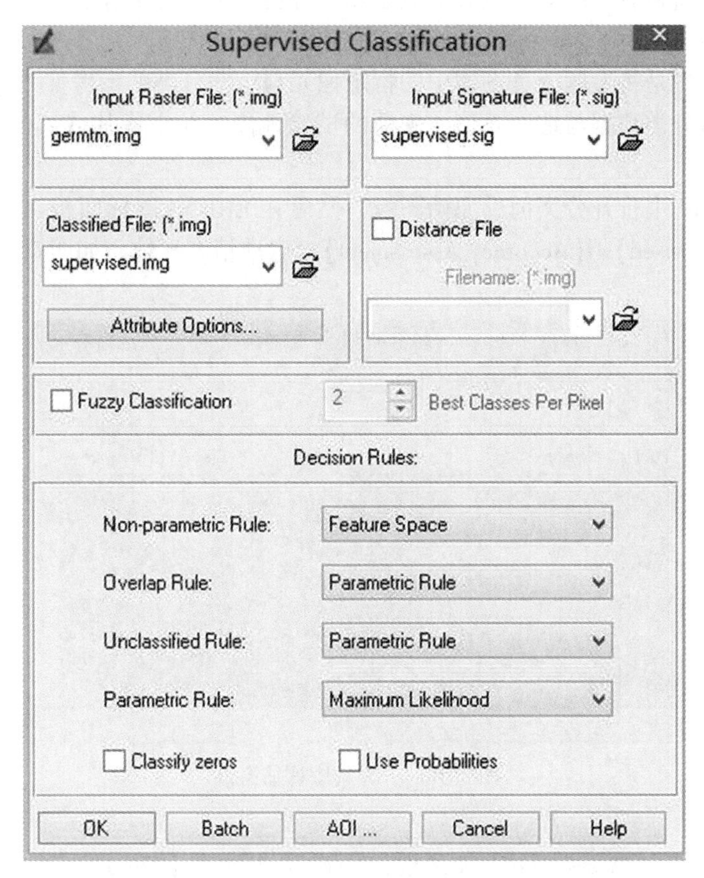

图7.17 监督分类对话框

说明：在【Supervised Classification】对话框中，还可以定义分类图的属性表项目(Attribute Options)。通过【Attribute Options】对话框，可以确定模板的哪些统计信息将被包括在输出的分类图像层中。这些统计值是基于各个层中模板对应的数据计算出来的，而不是基于被分类的整个图像。

4. 评价分类结果(Evaluate Classification)

执行了监督分类之后，需要对分类效果进行评价，ERDAS系统提供了多种分类评价方法，包括分类叠加(Classification Overlay)、定义阈值(Thresholding)、分类重编码(Recode Classes)、精度评估(Accuracy Assessment)等，下面介绍分类叠加和分类精度评估。

1)分类叠加

分类叠加就是将专题分类图像与分类原始图像同时在一个视窗中打开，将分类专题层置于上层，通过改变分类专题的透明度(Opacity)及颜色等属性，查看分类专题与原始图像之间的关系。对于非监督分类结果，通过分类叠加方法来确定类别的专题特性，并评价分类结果。对于监督分类结果，该方法只是查看分类结果的准确性。

2)分类精度评估

分类精度评估是将专题分类图像中的特定像元与已知分类的参考像元进行比较，实际工作中常常是将分类数据与地面真值、先前的试验地图、航空像片或其他数据进行对比。其操作过程如下：

(1)在 Viewer 中打开分类前的原始图像，然后在 ERDAS 图标面板工具条中依次单击【Raster】→【Supervised】→【Accuracy Assessment】，启动精度评估，如图 7.18 所示。

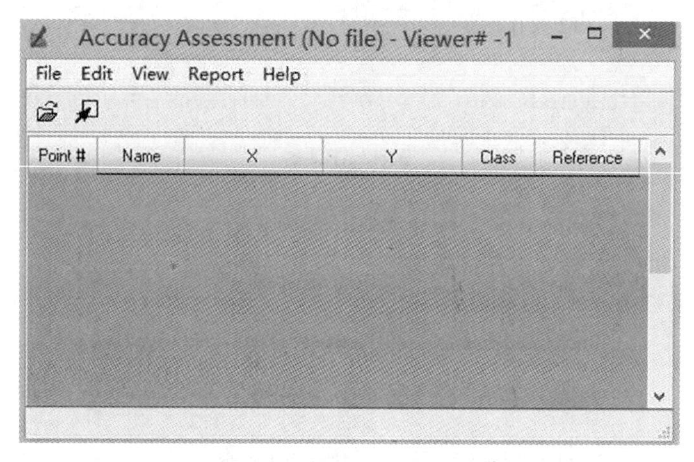

图 7.18　分类精度评估窗口

(2)在【Accuracy Assessment】对话框，依次单击菜单【File】→【Open】，在打开的【Classified Image】对话框中打开所需要评定分类精度的分类图像，单击【OK】返回【Classified Image】按钮。

(3)在【Accuracy Assessment】对话框中，依次单击菜单【View】→【Select View】，关联原始图像窗口和精度评估窗口。

(4)在【Accuracy Assessment】对话框中，依次单击菜单【View】→【Change colors】，在 Change colors 中分别设定 Points with no reference 以及 Points with reference 的颜色，如图 7.19 所示。

(5)在 Accuracy Assessment 窗口中，依次单击菜单【Edit】→【Create/Add Random Points】命令，弹出【Add Random Points】对话框，如图 7.20 所示。

在【Add Random Points】对话框中，分别设定 Search Count 项以及 Number of Point 项参数，在 Distribution Parameters 设定随机点的产生方法为“Random”，然后单击【OK】返回精度评定窗口。

(6)在精度评定窗口中，单击菜单【View】→【Show All】命令，在原始图像窗口中显示产生的随机点，单击【Edit】→【Show Class Values】命令，在评定窗口的精度评估数据表中显示各点的类别号。

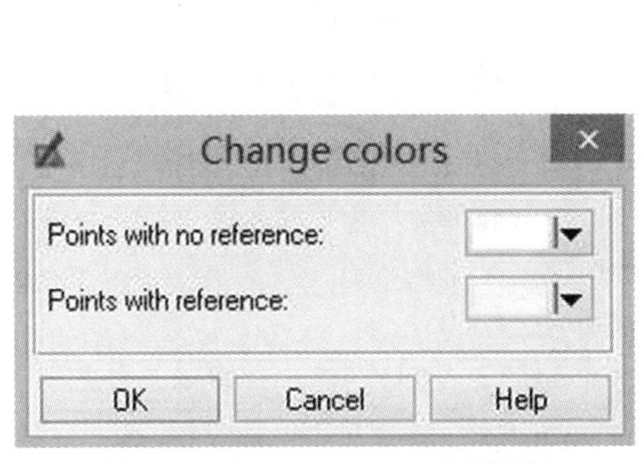

图 7.19　【Change Colors】对话框

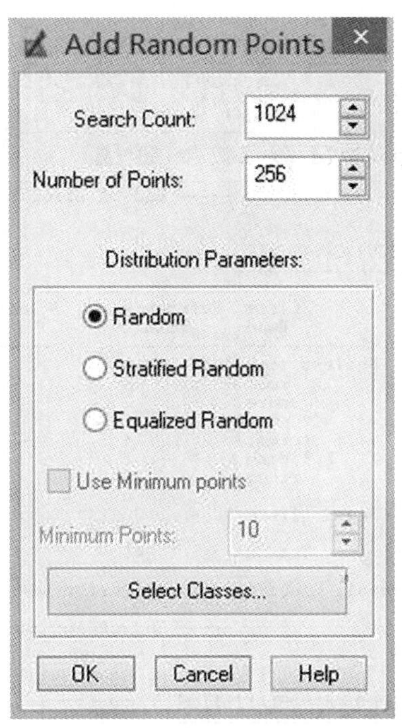

图 7.20　随机点选择

(7)在精度评定窗口中的精度评定数据表中输入各个随机点的实际类别值，如图 7.21 所示。

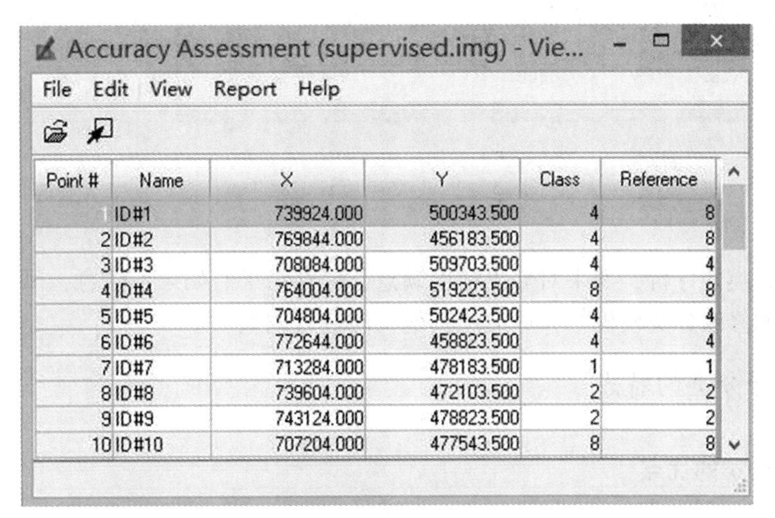

Point #	Name	X	Y	Class	Reference
1	ID#1	739924.000	500343.500	4	8
2	ID#2	769844.000	456183.500	4	8
3	ID#3	708084.000	509703.500	4	4
4	ID#4	764004.000	519223.500	8	8
5	ID#5	704804.000	502423.500	4	4
6	ID#6	772644.000	458823.500	4	4
7	ID#7	713284.000	478183.500	1	1
8	ID#8	739604.000	472103.500	2	2
9	ID#9	743124.000	478823.500	2	2
10	ID#10	707204.000	477543.500	8	8

图 7.21　判断随机点类别

(8)在精度评定窗口中的，单击菜单【Report】→【Options】命令，设定分类评价报告输出内容选项。单击【Report】→【Accuracy Report】命令，生成分类精度报告，如图 7.22

所示。

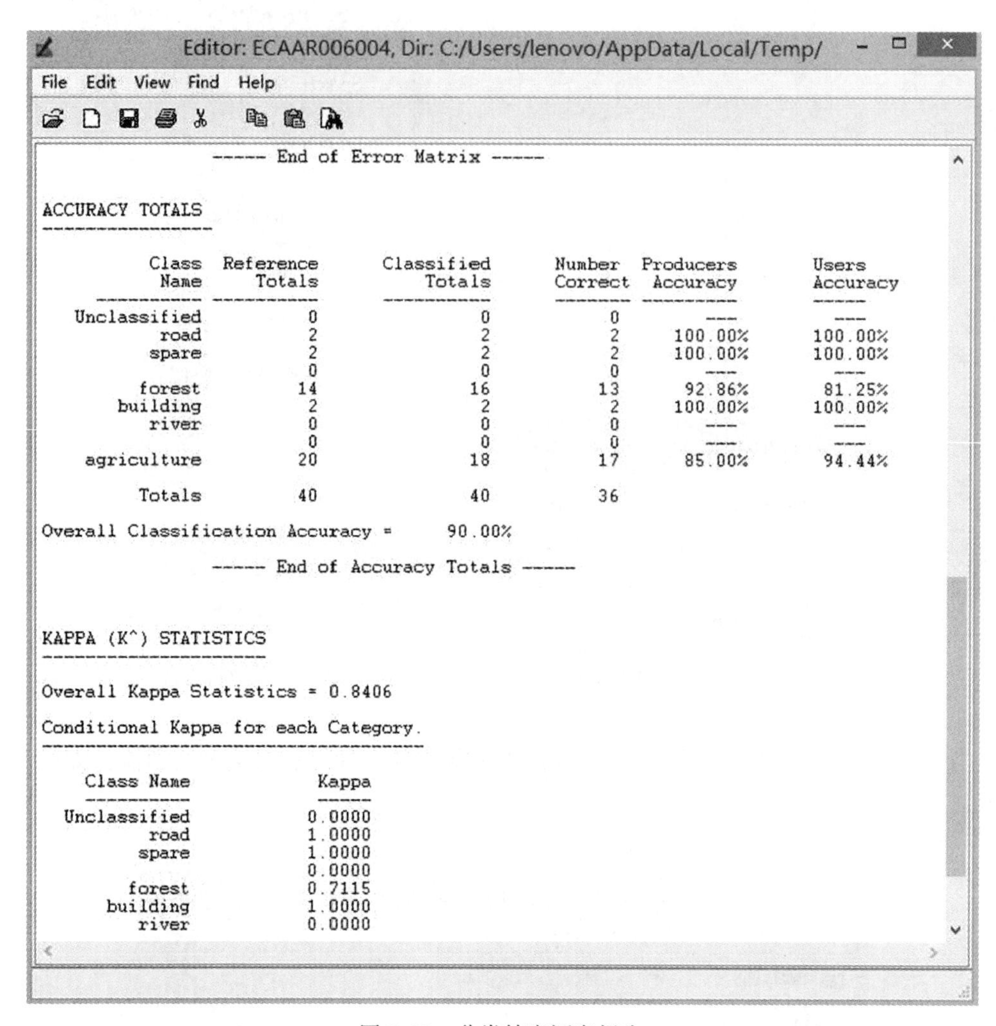

Editor: ECAAR006004, Dir: C:/Users/lenovo/AppData/Local/Temp/

File Edit View Find Help

```
                  ----- End of Error Matrix -----


ACCURACY TOTALS
----------------

     Class    Reference       Classified      Number   Producers       Users
      Name       Totals           Totals     Correct    Accuracy     Accuracy
----------  ----------      ----------     -------  ---------      -----
Unclassified          0                0           0        ---          ---
      road            2                2           2    100.00%      100.00%
     spare            2                2           2    100.00%      100.00%
                      0                0           0        ---          ---
    forest           14               16          13     92.86%       81.25%
  building            2                2           2    100.00%      100.00%
     river            0                0           0        ---          ---
                      0                0           0        ---          ---
agriculture          20               18          17     85.00%       94.44%

    Totals           40               40          36

Overall Classification Accuracy =      90.00%

                  ----- End of Accuracy Totals -----


KAPPA (K^) STATISTICS
---------------------

Overall Kappa Statistics = 0.8406

Conditional Kappa for each Category.
------------------------------------

  Class Name          Kappa
  ----------          -----
Unclassified         0.0000
        road         1.0000
       spare         1.0000
                     0.0000
      forest         0.7115
    building         1.0000
       river         0.0000
```

图 7.22　分类精度评定报告

通过对分类的评价，如果对分类精度满意，保存结果。如果不满意，可以进一步做有关的修改，如修改分类模板等，或应用其他功能进行调整。

7.3.5　监督分类的特点

1. 监督分类的优点

(1)监督分类可根据应用目的和区域特点，有选择地决定分类类别，避免出现一些不必要的类别。

(2)可以控制训练样本的选择。

(3)在进行监督分类之前可以通过检查训练样本来决定训练样本是否被精确分类，从而避免分类中的盲目性和错误。

(4)避免了非监督分类中对光谱集群的重新归类。

2. 监督分类的缺点

(1)监督分类训练样本的选择，需要用户对训练区有足够多的先验知识，因此样本的结果并不一定是自然存在的类别，有较大的主观因素，会导致在光谱空间各类别之间并不独立，出现类别的重叠；所选择的训练区样本也可能并不代表图像的真实情形。

(2)由于遥感图像的复杂性，同一地物在图像上表现出光谱的差异，而且该地物内部的方差值较大，这种差异性就越大。这样就会使训练样本的代表性较差，影响精度。

(3)监督分类训练样本的选取，需要花费较大的人力、时间。

(4)监督分类只能识别训练样本中所定义的类别，而对于没有定义的类别或其数量太少的类别，则不能很好地识别。

任务 7.4　分类后处理和精度评定

7.4.1　分类后处理

无论监督分类还是非监督分类，都是按照图像光谱特征进行聚类分析的，因此，都带有一定的盲目性。所以，对获得的分类结果需要再进行一些处理工作，才能得到最终相对理想的分类结果，这些处理操作通称为分类后处理。

1. 分类后专题图像的格式

遥感影像经分类后形成的专题图，用编号、字符、图符或颜色表示各种类别。它还是由原始影像上一个个像元组成的二维专题地图，但像元上的数值、符号或色调已不再代表地面物体的亮度值，而是代表地面物体的类别。在计算机中一般以数字或字符表示像元的类别号。输出的专题图除了直接输出编码的专题图，一般用图符或颜色分别代表各类别的打印专题图和彩色专题图。

以上介绍的是栅格图像的后处理，也可将栅格图像转变成矢量格式表示的专题图。

2. 分类后处理

用光谱信息对影像逐个像元地分类，在结果的分类地图上会出现噪声，产生噪声的原因有原始影像本身的噪声，在地类交界处的像元中包括多种类别，其混合的辐射量造成错分类等。另外还有一种现象，分类是正确的，但某种类别零星分布于地面，占的面积很小，我们对大面积的类型感兴趣，对占很少面积的地物不感兴趣，因此希望用综合的方法使它从图面上消失。

7.4.2　分类后处理的实施

由于分类严格按照数学规则进行，分类后往往会产生一些面积很小的图斑，因此无论从专题制图的角度，还是从实际应用的角度考虑，都有必要对这些小图斑进行剔除。ERDAS IMAGINE 中的分类后处理的方法有聚类统计(Clump)、过滤分析(Sieve)、去除分析(Eliminate)和分类重编码(Record)。

1. 聚类统计

聚类处理是运用形态学算子将邻近的类似分类区域聚类并合并。分类图像经常缺少空间连续性(分类区域中斑点或洞的存在)。低通滤波虽然可以用来平滑这些图像，但是类别信息常常会被邻近类别的编码干扰，聚类处理解决了这个问题。首先将被选的分类用一个扩大操作合并到一块，然后用参数对话框中指定了大小的变换核对分类图像进行侵蚀操作。

聚类统计是通过对分类专题图像计算每个分类图斑的面积，记录相邻区域中最大图斑面积的分类值等操作，产生一个 Clump 类组输出图像，其中每个图斑都包含 Clump 类组属性。该图像是一个中间文件，用于进行下一步处理。

以遥感图像处理软件 ERDAS IMAGING 为例说明聚类分析的具体操作步骤(以数据 Supervised. img 为例)：

在 ERDAS IMAGINE 菜单栏中选择【Raster】→【Thematic】→【Clump】，启动聚类统计对话框，设置下列参数，如图 7.23 所示。

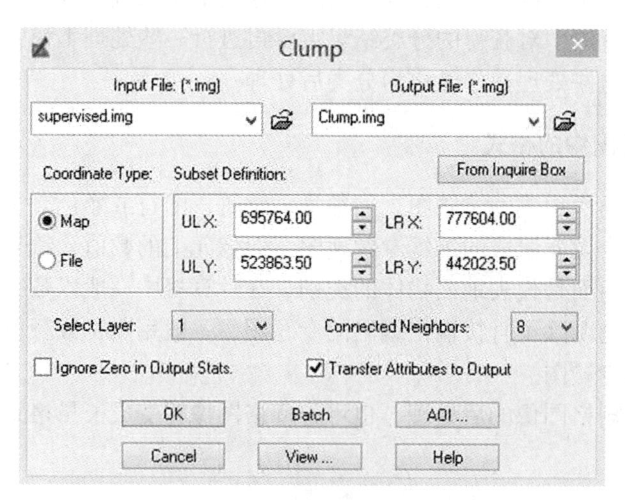

图 7.23　【Clump】对话框

在【Clump】对话框中，在 Input File 项中设定分类后的专题图像名称及全名，在 Output File 项中设定过滤后的输出图像名称及路径，并根据实际需求分别设定其他各项参数名称。单击【OK】按钮，执行聚类统计分析，聚类统计后的图像如图 7.24 所示。

2. 过滤分析

在 ERDAS IMAGINE 菜单栏中选择【Raster】→【Thematic】→【Sieve】，启动过滤分析对

话框，如图 7.25 所示。

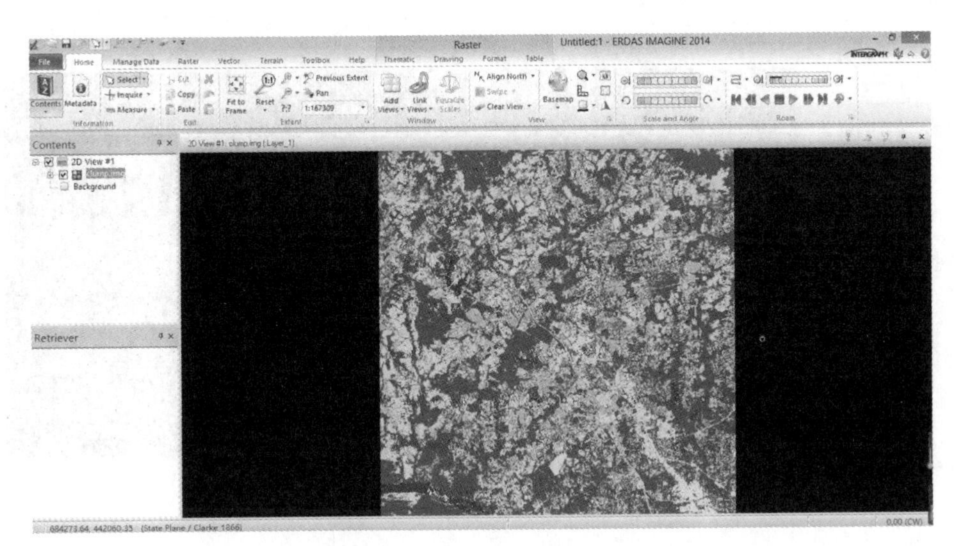

图 7.24 聚类统计后的图像

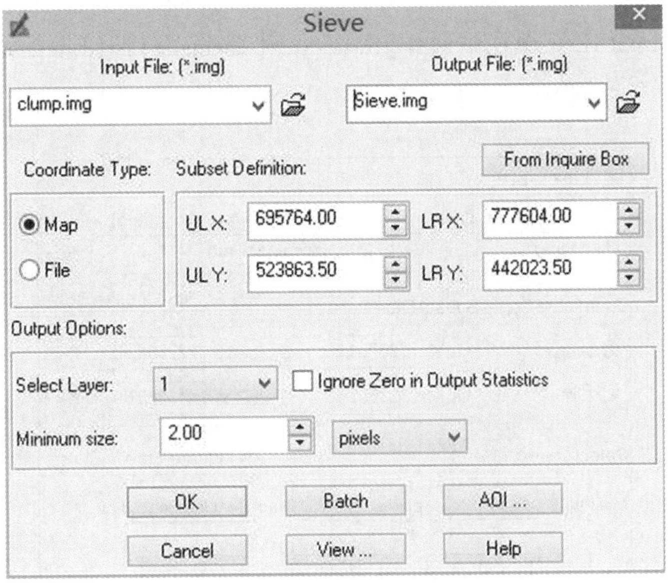

图 7.25 【Sieve】对话框

过滤分析(Sieve)功能是对经 Clump 处理后的 Clump 类组图像进行处理，按照定义的数值大小，删除 Clump 图像中较小的类组图斑，并给所有小图斑赋予新的属性值 0。显然，这里引出了一个新的问题，就是小图斑的归属问题。可以与原分类图对比确定其新属性，也可以通过空间建模方法，调用 Delerows 或 Zonel 工具进行处理。Sieve 经常与 Clump 命令配合使用，对于无须考虑小图斑归属的应用问题，有很好的作用，如图 7.26 所示。

图 7.26 Sieve 处理后图像

3. 去除分析

在 ERDAS IMAGINE 菜单栏中选择【Raster】→【Thematic】→【Eliminate】，启动去除分析对话框，如图 7.27 所示。

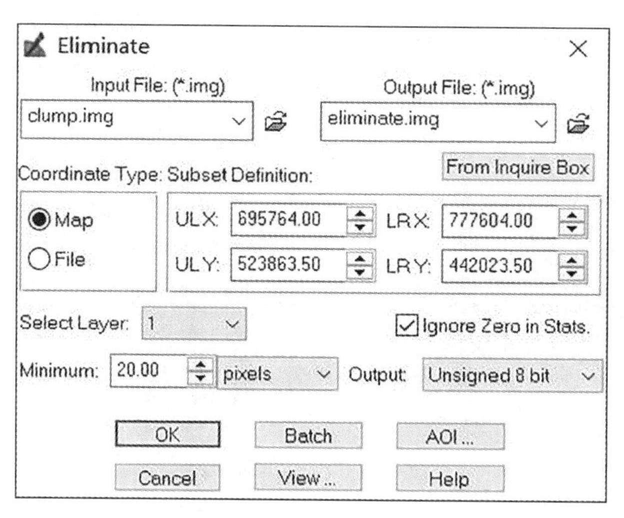

图 7.27 【Eliminate】对话框

去除分析是用于删除原始分类图像中的小图斑或 Clump 聚类图像中的小 Clump 类组，与 Sieve 命令不同，将删除的小图斑合并到相邻的最大的分类当中，而且，如果输入图像是 Clump 聚类图像的话，经过 Eliminate 处理后，将小类图斑的属性值自动恢复为 Clump 处理前的原始分类编码。显然，Eliminate 处理后的输出图像是简化了的分类图像。

4. 分类重编码

作为分类后处理命令之一的分类重编码，主要是针对非监督分类而言的，由于非监督分类之前，用户对分类地区没有什么了解，所以在非监督分类过程中，一般要定义比最终需要多一定数量的分类数；在完全按照像元灰度值通过 ISODATA 聚类获得分类方案后，首先是将专题分类图像与原始图像进行对照，判断每个分类的专题属性，然后对相近或类似的分类通过图像重编码进行合并，并定义分类名称和颜色。当然，分类重编码还可以用在很多其他方面，作用有所不同。

在 ERDAS IMAGINE 菜单栏中选择【Raster】→【Thematic】→【Recode】，启动分类重编码对话框，如图 7.28 所示，单击【Setup Recode】，弹出【Thematic Recode】对话框，如图 7.29 所示，在 New Value 一栏中将相同的类别用相同的数字表示，即进行类别的合并。单击【OK】按钮，关闭 Recode 对话框，执行图像重编码。输出图像按照 New Value 变换专题分类图像属性，产生新的专题分类图像。

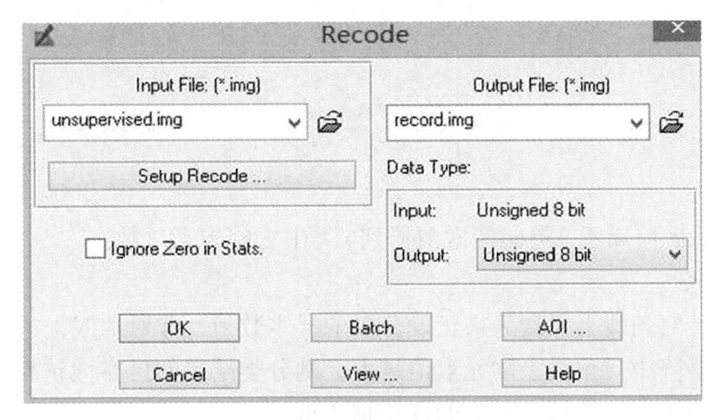

图 7.28　【Recode】对话框

Thematic Recode

Value	New Value	Histogram	Red	Green	Blue	Class_Names	Opacity
0	0	0.0	0.000	0.000	0.000	Unclassified	0.0
1	1	14198.0	0.000	0.000	1.000	water	1.0
2	2	236690.0	0.000	0.392	0.000	forest	1.0
3	3	128160.0	0.647	0.165	0.165	building	1.0
4	4	109255.0	0.498	1.000	0.000	grass	1.0
5	2	108222.0	0.000	0.392	0.000	forest	1.0
6	4	57221.0	0.498	1.000	0.000	grass	1.0
7	3	98032.0	0.647	0.165	0.165	building	1.0
8	5	139969.0	0.000	1.000	1.000	arean	1.0
9	6	106955.0	1.000	0.647	0.000	dryland	1.0
10	6	49874.0	1.000	0.647	0.000	dryland	1.0

New Value: 6　Change Selected Rows

OK　Cancel　Help

图 7.29　【Thematic Recode】对话框

在视窗中打开重编码后的专题分类图像，查看其分类属性表。

7.4.3　分类后的精度评价

1. 精度评价方法概述

遥感影像的分类精度评价通常是用分类图与标准数据或地面实测值进行比较，以正确分类的百分比来表示精度。遥感影像的分类精度评价可分为非位置精度和位置精度。非位置精度是以一个简单的数值表示分类精度，如面积、像元数目等。位置精度评价采用的主要参数都是基于进行精度检验的样本混淆矩阵(误差矩阵)，通过对混淆矩阵建立的各种统计参数进行的。

混淆矩阵(Confusion Matrix)主要用于比较分类结果和地表真实信息，可以把分类结果的精度显示在一个混淆矩阵里面。混淆矩阵是通过将每个地表真实像元的位置和分类与分类图像中的相应位置和分类相比较计算的。混淆矩阵的每一列代表了一个地表真实分类，每一列中的数值等于地表真实像元在分类图像中对应于相应类别的数量。其定义如下：

$$\boldsymbol{X} = \begin{pmatrix} x_{11} & x_{12} & \cdots & x_{1n} \\ x_{21} & x_{22} & \cdots & x_{2n} \\ \vdots & \vdots & \ddots & \vdots \\ x_{n1} & x_{n2} & \cdots & x_{nn} \end{pmatrix} \tag{7-17}$$

式中：x_{ij}——实验区应属于 i 类的像素被分到 j 类中去的像素总数；

n——类别数。

混淆矩阵中，对角线上元素为被正确分类的样本数目，非对角线上的元素为被混分的样本数目。混淆矩阵中对角线上的元素值越大，则分类结果的可靠性越高；混淆矩阵中非对角线上的元素值越大，则错误分类的现象越严重。

应用混淆矩阵分析的主要参数有：

(1)总体分类精度(Overall Accuracy)：被正确分类的像元总和除以总像元数，地表真实图像或地表真实感兴趣区限定了像元的真实分类。被正确分类的像元沿着混淆矩阵的对角线分布，它显示出被分类到正确地表真实分类中的像元数。像元总数等于所有地表真实分类中的像元总和。

$$p_c = \sum_{i=1}^{r} x_{ij}/N \tag{7-18}$$

式中：r——分类类别数；

N——样本总数；

x_{ij}——第 i 类的判别样本数。

(2)Kappa 系数：所有地表真实分类中的像元总数(N)乘以混淆矩阵对角线的和(X_{KK})，再减去某一类中地表真实像元总数($X_{K\sum}$)与该类中被分类像元总数($X_{\sum K}$)的积，再除以总像元数的平方减去这一类中地表真实像元总数与该类中被分类像元总数之积得到的，公式如下：

$$K = \frac{N\sum_{K} X_{KK} - \sum_{K} X_{K\sum} X_{\sum K}}{N^2 - \sum_{K} X_{K\sum} X_{\sum K}} \tag{7-19}$$

Kappa 系数的计算使用了误差矩阵的每一个元素。Kappa 系数与分类精度的关系见表 7.1。

表 7.1　**Kappa 系数与分类精度的关系**

Kappa 系数	分类质量
<0.00	很差
0.00~0.40	较差
0.40~0.75	一般
0.75~1.00	较好

应用混淆矩阵的 Kappa 系数进行分类精度的检验，是 1960 年由 Cohen 提出的。之后有许多学者在 Kappa 系数的算法上和应用方面做了大量工作，使其逐渐发展成遥感分类的主要精度评价方法。

(3)错分误差：指被分为用户感兴趣的类，而实际上属于另一类的像元，错分误差显示在混淆矩阵的行里面。例如，林地有 419 个真实参考像元，其中正确分类为 265，12 个是其他类别错分为林地(混淆矩阵中"林地"一行其他类的总和)，那么其错分误差为 12/419=2.9%。

(4)漏分误差：指本属于地表真实分类，但没有被分类器分到相应类别中的像元数。漏分误差显示在混淆矩阵的列里。例如，耕地类有真实参考像元 465 个，其中 462 个正确分类，其余 3 个被错分为其余类(混淆矩阵中"耕地"类中一列里其他类的总和)，则漏分误差为 3/465=0.6%。

(5)制图精度：指假定地表真实为 A 类，分类器能将一幅图像的像元归为 A 的概率，即分类器将整个影像的像元正确分为 A 类的像元数(对角线值)与 A 类真实参考总数(混淆矩阵中 A 类列的总和)的比率。例如，林地有 419 个真实参考像元，其中有 265 个正确分类，因此林地的制图精度是 265/419=63.25%。

(6)用户精度：指假定分类器将像元归到 A 类时，相应的地表真实类别是 A 的概率。即正确分到 A 类的像元总数(对角线值)与分类器将整个影像的像元分为 A 类的像元总数(混淆矩阵中 A 类行的总和)的比率。例如，林地有 265 个正确分类，总共划分为林地的有 277 个，所以林地的用户精度是 265/277=95.67%。

分类之前要选好分类的地区影像，一般要求要有地面数据支持，也就是说要知道待分类的影像的地物类别，这样在分类完成后才可能评价分类精度。

2. 制约分类精度的因素

单纯依靠某种单一的分类方法很难达到实用精度，这主要是因为遥感数据自身特点制约以及单一分类方法的限制。

1)遥感数据制约

到目前为止，遥感信息反映的是地球表层系统的二维空间信息。显然，高程变化对地理环境的影响没有得到充分反映，地表以下深层构造与相互作用机制也无法得到反映，导致分类信息不完整。遥感信息传递过程中的局限性以及遥感信息之间的复杂相关性，又决定了遥感信息不确定性和多解性的特性。这些是制约遥感影像分类精度的主要原因。

遥感信息传输过程中包括许多信息衰减或增益的过程，而对遥感信息处理和分析模型的研究也需要经过从物理实验放大到自然界的过程。目前还没有掌握这两个过程的全部规律，还不能建立一个能完全逆向反演地球表层系统区域分异和时相变化规律的仿真模型，这也会影响分类的准确性。

另外，遥感数据的空间分辨率变化也在不同程度上给分类造成了一些麻烦。在空间分辨率较低的情况下，遥感影像单元中所包含的并不一定是单纯的一种地物信息，往往是多种混合地物类型。而高分辨率情况下，在反映地表复杂程度很高的影像中同类地物的差异往往被夸大，造成了分类的复杂性。

2)分类方法制约

目前的分类方法多属于单点分类，即确定或调试好分类模型后逐点扫描其类别。分类主要依靠的是光谱信息，而遥感影像的空间信息、结构信息未得到充分利用。分类所依靠的光谱信息又随环境、时相千变万化，大量的同物异谱和异物同谱现象也给计算机分类带来了困难。

到目前为止，还没有一种算法被认为是十全十美的。例如，建立在常规统计方法之上的算法，一般有以下几方面的缺陷：

(1)很难确定初始化条件，有一定的随机性。

(2)很难确定全局最优分类特征、中心向量和最佳类别个数。

(3)聚类过程中难以融合地学专家知识。许多监督分类结果取决于训练样本的选择，很难找到统一的、量化的标准，造成分类工作的不可重复性。

任务7.5 面向对象分类技术

7.5.1 面向对象的遥感图像分类原理

传统的基于像素的遥感图像分类方法对于遥感图像光谱信息丰富、地物间光谱差异明显、中低空间分辨率的多光谱遥感图像有较好的分类效果。对于只含有较少波段的高分辨率遥感图像，该方法就会造成分类精度降低，空间数据的大量冗余，并且其分类结果常常是“椒盐”图像，不利于进行空间分析。对于图像分类来说，基于像元的信息提取是根据地表一个像元范围内辐射平均值对每一个像元进行分类的，但图像中地物类别特征不仅是由光谱信息来刻画，很多情况下(高分辨率或纹理图像数据)是通过纹理特征来表现的。

Baatz M. 和 Schape A. 根据高分辨率遥感影像空间特征比光谱特征丰富的特点，提出了面向对象的遥感图像分类方法。采用这种分类方法进行信息提取时，处理的最小单元不再是像元，而是含有更多语义信息的多个像元组成的影像对象，在分类时更多的是利用对象的几何信息及影像对象之间的语义信息、纹理信息和拓扑关系，而不仅仅是单个对象的光谱信息。

面向对象的分类方法首先是对遥感影像进行分割，得到同质对象，再根据遥感分类或目标地物提取的具体要求，检测和提取目标地物的多种特征(如光谱、形状、纹理、阴影、空间位置、相关布局等)，利用模糊分类方法对遥感影像进行分类和地物目标的提取。面向对象方法具有两个重要的特点：一是利用对象的多特征；二是用不同的分割尺度生成不同尺度的影像对象层，所有地物类别并不是在同一尺度影像中进行提取的，而是在其最适宜的尺度层中提取。面向对象分类方法的这两种特征使得影像分类的结果更合理，也更适合于高分辨率遥感影像的分类。

1. 多尺度影像分割

遥感影像数据在多尺度分割前，表示为同一空间尺度的类别信息，该尺度即为影像的空间分辨率。当设定多个分割尺度进行影像分割后，形成了由分割尺度参数所决定的影像对象层次体系，影像对象集合了像元的光谱信息，此像元与周围像元的关系信息等。一个对象层有一个固定尺度值，多个对象层则体现了多种空间尺度的地物类别属性，在不同尺度对象层提取不同属性的类别信息解决了识别影像数据中“同谱异物”地物的问题。多尺度分割使得同一空间分辨率的遥感影像信息不再只由一种尺度来表示，而是在同一时相可由多种适宜的尺度来描述。

当同一区域不同尺度的影像对象被连接时，形成了一个空间语义层次网络，如图7.30所示。这样，每个影像对象知道它的邻居、子对象和父对象，于是产生了一个不同尺度从属关系的描述。在区分光谱信息与形状信息都十分相似的影像对象时，同一尺度层内相邻对象的语义信息以及不同尺度层间影像对象的语义信息就显得非常重要。

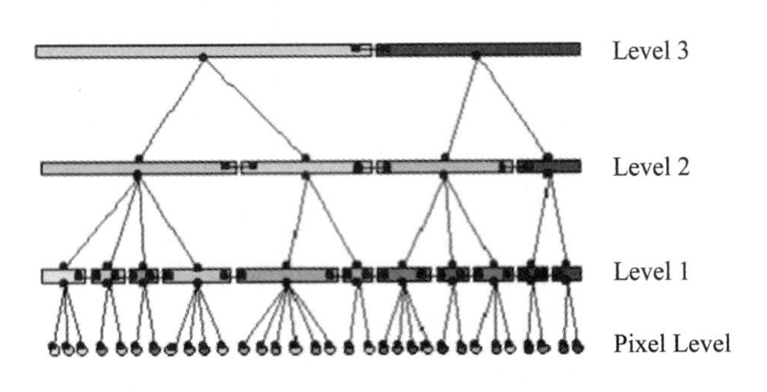

图 7.30　面向对象分割层次图

在面向对象分类中，多尺度分割算法比较多，其中有代表性的是分形网络演化算法(FNEA)。该算法从影像中的单个像元开始，根据像元对象在该特征空间内相距最小的原则，将单个像元(或像元集合)与其相邻的像元(或像元集合)进行合并，最后合并成一个个影像对象，这些影像对象的集合就构成了分割的结果。

2. 面向对象分类方法

多尺度影像分割完成之后，整个影像被分成不同尺度的影像对象，每个影像对象有各自的属性。不同尺度的分割结果构成了不同的影像层，层与层之间存在着逻辑上的联系。面向对象分类中，对于分割结果的分类方法有两种方法，一种是最邻近分类方法，另外一种是决策支持的模糊分类方法。

1）最邻近分类方法

最邻近分类方法利用各地类别的样本在特征空间中对影像对象进行分类。每一个都定义样本和特征空间，特征空间可以组合任意的特征。初始的时候，选用较少的样本进行分类，如果出现错分的情况，就增加错分类别的样本，再次进行分类，不断优化分类结果，直接分类结束。最邻近运算法则为：对于每一个影像对象，在特征空间中寻找最近的样本对象，比如一个影像对象最近的样本对象属于 A 类，那么这个影像对象将会被划分为 A 类，如图 7.31 所示。

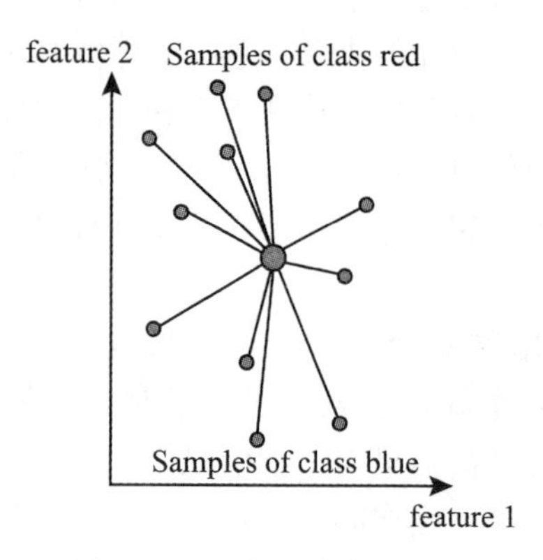

图 7.31　最邻近分类的原则

其算法公式为：

$$d = \sqrt{\sum_{f} \left[\frac{v_f^{(s)} - v_f^{(o)}}{\sigma_f} \right]^2} \tag{7-20}$$

式中：d——指样本对象 s 与图像对象 o 之间的距离；

$v_f^{(s)}$——样本对象特征 f 的特征值；

$v_f^{(o)}$——图像对象特征 f 的特征值；

σ_f——特征 f 值的标准差。

2）决策支持的模糊分类

决策支持的模糊分类方法运用继承机制、模糊逻辑概念和方法以及语义模型，建立用于分类的决策指示库。首先建立不同尺度的分类层次，在每一层次上分别定义对象的光谱特征（包括均值、方差、灰度比值），形状特征（包括面积、长度、宽度、边界长度、长宽比、形状因子、密度、主方向、对称性、位置），纹理特征（包括对象方差、面积、密度、对称性、主方向的均值与方差等)和相邻关系特征，通过定义多种特征并指定不同权值，给出每个对象隶属于某一类的概率，再建立分类标准，并按照最大概率原则，先在大尺度上分出“分类”，再根据实际需要对感兴趣的地物在小尺度上定义特征，分出“子类”，最终产生确定的分类结果。

面向对象影像分析中的分类体系实际上就是一棵决策树，不同尺度的分割影像对应决策树的不同层次。分类体系是针对某一分类任务建立的信息库，它包含分类任务中的所有类型，并且这些类型都由各自的特征描述，特征描述由若干个特征的隶属函数根据一定的逻辑关系组成。依据这样的分类体系组织类别的专家知识，然后根据决策树进行分类，如图 7.32 所示。

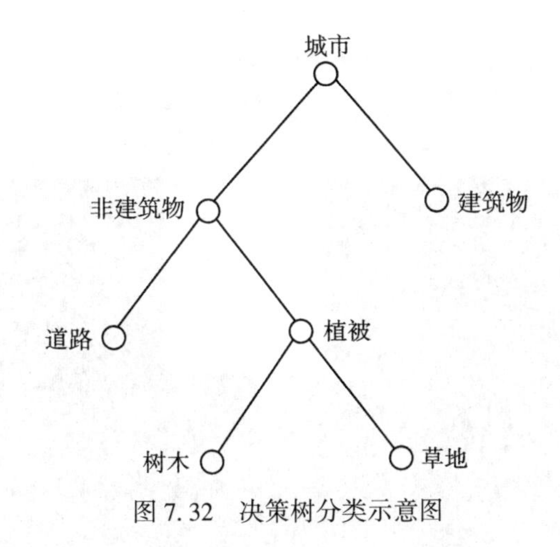

图 7.32　决策树分类示意图

类别特征的描述是通过隶属函数来实现的。隶属函数是一个模糊表达式，实现任意特征值转换为统一的范围[0，1]，形式上表现为一曲线，横坐标为类别特征值(光谱、形状等)，纵坐标为属于某一类别的隶属度。隶属函数库由多个代表性的类别样本对象属性值组成，如图 7.33 所示。

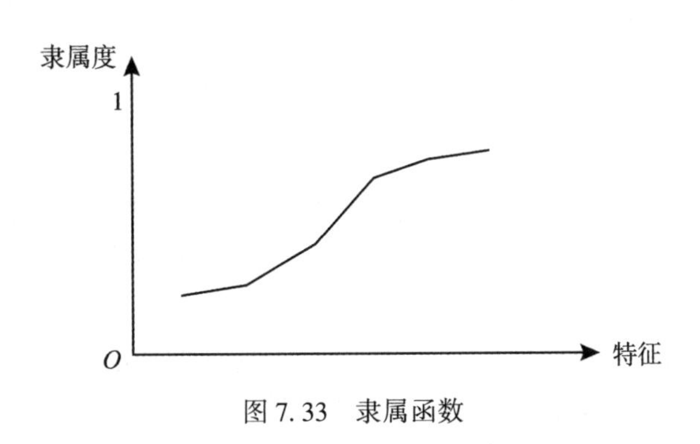

图 7.33　隶属函数

每一个多边形的各个属性值与样本函数曲线比较，若该属性值位于曲线范围之内，则获得一个隶属度，多个隶属度加权和大于其中一种类别的预设值，则该多边形确定为该类别。每一个对象对应于一个特性类别的隶属度，隶属度越高，属于该地类的概率越大。

一般来说，如果仅用一个特征或很少的特征就可以将一个类同其他类别区别开时，就使用决策支持的模糊分类方法；否则，选择最邻近分类方法，最邻近分类器比隶属函数能更好地处理多维特征空间的联系。

7.5.2 面向对象的分类实施

以建筑物要素的提取为例，介绍 ERDAS 软件面向对象分类(数据 residential. img)。

在运行这个过程之前，首先应该打开 Objective Workstation。选择【Raster】→【Classification】→【Image Objective】，打开【Objective Workstation】对话框，如图 7. 34 所示。

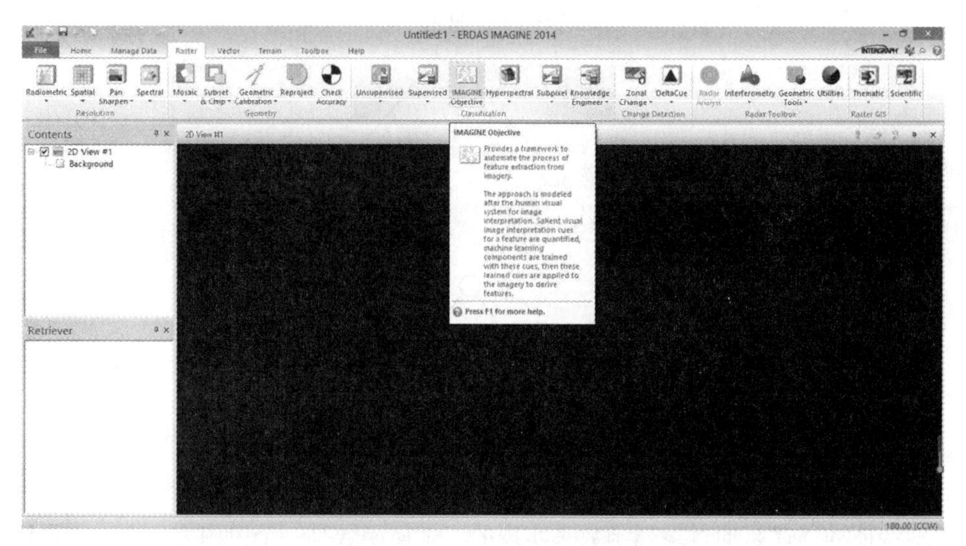

图 7. 34 打开【Objective Workstation】对话框

1. 建立特征模型和设置训练样本

1)特征模型和变量

从 Tree View 菜单下选择“Feature”标签。用“Residential Rooftops”代替“Feature”的名字，如图 7. 35 所示。

在 Description 中，输入模型目的的文本描述，例如“在居民区找屋顶”。对于 Model I/O Path，输入输入文件和输出文件的默认路径。这个输出文件在这个路径下通过模型自动产生。单击文件夹改变路径。

- 单击□按钮显示变量属性(Variable Properties)对话框，如图 7. 36 所示。
- 单击【Add New Variable】按钮，新变量就加载到 Variable 列表中。
- 改变变量的 Name 为“Spectral”。
- 输入文件，选择 residential. img。
- “Single Layer”复选框不被选中。

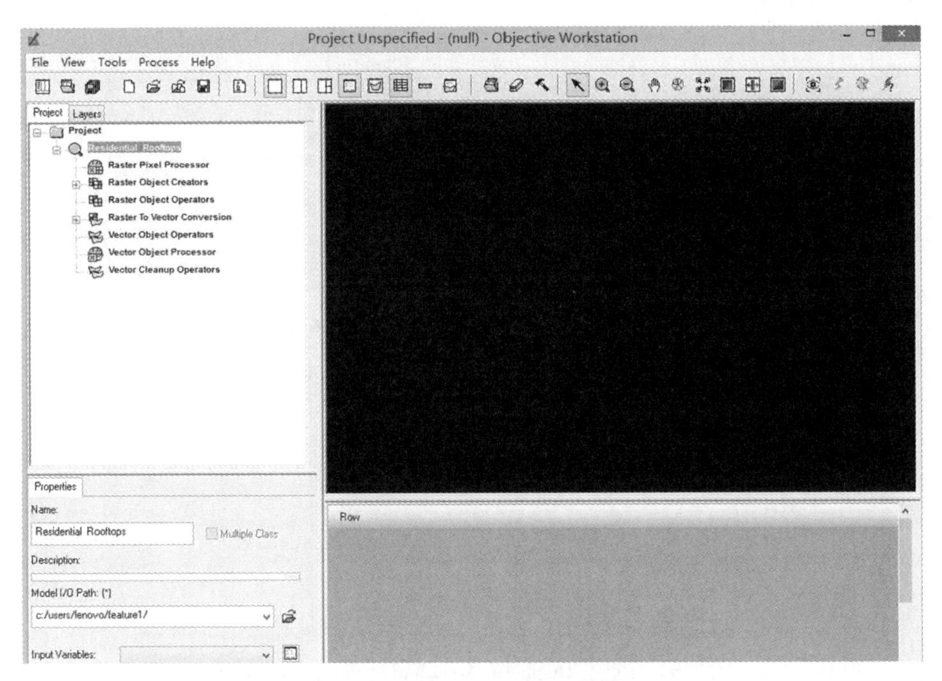

图 7.35　用 Residential Rooftops 代替 Feature

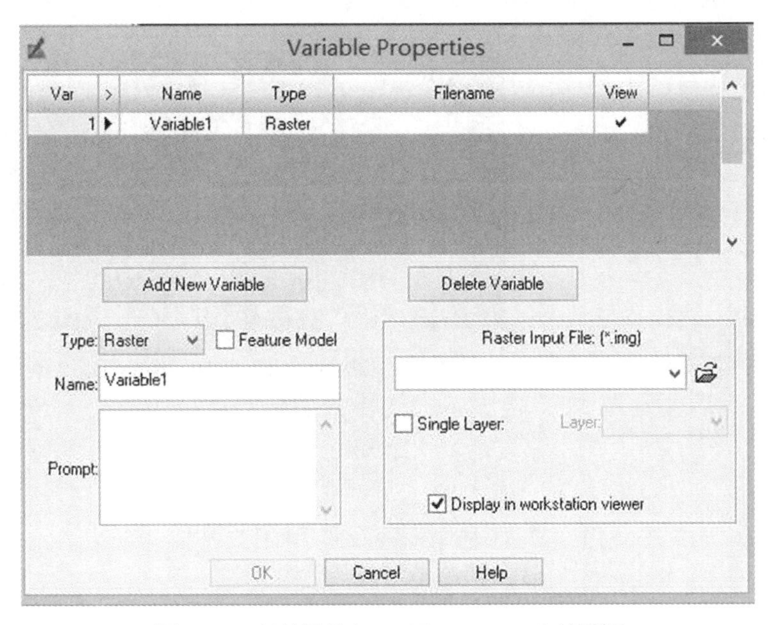

图 7.36　变量属性(Variable Properties)对话框

■ "Display in workstation viewer"复选框应该被选中，如图 7.37 所示。

■ 单击【OK】按钮，加载新的光谱变量到这个特征模型，如图 7.38 所示。输入文件就自动加载到 Viewer 窗口中。

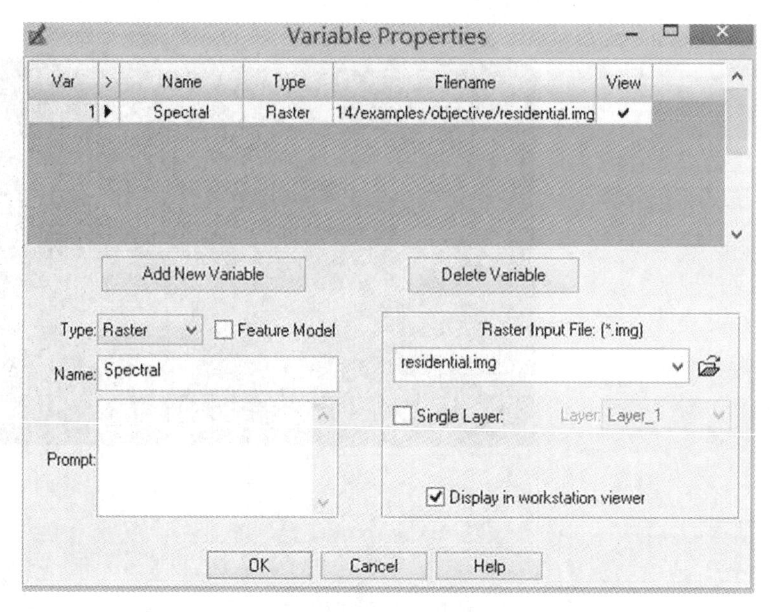

图 7.37　选中“Display in workstation viewer”复选框

图 7.38　加载新的光谱变量到特征模型中

2)像素分类

在【Tree View】菜单中，如果过程的节点不可用，单击 + 按钮展开【Residential Rooftops】，扩大这个路径。

■ 从【Tree View】菜单中，选择“Raster Pixel Processor”，RPP 属性(RP Properties)在左下角显示，如图 7.39 所示。

图 7.39　RPP 属性(RPProperties)

■ 选择“Spectral”作为输入栅格变量。

■ 从【Available Pixel Cues】列表中选择 SFP。

■ 单击＋按钮加载 SFP 像素线索，显示 SFP Properties 标签，如图 7.40 所示。

图 7.40　SFP Properties 标签

■ 选择 Automatically Extract Background Pixels，SFP 分类器将会自动尝试从训练样本之外提取背景样本。设置 Training Sample Extension 为 30 像素，Probability Threshold 为 0.300。

3) 设置训练样本

■ 单击【Training】标签，自动显示 AOI Tool Palette 工具面板，如图 7.41 所示。在图像

上数字化几个 AOI 区域代表居民的屋顶。提取几个不同灰色梯度的屋顶，为了得到样本表达在屋顶中的不同颜色范围，数字化全部屋顶的形状(这些样本在形状训练中再次被用到)。

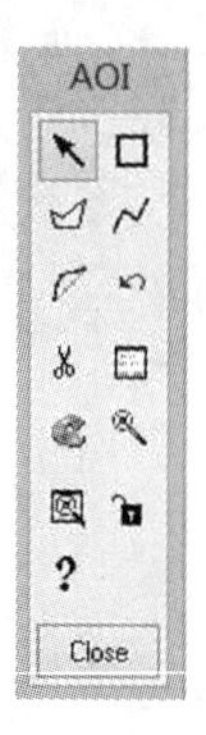

图 7.41　AOI Tool Palette 工具面板

■ 单击【Add】按钮，加载训练样本到这个训练样本 cellarray 中，如图 7.42 所示。

图 7.42　加载训练样本

■ 单击【Accept】按钮，加载训练样本到特征模型中，训练样本完成后，这个颜色框就会变成绿色(电脑显示颜色)，表明这个样本已经被接收了，如图 7.43 所示。

2. 设置其他过程节点

1) Raster Object Creators

■ 从【Tree View】菜单中，选择【Raster Object Creators】。

图 7.43　训练样本完成后

■ 单击【Properties】标签，从 ROC 列表中选择 Segmentation，如图 7.44 所示。

图 7.44　选择 Segmentation

■ 在【Tree View】菜单上扩展 ROC 节点。在【Tree View】上单击 ROC 节点，显示 Segmentation Properties 标签。

■ 在输入变量一栏选择“Spectral”，在 Use 参数一栏选择“All Layers”，选中“Euclidean Dist”复选框。

■ 设置 Min Value Difference 为“12.00”，在 Variation Factor 栏中输入“3.50”，如图 7.45 所示。

图 7.45　Segmentation 属性设置

■ 单击【Advanced Settings】按钮，打开【Advanced Segmentation Settings】对话框，如图 7.46 所示。

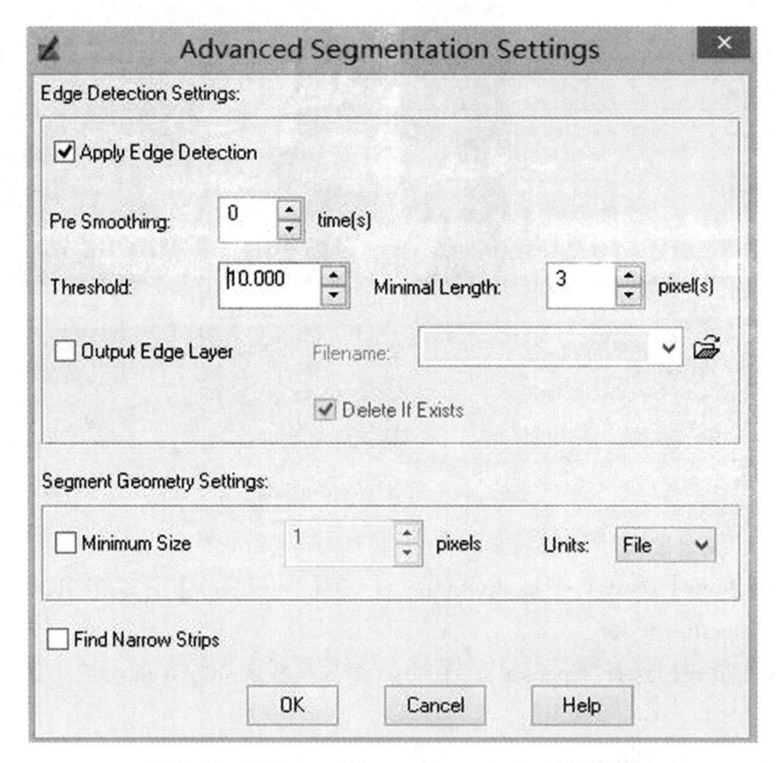

图 7.46　【Advanced Segmentation Settings】对话框

■ 勾选“Apply Edge Detection”复选框，对于 Threshold 输入“10.00”，对于 Minimal Length 输入“3”。

■ 单击【OK】按钮，完成设置。

2) Raster Object Operation 加载 Probability Filter 算子

■ 从【Tree View】菜单上选择【Raster Object Operation】。

■ 单击【Properties】标签，从 ROO 列表中选择【Probability Filter】算子。

■ 单击 + 按钮加载【Probability Filter】算子到特征模型中。

■ 单击【Probability Filter Properties】标签，对于 Minimum Probability 输入“0.7”，如图 7.47 所示。

图 7.47　设置 Minimum Probability

■ 从【Tree View】菜单上选择【Raster Object Operation】。

■ 单击【Properties】标签，从 ROO 列表中选择大小过滤器(Size Filter)。

■ 单击 + 按钮加载大小过滤器(Size Filter)算子到特征模型中。

■ 选中“Maximum Object Size”复选框，对于 Maximum Object Size 输入“200”，Units 为“File”，如图 7.48 所示。

3) Raster Object Operation 加载 ReClump 算子

■ 从 Tree View 菜单上选择“Raster Object Operation”。

■ 从 ROO 列表中选择 ReClump 算子。

■ 单击 + 按钮加载 ReClump 算子到特征模型中。

■ 单击【Properties】标签，选择 Dilate 算子并加载它到特征模型中。

■ 单击【Properties】标签，选择 Erode 算子并加载它到特征模型中。

■ 单击【Properties】标签，选择 Clump Size Filter 算子并加载它到特征模型中。

■ 单击【Clump Size Filter Properties】标签，对于 Minimum Object Size 输入 1 000，Units 为 File，如图 7.49 所示。

图 7.48　选中【Maximum Object Size】复选框

图 7.49　加载 ReClump 算子

4) Raster To Vector Conversion

■ 从【Tree View】菜单上选择【Raster To Vector Conversion】。

■ 选择【Polygon Trace】为【Raster To Vector Conversion】，如图 7.50 所示。

图 7.50　选择【Raster to Vector Conversion】

5) Vector Object Operations

- 从【Tree View】菜单上选择【Vector Object Operations】。
- 单击 Properties 标签，从 VOO 列表中选择 Generalize 算子。
- 单击按钮加载 Generalize 算子到特征模型中。
- 单击【Generalize Properties】标签，对于 Tolerance 输入"1.5"，如图 7.51 所示。

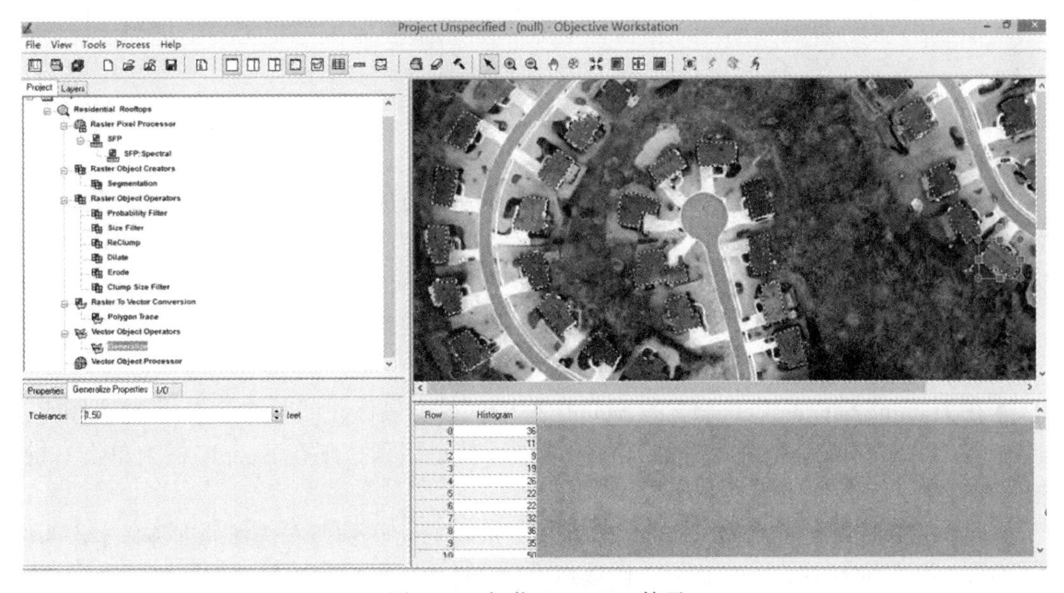

图 7.51　加载 Generalize 算子

6) Object Classification

■ 从【Tree View】菜单上选择【Vector Object Processor】。

■ 从 Available Object Cues 列表中选择【Geometry: Area】。

■ 单击➕按钮加载 Area object cue metric 到特征模型中。

■ 从【Available Object Cues】列表中选择“Geometry: Axis2/Axis1”。

■ 单击➕按钮加载 Axis2/Axis1object cue metric 到特征模型中。

■ 选择【Geometry: Rectangularity】，并加载 Rectangularity object cue metric 到特征模型中，如图 7.52 所示。

图 7.52　加载 Rectangularity object cue metric

3. 屋顶训练样本

屋顶训练样本将为对象分类器的 4 个 Cue Metrics 的选择分布提供一个基础资料。在这一步中重要的是取得描述屋顶大小和形状的样本。因为被用在 Pixel Classification 中的训练样本应该代表全部屋顶，所以这一步可以重新使用它们。

(1)如果早期的样本仅仅是屋顶的一部分，则需要采取新的样本。

■ 单击【Training】标签。

■ 在 Training Sample Cellarray 的 Sample 栏中，单击鼠标并同时按住 Shift 键选择所有描述屋顶的 AOI 区域。如果所有的训练样本描述整个屋顶，则在 Sample 栏上单击右键，选择【Select ALL】，如图 7.53 所示。

■ 在 Type 栏目中，右键选择 Both(Pixel 或 Objects)去识别所有选择的训练样本作为样本。如果现在数字化任何新的样本，则要单击【Add】按钮去加载它们到训练样本中。

■ 在如图 7.54 所示的左下角三个选项中，单击【Accept】按钮设置基础资料。

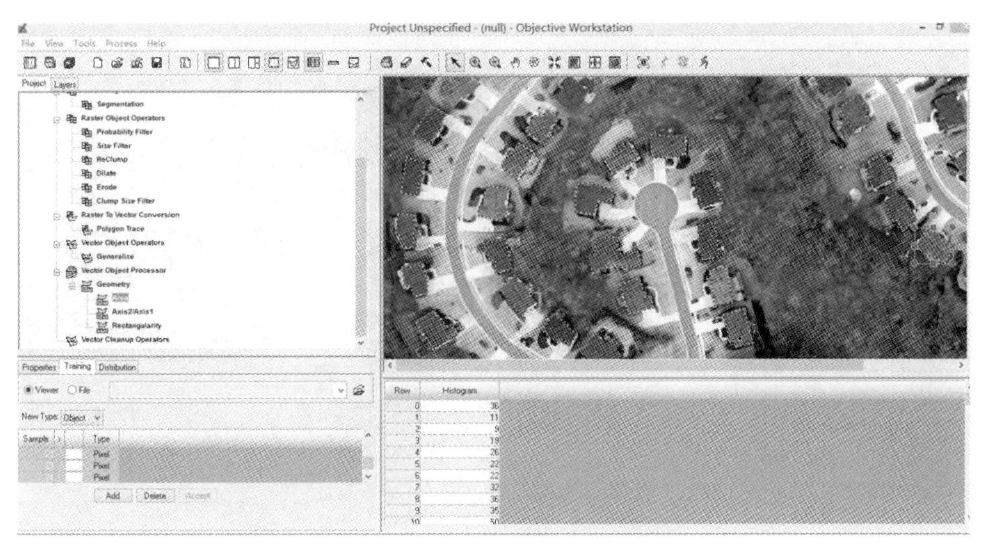

图 7.53　选中描述区

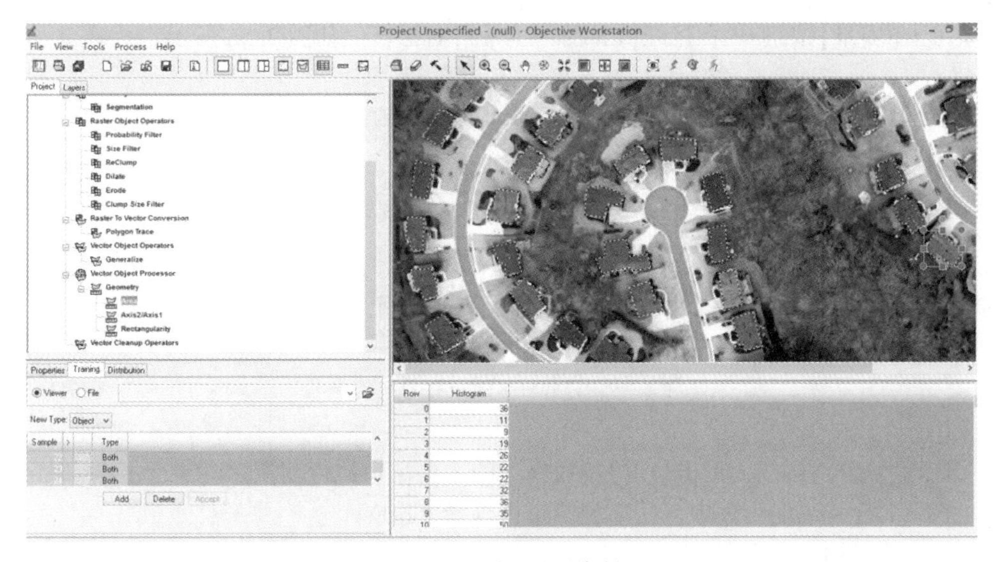

图 7.54　设置基础资料

■ 选择【Distribution】标签。

■ 从【Tree View】菜单上分别选择 3 个 Cue Metric Nodes 中的每一个，然后，观察每个 Metric 的训练 Distribution。

■ 从 Tree View 菜单上选择【Area】。

■ 这个训练步骤组成了 Distribution Statistics 统计表，如图 7.55 所示。

(2)为了确保屋顶面积分布合适，用 Measurement Too 去发现图像上的一些最大和最小屋顶的面积。

图 7.55　Distribution Statistics 统计表

- 单击【测量】按钮 ，打开【Choose Viewer】对话框，如图 7.56 所示。

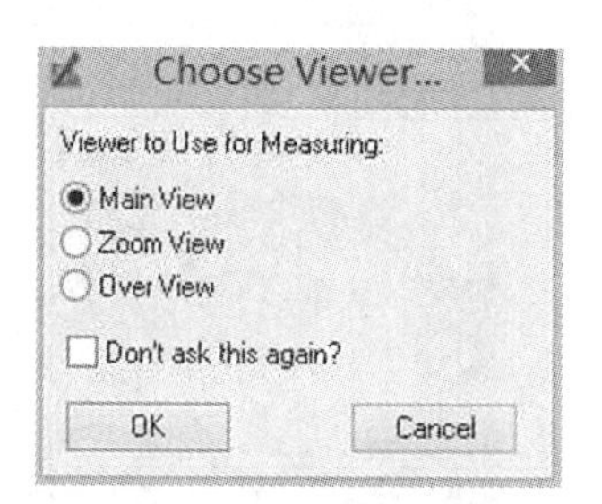

图 7.56　【Choose Viewer...】对话框

- 选择“Main View”，单击【OK】按钮在大的主要窗口执行测量。
- 在第二个弹出的列表中，从面积测量中选择“Sq Feet”。
- 单击测量周长和面积按钮。
- 围绕屋顶数字化一个多边形，用以测定面积，如图 7.57 所示。

(3)重复以上过程，以测定这个屋顶大小的范围。

如果这个屋顶仅仅在中心 cul-desac 的下面或者左面，尝试着去测定最大屋顶中的面积。应该得到屋顶的面积范围为 1 500~3 600 平方英尺。

首先，关闭测量工具(Measurement Tool)。然后，用这个训练和测量的结果去设置 Area Cue Metric 的 Distribution。

单击【Distribution】标签，选中“Lock”复选框，阻止这个软件自动更新 Distribution 参数。

基于训练的面积测量，输入 Min、Max、Mean 和 SD 的值。以下的值证明对这个数据

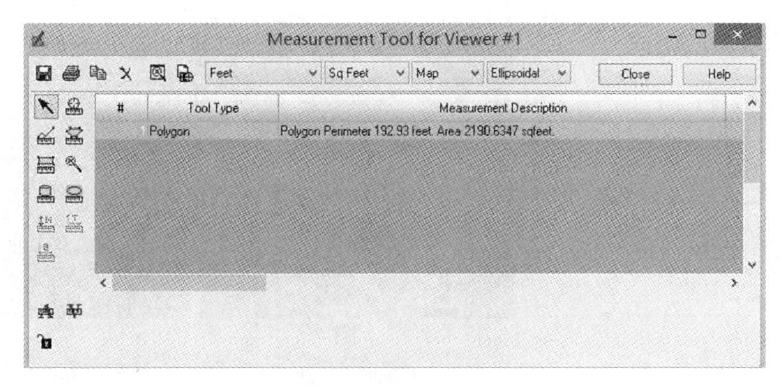

图 7.57　测定面积

集是有效的：对于 Min 输入“1 300”，对于 Mean 输入“2 300”，对于 Max 输入“3 800”，对于 SD 输入“800”，如图 7.58 所示。

图 7.58　输入参数

从【Tree View】菜单上选择【Axis2/Axis1】，并选中“Lock”复选框。基于训练，输入 Min、Max、Mean 和 SD 的值。对于 Min 输入“0.4”，对于 Mean 输入“0.7”，对于 Max 输入“1.00”，对于 SD 输入“0.3”，如图 7.59 所示。

从【Tree View】菜单上选择【Rectangularity】。这是一个 Probabilistic Metric，这意味着这个 Metric 的结果在 0~1.0 范围内，选中“Lock”复选框。

基于训练，输入 Min 和 Max 值。对于 Min 输入“0.10”，对于 Max 输入“1.00”，如图 7.60 所示。

（4）Vector Cleanup Operations。

图7.59　输入Axis2/ Axis1参数

图7.60　输入Rectangularity模型参数

- 从【Tree View】菜单上选择【Vector Cleanup Operators】。
- 从VCO列表中选择【Probability Filter】。
- 单击 按钮加载Probability Filter算子。Probability Filter Properties自动被选择。
- 对于Minimum Probability输入0.10去除所有概率小于10%的对象。
- 从【Tree View】菜单上选择【Vector Cleanup Operators】。
- 从VCO列表中选择【Island Filter】。
- 单击 按钮加载Island Filter算子到特征模型中。
- 从VCO列表中选择“Smooth”，并加载这个算子到特征模型中。
- 单击【Smooth Properties】标签，设置Smoothing Factor为“0.20”。

■ 从 VCO 列表中选择 Orthogonality，并加载这个算子到特征模型中。

单击【Orthogonality Properties】标签，设置 Orthogonality Factor 为“0.35”，如图 7.61 所示。

图 7.61　设置 Vector Cleanup Operations

(5) Set Final Output。

【Tree View】菜单上，选择【Orthogonality】并单击鼠标右键，选择【Stop Here】。单击运行特征模型按钮(Run the Feature Model)。运行结果如图 7.62 所示。

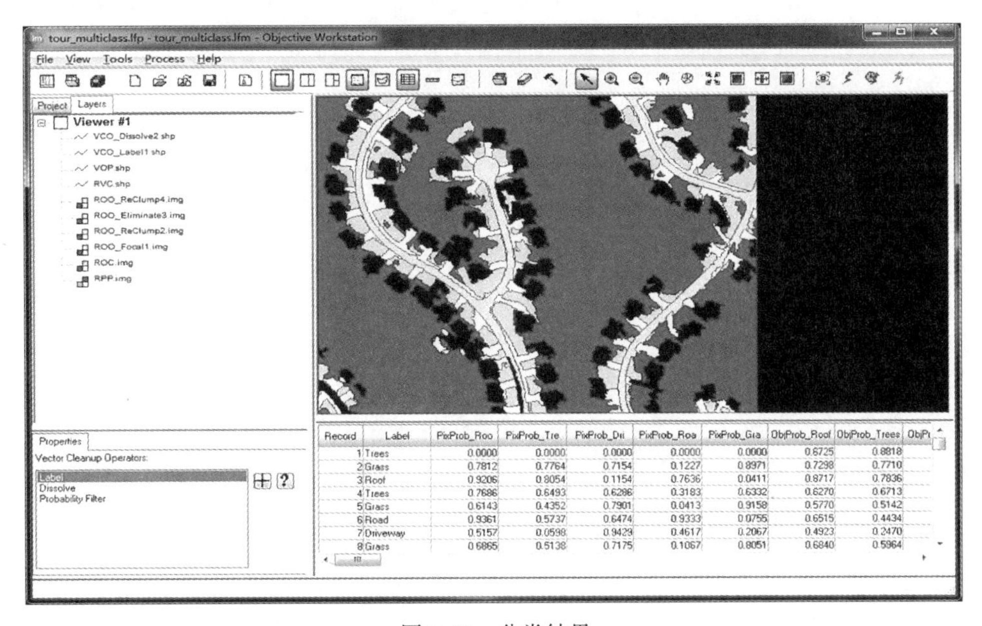

图 7.62　分类结果

4. 输出结果

当特征模型运行完之后，最后的结果将显示在工作窗口的上层。模型输出的所有中间结果作为层被显示在输入图像和最后结果之间。在【Tree View】上单击节点，每一个临时的结果显示到最上层。用层去打开和关闭不同的层，改变窗口中层的顺序，关系到这个模型中不同操作的结果，然后观察模型的每个节点如何进化为最后的结果。这些层也可以作为最上面的两层用来比较。然后右键单击，选择【Swipe】去比较这两个层。

◎ 习题与思考题

1. 简述监督分类与非监督分类的区别。
2. 简述最大似然法分类原理及存在的缺点。
3. 简述最小距离法分类的原理和步骤。
4. 简述 ISODATA 法非监督分类的原理和步骤。
5. 面向对象的遥感图像分类的关键是什么？
6. 如何分析评价遥感分类精度？
7. 比较监督分类与非监督分类的优缺点。
8. 在监督分类中，训练样本选择应注意哪些问题？

项目 8　遥感专题制图

☞ 学习目标

通过本项目的学习，理解遥感影像地图的概念与特点，能够完成遥感影像地图的制作；理解土地利用图的概念与利用遥感影像制作土地利用图的意义，能够完成用遥感影像制作土地利用图；理解植被指数的概念与分类，能够利用遥感影像制作植被指数图；理解三维景观图的概念与特点，能利用 DEM 和遥感影像制作三维景观图。同时，通过上机实践操作完成遥感专题图的制作，进一步培养学生求真务实的学习态度及开拓创新的品格。

任务 8.1　遥感影像地图

8.1.1　遥感影像地图的概念与特点

遥感影像地图是一种以遥感影像和一定的地图符号来表现制图对象地理空间分布和环境状况的地图。在遥感影像地图中，图面内容要素主要由影像构成，辅助以一定的地图符号来表现或说明制图对象。

由于遥感影像地图结合了遥感影像与地图的各自优点，具有如下特征：

(1)丰富的信息量。与普通线划图相比，彩色影像地图没有信息空白区域，它的信息量远远超过线划图，利用遥感影像地图，可以判断出大量制图对象的信息，因此，遥感影像地图具有补充和替代地形图的作用。

(2)直观形象性。遥感影像是制图区域地理环境与制图对象进行“自然概括”后的构成，通过正射投影纠正和几何纠正等处理后，它能够直观形象地反映地势的起伏、河流蜿蜒曲折的形态，增加了影像地图的可读性。

(3)具有一定的数学基础。经过投影纠正和几何纠正处理后的遥感影像，每个像素点都具有自己的坐标位置，根据地图比例尺与坐标网可以进行量测。

(4)现势性强。遥感影像获取地面信息快，成图周期短，能够反映制图区域当前的状况，具有很强的现势性。对于人迹罕至地区，如雪山、原始森林、沼泽地、沙漠、崇山峻岭等，利用遥感影像制作遥感影像地图，更能显示出遥感影像地图的优越性。

8.1.2　遥感影像地图的制作

1. 遥感影像地图的制作方法

遥感影像地图制作具体方法如下：

1)遥感影像信息选取与数字化

根据制图要求，选取合适时相、恰当波段与指定地区的遥感影像，需要镶嵌的多景遥感影像宜选用同一颗卫星获取的图像或胶片，非同一颗卫星影像时，也应选择时相接近的影像或胶片，检查所选的图像质量，制图区域范围内不应有云或云量低于 10%。

对航空像片或图像胶片需要数字化。扫描的图像反差应适中，尽量保持原图像信息不损失，不产生灰度拖尾现象。

2)地理信息底图的选取与数字化

地理底图的作用是反映区域地理背景，同时也是对影像进行纠正的基础。底图的选取原则是范围与制图范围适应，比例尺与制图比例尺一致，要素较为全面(常为地形图)。

底图数字化的方法有：手扶跟踪数字化，屏幕数字化和扫描矢量化等。具体步骤包括：分幅、分层数字化和对底图编辑与检查。

3)遥感影像几何纠正与图像处理

几何纠正的目的是提高遥感图像与地理基础底图的复合精度，遥感图像几何纠正精度与在图像和地形图上选取同名地物控制点密切相关，其选取原则如下：尽量选取相对永久性地物，如道路交叉点、大桥或水坝等；所选地物控制点应均匀分布，一景遥感图像范围内的地物控制点不少于 20 个。

地物控制点应按顺序编号，自上而下，自左而右，同名地物控制点编号必须一致，以避免配准过程中因同名地物控制点编号不一致出现的错误。

设影像图和地形图上有 k 个同名地物点，这些同名地物点在图像中记为 T_1，T_2，…，T_k，在地形图中记为 T'_1，T'_2，…，T'_k，令 T_{ix}表示影像图中控制点的 X 坐标，T_{iy}表示影像图中控制点的 Y 坐标，T'_{ix}表示地形图中控制点的 X 坐标，T'_{iy}表示地形图中控制点的 Y 坐标，这里 $i=1$，2，…，k。

计算同名地物点方差与单点最大误差的公式如下：

$$M=\frac{1}{k-1}\sum_{i=1}^{k}\sqrt{(T_{ix}-T'_{ix})^2+(T_{iy}-T'_{iy})^2}\quad i=1,\ 2,\ \cdots,\ k \tag{8-1}$$

$$\mathrm{SME}=\max\left(\sqrt{(T_{ix}-T'_{ix})^2+(T_{iy}-T'_{iy})^2}\right)\quad i=1,\ 2,\ \cdots,\ k \tag{8-2}$$

式中：M——同名地物点方差；

SME——单点最大误差。

这里规定：图像配准允许最大误差为小于或等于 1 个像素，同名地物点总方差阈值 $E=1$ 像元，单个同名地物点最大误差阈值 $e=0.5$ 像元。如果 SME$<e$，且 $M<E$，说明达到配准精度要求。若 SME$>e$ 或 $M>E$，则需要重新进行数字图像与地理底图之间配准。

进行图像几何纠正，纠正的图像应附有地理坐标，图像的灰度动态范围可不做调整。

图像处理的目的是消除图像噪声，去除少量云朵，增强图像中的专题内容。

4) 遥感图像镶嵌与地理基础底图拼接

如果制图区域范围很大，一景遥感图像不能覆盖全部区域，或一幅地理基础底图不能覆盖全部区域，这就需要进行遥感图像镶嵌或地理基础底图拼接。

镶嵌过程可以利用通用遥感图像处理软件，也可针对图像特点开发专用图像镶嵌软件。镶嵌的质量要求在不同图像之间接缝处几何位置相对误差不大于 1 个像元。图像之间灰度过渡平缓、自然，接缝处过渡灰度均值不大于两个灰度等级并看不出拼接灰度的痕迹。镶嵌后的图像是一幅信息完整、比例尺统一和灰度一致的图像。

多幅地理基础底图拼接可以利用 GIS 提供的底图拼接功能，依次利用两张底图相邻的四周角点地理坐标进行拼接，将多幅地理基础底图拼接成一幅信息完整、比例尺统一的制图区域底图。

5) 地理基础底图与遥感图像复合

遥感图像与地理底图的复合是将同一区域的图像与图形准确套合，但它们在数据库中仍然是以不同数据层的形式存在的。遥感图像与地理底图复合的目的是提高遥感图像地图的定位精度和解译效果。

卫星数字图像与地理底图的复合操作如下：利用多个同名地物控制点做卫星数字图像与地理底图之间的位置配准，将数字专题地图与卫星数字图像进行重合叠置。

6) 符号注记图层生成

地图符号可以突出地表现制图区域内一种或几种自然要素或社会经济要素，例如人口密度、行政区划界线等。尽管地表现象种类繁多，变化复杂，但从现象的空间分布来看，可以将它们归纳为点状、线状、面状地物。对于点状分布地物，常用定点符号法表示；对于线状分布地物则多用线状符号法表示；对间断、成片分布的地物或现象来说，主要用范围法表示；对连续而布满某个区域的地物，可选择等值线法和定位图表法、分区统计图表法来表示。

注记是对某种地物属性的补充说明，如在图上可注记街道名称、山峰和河流名称，标明山峰的高程，这些注记可以提高地图的易读性。

符号和注记可以利用图形软件交互式添加在新的数据图层中。

7) 图像地图图面配置

图面配置要求保持图像地图上信息量均衡和便于用图者使用。合理地设计与配置地图图面可以提高图像地图表现的艺术性。图面配置的内容包括：

(1) 图像地图放置的位置。一般将图像地图放在图的中心区域，以便突出与醒目。

(2) 添加图像标题。图像标题是对制图区域与图像特征的说明，图像标题字号要醒目，通常放在图像图上方或左侧。

(3) 配置图例。为便于阅读遥感图像，需要增加图例来说明每种专题内容。图例一般放在图像地图中的右侧或下部位置。

(4) 配置参考图。参考图可以对图像图起到补充或者说明作用，参考图可以作为平衡图面的一种手段，放在图的四周任意位置。

(5) 放置比例尺。比例尺一般放在图像图下部右侧。

(6) 配置指北箭头。指北箭头可以说明图像图的方向，通常将指北箭头放在图像图右侧。

(7)图幅边框生成。图像图幅边框是对图像区域的界定，可以根据需要指定图符边框线框与边框的颜色。

(8)图面配置的结果可以单独保存在一个数据图层中。

8)遥感图像地图制作与印刷

经过前 7 步的各项工作后，就可以生成数字图像地图原图，过程如下：数字图像与数据底图、符号注记图层、图面配置数字图层精确配准，配准时可以利用各个图层的同名地物点作为控制点，保证同名控制点精确重合，同名地物点配准允许最大误差小于 1 个像素。

在图像图与多个数字图层配准的基础上，通过不同图层的逻辑运算生成一个新的数据层，该数据层作为一个数据文件保存。

2. 遥感影像地图软件操作

制作遥感图像地图的步骤包括：数据准备、创建制图模板、绘制格网线、绘制比例尺、图例和指北针等制图要素、添加地图名称与注释、保存专题制图文件。具体操作步骤如下：

1)数据准备

在 ERDAS IMAGINE 菜单栏，选择【Raster】界面，加载 Supervised. img，打开遥感图像。

2)创建制图模板

在 ERDAS IMAGINE 菜单栏，选择【Home】→【Add Viewers】→【Create New Map Viewer】创建一个空的地图模板，如图 8. 1 所示。

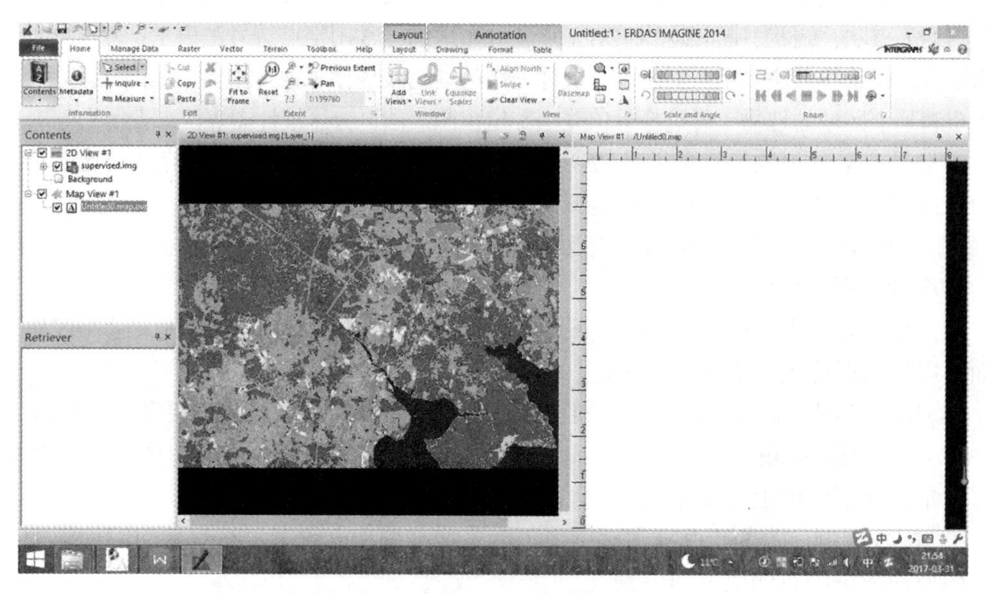

图 8. 1　创建一个空的地图模板

选择视窗右侧的空白地图模板，单击菜单栏中的【Layout】→【Map Frame】，并选择视窗右侧的空白地图模板，出现【Map Frame Data Source】对话框，如图 8. 2 所示，单击【Viewer】按钮进行插图。

图 8.2 【Map Frame Data Source】对话框

在出现如图 8.3 所示对话框之后，选择视窗左侧的图像，在出现的【Map Frame】对话框中修改参数并在视窗左侧调整所选图像大小，如图 8.4 所示，单击【OK】按钮，图像就加载到右侧的模板中了。需要注意的是，加载的图像非常小，需要自行放大至整个视窗。

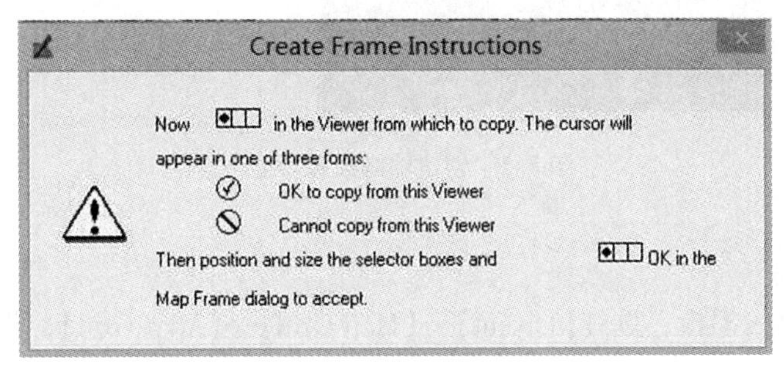

图 8.3 【Create Frame Instruction】对话框

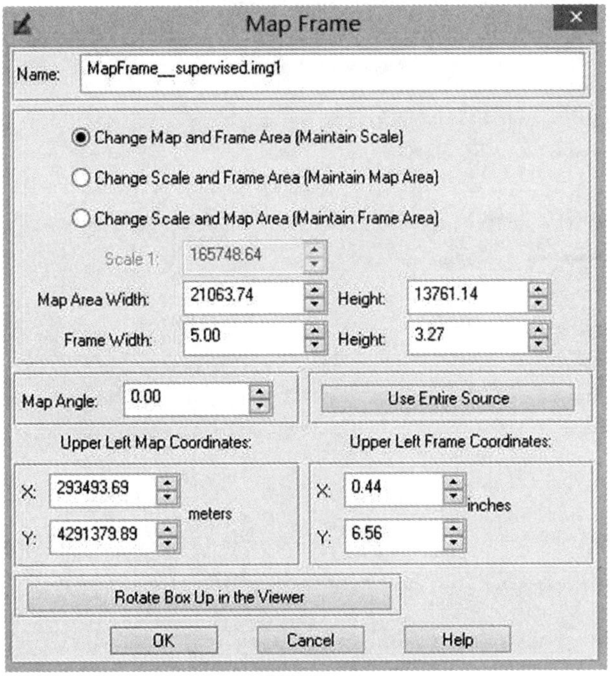

图 8.4 【Map Frame】对话框

单击视窗右侧的地图视窗中加载的图像，可调整图像大小，如图 8.5 所示。

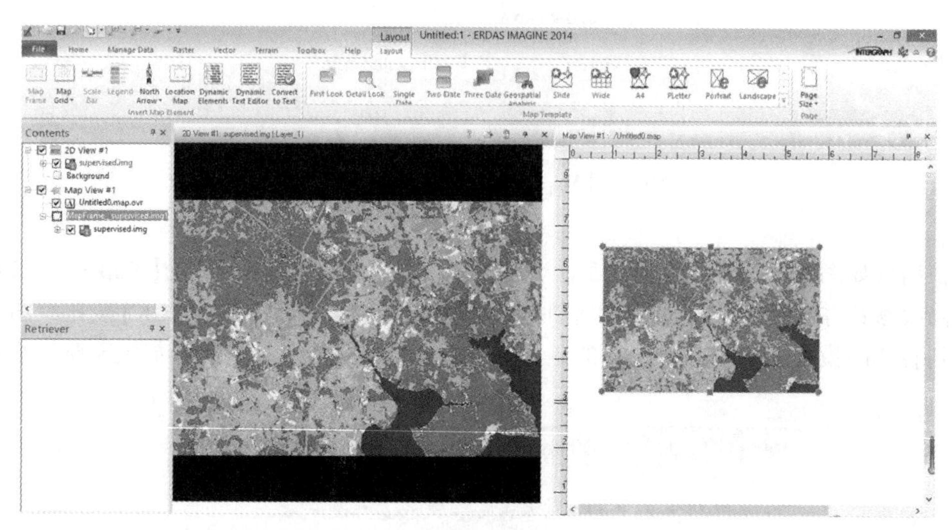

图 8.5　创建地图模板示意图

3)绘制网格线

单击视窗右侧的模板，选择【Layout】→【Map Grid】→【Map Grid】，设置网格参数，如图 8.6 所示。

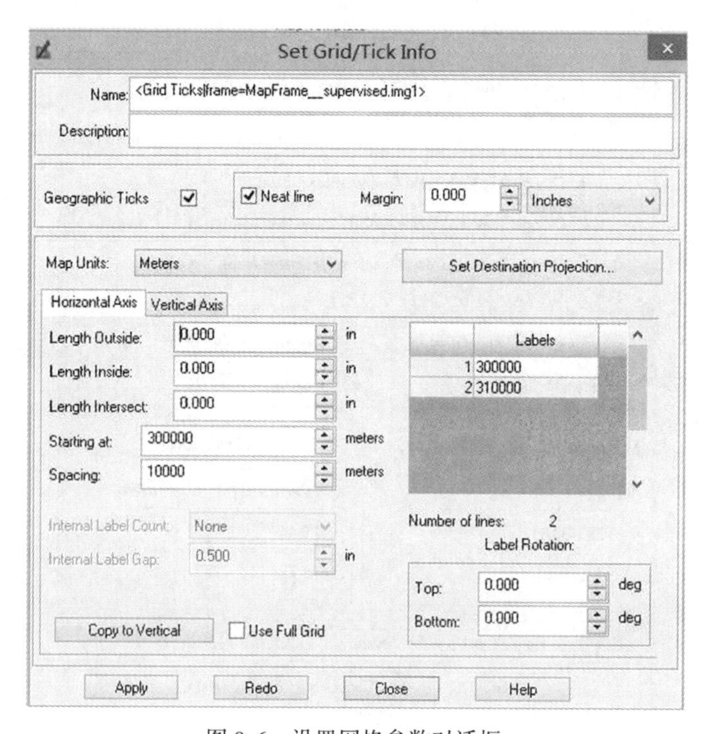

图 8.6　设置网格参数对话框

选中模板中的图像绘制网格线，结果如图 8.7 所示，需要注意的是，带有地理参考的图像才能绘制正确的地图网格线。

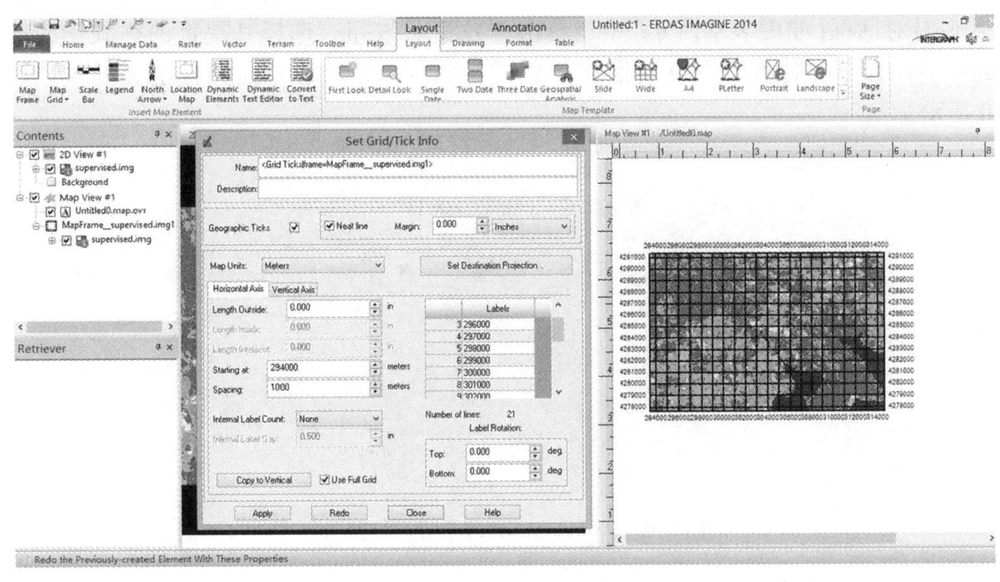

图 8.7　网格线绘制结果

4)绘制比例尺、图例和指北针等制图要素

选择【Layout】→【Scale Bar】，根据提示在图框左下方合适的位置拖动鼠标绘制一个方框用来放置比例尺，预览如图 8.8 所示。

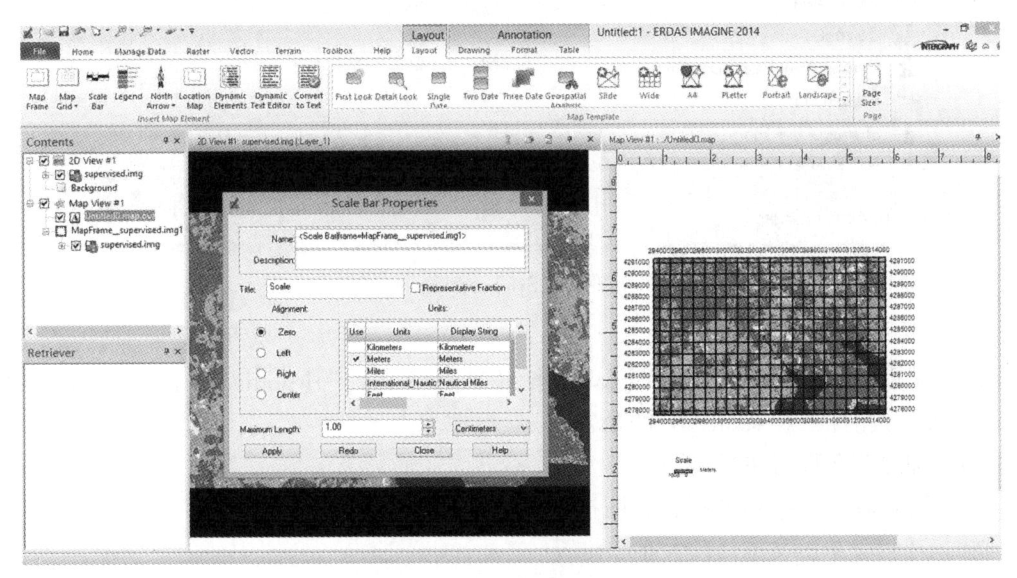

图 8.8　比例尺绘制预览图

选择【Layout】→【Legend】，根据提示在图框右下方合适位置鼠标左键单击，根据提示完成图例设置。

选择【Layout】→【North Arrow】→【Default North Arrow Style】，在弹出的【North Arrow Properties】对话框(如图8.9所示)中，单击下拉箭头按钮，选择其提供的样式，或选择"Other"，在弹出的对话框中设置指北针样式、颜色、大小和单位，自定义样式，如图8.10所示。

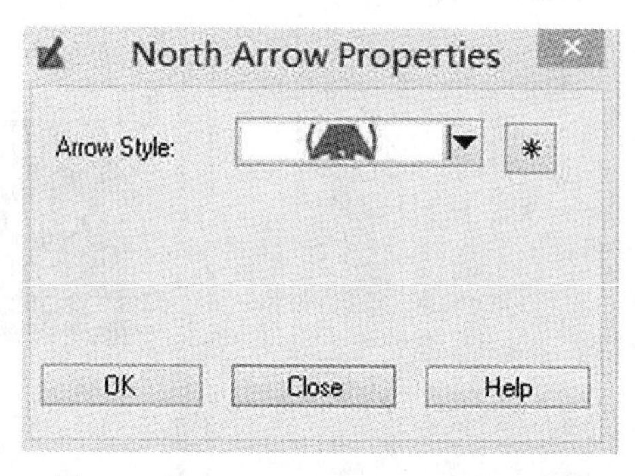

图8.9　【North Arrow Properties】对话框

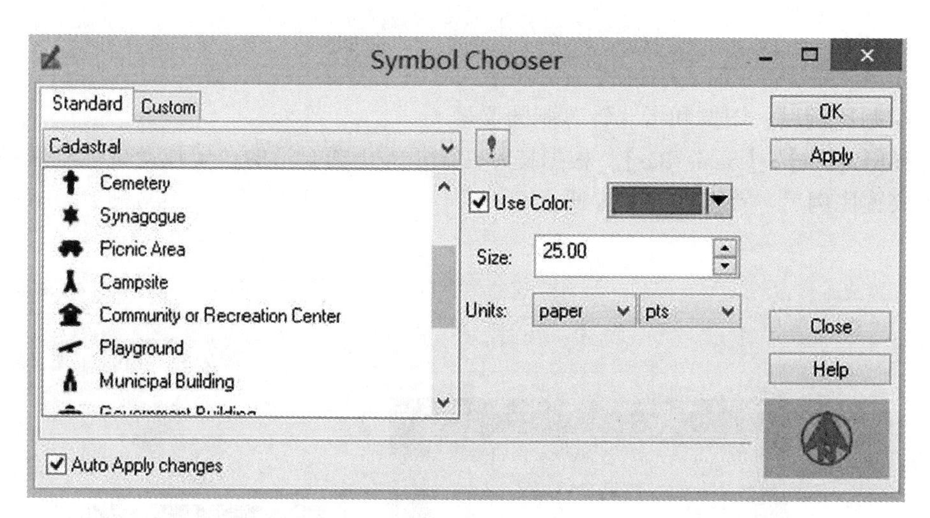

图8.10　Symbol Chooser

定义完指北针属性之后，选择【Layout】→【North Arrow】→【North Arrow】，在指定的位置插入指北针图标，效果如图8.11所示。

5)添加地图名称与注释

选择【Drawing】→【A】图标，在图框上方的合适位置单击鼠标，弹出文本框，输入标题"制图示例"，单击文本修改大小和位置。

双击文本可改变其属性，包括大小和对齐方式，也可以利用Drawing面板内下方的字体编辑工具修改文本的字体、颜色和大小等，如图8.12所示。

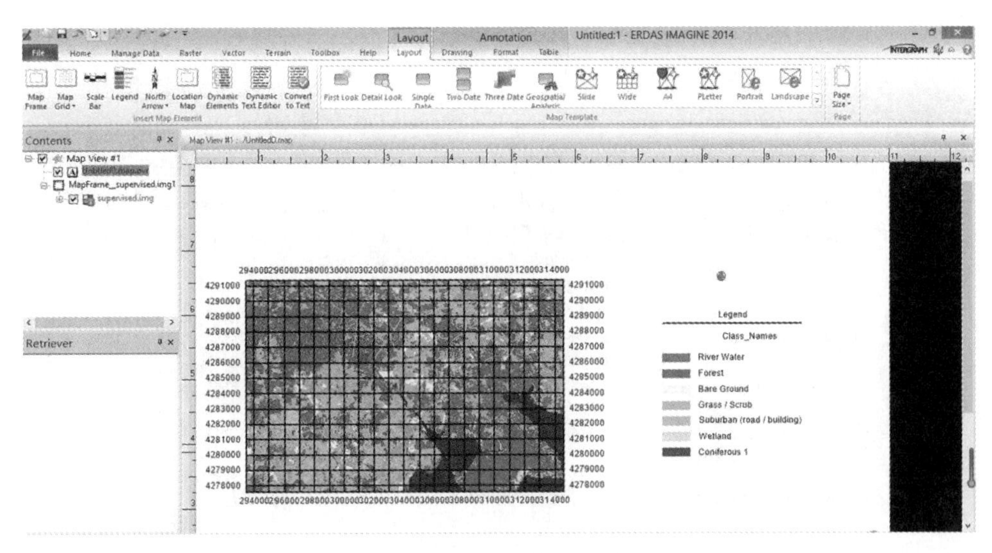

图 8.11　指北针预览图

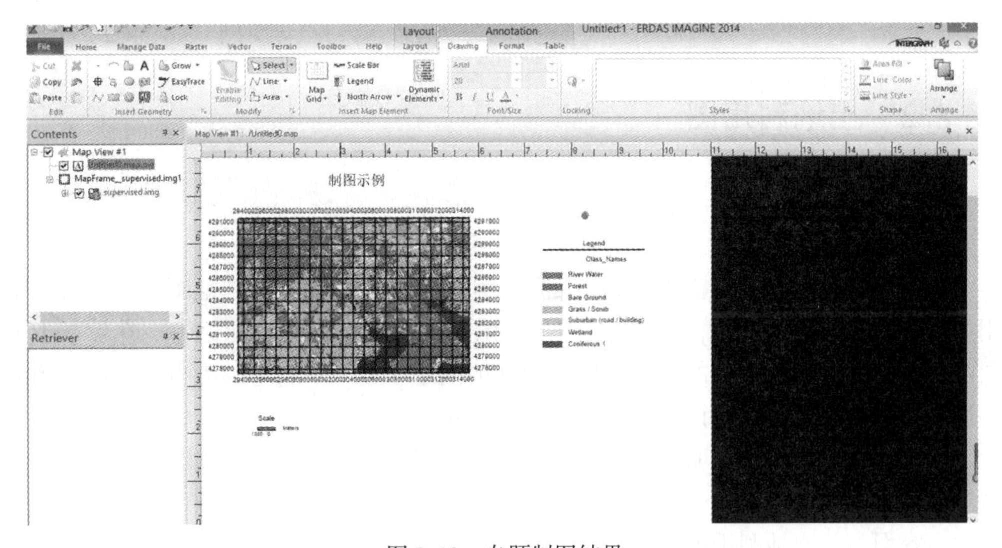

图 8.12　专题制图结果

6)保存专题制图文件

单击 ERDAS 左上角按钮，即可将地图保存为 *. Map 文件格式，如图 8.13 所示。

7)输出打印

ERDAS IMAGINE 支持多种打印装备，包括静电测图仪、彩色打印设备以及 PostScript 打印设备。具体操作如下：

◆ 选择 ERDAS IMAGINE 菜单栏下的【File】→【Print】工具，弹出打印设置对话框。

◆ 选择打印机，设置打印界面，单击【OK】按钮即可打印。

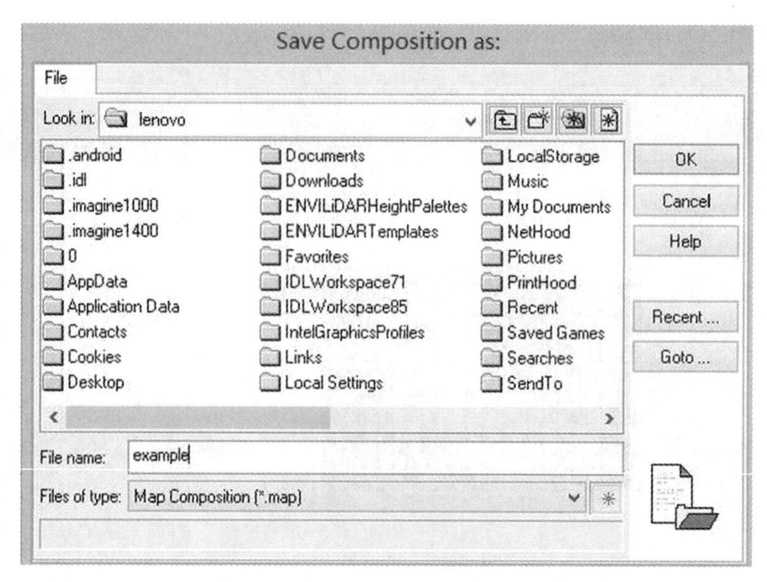

图 8.13　保存专题制图文件

任务 8.2　土地利用图

8.2.1　土地利用图概述

土地利用图是表达土地资源的利用现状、地域差异和分类的专题地图。它是研究土地利用的重要工具和基础资料，同时也是土地利用调查研究的主要成果之一。在编制土地利用图的基础上，对当前利用的合理程度和存在的问题、进一步利用的潜力、合理利用的方向和途径，进行综合分析和评价。因此，土地利用图是调整土地利用结构，因地制宜进行农业、工矿业和交通布局、城镇建设、区域规划、国土整治、农业区划等的一项重要科学依据。

就内容而言，土地利用图包括：土地利用现状图、土地资源开发利用程度图、土地利用类型图、土地覆盖图、土地利用区划图和有关土地规划的各种地图。此外，还有着重表达土地利用某一侧面的专题性土地利用图，如垦殖指数图，耕地复种指数图，草场轮牧分区图，森林作业分区图，农村居民点、道路网、渠系、防护林分布图，荒地资源分布和开发规划图等。其中以土地利用现状图为主，要求如实反映制图地区内土地利用的情况、土地开发利用的程度、利用方式的特点、各类用地的分布规律，以及土地利用与环境的关系等。遥感图像有实时性、现势性的特点，利用遥感图像制作土地利用现状图可以快速、及时、准确地反映目前土地的利用情况，且遥感资料的综合性因素有利于土地覆盖与类型的分析和划分，土地覆盖要素在图像上有明显的特征，选用最佳时期的图像可以提取更多的类型，能缩短野外土地利用调查研究和室内成图的周期，并减少费用，尤其对难以考察地区的土地调查和土地利用有更大的优越性。

8.2.2　土地利用图制作

利用遥感影像制作土地利用图的基本步骤为：影像判读、影像监督分类、分类后处理、图斑勾绘、专题制图。

1. 影像判读

影像判读是对图像上各种特征进行综合分析、比较、推理和判断，最后提取出感兴趣的信息。根据野外调查及地区特点，结合影像的空间特征和光谱特征，建立起影像中地物的判读标志。在一级土地利用类型判读中，先从水域、农用地判读入手，其次是居民地及工矿用地、交通用地、未利用地，其中林地和园地判读准确程度相对较低。在二级类型判读中，要分出农用地中的耕地、园地、林地、其他农用地，水域中的河流、池塘，未利用土地中的未利用地和其他土地等。在目视判读中，除了考虑地物的光谱特性，还要考虑地物所处的位置、形态特征等因素，从而避免误判或由界线不清楚造成的不利影响，得到较准确的判读结果。所选取的影像是一幅分辨率为 0.5m 的 Geoeye-1 卫星影像，如图 8.14 所示。

图 8.14　原始影像

2. 影像监督分类

按照监督分类的流程，建立分类模板，进行模板评价，执行监督分类。

对监督分类而言，训练样区的数据必须既有代表性，同时还要具有完整性。用于影像分类的训练区的统计结果，一定要充分反映各种信息类型中光谱类别的所有组成。根据影像中的地物，确定选择具有代表性的训练区。对于“同物异谱”现象，将此种地物作为两个类别进行训练区的输入选择。对每种类别训练区样本选择后，检查样本的质量，剔除不好的样本，对剩余样本进行合并，从而建立分类模板，如图 8.15 所示。

Signature Editor (01.sig)

File Edit View Evaluate Feature Classify Help

Class #	>	gnature Nar	Color	Red	Green	Blue	Value	Order	Count	Prob.	P	I	H	A	FS
1		water		0.000	0.000	1.000	3	3	5436	1.000	✔	✔	✔	✔	
2		greenbelt		0.000	0.392	0.000	4	6	3844	1.000	✔	✔	✔	✔	
3		road		0.627	0.322	0.176	6	10	2343	1.000	✔	✔	✔	✔	
4	▶	house		1.000	0.647	0.000	9	16	4338	1.000	✔	✔	✔	✔	

图 8.15 建立分类模板

模板评价采取统计方法来衡量训练样本之间的分离度。通常对于训练样本，要按照一定的决策规则检查两种类型的误差：错分误差和漏分误差，这两个误差可以通过误差矩阵求得。然后，利用分类模板执行监督分类，得到分类结果，如图 8.16 所示。

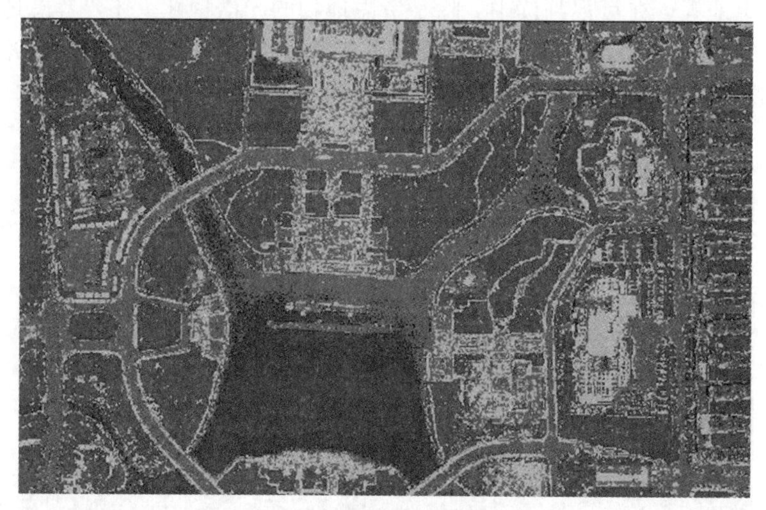

图 8.16 监督分类结果

3. 分类后处理

利用光谱信息对影像监督分类，在分类结果图上会出现“噪声”，产生“噪声”的原因有原始影像本身的“噪声”，也有在地类交界处的像元中包括多种类别的情况。另外，分类尽管正确，但某种类别分布呈零星状，占的面积很小。对于土地利用图而言，主要关注大面积的地物类型，因此希望用综合的方法剔除小的像元。

分类后处理包括聚类统计和去除分析。聚类统计对监督分类结果的每个像元，记录其相邻区域中像元数最多的类别，产生一个 Clump 类组图像。这个过程即所谓的多数平滑。平滑时中心像元值取周围占多数的类别。将窗口在分类图上逐列逐行地推移运算，完成整幅分类图的平滑。去除分析是剔除聚类统计后图像中的小 Clump 类组，并且将其合并到相邻的最大分类中。分类后处理的结果如图 8.17 所示。

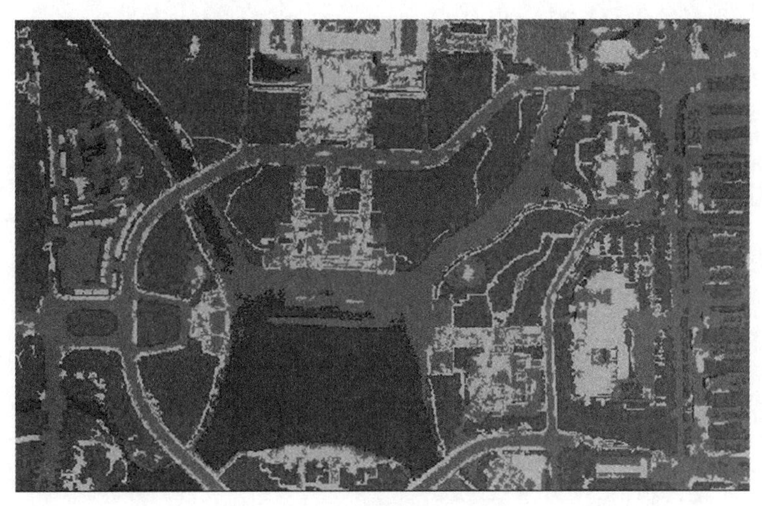

图 8.17　分类后处理结果

4. 图斑勾绘

在分类后处理的专题图上，新建一个矢量层。选择【File】→【New】→【2D View】→【Vector Layer】，新建一个 Shape 文件，并命名为 Block. shp，选择 Shapefile 类型为"Polygon Shape"，如图 8.18 所示，然后在 Contents 下选择"Block. shp"，单击鼠标右键，选择 Block. shp 调整到最上方(Raise to top)。再选择【Drawing】菜单中的【Enable Editing】，使矢量层可编辑。单击【Drawing】→按钮，进行多边形的创建。以分类后处理图为底图，分别对各种类型地物的轮廓进行勾绘。每一种类型的图斑勾绘完毕，选择【Style】→【Unique Value】项，将多边形的 ID 号作为唯一标识，如图 8.19 所示。选择勾绘的多边形，改变其颜色。最后，将图斑矢量层和图斑符号保存，图斑勾绘结果如图 8.20 所示。

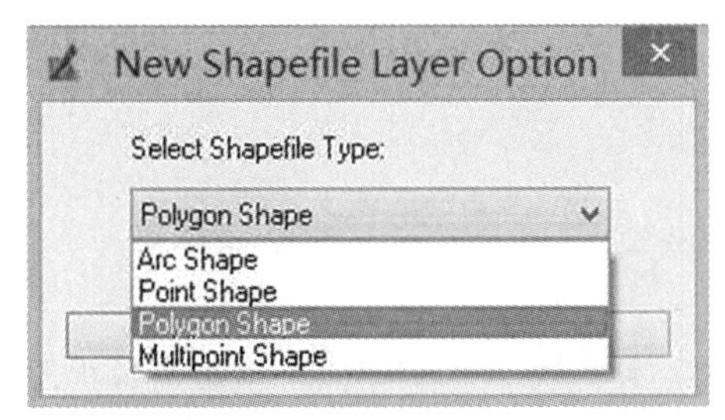

图 8.18　新建多边形矢量层

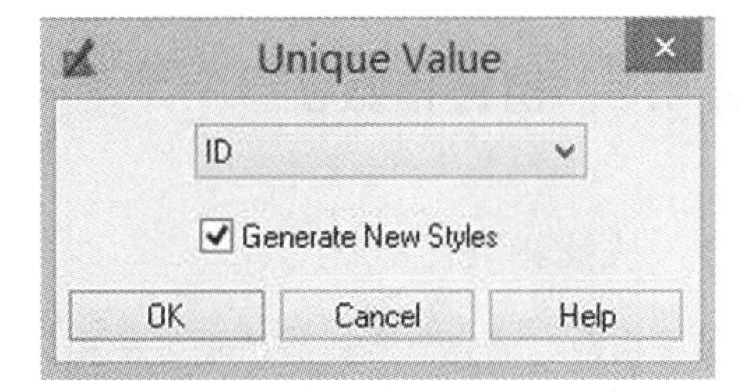

图 8.19　选择图斑标识值

5. 专题制图

土地利用现状专题图可按照遥感图像地图制图的步骤进行，包括新建地图、绘制地图图框、绘制地图比例尺、绘制地图图例、放置地图图名等，最后完成土地利用现状专题图的制作，如图 8.21 所示。

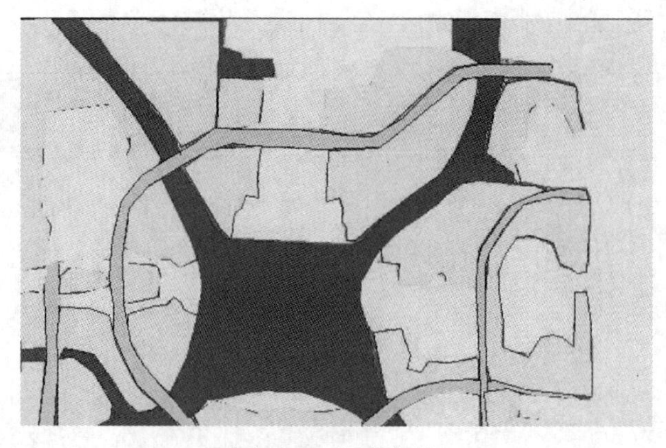

图 8.20　图斑勾绘

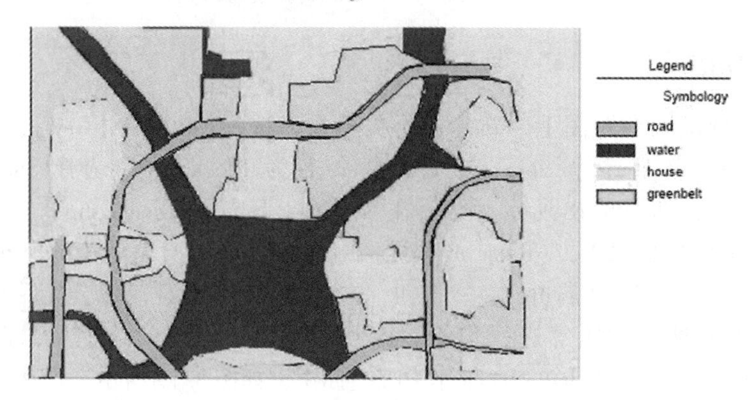

图 8.21　土地利用现状专题图

任务 8.3　植被指数图

8.3.1　植被指数图概述

植被指数是遥感监测地面植物生长和分布的一种方法。遥感图像上植被指数提取的根据是植被在红波段和近红外波段的光谱反射特性及其差异。植被的红光波段(0.55～0.681μm)有一个强烈的吸收带，它与叶绿素密度成反比；而近红外波段(0.725～1.1μm)有一个较高的反射峰，它与叶绿素密度成正比。两个波段的比值和归一组合与植被的叶绿素含量、叶面积及生物量密切相关。通过对红波段和近红外波段反射率的线性或非线性组合，可以消除地物光谱产生的影响，得到的特征指数称为植被指数。

由于植被光谱受到植被本身、土壤背景、环境条件、大气状况、仪器定标等因素的影响，因此植被指数往往具有明显的地域性和时效性。20 多年来，国内外学者已研究发展了几十种不同的植被指数模型。大致可归纳为以下三类：

1. 比值植被指数(RVI)

由于可见红波段(R)与近红外波段(NIR)对绿色植物的光谱响应十分不同，且具倒转关系，故两者简单的数值比能充分表达两反射率之间的差异。比值植被指数可表达为

$$\mathrm{RVI}=\frac{\mathrm{DN_{NIR}}}{\mathrm{DN_R}}\text{或 }\mathrm{RVI}=\frac{\rho_{\mathrm{NIR}}}{\rho_{\mathrm{R}}} \tag{8-3}$$

式中，DN——近红外、红外波段图像的灰度值；

ρ——植被的反射率。

绿色植物叶绿素引起的红光吸收和叶肉组织引起的近红外强反射，使其在红光波段图像的灰度值与近红外波段图像的灰度值有较大的差异，RVI 值高。而对于无植被的地面包括裸土、人工特征物、水体以及枯死或受胁迫植被，因不显示这种特征的光谱响应，则 RVI 值低。因此，比值植被指数能增强植被与土壤背景之间的辐射差异。

土壤一般有近于 1 的比值，而植被则会表现出高于 2 的比值。可见，比值植被指数可提供植被反射的重要信息，是植被长势、丰度的度量方法之一。同理，可见光绿波段与红波段图像灰度值之比 G/R，也是有效的。比值植被指数可从多种遥感系统中得到，但主要用于 Landsat 的 MSS、TM 和气象卫星的 AVHRR。

2. 归一化植被指数(NDVI)

归一化植被指数 NDVI，又称标准化植被指数，其定义是近红外波段与可见光红波图像灰度值之差和这两个波段图像灰度值之和的比值。即

$$\mathrm{NDVI}=\frac{\mathrm{DN_{NIR}}-\mathrm{DN_R}}{\mathrm{DN_{NIR}}+\mathrm{DN_R}}\text{或 }\mathrm{NDVI}=\frac{\rho_{\mathrm{NIR}}-\rho_{\mathrm{R}}}{\rho_{\mathrm{NIR}}+\rho_{\mathrm{R}}} \tag{8-4}$$

式中，$\mathrm{DN_{NIR}}$——近红外波段图像的辐射亮度值；

$\mathrm{DN_R}$——红波段图像的辐射亮度值。

归一化植被指数 NDVI，在使用遥感图像进行植被研究以及植物物候研究中得到广泛应用。它是植物生长状态以及植被空间分布密度的最佳指示因子，与植被分布密度呈线性相关。因此又被认为是反映生物量和植被监测的指标。

但是，NDVI 的一个缺陷在于对土壤背景的变化较为敏感。实验证明，当植被盖度小于 15%时，植被的 NDVI 值高于裸土的 NDVI 值，植被可以被检测出来，但若植被高度很低时，如干旱、半干旱地区，其 NDVI 很难指示区域的植物生物量；当植被盖度为 25%～80%时，其 NDVI 值随植物量的增加呈线性迅速增加；当植被盖度大于 80%时，其 NDVI 值增加延缓而呈现饱和状态，对植被检测敏感度下降。

实验表明，作物生长初期 NDVI 将过高估计植被盖度，而在作物生长的结束季节，NDVI 值偏低。因此，NDVI 更适用于植被发育中期或中等覆盖度的植被检测。

3. 差值植被指数(DVI)

差值植被指数又称为环境植被指数(EVI)，被定义为近红外波段与可见光红波段图像

灰度值之差。即

$$DVI = DN_{NIR} - DN_{R} \tag{8-5}$$

差值植被指数的应用远不如 RVI、NDVI 应用广泛。它对土壤背景的变化极为敏感，有利于对植被生态环境的监测。另外，当植被覆盖浓密(大于 80%)时，它对植被的灵敏度下降，适用于植被发育早—中期，或低—中覆盖度的植被检测。

目前常见的 Landsat TM 遥感图像中，TM3(波长 0.63~0.69μm)为红外波段，为叶绿素主要吸收波段；TM4(波长 0.76~0.90μm)为近红外波段，对绿色植被的差异敏感，为植被通用波段。MODIS 遥感图像中，其第一波段(0.62~0.67μm)、第二波段(0.841~0.876μm)分别是红色和近红外波段，可以用第一和第二波段计算植被指数。

8.3.2　植被指数图制作

植被指数图的制作流程一般为：计算并生成植被指数图像文件→对植被指数图像文件进行非监督分类→分类重编码→制作植被指数专题图。

1. 计算并生成植被指数图像

在 ERDAS IMAGINE 菜单栏选择【Raster】→【Unsupervised】→【Indices】菜单，弹出对话框，如图 8.22 所示。在【Input File】中输入一幅 TM 图像，在【Output File】中输入生成的指数图像文件 indices.img。选择传感器类型为 Landsat 7 Multispectral，计算方法为 NDVI，可以看到计算方法的具体表达式为“(NIR- RED)/(NIR+RED)”。单击【OK】后自动计算并生成植被指数图像，如图 8.23 所示。

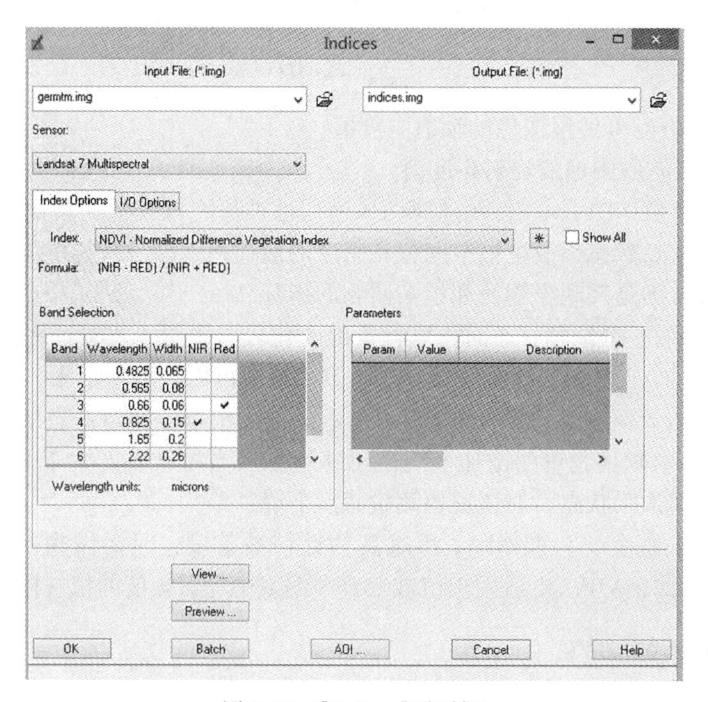

图 8.22　【Indices】对话框

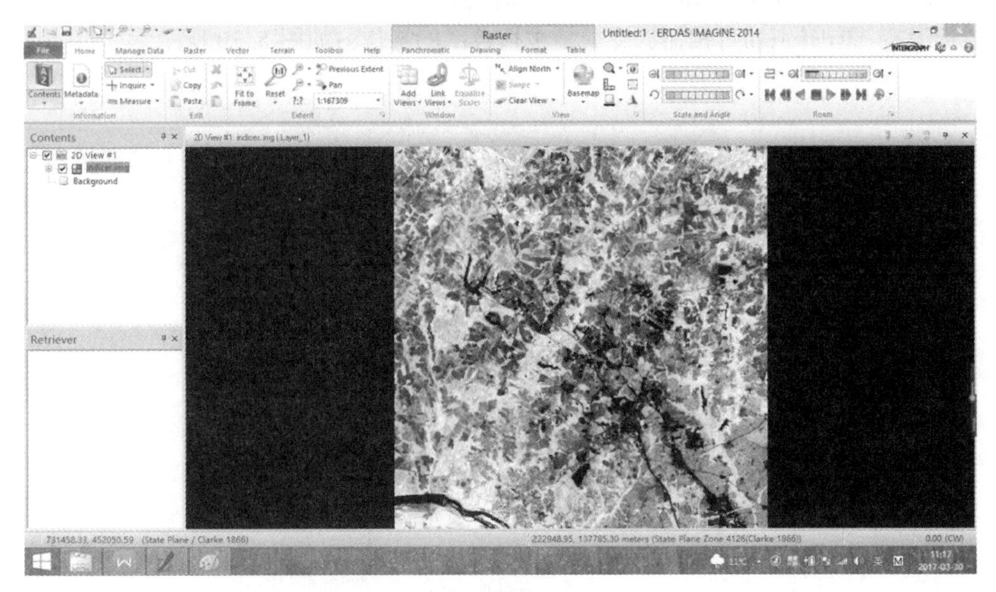

图 8.23　植被指数图像

2. 对植被指数图像进行非监督分类

按照遥感图像非监督分类的步骤对 indices. img 进行非监督分类。确定输出文件为 ndvi_class. img，确定初始聚类方法为" Initialize from Statistics"(按照图像统计值产生自由聚类)，确定初始分类数为"10"，定义最大循环次数为"24"，设置循环收敛阈值为"0. 95"，单击【OK】执行非监督分类，如图 8. 24 所示。聚类过程严格按照像元的光谱特征进行统计分类，因而所分的 10 类表示的植被覆盖率为 0%～10%，10%～20%，…，90%～100%，分类结果如图 8. 25 所示。

3. 分类重编码

在 ERDAS IMAGINE 菜单栏，选择【Raster】→【Thematic】→【Recode】，弹出分类重编码对话框如图 8. 26 所示，输入文件为 ndvi_indices. img，输出文件为 ndvi_indices. img。单击【Setup Recode】，把以上分类结果进行两两合并，改变 New Value 字段下的类型值，分成 5 类，如图 8. 27 所示，分别代表 0%～20%，20%～40%，40%～60%，60%～80%，80%～100%的植被覆盖度类型，然后在 Raster 菜单的 Attribute 一栏中对这 5 类赋予不同颜色，如图 8. 28 所示，最后生成植被指数图，如图 8. 29 所示。

4. 制作植被指数专题图

在 ERDAS IMAGINE 菜单栏，选择【Home】→【Add Viewers】→【Create New Map Viewer】菜单实现植被指数专题图的制作，具体方法如前文所述。其中主要是进行图例制作。打开图例基本参数设置对话框后，删除当前所有字段，并增加一个自定义字段，命名为“NDVI”。根据分类重编码的结果输入对应的植被覆盖率。最后将所对应的记录选中(黄色标识)，单击【Apply】按钮，完成植被指数图的制作，如图 8.30 所示。

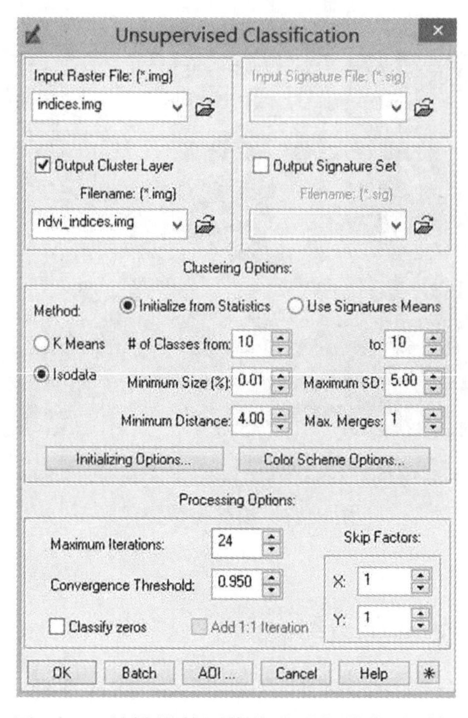

图 8.24　植被指数图像的非监督分类对话框

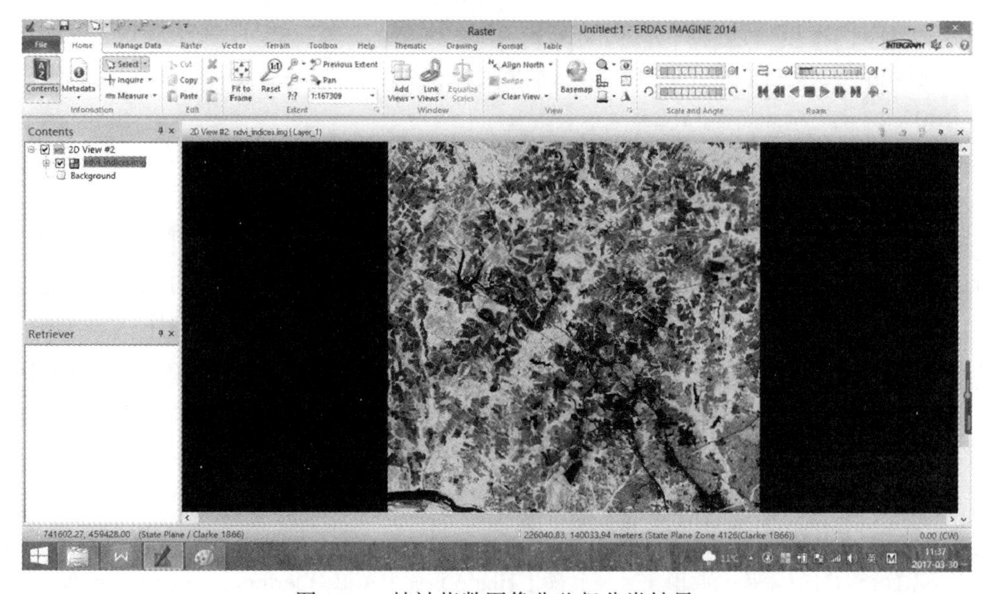

图 8.25　植被指数图像非监督分类结果

Recode
Input File: (*.img)
ndvi_indices.img
Setup Recode ...
Output File: (*.img)
ndvi_indices_recode.img
Data Type:
Input: Unsigned 8 bit
Output: Unsigned 8 bit
Ignore Zero in Stats.
OK
Batch
AOI ...
Cancel
View ...
Help

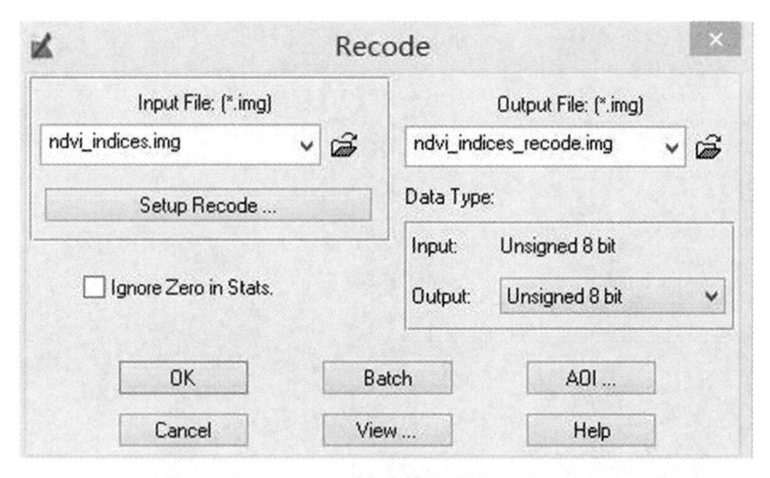

图 8.26　分类重编码参数设置

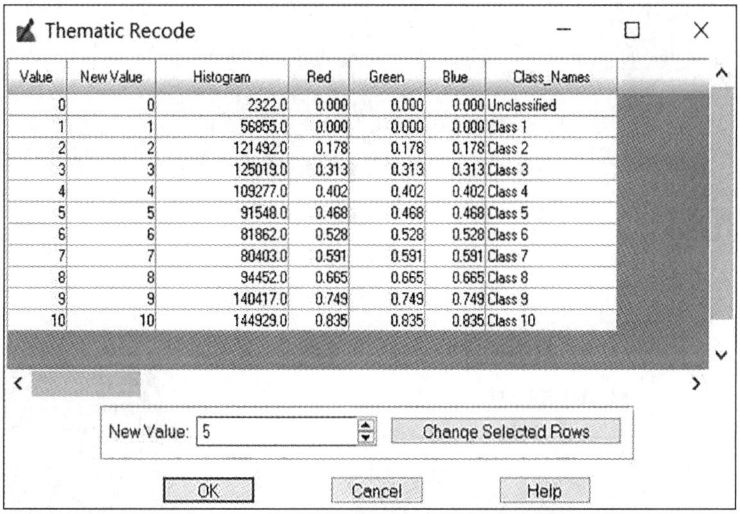

Thematic Recode
Value | New Value | Histogram | Red | Green | Blue | Class_Names
0 | 0 | 2322.0 | 0.000 | 0.000 | 0.000 | Unclassified
1 | 1 | 56855.0 | 0.000 | 0.000 | 0.000 | Class 1
2 | 2 | 121492.0 | 0.178 | 0.178 | 0.178 | Class 2
3 | 3 | 125019.0 | 0.313 | 0.313 | 0.313 | Class 3
4 | 4 | 109277.0 | 0.402 | 0.402 | 0.402 | Class 4
5 | 5 | 91548.0 | 0.468 | 0.468 | 0.468 | Class 5
6 | 6 | 81862.0 | 0.528 | 0.528 | 0.528 | Class 6
7 | 7 | 80403.0 | 0.591 | 0.591 | 0.591 | Class 7
8 | 8 | 94452.0 | 0.665 | 0.665 | 0.665 | Class 8
9 | 9 | 140417.0 | 0.749 | 0.749 | 0.749 | Class 9
10 | 10 | 144929.0 | 0.835 | 0.835 | 0.835 | Class 10
New Value: 5
Change Selected Rows
OK
Cancel
Help

图 8.27　分类重编码

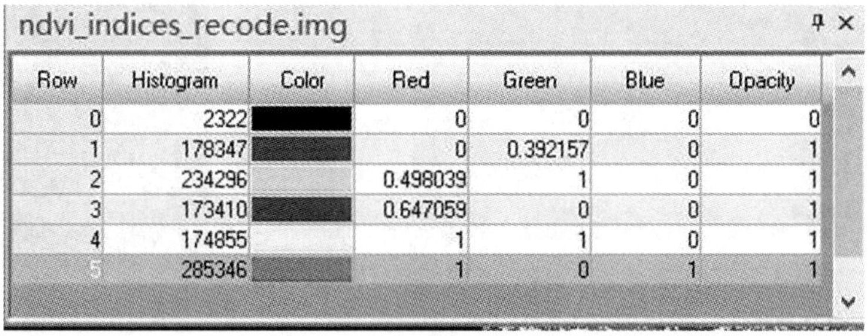

ndvi_indices_recode.img
Row | Histogram | Color | Red | Green | Blue | Opacity
0 | 2322 | | 0 | 0 | 0 | 0
1 | 178347 | | 0 | 0.392157 | 0 | 1
2 | 234296 | | 0.498039 | 1 | 0 | 1
3 | 173410 | | 0.647059 | 0 | 0 | 1
4 | 174855 | | 1 | 1 | 0 | 1
5 | 285346 | | 1 | 0 | 1 | 1

图 8.28　属性编辑对话框

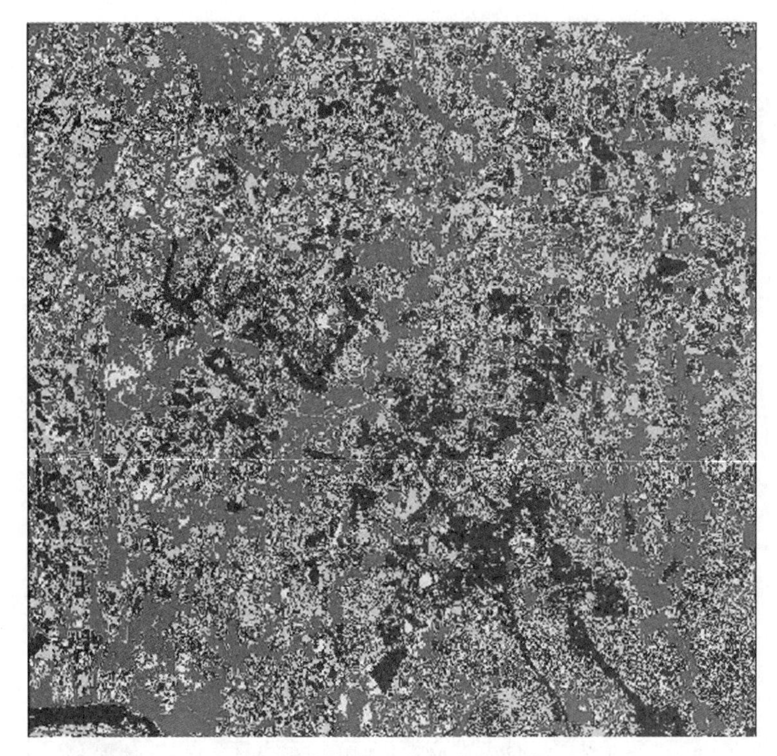

图 8.29　植被指数影像的分类重编码图

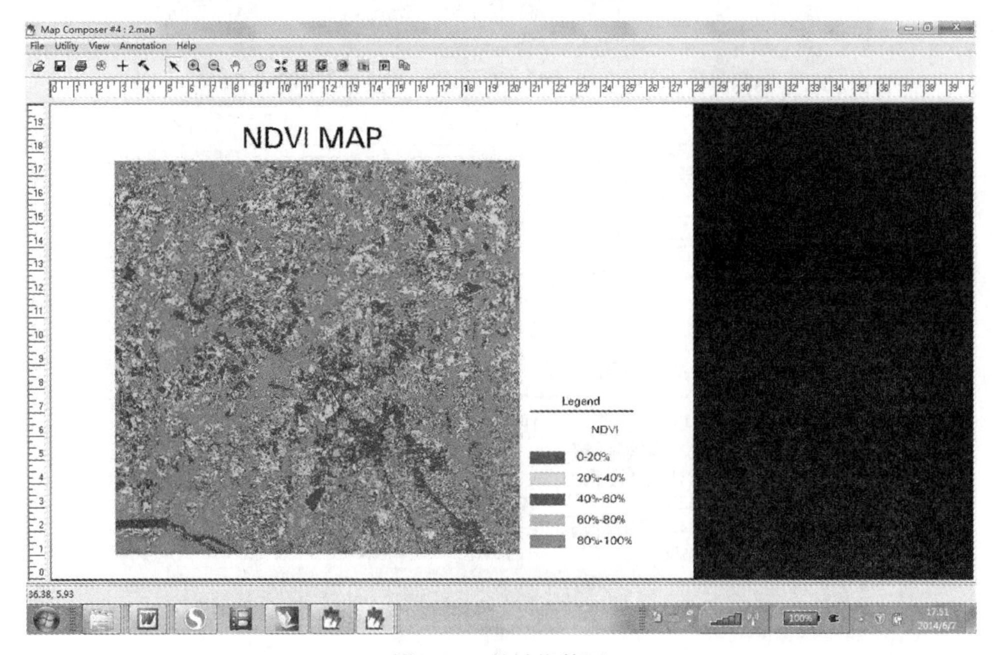

图 8.30　植被指数图

任务 8.4　三维景观图

8.4.1　三维景观图概述

三维景观图(如图 8.31(c)所示)是采用透视学原理，将平面的地形图(如图 8.31(b)所示)投影到 DEM(如图 8.31(a)所示)模型上，通过调整光源的位置和强度，利用 DEM 模型的三维特性在视觉上产生立体效果，给人一种立体感，图片更直观、易读。

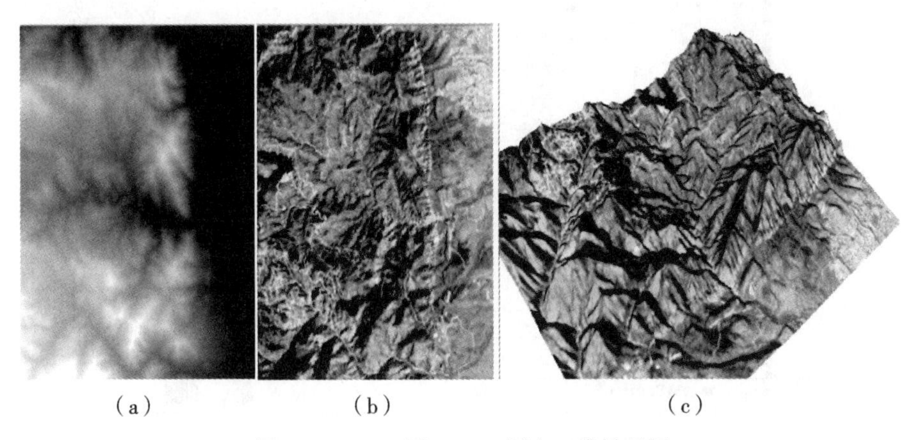

(a)　(b)　(c)

图 8.31　DEM 图、DOM 图和三维景观图

三维景观图具有很强的真实感和可读性，地图的信息量也更加丰富。可广泛地应用于山地、丘陵、沙漠等地域的各种工程规划和优化设计，可以在虚拟现实中进行模拟和实验，找出最佳方案，减少外业调查的费用。

DEM 是数字高程模型(Digital Elevation Model)的英文缩写，数字高程模型是定义在 X、Y 域离散点(规则或不规则)的以高程表达地面起伏形态的数据集合。DEM 数据通过灰度晕渲，形成可视的地形形态。可以用于与高程分析有关的地貌形态分析，透视图、断面图制作以及坡度分析、土石方计算、表面积统计、通视条件分析、洪水淹没区分析等诸多方面。

不论采用何种方法采集的 DEM 数据，为了制作三维景观图，其格式都需要转为 ERDAS 的 IMG 格式，这样才能在 ERDAS 的 VirtualGIS 模块中读取。

8.4.2　三维景观图制作

制作三维景观图的步骤为：打开 DEM 数据→叠加 DOM 数据→设置场景属性→设置太阳光→设置 LOD→设置视点与视场。

1. 打开 DEM 数据

在 ERDAS IMAGINE 菜单栏，在【Terrain】下选择【Image Drape】，在【File】菜单中的

【Open】子菜单中，选择【DEM】，弹出【Select Layer To Add】对话框，如图 8.32 所示。在【File】选项卡中选择【DEM】，然后在【Raser Options】选项卡中，选择【DEM】。单击【OK】，DEM 加载到 Image Drape 视窗中，如图 8.33 所示。

图 8.32　【Select Layer To Add】对话框

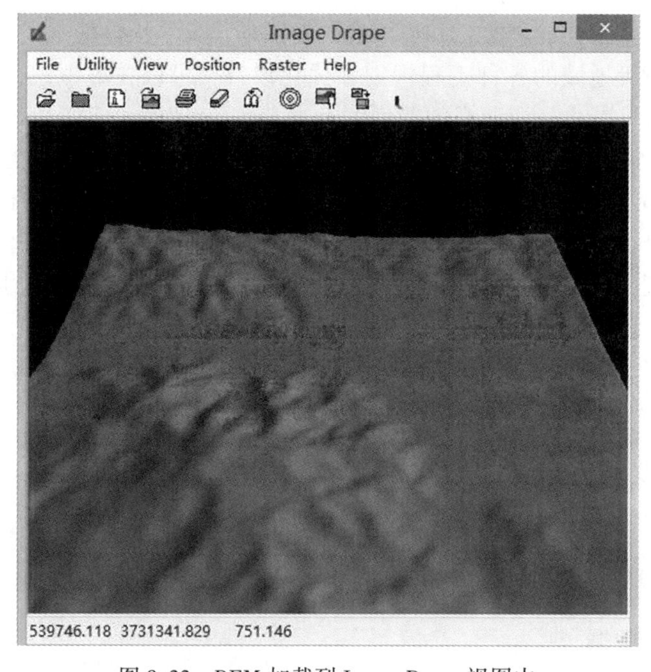

图 8.33　DEM 加载到 Image Drape 视图中

2. 叠加 DOM 数据

在打开 DEM 的基础上，叠加栅格图像文件。在 Image Drape 的【File】菜单中的【Open】子菜单中选择【Raster Layer】，弹出【Select Layer To Add】对话框，如图 8.34 所示。在【File】选项卡中选择 DOM 文件，然后在【Raser Option】选项卡中，选择【Raster Overlay】，表示将 DOM 叠加到 DEM 上显示。单击【OK】按钮，DOM 被加载到 Image Drape 视窗中并叠加在 DEM 上显示，如图 8.35 所示。

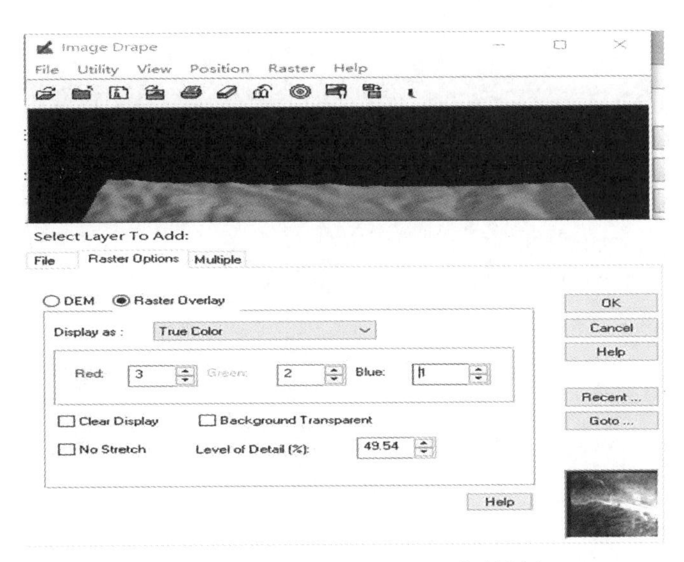

图 8.34　【Select Layer To Add】对话框

图 8.35　DOM 加载到 DEM 上显示

3. 设置场景特性

场景特性包括 DEM 显示特性、雾特性、背景特性、漫游特性、立体显示特性和注记符号特性等。

在 Image Drape 的【Utility】菜单中选择【Options】子菜单，弹出的【Options】对话框如图8.36所示。DEM 特性包括高程夸张系数、地形颜色、可视范围和单位等。设置高程夸张系数为“5”，设置背景颜色为“蓝色”，其他参数为“默认”。单击【Apply】后，三维景观特性发生变化，如图8.37所示。

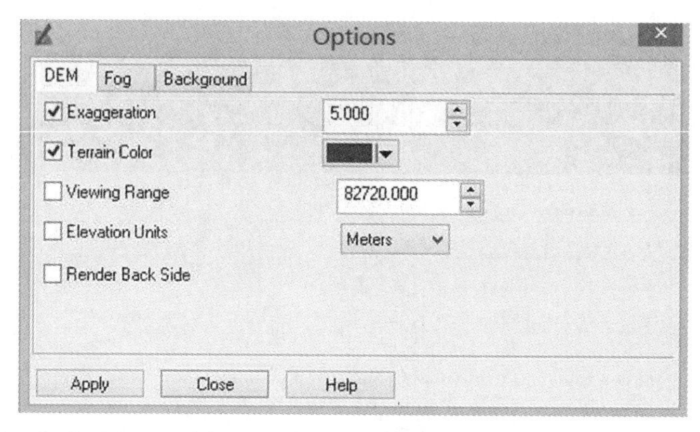

图8.36 【Options】特性对话框

图8.37 设置场景特性后的三维景观

4. 设置太阳光

设置太阳光包括设置太阳方位角(Azimuth)、太阳高度角(Elevation)和光照强度(Ambience)等参数。这些参数可以直接由用户指定，其中太阳方位角还可以通过时间和地点由系统计算得到。

在 Image Drape 的【View】菜单中选择【Sun Positioning】子菜单，弹出太阳光设置对话框，如图 8.38 所示。

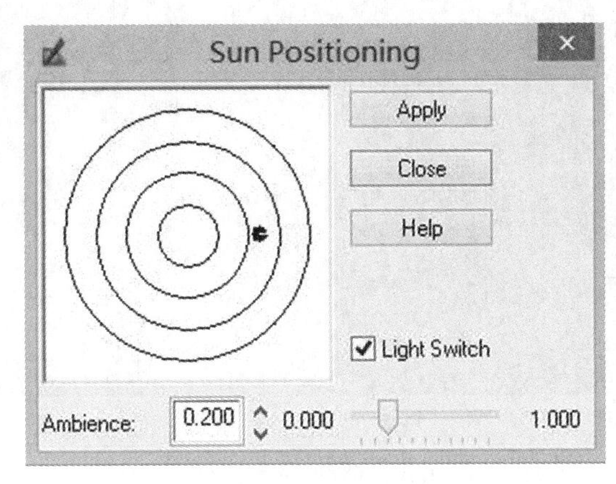

图 8.38　设置太阳光对话框

5. 设置 LOD

显示三维场景的详细程度，可以根据对场景质量和显示速度的需要进行调整，包括 DEM LOD 和 DOM LOD。

在 Image Drape 的【View】菜单中选择【LOD Control】子菜单，分别调整 DEM 和 DOM 的 LOD 值为“100%”和“10%”，如图 8.39 和图 8.40 所示，详细程度为 100%的三维场景比 10%的情况下细节显示更为清晰，如图 8.41 和图 8.42 所示。

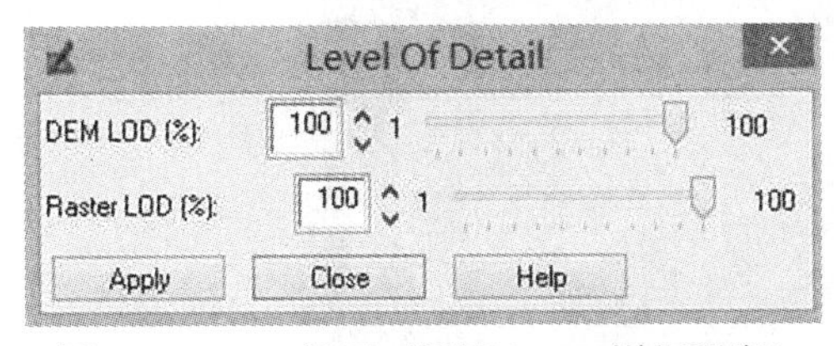

图 8.39　LOD 设置对话框(100%详细程度)

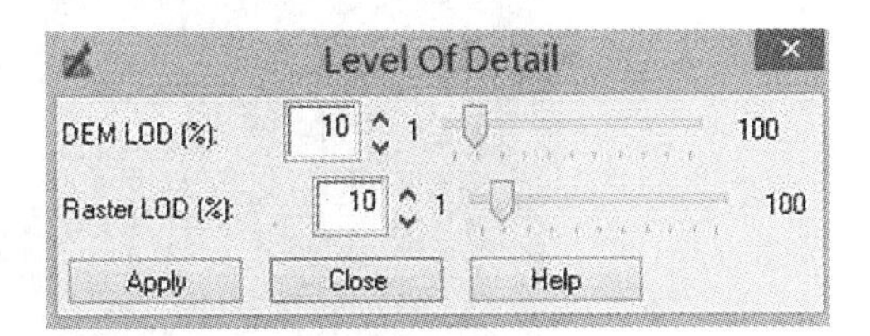

图 8.40　LOD 设置对话框(10%详细程度)

6. 设置视点

视点的设置有两种方式，一种是利用二维全景视窗，另一种是利用视点编辑器进行。

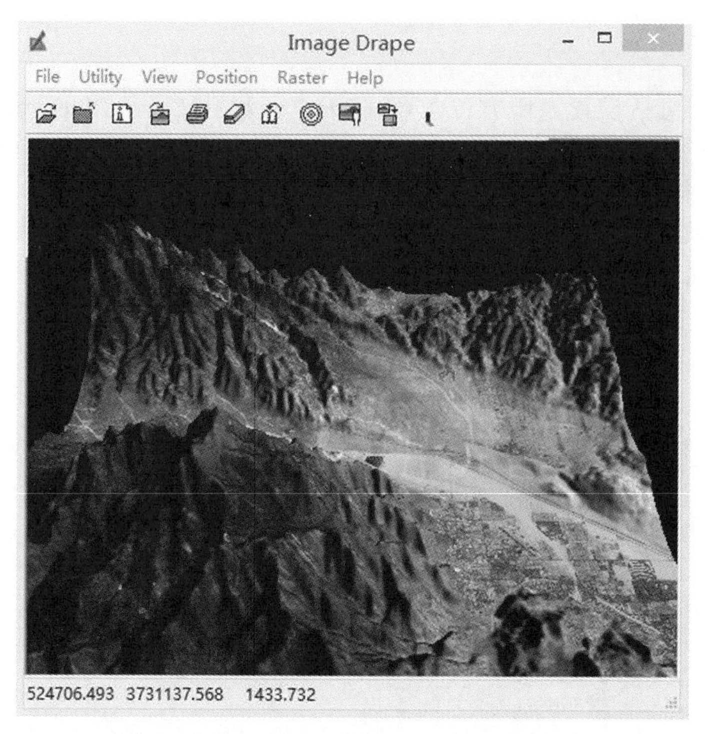

图 8.41 100%详细程度对应的三维场景

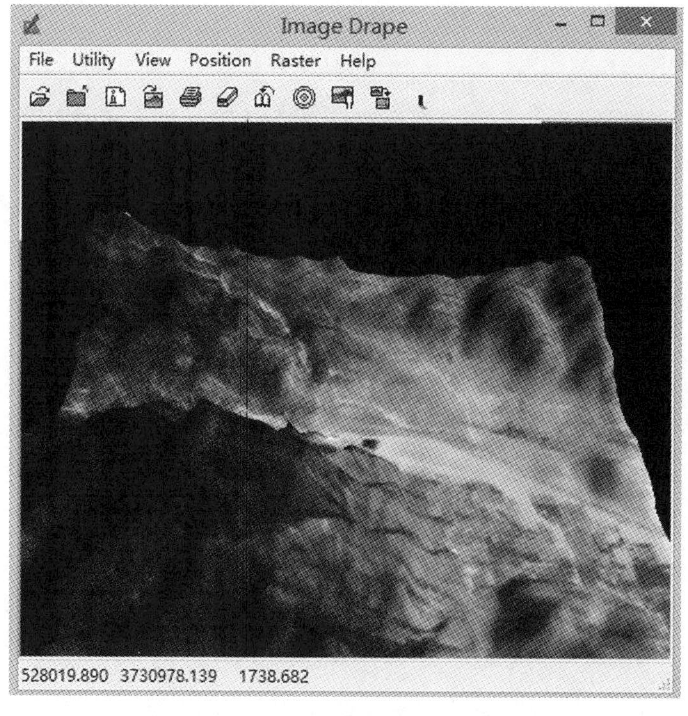

图 8.42 10%详细程度对应的三维场景

在 Image Drape 的【Utility】菜单中选择【Dump Contents to Viewer】子菜单，弹出 Viewer 视窗窗口，如图 8.43 所示，在 Image Drape 的【View】菜单中选择【Link/Unlink with Viewer】，弹出【Viewer Selection Instructions】对话框，如图 8.44 所示，在 Viewer 视窗窗口任意位置双击，两窗口就建立连接，弹出二维全景视图，如图 8.45 所示。在二维全景视图中，包含三维场景的二维平面图、视点、观察目标和连接视点到观察目标的视线。可以通过对视点与观察目标的拾取进行位置的任意移动，如图 8.46 所示)。由于二维全景视图与 Virtual GIS 视图的三维场景建立了相互连接关系，在二维全景视图中的任何操作都直接影响到三维场景，如图 8.47 所示，因此非常直观，易于操作。

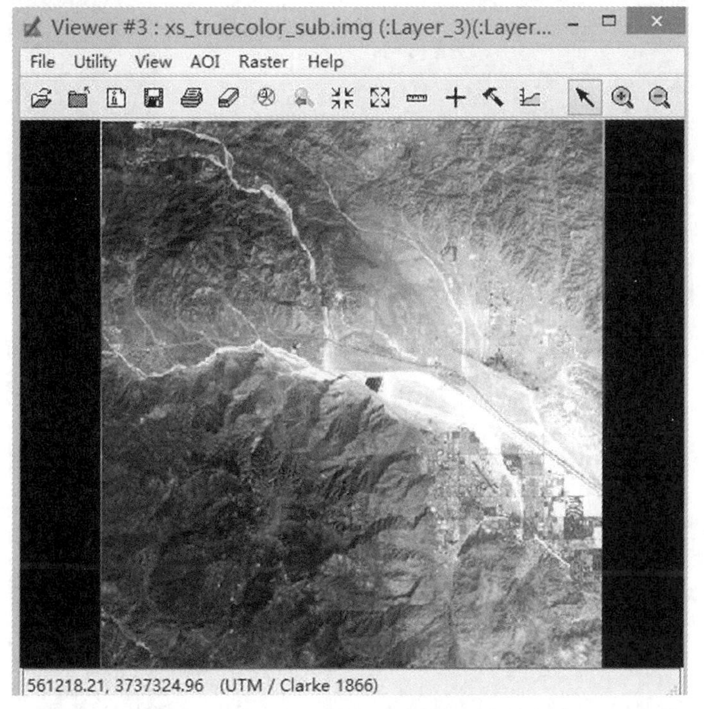

图 8.43　Viewer 视窗窗口

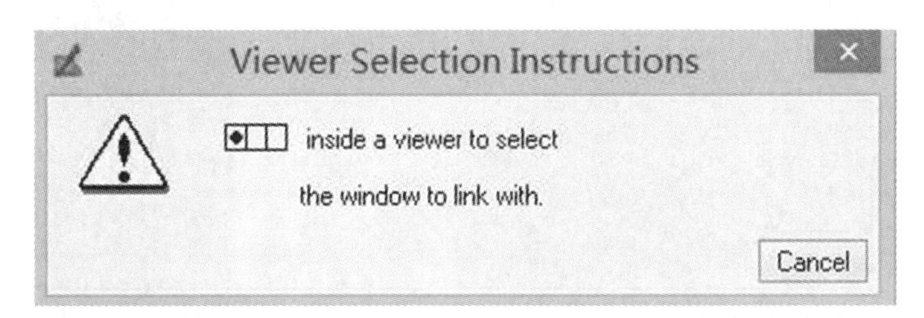

图 8.44　视窗指示器

在 Image Drape 的【Position】菜单中选择【Current Position】子菜单，弹出【Position Parameters】视点编辑对话框如图 8.48 所示。视点位置包括平面位置 XY、高度位置 AGL

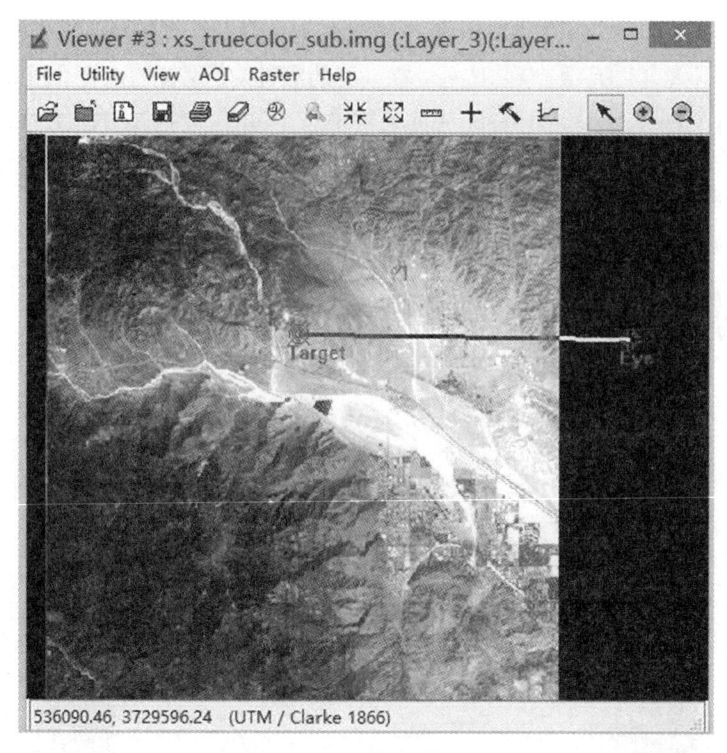

图 8.45 二维全景视图

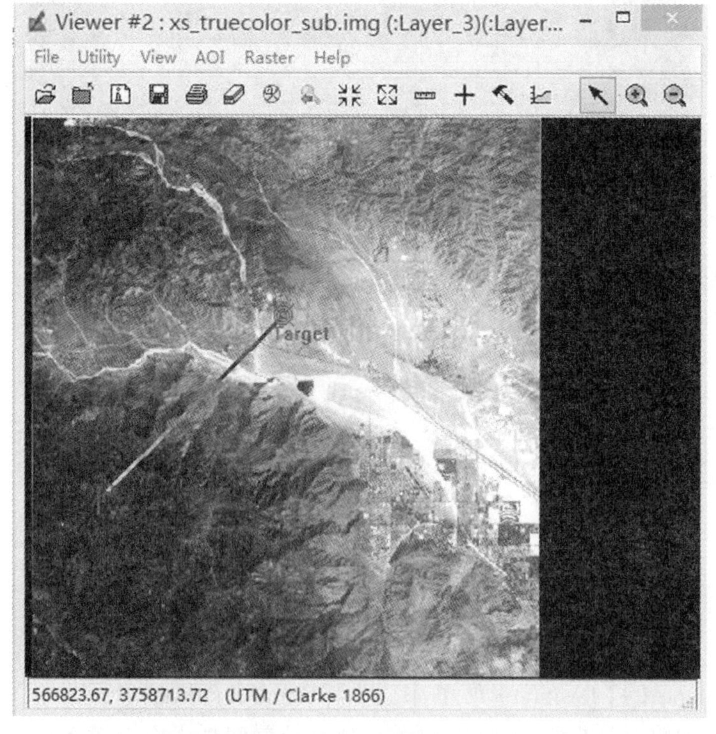

图 8.46 改变二维全景视图中的视点位置

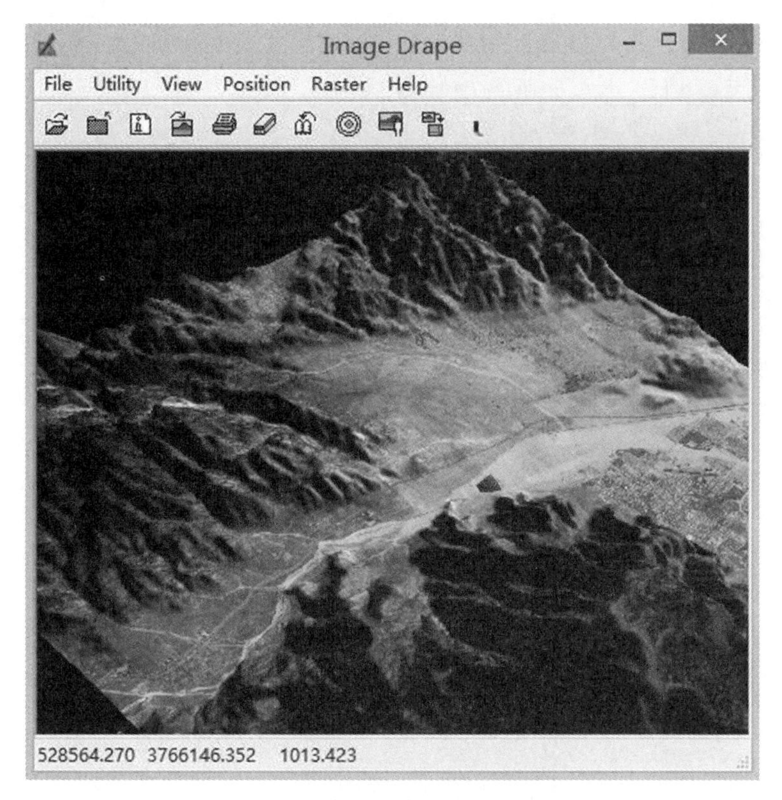

图 8.47　改变视点位置后的三维景观

(地平面高度)、ASL(海平面高度)。视点方向包括视场角(FOV)、俯视角(Pitch)、方位角(Azimuth)和旋转角(Roll)。二维剖面示意图中的红色射线段为视线，可以被拾取拖动，两条红色射线构成视场角，底部蓝色区域代表三维场景区域(均为电脑屏幕显示色)。改变视点位置和视点方向的参数，二维剖面示意图和三维场景都有相应的变化，如图 8.49 所示。

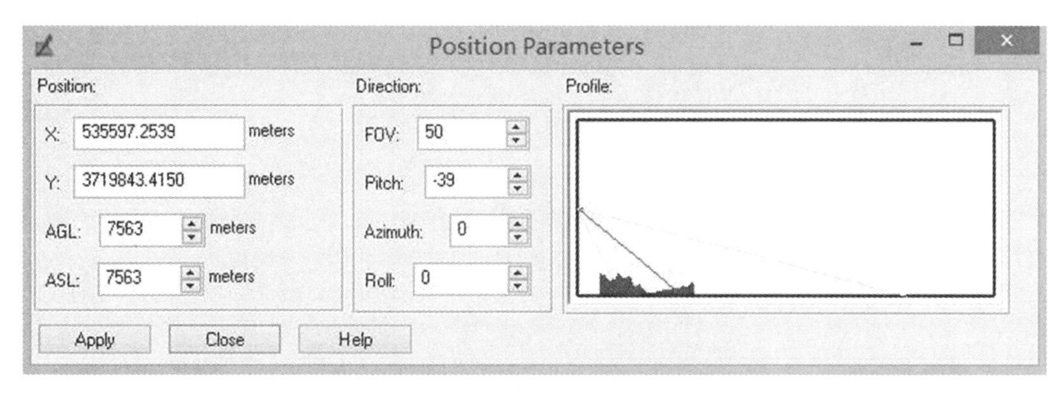

图 8.48　视点编辑对话框

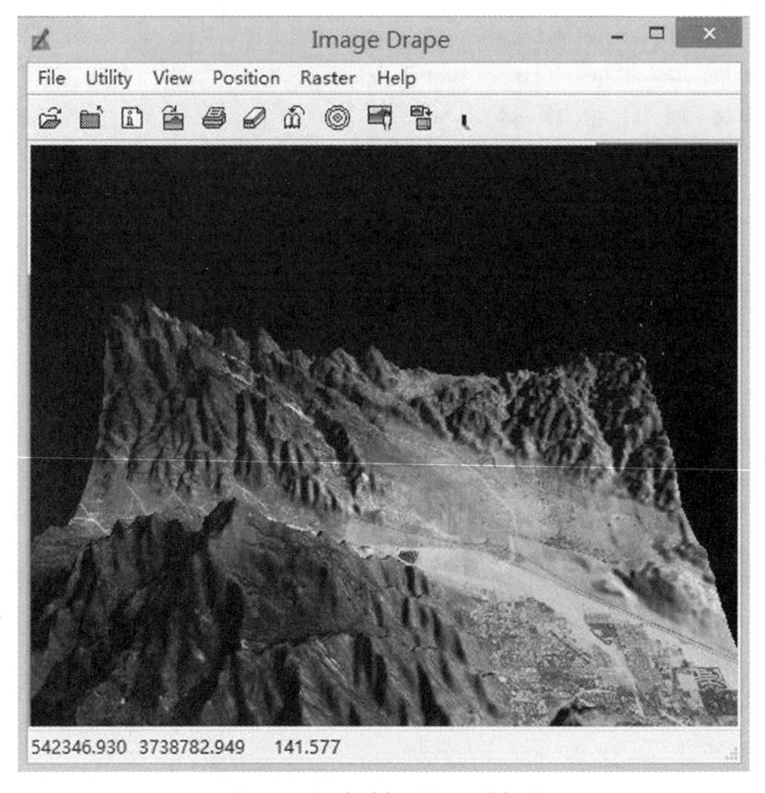

图8.49 视点编辑后的三维场景

◎ 习题与思考题

1. 遥感影像地图包括哪些要素？
2. 如何制作遥感影像地图？
3. 哪些遥感影像适合于制作土地利用现状图？
4. 如何制作土地利用现状图？
5. 什么是植被指数？常用的植被指数有哪些？
6. 如何制作植被指数图？有什么意义？
7. 制作三维景观图需要哪些数据？对这些数据有何要求？

项目 9　遥感技术的应用

☞ 学习目标

本项目主要介绍遥感技术在城市管理、林业、农业、灾害评估及国土资源管理中的应用。通过本项目的学习，能够了解遥感技术应用于城市绿地规划、城市变化监测和城乡规划等城市管理中的基本方法；能够了解遥感技术应用于林业资源调查、森林防火预警监测和森林病虫害防治等林业中的基本方法；能够了解遥感技术应用于农作物长势评估、农作物估产、耕地信息变化监测和养殖面积调查等农业生产中的基本方法；能够了解遥感技术应用于地震灾害评估、洪灾评估、海啸评估和水深遥感等灾害评估中的基本步骤；能够了解遥感技术应用于找矿、土地利用现状调查、海岛调查、土地利用变化监测、油气勘探、河道调查、管道选线和矿产资源管理与开发等国土资源管理中的基本步骤。

任务 9.1　遥感技术在城市管理中的应用

9.1.1　城市绿地规划

如今，中国城市化的进程不断加快，城市人口在不断膨胀，交通越来越拥堵，对资源的需求日益增大，尤其是对土地资源的需求。城市的工厂、住房和建筑物越来越多，这自然就占用了城市的绿色空间，使城市的土地利用结构较以前发生了很大的变化，严重破坏了城市的生态环境。

城市绿地在改善城市生态环境、美化城市、调节城市生态平衡等方面有着不可或缺的作用，绿地不仅能净化空气，给居民提供良好的生活环境和空间，而且在提高城市环境质量和维持城市的可持续发展中占有重要地位。因此，城市绿地状况已成为衡量城市环境和城市文明的主要标志之一。

然而，很多城市在进行城市环境建设时，只重视国家建设部 1993 年所提出的城市绿化水平的三项指标(城市建成区绿地率、绿化覆盖率和人均公共绿地面积)在数字上的提高，并不注重城市绿地的生态结构建设和城市绿地在空间上的合理布局。近年来，随着城市的高速发展，城市绿地的分布、生态效益和使用功能受到高度重视。尽管我们投入了大量的人力、物力以及财力来进行城市绿地的监测和规划，但是由于测量手段以常规的统计资料为主，相对比较落后，得到的数据缺乏时效性、精确性和全面性，因此，不能真实地反映城市绿地的现状。这在一定程度上影响了城市绿地的规划和决策。为实现城市生态绿地的规划与建设，需要进行快速、高效、高精度的城市绿地信息提取，为此需要寻找新的数据采集和处理方法。而遥感技术作为一种综合性的探测技术，以其宏观性、多时相、多波段以及时效性等特征为城市绿地的监测和规划提供了一种新型有效的方法，可以很好地弥补传统方法的缺陷。遥感技术应用于城市绿地调查，使得绿地信息的提取不仅快速、高效，而且费用低、周期短、准确性高等。如图9.1所示即为遥感技术在城市绿地规划中的应用。

图9.1 城市绿地规划

蒲智等人借助面向对象的遥感影像分类软件eCognition，通过对影像进行多尺度分割，建立影像对象，使用成员隶属度函数的模糊分类方法，对影像进行分类，从而从影像中提取出绿地信息。

周文佐等人运用遥感和GIS技术对南京城市绿地信息的提取进行探索，并对其分布格局进行分析研究，为建立城市生态绿地信息系统提供科学依据，为城市绿地的景观规划、绿地建设和改造提出了合理化的建议。

徐文辉等人总结了遥感和地理信息系统近年来在城市绿地系统规划中的应用，并以德清县绿地系统规划为例，对绿地进行调查，对绿地现状进行了分析。

9.1.2 城市变化监测

城市是具有一定人口规模，而且以非农业人口为主的居民集居地，是聚落的一种特殊形态。城市是区域的经济、文化以及政治中心，城市建设是我国国民经济中非常重要的一个环节。自改革开放以来，在社会经济和生活质量等因素的驱动下，以城市人口、城区面积扩张以及农村城市化为主要标志的城市化现象越来越明显。而城市地理信息系统作为地理信息系统的一个重要分支已成为当代城市建设中的重要举措。

随着城市的不断发展、扩张，需要适时地进行城市信息系统的更新。利用不同时相的遥感影像进行城市变化监测已成为城市地理信息系统的一种有效方法，它可以为政府决策人员和城市规划人员提供及时、有效的决策和规划基础数据，对城市建设、城市规划、城市管理以及发展城市经济起到重要作用。如图9.2所示为遥感技术应用于城市变化监测。

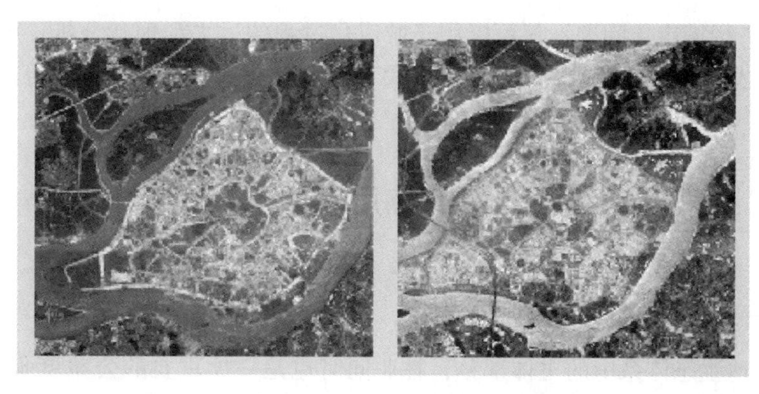

图 9.2　城市变化监测

刘直芳等人针对城市的快速发展，利用不同时相的遥感影像进行城区变化监测。谭文彬等人对 1974—2004 年共 6 期遥感数据进行研究，重建了昆明市的城市扩张过程，对政府科学、全面地指导昆明市的城市规划起到重要作用，从而达到促进经济发展，保护高原城市生态环境的目的。王琳等人以 1996 年和 2003 年的两个时相的 Landsat TM/ETM+遥感影像作为数据信息源，结合相应时相的 SPOT-5 遥感影像，通过数据维压缩的形式，提取出福州市的城市建筑用地信息，分析了 1996—2003 年福州市的城市扩张动态变化情况及其应用。

9.1.3　城乡规划

党的十九大报告中两次提到了“乡村振兴战略”，并将它列为决胜全面建成小康社会需要坚定实施的七大战略之一，乡村振兴战略是社会主义新农村建设的重要升级。实现新农村建设目标，必须搞好规划，尤其是关系到千家万户的村庄规划。以往获取规划现状资料的方法是进行实地考察及测绘等，但该方法成本高且获得的最终规划成果也难以直观展示，因而降低了公众的参与性。随着 3S 集成技术和虚拟现实技术的发展，政府管理人员和公众可以直接参与规划的制定与修改。图 9.3 即为遥感技术应用于城乡规划。特别是利

图 9.3　城乡规划

用RS和GIS进行城市化问题不仅可以用于城市化过程的过去和现状分析，更主要的还可以辅助城市的发展评估、规划、决策、模拟和预测城市的未来。如徐丽华等人将遥感技术应用到新农村规划研究中。

任务9.2　遥感技术在林业中的应用

9.2.1　林业资源调查

森林是陆地生态体系中的主体部分，林业同时也是一项重要的公益事业和基础产业。查清森林资源现状，掌握消长变化规律，是制定林业及园艺发展规划和进行决策的重要依据。因此，林业资源调查在林业中具有重要的意义。传统的现场勘测耗时、耗力，而利用遥感技术则可以快速、实时地调查并掌握林业资源的现状。图9.4即为遥感技术在林业资源调查中的应用。

图9.4　林业资源调查

张芳等人利用卫星遥感影像，采用目视解译，利用影像的特征如色调、空间特征、大小与多种非遥感信息资料相结合，采用生物地学相关规律，将所需的目标地物识别提取出来，并进行定性与定量的分析，从而获取所需的森林资源，进行森林资源调查工作，增加调查成果的准确度和可靠度，提高调查的效率。

9.2.2　森林防火预警监测

我国是一个森林资源匮乏的国家，森林资源极其宝贵，如何发展和保护好这些资源是至关重要的。在众多对森林造成破坏的因素中，火灾的破坏最大。例如，1987年的“5·6”特大森林火灾之后，分布在坡度较陡的地段的森林严重烧毁，基本变成草坡，生态环境遭到严重破坏，要恢复几乎是不可能的。

国外对于遥感技术在森林火灾监测方面的研究已有30多年的历史。1987年Benson和

Briggs 两人通过监督分类和非监督分类法，在 Landsat MSS 遥感器数据上对温带针叶林、阔叶混合林火灾进行监测。Daniel Chongo 等人使用 2001 年 1 月到 2003 年 12 月的 MODIS 数据，对南非克鲁格国家公园的草原火灾进行监测。遥感技术在森林火灾监测方面的应用研究仍在不断发展，并取得了较好的效果。

9.2.3　森林病虫害防治

森林病虫害是林业生产的巨大威胁，其造成的经济、社会和生态环境的损失十分惊人。据估测，每年仅因病虫害损失的森林资源就相当巨大，近 1988 年就达 1 450m^2，甚至超过了森林火灾的损失。因此，为了更好地保护森林资源，维护生态平衡，对森林病虫害实施有效的监测和防治有着十分重要的意义。

遥感监测因为具有快速、全面、准确等优点，在森林病虫害监测方面得到了广泛的应用。一般通过分析遥感影像中植被的光谱曲线来评估林业的病虫害情况。研究表明，健康生长的植被都有较规则的光谱反射曲线，在 0.52～0.60μm 的绿光区有一个小的反射峰，在蓝光区约 0.48μm 和红光区约 0.68μm 处各有一个吸收带，在 0.75～1.30μm 的近红外区则反射率陡然上升。虽然不同类型的植被，不同的生长阶段以及所处的不同环境会造成各波段反射值的差异，但是这种光谱响应曲线的总体特征不变，只有当植被遭受病虫害侵袭的时候才会发生变化。不同类型的森林往往会感染不同的病虫害，它们导致的结果也往往不同。针对不同的病虫害情况，在进行监测时就需要有所侧重，选择不同的监测方法。林业病虫害的监测方法主要有：图像分析法、各类植被指数法、比值法和差值法。Bentz 等人利用遥感图像分类研究了遭山松甲虫侵蚀的美国黑松的死亡率，通过在不同危害面积上使用不同空间分辨率的遥感影像的策略进行分类，取得了较好的效果。刘志明等人利用 AVHRR 数据对大兴安岭大范围落叶松毛虫进行研究，得出了不同受害程度的比值植被指数临界值，判别精确度达 73%。Vogelmann 等人利用 TM 数据对挪威云山的森林灾害进行研究发现，TM5/TM4 和 TM7/TM4 的比值同调查样地的森林灾害相关性极高，可用于定量研究灾害程度。

任务 9.3　遥感技术在农业中的应用

9.3.1　农作物长势评估

1. 水稻

水稻是人类的主要粮食作物，世界上近一半的人口，包括几乎整个东亚和东南亚人都以稻米为主食，因而水稻的产量对整个世界至关重要。实施水稻的长势监测是提高水稻产量的一个重要手段。

水稻长势是指水稻在生长和发育过程中所具有的形态，长势强弱一般通过观测水稻植株的叶面积、叶色、叶倾角、株高以及茎粗等形态变化来进行衡量。水稻的长势在不同的时段、不同的气候环境(光、温、水、气)以及土壤的生长条件下都会有所不同。而水稻长势遥感监测是利用现代遥感技术对水稻的苗情、环境以及分布状况进行实时、动态以及宏观的评估和测量，及时了解水稻的分布情况、长势、肥水情况以及病虫草害状况，为农作物的生产者或者管理决策者提供实时准确的数据信息，便于生产和管理部门采取各种有效措施，达到优质高产的目的。

李卫国等人利用我国 HJ-A 遥感影像数据，采取优化的迭代自组织数据分析技术方法进行水稻面积解译提取，在提取出面积的基础上开展水稻长势分级监测研究，并制作出水稻分级监测专题图(能够直观地反映出水稻长势优劣等级)，从而为农业工作者提供必要的水稻长势信息，便于及时有效地制定田间管理措施，解决水稻在生长过程中发生的栽培管理问题。

2. 小麦

小麦是世界上总产量第二的粮食作物，仅次于玉米，小麦的产量对社会和谐及稳定具有深远的意义，所以监测小麦的长势不仅具有科研意义而且具有重大的社会意义。目前主要采用遥感技术进行小麦长势监测，而叶面积指数(LAI)是植被定量遥感的一个重要参数，是表征植被冠层结构的最基本参数之一，它已广泛应用于农作物长势模型、大气模型、水循环模型、生态模型以及生态系统功能模型中。因而农作物叶面积指数可以用于农作物的长势监测、作物识别、产量预测以及粮食产量估算等。陈雪洋等人以 HJ-CCD 遥感影像数据为信息源，结合地面同步获取的 LAI 实测数据，建立了遥感监测模型来分析小麦的长势。

9.3.2　农作物估产

我国农作物遥感估产经过近 20 年的努力，利用遥感数据对小麦、玉米以及水稻种植面积进行估测已经取得了试验性的成功，形成了一些具有一定业务运作价值的模型。江南等人利用太湖平原区的 TM 遥感数据提取水稻种植面积，然后根据种植面积估计当地水稻产量。吴炳方等人以江汉平原作为实验区，采用实验区的 TM 遥感数据，提取种植面积作为本底数据，然后采用 NOAA/AVHRR 数据来估计水稻种植面积并与本底数据进行比较，得出变化情况。吴健平等人以研究区内的航片作为定位资料，采用 NOAA/AVHRR 数据并结合模糊监督分类的方法，估算上海某地区的水稻种植面积，实验结果表明统计数据精度较高。

9.3.3　耕地信息变化监测

耕地(如图 9.5 所示)是人类赖以生存和发展的基本资源和条件。进入 21 世纪，随着人口的不断增多，耕地面积年年减少。在不断提升人民生活水平的同时，也必须保持农业的可持续发展，其中首要的是确保耕地的数量和质量。采用传统的技术手段已难以满足我们的实时、动态地掌握耕地信息变化的要求，遥感技术无疑是传统技术手段最佳的替代方式。杨桃等人选择了吉林某地和辽宁某地作为研究区，构建了多特征空间的玉米地自动提取模型，其充分利用了各种特征对研究区内的玉米地信息进行自动提取。

图9.5　耕地

9.3.4　养殖面积调查

滩涂(如图9.6所示)是海洋和陆地的过渡带，具有非常丰富的生物资源，复杂的生态系统及自然生态功能。我国具有长达18 000km的大陆海岸线，沿海地区的经济量占国民经济总量的60%以上。同时，我国耕地面积尤其是人均耕地面积少，人口资源矛盾特别突出。我国人民的食物结构中，蛋白质比重(特别是来自海洋渔业的优质蛋白质比重)与发达国家相比要低很多。因此，我国很重视对滩涂的开发与利用。

滩涂开发利用主要集中在种植业、水产养殖业、林业、畜牧业、港口工业以及旅游业等，而水产养殖比例占到50%以上。在养殖过程中，为了提高鱼塘产量，必须具备以下条件：好的水源与水质；水塘面积适合；水塘周边环境宽敞。不同种类的水产养殖对水塘面积的大小要求不同，而面积大小又与水塘清塘消毒、种苗、饵食投放量等密切相关，所以鱼塘面积的准确与否，将直接影响鱼塘产量。但由于大多滩涂鱼塘的形状不规则，加上面积较大，所以采用传统的人工测算方法不仅浪费大量人力、物力以及财力，而且难以保证测算精度。而遥感技术具有范围大、精确、实时、经济以及非破坏性等特点，能够客观地反映出真实情况，因而很多研究者将遥感信息提取技术应用到滩涂、库塘等专题信息的提取中。

张娅香等人以江苏明天滩涂公司的海北基地作为研究区，以ETM影像作为数据源，结合实地调查，对该基地的总面积、各个鱼塘的面积、堤坝面积以及河渠面积等进行调查，为滩涂的合理开发利用提供了必要的科学依据。

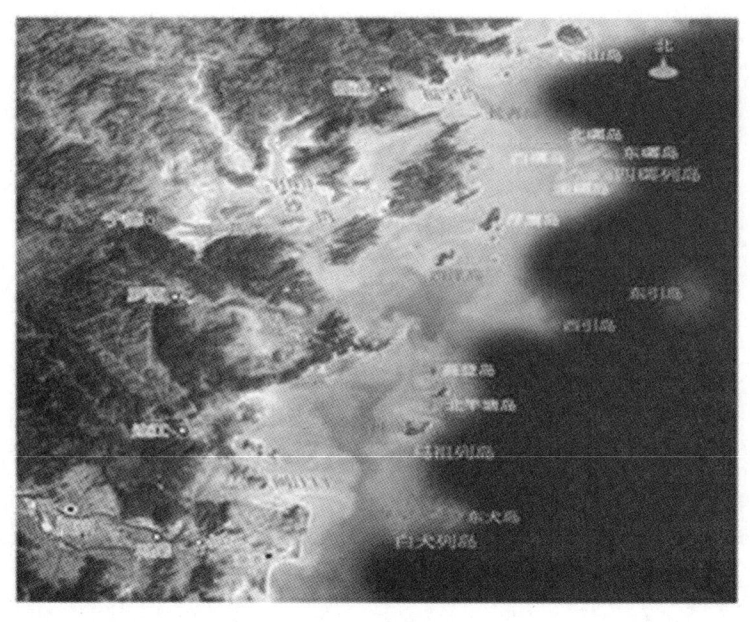

图 9.6　滩涂

任务 9.4　遥感技术在灾害评估中的应用

9.4.1　地震灾害评估

我国是地震多发国家，地震主要分布在五个区域(台湾地区、西南地区、西北地区、华北地区以及东南沿海地区)的 23 条大大小小的地震带上。自有记载以来，我国发生震级 $M \geqslant 8.0$ 的地震共有 18 次，自公元前 1177 年至公元 1969 年，除去资料不确切外，震级 $M \geqslant 5.0$ 的地震数约 2 097 次(其中部分数据为史料推断)。1970—2007 年年底，中国(含边界附近)一共发生震级 $M \geqslant 5.0$ 的地震 4 500 余次。

遥感技术可以快速获取以及更新地震灾区的基础数据，因而已广泛应用于地震灾害的快速评估和地震应急决策中。

汶川大地震是中华人民共和国成立以来破坏性最强以及波及范围最广的地震。汶川地震发生在四川省盆周西缘龙门山断裂带，是青藏高原东缘山地生态脆弱区。汶川大地震引发的山体崩塌、泥石流及滑石等次生灾害是世界上罕见的。特大地震给四川省森林资源造成了极大破坏和持久深远的影响，也给四川省林业发展以及生态恢复重建提出了很多新问题。为了及时调查清楚地震灾害所造成的损失情况，为灾区灾后恢复和重建工作提供科学依据，四川省在地震灾害发生后的第一时间，本着实事求是和及时有效的原则，结合地震灾区实际情况，迅速开展了一系列损失评估的研究工作。图 9.7 是遥感技术在汶川地震交通中断情况监测中的应用。

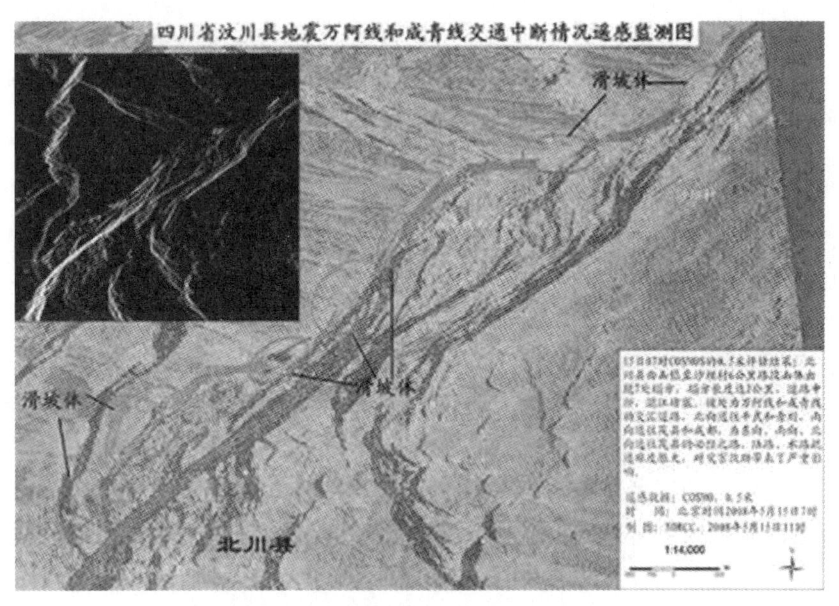

图 9.7　汶川地震交通中断情况监测图

9.4.2　洪灾评估

洪水灾害是我国发生频率最高、危害最广以及对国民经济财产影响最严重的自然灾害，同时也是威胁人类生存的十大自然灾害之一。我国幅员辽阔，有大约 3/4 的国土面积存在着不同类型及程度的洪水灾害。据统计，20 世纪 90 年代，我国洪水灾害给国家和人民造成的直接经济损失达 12 000 亿元，仅 1998 年就高达 2 600 亿元。利用遥感数据可以较全面及客观地反映出洪水面积的情况，可以快速提取出地面受灾分布、严重程度以及受灾面积等信息，所以遥感技术被广泛应用到洪灾评估中。如图 9.8 所示即遥感技术在四川凉山冕宁县洪灾评估中的应用。

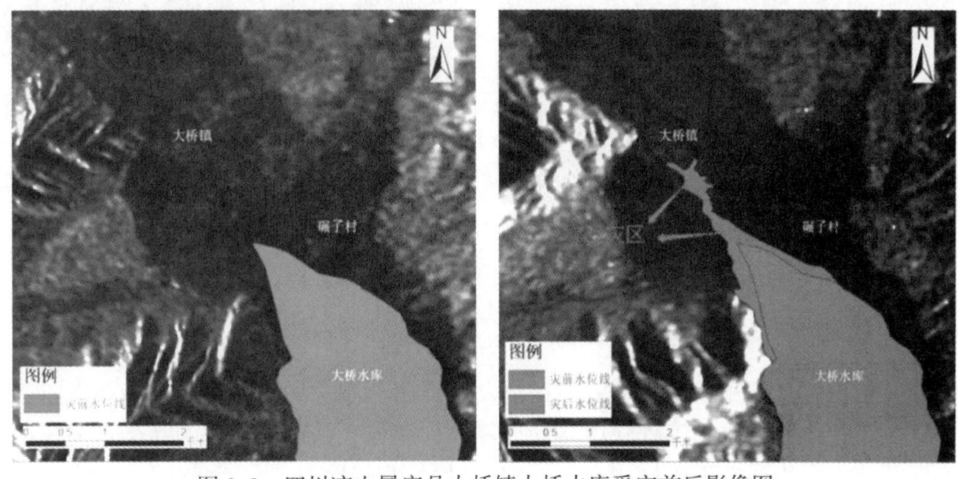

图 9.8　四川凉山冕宁县大桥镇大桥水库受灾前后影像图

范磊等人以新蔡县为研究区，对地面不同深度的水体及其在 CCD 遥感数据上的光谱进行分析，建立模型提取水体，然后将提取的水体和基础地理信息数据进行叠加分析，评估洪灾影响。

9.4.3　海啸评估

海啸是由风暴或者海底地震造成的海面巨浪并有巨响伴随，是一种具有超强破坏力的海浪。海啸的波速相当快，高达 700～800km/h，几个小时就能横穿大洋。由于地震和海啸的发生源地与受灾的滨海区相距较近，所以海啸波到达海岸的时间也短，只有几分钟，多者也只有几十分钟，使海啸预警时间变得很有限甚至无时间预警，因而海啸的破坏大多极为严重，往往摧毁堤岸、淹没陆地并夺走生命财产。海啸等自然灾害时刻威胁着人民的生命及财产安全，不幸的是目前仍没有阻止其发生的手段，但可以通过灾前预报和灾后监测及抢救来降低灾害的损失及其给人们带来的伤害。遥感技术的快速发展，为其全方位对地观测以及高质量的监测全球灾害创造了条件。在一定程度上，遥感为提高全球对自然灾害的预报、监测以及评估发挥了不可替代的作用。如图 9.9 和图 9.10 所示即遥感技术在海啸灾害发生前后的监测效果。刘亚岚等人利用英国灾害监测小卫星 DMC 数据源，以印度尼西亚亚齐省为研究区，采用遥感影像数据作为信息源，对 2004 年印度尼西亚苏门答腊岛西北海域发生的里氏 9.0 级的地震引发的海啸灾害进行了监测评估。

图 9.9　仙台海啸灾害前影像

图 9.10　仙台海啸灾害后影像

9.4.4　水深遥感

遥感技术已广泛应用于水旱灾害与评估、水资源动态监测和评价、生态环境监测、水土流失监测与评价以及水利工程建设与管理等水利业务，并取得显著的社会经济效益。

水深遥感是利用遥感手段量测水深。它可以发挥遥感"快速、大范围、准同步、高分辨率获取水下地形信息"的优点，解决灾害期间水深量测的困难，即时取得淹没状况的第一手资料，同时还可以利用灾前、灾后及灾中的水深分布评估灾害损失。水深遥感方法可以用于大范围海域的水深图制作。海岸线、滩涂和珊瑚礁是全球最有活力和不断变化的区域，监视和测量这些变化是至关重要的，并且也是了解我们周围环境的重要方式。目前主要使用高分辨率的多光谱卫星图像来计算近岸水深。

目前用遥感手段进行水深测量主要是依靠可见光波段。可见光具有最大的大气透射率和最小的水体衰减。可见光波段测时原理是基于光线对水体的穿透。当水体足够清澈时，水体后向散射较小，太阳辐射能穿透到底部并反射回传感器，根据传输路径提取出水深信息。一旦水体浑浊度增加，水体后向散射量会很快大于水底反射分量，而前者与水深具有良好正相关，依次能估算水深。

WorldView-2 是一颗能够提供 1.84m 多光谱图像的商用卫星，新增加的海岸波段主要在 400~450nm 范围内，水体吸收最小，具有很强的水体渗透能力，对于海洋测深的研究和海岸生态分布图制作很有帮助。引入更高分辨率带有海岸线蓝波段的 WorldView-2 影像，会大幅度地提高测量水深的深度和精度。研究者预计利用海岸线波段、蓝波段和绿波段能够测量出 20~30m 水深。如图 9.11 所示是杭州西湖的 WorldView-2 卫星影像。

图 9.11　杭州西湖 WorldView-2 卫星影像

任务 9.5　遥感技术在国土资源管理中的应用

9.5.1　找矿

由于 ETM 具有从可见光到热红外的波谱范围，它能够满足一定的矿物和岩石划分需要，因此几年来，遥感找矿信息提取技术在地质找矿中得到很好的应用及发展。在遥感技术基础上发展而来的围岩蚀变信息成为了找矿的一种重要技术手段。如图9.12所示是七一山斑岩铜矿远景区遥感蚀变异图。

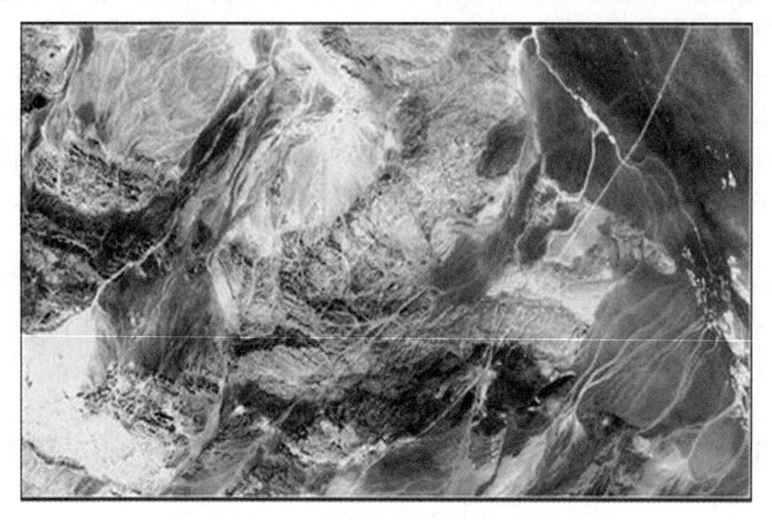

图9.12　七一山斑岩铜矿远景区遥感蚀变异图

陈文平等人以波谱理论为基础，通过对有关地物波谱特性进行分析及遥感地质解译，利用ETM数据提取出研究区构造、岩性以及围岩蚀变等有关信息。

9.5.2　土地利用现状调查

土地是人类赖以生存的物质基础，同时也是人们从事一切社会生活和经济活动的最基本的物质基础。土地利用现状调查的目的在于全面查清一定地域内的土地利用现状情况，掌握真实的土地基础数据，从而建立和完善我国土地调查、土地统计及土地登记制度。土地利用现状调查是一个国家对国情和国力的一项重要调查。土地利用调查的基本任务是按县查清各种土地利用类型的面积和空间分布状况、土地权属状况以及利用现状，并在此基础上按行政辖区逐级汇总乡、县、地区、省以及全国的土地总面积及各地类的面积。

利用遥感影像数据以及专题信息提取出土地利用现状矢量数据，更新地理信息数据库，已成为土地资源管理、土地利用现状调查以及土地利用监测等方面的一种主要技术手段。利用遥感数据提取出土地利用/覆盖情况可以为土地资源的合理使用、开发、环境保护以及经济与环境的协调发展提供决策支持。郭琳等人以新疆石河子垦区作为研究区，采用面向对象的影像分析方法，经过波段选择、影像分割以及分类的过程，最终提取出土地利用/覆盖情况。

9.5.3　海岛调查

海岛即海洋中的岛屿，是人类开发海洋的远涉基地及前进支点，是第二海洋的经济区，在国土划界及国防安全领域具有相当重要的地位。我国有500m^{2}以上的海岛6 500个，总面积6 600km^{2}以上，其中有常住居民的岛屿455个，居住人口超过470万。因而，开发海岛对于把我国建设成海洋经济强国具有重大意义。

海岛调查对于实施海洋开发和推进“数字海洋”建设具有特殊意义。我国于2004—2009年实施了我国近海海洋综合调查与评价专项(又称“908”专项)海岛调查项目。此次海岛调查同我国20世纪前两次海岛调查相比，技术手段已从实地调查转换为遥感技术与实地调查相结合的技术手段，如图9.13所示。

图9.13　海岛调查

近10年来，国内很多学者进行了遥感影像在海岛调查方面的应用研究。何宇华等人研究了基于TM影像的海岛影像特征及其提取方法。宋玮等人基于TM影像提取海岛边缘。栗敏光等人选用两组数据，一组是基于COSMO-SkyMed雷达影像数据和ETM多光谱影像数据，另一组是基于多时相高分辨率SPOT-5影像数据，采用面向对象的影像分析方法对两组影像数据进行海岛专题信息提取，其中重点研究伪信息(如船只)剔除的策略，并通过实验验证方法的可行性和有效性。

9.5.4　土地利用变化监测

人类利用土地的过程是一个不断变化的过程，及时掌握土地利用类型的变化信息，是进行土地利用总体规划、基本农田保护以及土地利用用途管制等土地管理的必要条件。同时，土地管理部门要制定土地利用政策并对其进行考核，就必须及时地获取土地利用类型的变化信息。

土地利用变化监测主要包括土地利用现状的监测和土地利用动态的监测。现状监测是对当前土地的利用状况进行调查和确认；动态监测是指在一段持续的时间内，对土地利用的变化情况进行监测。

自20世纪90年代以来，高分辨率遥感影像及其处理技术、设备得到了很大的发展和提高，使得遥感技术在国土管理和城市规划中的应用进入到一个新纪元。利用遥感影像专题信息技术及时、准确和快速地提取城市各类土地资源的变化情况，对城市的长远发展和规划有着直接现实的意义。图9.14和图9.15就是遥感技术在土地利用变化监测中的应用。

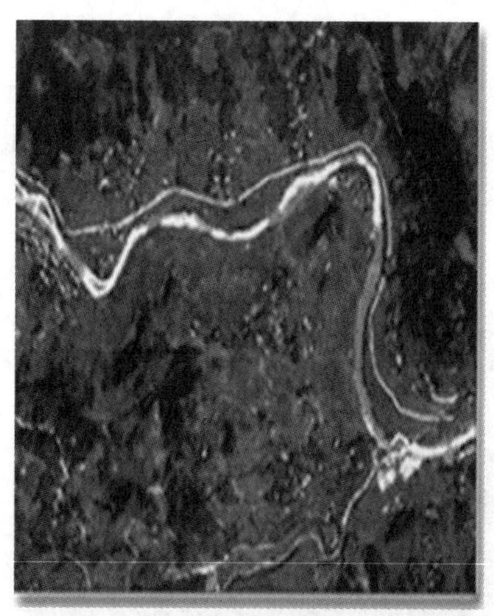

图 9.14　2004 年某区域土地利用现状

图 9.15　2008 年某区域土地利用现状

程学军等人通过人机交互的方式对 TM 影像进行解译提取，结合已经建立的土地资源数据库，直接将动态变化区域绘制出来，可以直观地发现变化范围，同时大大缩短了监测时间，提高了监测的精度。叶明等人利用 2000 年的 TM 影像(7 个波段)和 SPOT 全色波段影像作为数据源，采用 1999 年国土资源遥感中心编制的宁波卫星影像、1 : 10 000 ~ 1 : 150 000系列的地形图及土地利用现状图作为辅助资料，结合外业调绘，进行土地利用动态监测。

9.5.5　油气勘探

高分辨率遥感影像已广泛应用于油气行业。高分辨率遥感影像在油气行业的应用贯穿于整个油气勘探开发的过程，其中包括：地质普查、地震勘测、油气开发、地面工程、管道、油田数字化、设备监测、环保及其监测，以及安全和应急事件处理等。

对于油田而言，要获得遥远的施工现场情况及准备的事发地，同时信息还要具有时效性，采用派人去现场的方式不仅耗时耗力，投入也相当大，往往精度还不够。高分辨率遥感影像因其具有快速、成本低、精度高以及持续性好的特点，因此可以起到很大作用。如图 9.16 所示即遥感技术在近海油气勘探中的应用。

朱小鸽采用一种多重主成分分析方法对柴达木盆地西部山区进行地质的构造信息提取，该方法首先对遥感影像进行影像变换或运算处理，然后针对性地对专题信息进行二次甚至多次提取，最后对提取结果进行分析。该方法获得了很好的效果，影像中新发现了一个鼻状圈以及一组上下两个断裂带的弧形纹理，而在含油气盆地的石油地质勘探工作中，其中最重要的目标就是圈闭构造以及断裂。

9.5.6　河道调查

河道的开发和整治对防洪、供水、航运等关系社会经济持续发展以及河流生态平衡等

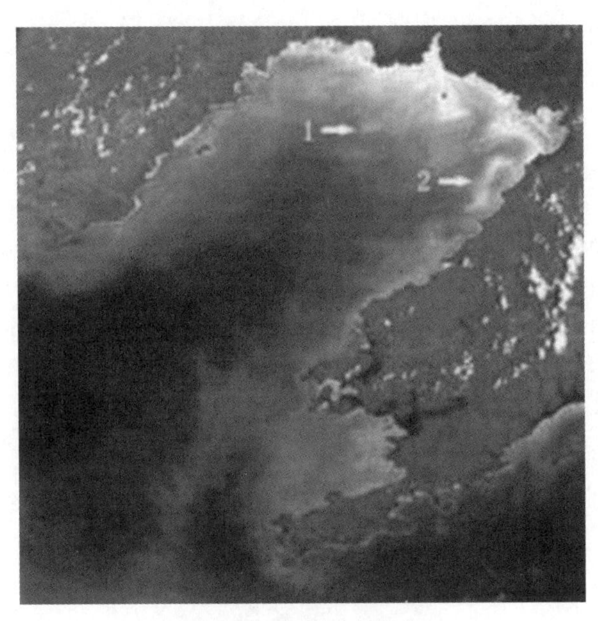

图 9.16　近海油气勘探

问题具有重要的实际意义。近年来，在我国珠江三角洲地区，随着当地经济的高速发展，人类活动对河流的影响越来越大，尤其是 20 世纪 80 年代中期以后，由于城市发展的需要，珠江三角洲出现了大量的采掘河床泥沙的现象，过度的滥采河沙致使河床严重下切，河堤坍塌，同时引发了沿潮上溯，致使地下水及土壤内的盐度升高等一系列的生态环境问题。

要进行河道治理，河流水体信息的提取是基础。由于遥感对地观测系统具有探测范围广，获取速度快，周期短及受地面条件限制少等优点，为河道水体信息提取提供了快速、有效的技术途径，从而得到了广泛的应用，如图 9.17 所示。

图 9.17　河道调查

刘旭拢等人根据珠江三角洲河道的特点，首先对 Landsat TM 影像上水体的遥感信息机理进行分析，然后建立了一套适用于珠江三角洲河网区河道信息自动提取的方法，从而为河道调查提供了新途径。

9.5.7 管道选线

能源是人类活动的物质基础。从某种意义上说，人类社会的生存和发展离不开优质能源的出现和先进能源技术的使用。在现今社会，能源的发展以及能源与环境的关系已成为全世界、全人类共同关心的问题，同样也是我国社会经济发展的重要问题。能源运输就是其中非常关键的一个问题，目前主要的能源运输方式就是管道运输。

管道选线是资金和人力投入都非常大的一个项目。由于影响管线走向的因素有很多，所以难以量化。以往通常采用距离最短的设计理论或只考虑几种因素的影响，不能全面、科学及客观地反映出整个管线的情况。而采用遥感技术可以提取出管线建设规划路线内的植被、水土、环境、地质等情况，为管道选线提供必需的基础数据。如图 9.18 所示即为遥感技术在管道选线中的应用。

图 9.18 管道选线

9.5.8 矿产资源管理与开发

矿产资源是最重要的自然资源之一，是人类社会发展的重要物质基础。现代社会人们的生产和生活都离不开矿产资源。矿产资源是非可再生资源，其储量是很有限的，因而合理地对矿产资源进行管理和开发具有非常重要的意义。

以往的矿产资源管理模式是对矿山开发状况采取“逐级统计上报，群众举报”的监测方式，但其周期长、时效性差、人为因素影响大以及准确度低。所以，非法采矿者就钻交通不便、信息闭塞、监测手段落后以及执法不严等空子，进行无证开采、越界开采和乱采乱挖。虽然各相关部门制定了相应的小煤窑治理整顿的目标，但由于长期以来缺少快速、有效的监督手段，所以管理部门对治理效果缺少客观的评价。

随着遥感技术的不断成熟以及遥感成像的空间分辨率、时间分辨率以及光谱分辨率的不断提高，高空间分辨率、多时相以及实时的遥感影像数据源，已成为矿产资源管理和开发状况动态监测中不可或缺的重要手段。如图 9.19 所示即遥感技术在矿产资源管理中的应用。

康高峰等人以不同分辨率的遥感数据作为基础数据源，根据矿山铺设的设施、道路以及矿堆等特征，进行矿山开采状况的遥感信息提取，从而评价矿产资源开发和保护规划的执行情况。

图 9.19　矿产资源管理

◎ 习题与思考题

1. 遥感技术在城市管理中有什么应用?
2. 遥感技术在林业中有什么应用?
3. 遥感技术如何在农业中应用?
4. 遥感技术如何在灾害评估中应用?
5. 简述遥感技术在国土资源管理中的应用。

参考文献

[1]顾行发，余涛，田国良，等. 40年的跨越——中国航天遥感蓬勃发展中的“三大战役”[J]. 遥感学报，2016，20(5)：781.
[2]陈述彭，周上盖. 腾冲航空遥感试验回顾[J]. 遥感信息，1986，1(2)：11.
[3]梅安新，彭望禄，秦其明，等. 遥感导论[M]. 北京：高等教育出版社，2006.
[4]王敏. 摄影测量与遥感[M]. 武汉：武汉大学出版社，2011.
[5]吴华玲，王坤. 遥感测量[M]. 郑州：黄河水利出版社，2012.
[6]陈国平. 摄影测量与遥感实验教程[M]. 武汉：武汉大学出版社，2014.
[7]张占睦，芮杰. 遥感技术基础[M]. 北京：科学出版社，2007.
[8]闫利. 遥感图像处理实验教程[M]. 武汉：武汉大学出版社，2009.
[9]尹占娥. 现代遥感导论[M]. 北京：科学出版社，2008.
[10]奥勇，王小峰. 遥感原理及遥感图像处理实验教程[M]. 北京：北京邮电大学出版社，2009.
[11]梅安新. 遥感导论[M]. 北京：高等教育出版社，2002.
[12]杨昕. ERDAS遥感数字图像处理实验教程[M]. 北京：科学出版社，2009.
[13]韦玉春. 遥感数字图像处理教程[M]. 北京：科学出版社，2008.
[14]孙家炳. 遥感原理与应用[M]. 武汉：武汉大学出版社，2013.
[15]常庆瑞，蒋平安，等. 遥感技术导论[M]. 北京：科学出版社，2004.
[16]李小文. 遥感原理与应用[M]. 北京：科学出版社，2008.
[17]刘勇卫，译. 日本遥感研究会. 遥感精解[M]. 北京：测绘出版社，2011.
[18]李德仁. 我国第一颗民用三线阵立体测图卫星——资源三号测绘卫星[J]. 测绘学报，2012.
[19]东方星. 我国高分卫星与应用简析[J]. 卫星应用，2015(3)：44-48.
[20]董瑶海. 风云四号气象卫星及其应用展望[J]. 上海航天，2016，33(2)：1-8.
[21]杨军，董超华，等. 中国新一代极轨气象卫星——风云三号[J]. 气象学报，2009，67(4)：501-509.
[22]蒋兴伟，林明森，等. 中国海洋卫星及应用进展[J]. 遥感学报，2016，20(5).
[23]陈双，刘韬. 国外海洋卫星发展综述[J]. 国际太空，2014(7)：29-36.
[24]国防科工局. 2017中国高分卫星应用国家报告[R]. 2017.
[25]詹云军. ERDAS遥感图像处理与分析[M]. 武汉：武汉理工大学出版社，2016.
[26]王冬梅. 遥感技术与制图[M]. 武汉：武汉大学出版社，2015.
[27]吴俐民，左小清，等. 卫星遥感影像专题信息提取[M]. 成都：西南交通大学出版

社，2013.
[28]李德仁．摄影测量与遥感概论[M]．北京：测绘出版社，2008.
[29]党安荣，王晓栋，陈晓峰，等．ERDAS IMAGINE 遥感图像处理方法[M]．北京：清华大学出版社，2003.
[30]郭云开，周家香，等．卫星遥感技术及应用[M]．北京：测绘出版社，2018.
[31]日本遥感研究会编．遥感精解(修订版)[M]．刘勇卫，译. 北京：测绘出版社，2011.
[32]周军其，叶勤，等．遥感原理与应用[M]．武汉：武汉大学出版社，2014.
[33]毛克彪，覃志豪．大气辐射传输模型及 MODTRAN 中透过率的计算[J]．测绘与空间代理信息，2004，27(4)：1-3.
[34]梅安新，彭望琭，等．遥感导论[M]．北京：高等教育出版社，2012.
[35]百度百科．大气辐射[EB/OL]．https：//baike. so. com/doc/6692975-6906881. html.
[36]国家卫星气象中心．风云系列气象卫星[EB/OL]．http：//fy4. nsmc. org. cn/nsmc/cn/satellite/index. html.
[37]国家卫星海洋应用中心．海洋系列卫星[EB/OL]．http：//www. nsoas. org. cn/news/node_44. html.
[38]中国高分系列卫星介绍[EB/OL]．https：//blog. csdn. net/lllianglianglarticle/details/115408819.